多源动态系统融合估计

潘　泉　王小旭　徐林峰　梁　彦　周　林　著

科 学 出 版 社

北　京

内 容 简 介

本书针对目标跟踪在国防应用中的迫切需求，围绕多传感器多信源下目标跟踪中涉及的时空配准、多速率、状态约束、多模态、非线性、状态与模型参数耦合、传感器管理等相关问题，开展动态系统估计、辨识与融合的理论研究，包括多源信息空间配准的系统偏差在线估计、多源信息时间配准的多速率估计、状态约束动态系统建模与估计、状态演化多模态的马尔可夫跳变系统估计、非线性动态系统的确定采样型高斯估计、基于期望最大化的联合估计与辨识及基于事件驱动的单传感器量测管理。

本书可作为高等院校控制科学与工程各类专业本科生和研究生的参考书，也可作为自动控制、导航、信息处理、系统工程及航空、航天、航海、工业过程控制等相关专业研究人员的参考书。

图书在版编目(CIP)数据

多源动态系统融合估计/潘泉等著. —北京：科学出版社，2018.3

ISBN 978-7-03-056872-4

Ⅰ. ①多… Ⅱ. ①潘… Ⅲ. ①目标跟踪-动态系统-系统分析 Ⅳ. ①TN953

中国版本图书馆 CIP 数据核字（2018）第 048935 号

责任编辑：李 萍 赵鹏利／责任校对：郭瑞芝

责任印制：张 伟／封面设计：陈 敬

科学出版社出版

北京东黄城根北街 16 号

邮政编码：100717

http://www.sciencep.com

北京中石油彩色印刷有限责任公司印刷

科学出版社发行 各地新华书店经销

*

2018 年 3 月第 一 版 开本：720 × 1000 B5

2018 年 3 月第一次印刷 印张：20

字数：403 000

定价：120.00 元

（如有印装质量问题，我社负责调换）

前　言

动态随机系统估计、辨识与融合是研究目标跟踪的基础理论技术。本书紧密围绕目标跟踪在国防应用中的迫切需求，从多传感器网络化的角度入手，系统总结和论述作者在时空配准、多速率、状态约束、多模态、非线性、状态与模型参数耦合、传感器管理等方面的研究成果。本书研究工作进一步丰富和发展了估计理论与信息融合理论，探索了多源动态系统融合估计及应用的一些研究新热点，是目前动态系统估计与多源信息融合领域的一般性和基础性研究成果，并面向目标跟踪实际应用进行了大量仿真验证。

全书共 8 章。第 1 章为绪论，包括多源信息融合的定义、功能模型、系统结构和融合级别等基础知识，以及多源融合估计的一般性框架、基本方法和基础问题等；第 2 章为系统偏差在线估计，提出未知输入驱动下的系统偏差广义建模策略，设计解耦滤波器，有效解决了在无任何先验知识时突变系统偏差估计问题；第 3 章为多速率估计，重点研究量测缺失下多速率最小方差滤波和最小方差观测器的建模及多速率残差生成器的建模，通过把量测缺失引起的不确定性表征为估计误差系统的输入型扰动，揭示了多速率、传感器模型、因果约束、量测缺失概率和滤波性能的内在联系，并给出了量测缺失下多速率建模与估计方法在目标跟踪的有效实现；第 4 章为状态约束动态系统建模与估计，分析线性等式约束下状态的线性最小均方误差估计，论证投影法与基于含约束动态模型的状态估计在数学上等价的充分条件，讨论线性等式约束的扩展形式；第 5 章为状态演化多模态的马尔可夫跳变系统估计，从马尔可夫跳变系统建模与估计方法入手，研究复杂特性与目标运动多模态耦合下的机动目标跟踪技术，设计随机参数跳变、多步随机延迟、有色噪声和非线性等马尔可夫系统的最小均方误差估计；第 6 章为非线性动态系统的确定采样型高斯估计，从状态后验概率演化角度入手，系统论证线性系统卡尔曼估计是贝叶斯估计的最优解析闭环解，揭示高斯估计为解决非线性动态系统估计问题提供了一般性和通用型的最优理论框架，确定采样型估计仅是高斯估计框架发展而来的一类次优解或执行特例等，综述目前高斯估计的确定采样型经典实现和新发展；第 7 章为基于期望最大化的联合估计与辨识，提出在期望最大化算法统一框架下处理联合跟踪与辨识问题的新观点，概述各种期望最大化算法在联合跟踪领域的理论发展现状，并给出了基于期望最大化算法的目标跟踪应用实例，最后对期望最大化算法在联合跟踪领域的未来研究重点进行了展望；第 8 章为基于事件驱动的传感器量测管理，论述事件驱动的基本思想，概述事件触发机制，并推导基于事件驱动的状态估计框架。

本书获得如下基金项目资助：国家自然科学基金重大项目 (61790552)、国家自然科学基金重点项目 (61135001)、国家自然科学基金面上项目 (61573287) 和青年项目 (61203234)。本书的完成离不开团队各位老师和研究生的支持与帮助，特别感谢兰华、耿航、杨衍波、宋宝和李朝凤等在本书写作过程中无私付出的辛勤劳动，感谢麻争娅和刘孟然等研究生在校勘书稿中所做的工作!

由于作者水平有限，书中不妥之处在所难免，敬请读者批评指正。

目　　录

第1章 绪　　论

1.1 引　　言

多源信息融合 (multi-source information fusion) 的研究最早可追溯到第二次世界大战末期，当时出现了一个综合利用雷达和光学两种信息的系统，但此时多源信息融合并未成为一门独立的学科。之后，1964 年 Sittler 发表了数据互联的研究论文 [1]。而真正的多源信息融合理论和技术研究工作始于 1973 年美国开展的多声呐信号融合系统的研究，包括可自动探测出敌方潜艇位置的信息融合系统及随后开发的战场管理和目标检测系统，进一步证实了信息融合的可行性和有效性，这些尝试的成功促进了多源信息融合学科的形成和发展。20 世纪 70 年代末，基于多源信息综合意义的融合开始出现于各类公开出版的技术文献中。随后，经过从 20 世纪 80 年代初到现在持久的研究热潮，多源信息融合理论和技术进一步得到了飞速发展，多源信息融合逐渐作为一门独立的学科，被成功应用于军事指挥自动化系统、战略预警与防御、多目标跟踪与识别、精确制导武器等军事领域，并逐渐辐射到遥感监测、医学诊断、电子商务、无线通信、工业过程监控和故障诊断等众多民用领域 [2-5]。

随着当代科学技术的飞速发展，人类已经进入信息极度丰富的时代，信息时代的明显特征之一是信息爆炸。随着社会信息化程度的不断提高，传感器性能获得了很大提高，面向各种应用背景的不同尺度、不同模态多传感器系统大量涌现，信息来源多样异构。现代战争威胁的多样化和复杂化对传统数据或信息处理系统也提出了更高的要求。此外，信息表现形式的多样性、信息数量的巨大性、信息关系的复杂性以及信息处理的及时性等，都进一步需要对多源信息进行有效融合处理的新型理论和技术，促进多源信息融合逐渐向多学科交叉方向发展，涉及信号处理、概率统计、信息论、模式识别、人工智能和模糊数学等领域 [6]。

多源信息融合理论和技术在实际工程中应用广泛。在军事领域，远程预警系统是一种典型的以信息融合技术为基础的大尺度感知系统，其任务是在远程、超远程距离上对弹道导弹、战略轰炸机等威胁目标进行监视与探测，以便早期发现并组织拦截威胁目标，其感知平台 (如远程预警雷达、预警卫星和预警机等) 在很大跨度的时间、空间和频谱上进行探测和协作，被探测目标具有高机动、高速度、强隐身和强干扰对抗等特性，环境背景复杂多变，并受季节、天气、大气、电离层、等离子体、光照、时间、地形和视角等多种因素的影响。远程预警系统需要综合利用多个

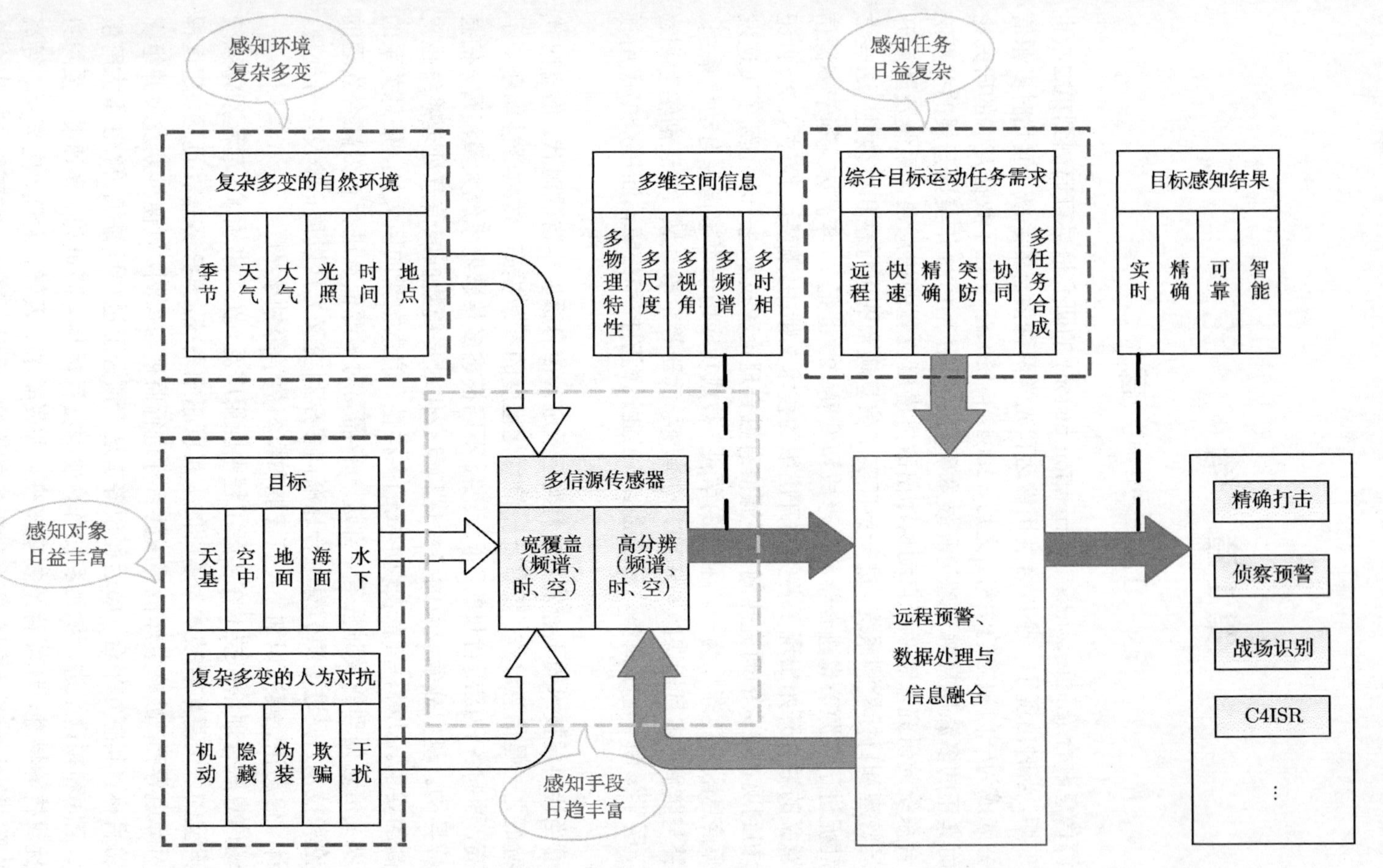

图1.1　远程预警系统协同探测与处理结构示意图

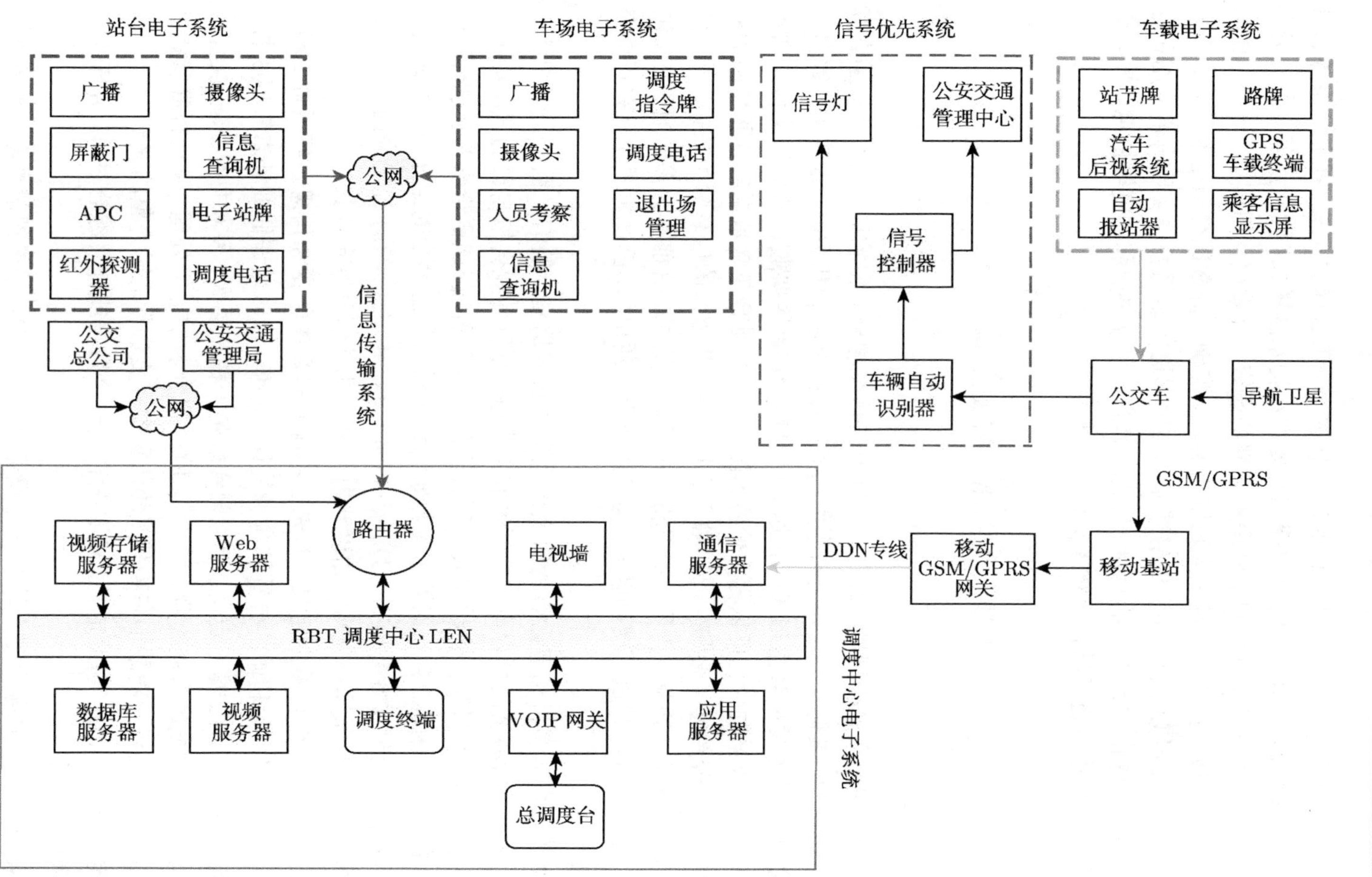

图1.2　智能交通系统协同探测与处理结构示意图

传感器的观测信息，实时估计目标的运动状态，辨识目标的身份、类别、态势、威胁和环境参数。远程预警系统协同探测与处理结构示意图如图 1.1 所示。在民用领域，智能交通系统通过对关键基础理论模型的研究，有效地运用信息、通信、自动控制和系统集成等技术，实现了大范围内实时、准确和高效的交通运输管理。该系统利用摄像头、射频识别技术、电磁感应等传感器进行组网协作实现车辆识别和运动状态估计，提供道路车辆的流量、路况、违章、突发事故和调度等信息。智能交通系统协同探测与处理结构示意图如图 1.2 所示。

1.2 多源信息融合概况

1.2.1 定义

目前，在信息融合领域，人们经常提及与信息融合类似的称谓，如数据融合和传感器融合等。实际上，这几个概念之间既有差别又密切相关。一般来说，数据融合是主要针对各类型数据形式化表达的信息融合；当需要融合的信息是传感器的量测数据时，数据融合也可以称为传感器融合。信息融合包含数据融合和传感器融合，信息融合较数据融合和传感器融合更加宽泛，其融合的信息除了数据之外，还可以扩大到图像、音频、符号、知识和情报等其他信息。目前在大多数研究中，对这几个概念已经不再进行明确区分，但信息融合更通用化，因此本书统一采用信息融合这一概念。

尽管人们对多源信息融合的研究已经有很长的历史，但信息融合是一门新兴的交叉学科，所涉及的内容具有广泛性和多样性，各行各业会按自己的理解给出不同的定义，且在不同的历史时期人们所关注的焦点不同，因此要给出信息融合统一和公认的定义很困难。目前能被大多数研究者接受的信息融合的定义，是由美国三军组织实验室理事联合会 (Joint Directors of Laboratories, JDL) 提出来的 [7-10]，在不同的时期 JDL 从军事应用的角度给出了以下几种信息融合定义。

定义 1.1 JDL 早期定义：对来自单源和多源的数据和信息进行关联、相关和组合，以获得目标精确的位置和身份估计，完整、及时地评估战场态势和威胁。

定义 1.2 JDL 修正定义：信息融合就是一种多层次、多方面的处理过程，主要完成对多源数据的自动检测、关联、相关、组合和估计等处理，从而提高状态和身份估计的精度以及对战场态势和威胁的重要程度进行适时完整的评价。

定义 1.3 JDL 当前定义：信息融合是一个数据或信息综合过程，用于估计和预测实体状态。

从 JDL 对信息融合定义的演变过程可以看出，JDL 始终把信息融合看作是一个信息综合过程，但信息融合所适用的范围却越来越宽，如将对目标位置和身份的估计推广到更广义的状态估计。另外，信息融合的定义越来越简化，但包含的内容越来越宽。

除了强调信息融合是一个过程外，一些学者也从信息融合实现的功能和目的方面对其进行了定义。

定义 1.4 Hall 等 [5] 的定义：信息融合是组合来自多个传感器的数据和相关信息，以获得比单个独立传感器更详细更精确的推理。

定义 1.5 Wald [11] 的定义：信息融合是一个用来表示如何组合或联合来自不同传感器数据的方法和工具的通用框架，其目的是获得更高质量的信息。

定义 1.6 Li [12] 的定义：信息融合是为了某一目的，对来自多个实体的信息进行组合。

定义 1.7 何友等 [2] 的定义：信息融合就是将来自多个传感器或多源的信息进行综合处理，从而得到更为准确、可靠的结论。

定义 1.8 韩崇昭等 [3] 的定义：信息融合就是一种多层次、多方面的处理过程，包括对多源数据进行检测、相关、组合和估计，从而提高状态和身份估计的精度，以及对战场态势和威胁的重要程度进行适时完整的评价。

1.2.2 功能模型

功能模型是从融合过程的角度，表述信息融合系统及其子系统的主要功能和数据库的作用，以及系统工作时各组成部分之间的相互作用关系。在信息融合功能模型的发展过程中，JDL 模型及其演化版本占据十分重要的地位，是目前信息融合领域使用最为广泛、认可度最高的一类经典的功能模型，并被广泛应用于军事和民用领域 [4,13,14]。

1. JDL 模型

1984 年，美国国防部成立数据融合联合指挥实验室，提出了 JDL 模型，并逐步改进和推广使用，已成为美国国防信息融合系统的一种实际标准。最初的 JDL 模型包括第 1 级处理即目标位置/身份估计，第 2 级处理即态势评估，第 3 级处理即威胁估计，第 4 级处理即过程优化。到 1992 年，信息预处理模块又被引入 JDL 模型中，从而形成了信息融合功能模型的基本结构，如图 1.3 所示。

信息预处理功能主要指初级过滤，它自动控制进入融合系统的数据流量，即根据观测时间、报告位置、数据或传感器类型、信息的属性和特征来分选和归并数据，以控制进入融合中心的信息量。此外，信息预处理功能还将数据进行分类，并按后续处理的优先次序进行排列。

第 1 级处理为目标位置/身份估计，由数据校准、互联、跟踪和身份融合组成。数据校准将各传感器的观测值变换为公共坐标系，包括坐标变换、时间变换和单位转换等; 互联将各传感器的数据分为一系列组，每一组代表某一目标；跟踪是融合各传感器信息，获得最佳融合航迹；身份融合是综合与身份有关的数据进行身份识别，采用的技术主要有聚类方法、神经网络、模板法、D-S (Dempster-Shafer) 证据理论和贝叶斯 (Bayes) 推理方法等。

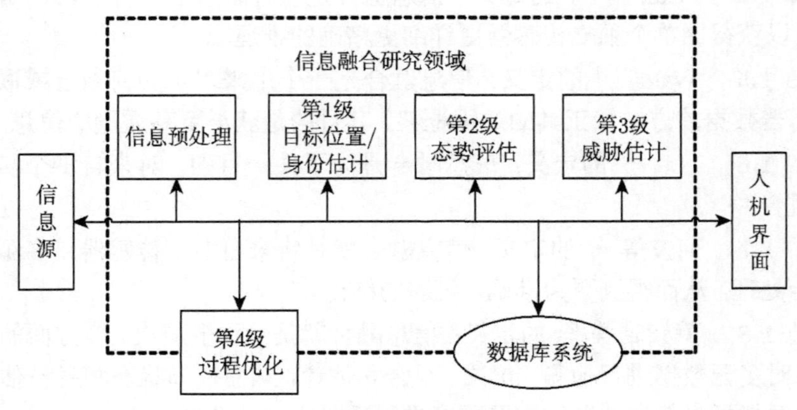

图 1.3　JDL 模型示意图

第 2 级处理为态势评估，包括态势的提取和评估。首先，由不完整的数据集合建立一般化的态势表示，对前几级处理产生的兵力分布情况给出一个合理的解释。然后，通过对复杂战场环境的正确分析与表达，导出我方和敌方兵力的分布推断，给出意图、行动计划和结果。

第 3 级处理为威胁估计，包括确定我方和敌方力量的薄弱环节，我方和敌方的编成估计、危险估计、临近事件的指示和预警估计、瞄准计算和武器分配等。

第 4 级处理为过程优化，主要包括采集管理及系统性能评估功能。采集管理用于控制融合的数据收集，包括传感器的选择、分配及传感器工作状态的优选和监视等。传感器的任务分配要求预测动态目标的未来位置，计算传感器的指向角，并规划观测和最佳资源利用。系统性能评估用于进行系统的性能评估及有效性度量。此外，过程优化还进行各融合功能的需求分析，以及对通信设施、武器平台等资源进行管理。

此外，数据库管理系统也是信息融合系统的重要组成部分。

信息融合系统并没有刻意去规定数据融合级别的严格顺序，这一点从图 1.3 可以看出，即模型构造是以信息总线的形式而不是用流程结构来表示。但是一般来讲，系统设计者都习惯假定一个处理顺序。很明显，在应用中需要用户来规定某种顺序，以便解决不同级别、不同层次系统的各种问题。在 JDL 模型中，信息融合级是按照一个有序的流程执行的。但在实际环境中，信息融合系统的各个级别中会有大量的并发行动，尤其在第 2 级、第 3 级和第 4 级中，这也是 JDL 模型没能描述清楚的地方。

2. JDL-User 模型

2002 年，Blasch 在基本的 JDL 模型基础上提出了更符合工程实际，也更具操作性的 JDL-User 模型 [13]，如图 1.4 所示。

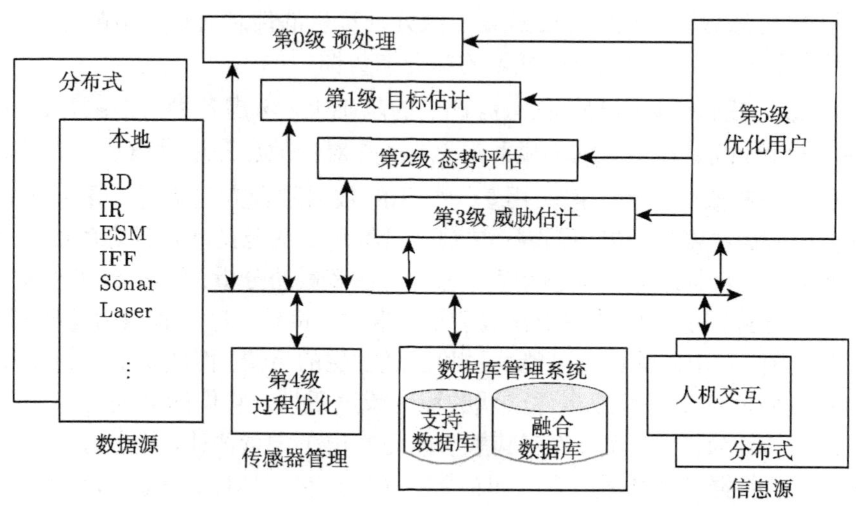

图 1.4　JDL-User 模型

在 JDL-User 模型中，信息融合分为六级，下面对各级别的功能进行简要介绍。

第 0 级为预处理过程，在像素/信号级数据关联的基础上估计、预测信号/目标的状态。

第 1 级为目标估计过程，要考虑的第一类问题包括目标状态和属性估计两个方面。在关联量测与跟踪的基础上，估计目标的状态，如空间位置和速度；对传感器数据进行特征提取和处理，估计目标的身份。其中，目标状态估计即传统 JDL 中的位置融合。

要考虑的第二类问题是属性融合，也称为身份融合。属性融合可分为数据级、特征级和决策级。在数据级融合中，将每一传感器的属性观测数据进行融合，提取特征矢量，进一步转变成身份报告。数据级属性融合常用的方法有模板法、聚类分析、自适应神经元网络等。在特征级融合中，首先将每一传感器的属性观测数据进行特征矢量提取，然后使用神经网络或聚类算法将这些特征矢量进行融合，得到融合目标身份报告。决策级融合则是先将每个传感器根据各自的属性量测数据进行目标身份的初步报告，可使用数据级和特征级的算法来完成，再进一步应用决策级融合技术，如经典推理、贝叶斯推理、D-S 证据推理和广义证据处理等，将各个传感器提供的目标身份的初步报告进行融合，完成目标身份估计。

位置融合与属性融合并不是截然分开的，位置融合与属性融合能够解决单纯的位置融合或属性融合不能解决的问题。例如，在跟踪算法中融入属性信息可以提高分辨目标的能力；在数据关联时，引入属性信息，可提高杂波环境中多目标跟踪的性能。

第 2 级为态势评估过程，根据第 1 级处理提供的信息对战场上战斗力量分配情况等进行评估，从而构建整个战场的综合态势图。

第 3 级为威胁估计过程，在态势评估的基础上，考虑各种可能的行动和武器配置等，估计作战事件出现的程度和严重性，并对作战意图进行指示与告警。

态势评估和威胁估计一般采用基于知识的数据融合方法实现，解释第 1 级处理系统的结果，主要分析以下问题：被观察目标所处的范围和目标之间的关系、目标的分级组合、目标未来行动预测等。态势评估和威胁分析的任务密切相关，但侧重点不同。态势评估是建立关于作战活动、事件、机动、位置和兵力等要素组织，形成一张视图，并由此估计出可能发生和已经发生的事情。而威胁估计的任务是根据当前态势估计出未来作战事件出现的程度或严重性。它们的区别在于，前者仅指出了敌军的行为模式，而后者对其威胁能力给出了定量估计，并指出了敌军的意图。评估除了依据各种传感器所获得的数据外，还包括地理、气象、水文、运输乃至政治、经济等各种因素。

第 4 级为过程优化过程，它可在整个融合过程中监控系统性能，识别增加潜在的信息源，并根据实际需要，随时改变传感器部署，这一部分也称为传感器管理。传感器管理构成了信息融合的闭环反馈环节，有助于实现整个系统性能的优化。传感器管理的目的是利用有限的传感器资源，在满足某种具体的战术要求下，在要求的空域对多个目标进行跟踪，以某一综合最优准则，对传感器资源进行合理分配，包括选择何种传感器、该传感器的工作方式及参数等。

多传感器资源管理系统可对多种 (个) 传感器，包括单平台和多平台多传感器系统及地理上分布的多传感器网络 (如多雷达组网) 实行时间、空间管理及模式管理，它完成的功能有目标排列、事件预测、传感器预测、传感器对目标的分配、空间和时间控制以及配置与控制策略。

第 5 级为优化用户过程，自适应地决定查询和获取信息的用户，并自适应地获取和显示数据以支持决策制定和行动。

其他的辅助支持系统包括数据库管理系统和人机交互等部分。

在 JDL-User 模型中，如何发现被观测对象的空间位置，也就是目标跟踪，是多源信息融合的最基本的功能，位于六级模型的第 1 级。这部分是目前多传感器融合最活跃和发展最快的研究领域。

3. 其他模型

1999 年，Steinberg 等提出一种 JDL 修正模型 [10]，该模型将图 1.4 中第 3 级的 “威胁估计” 改为 “影响估计”，从而将功能模型的应用从军事领域推广到民用领域。之后，随着信息融合技术应用领域越来越宽，所要解决的问题日益复杂，因此许多专家在多源信息融合功能模型中增加了人的认知优化功能，相应的 JDL 模型可以修改为图 1.5 所示的结构。

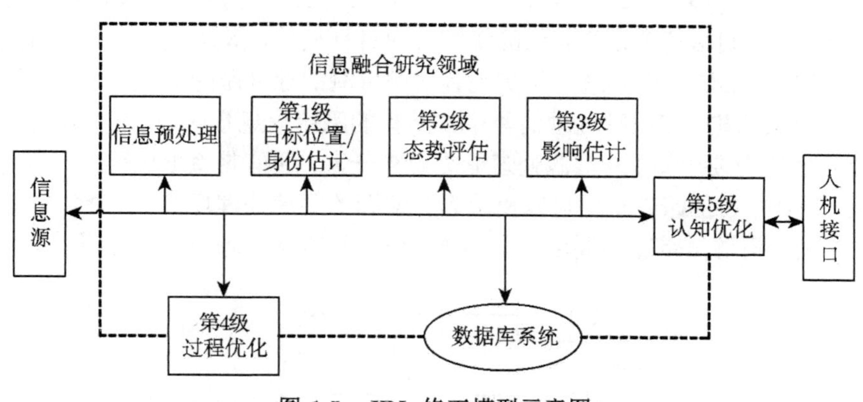

图 1.5 JDL 修正模型示意图

其他的功能模型还包括修正瀑布模型 [15]、情报环模型 [16]、Body 模型 [17] 和混合模型 [18] 等。

1.2.3 系统结构

根据系统需求 (成本、安全性和可维护性等) 和外界环境 (自然环境和人为对抗环境)，信息融合系统的结构一般可划分为集中式结构、分布式结构以及混合式结构。下面以目标跟踪为背景，分别介绍这三种结构 [13]。

1. 集中式结构

集中式结构的特点是将各个信源的量测传给融合中心，由融合中心统一进行目标跟踪处理。该结构充分利用了信源的信息，系统信息损失小，性能比较好，但系统对通信带宽要求较高，系统的可靠性较差。

根据信源量测是否处理，集中式结构具体分为两种形式：无跟踪处理的集中式结构和有跟踪处理的集中式结构。

无跟踪处理的集中式结构如图 1.6(a) 所示。在该结构中，所有信源的量测不经过跟踪处理，只是起数据收集的作用，得到量测后将量测直接传送给融合中心，由融合中心集合所有信源的量测进行跟踪处理。无跟踪处理的集中式结构最大可能地利用信源信息，可对无法由单信源跟踪的弱目标形成航迹，且结构简单，仅在融合中心存在跟踪处理过程。在无跟踪处理的集中式结构中，融合中心的处理能力要求非常高，各信源的处理能力要求比较低，通信带宽的要求非常高，系统可靠性差。系统的跟踪结果完全取决于融合中心，融合中心一旦出现故障，整个系统完全崩溃。需要注意的是，由于各信源不在同一参考空间带来配准误差，无跟踪处理的集中式结构产生虚假航迹的概率相对于各信源自行跟踪要高很多，并且会大大降低系统的性能。

有跟踪处理的集中式结构如图 1.6(b) 所示。在该结构中，信源模块本身具有跟踪处理能力，利用信源自身获取的量测形成目标航迹，将跟踪处理关联的量测传送给融合中心，由融合中心进一步实现各信源量测的综合跟踪处理。相对于无跟踪处理的集中式结构，有跟踪处理的集中式结构的系统信息损失较大，性能略差，融合中心处理能力要求降低，信源处理能力要求升高，通信带宽要求降低，系统可靠性增强。融合中心的跟踪结果可以反馈到各信源的跟踪处理环节，改善各信源局部航迹的性能，但通信带宽的要求明显增加，信源的跟踪处理复杂度上升。

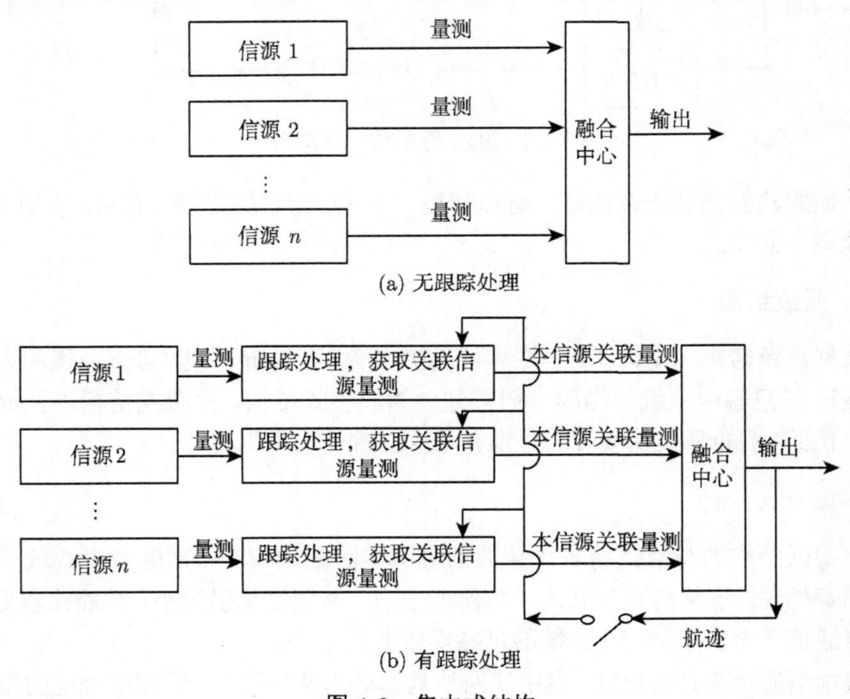

图 1.6　集中式结构

2. 分布式结构

分布式结构的特点是首先由各个信源模块对所获取的量测进行跟踪处理，然后对各个传感器形成的目标航迹进行融合。该结构的信息损失大于集中式结构，性能较集中式略差，但可靠性高，并且对系统通信带宽要求不高。

分布式结构具体分为三种形式：有融合中心的分布式结构，无融合中心、共享航迹的分布式结构，以及无融合中心、共享关联量测的分布式结构。

有融合中心的分布式结构如图 1.7(a) 所示。在该结构中，信源本身具有跟踪处理能力，利用信源自身获取的量测形成目标航迹，将形成的目标航迹传送给融合中心，由融合中心进一步实现各信源航迹的融合处理。有融合中心的分布式结构与有跟踪处理的集中式结构近似，差别在于有跟踪处理的集中式结构在各信源模块跟踪处理后，传递给融合中心的是关联量测；有融合中心的分布式结构在各信源模块跟踪处理后，传递给融合中心的是目标航迹。与有跟踪处理的集中式结构相比，有融合中心的分布式结构的系统信息损失略大，性能略低，系统可靠性基本相当，融合中心处理能力要求降低，信源处理能力相当，通信带宽基本在同一数量级。在有融合中心的分布式结构中如果存在反馈环节，可以改善各信源局部航迹的性能，但通信带宽的要求明显提高，信源的跟踪处理复杂度提高。反馈环节的加入并不能改善融合系统的性能，但可以提高信源局部航迹的估计精度。

无融合中心、共享航迹的分布式结构如图 1.7(b) 所示。在该结构中，信源模块本身具有跟踪处理能力，利用信源自身获取的量测形成目标航迹，将形成的目标航迹传送到通信链路，同时信源从通信链路中接收其他信源发送的航迹信息，将本信源的航迹信息与其他信源的航迹信息进行航迹融合处理，处理结果可以反馈到本信源模块的跟踪处理环节，改进本信源的跟踪性能。与有融合中心的分布式结构相比，无融合中心、共享航迹的分布式结构的系统信息损失相当，性能也基本相当，不存在融合中心节点，信源处理能力要求提高，通信带宽要求相当。特别要强调的是，由于不存在融合中心，这种结构的系统可靠性非常强，任何一个节点的损坏，对于整个系统的影响非常小，系统仍然可以鲁棒地工作。

无融合中心、共享关联量测的分布式结构如图 1.7(c) 所示。在该结构中，信源模块本身具有跟踪处理能力，利用信源自身获取的量测形成目标航迹，将跟踪处理关联的量测传送到通信链路，同时信源从通信链路中接收其他信源发送的关联量测信息，将其他信源的关联量测信息引入跟踪处理环节，改进本信源的跟踪性能。与无融合中心、共享航迹相比，无融合中心、共享关联量测的分布式结构的系统信息损失较小，性能略高，同样不存在融合中心节点，对信源处理能力要求、通信带宽要求基本相当。同样，由于此结构中不存在融合中心，系统可靠性非常强，任何一个节点的损坏，对于整个系统的影响非常小，系统仍然可以鲁棒地工作。

3. 混合式结构

混合式结构是集中式和分布式两种结构的组合，同时传送各个信源的量测和各个信源经过跟踪处理的航迹，综合融合量测和目标航迹。该结构保留了集中式和分布式两种结构的优点，但在通信带宽、计算量、存储量上一般要付出更大的代价。

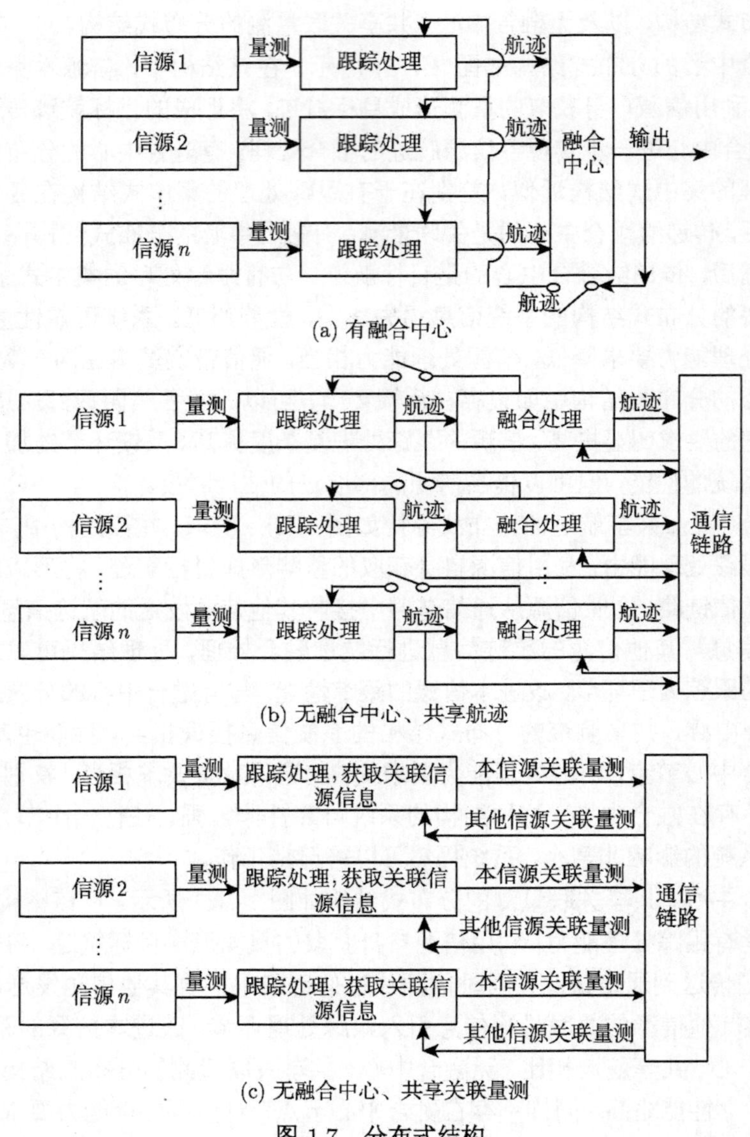

(a) 有融合中心

(b) 无融合中心、共享航迹

(c) 无融合中心、共享关联量测

图 1.7　分布式结构

1.2.4　融合级别

按照融合系统中数据抽象的层次，融合可划分为三个级别：数据级融合、特征级融合和决策级融合。各个级别融合处理的结构分别如图 1.8~图 1.10 所示 [3]。

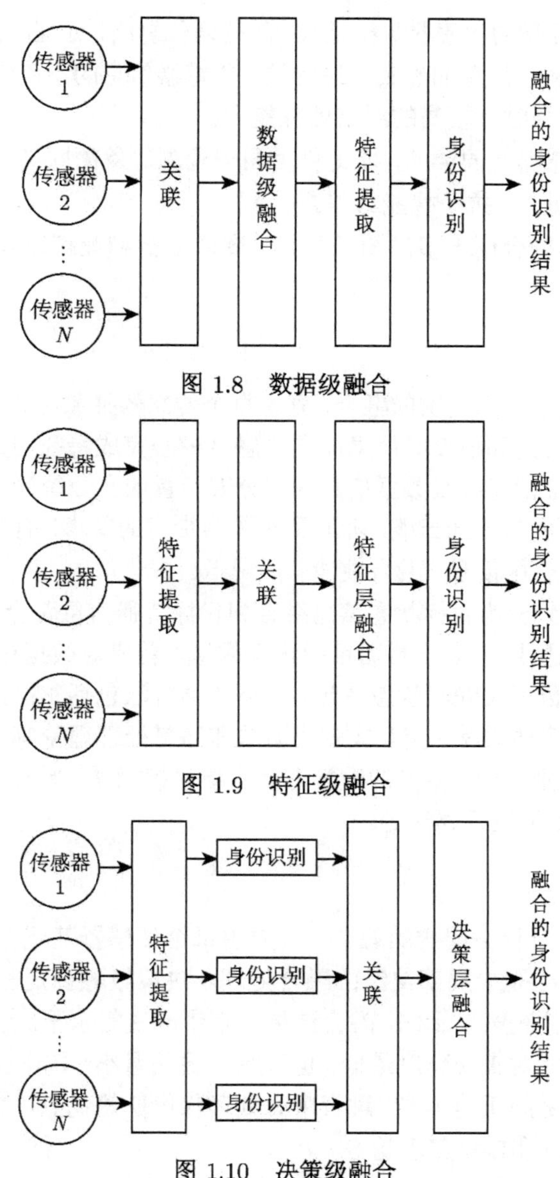

图 1.8 数据级融合

图 1.9 特征级融合

图 1.10 决策级融合

1. 数据级融合

数据级融合是最低层次的融合，直接对传感器的观测数据进行融合处理，然后基于融合后的结果进行特征提取和判断决策。这种融合处理方法的主要优点为：只有较少数据量的损失，提供其他融合层次所不能提供的细微信息，精度最高。它的局限性包括如下几个方面。

(1) 由于所要处理的传感器数据量大，故处理代价高，处理时间长，实时性差。

(2) 这种融合是在信息的最底层进行的，传感器信息的不确定性、不完全性和不稳定性要求在融合时有较高的纠错处理能力。

(3) 它要求传感器是同类的，即提供对同一观测对象的同类观测数据。

(4) 数据通信量大，抗干扰能力差。

此级别的数据融合用于多源图像复合、图像分析和理解以及同类雷达波形的直接合成等。

2. 特征级融合

特征级融合属于中间层次的融合，先由每个传感器抽象出自己的特征向量(可以是目标的边缘、方向和速度等信息)，再由融合中心完成特征向量的融合处理。一般来说，提取的特征信息应是数据信息的充分表示量或充分统计量。特征级融合的优点在于实现了可观的数据压缩，降低了对通信带宽的要求，有利于实时处理，但由于损失了一部分有用信息，融合性能有所降低。

特征级融合可划分为目标状态信息融合和目标特征信息融合两大类。其中，目标状态信息融合主要用于多传感器目标跟踪领域，首先对数据进行处理以完成数据配准，然后进行数据关联和状态估计。具体数学方法包括 Kalman 滤波理论、联合概率数据关联、多假设法、交互式多模型法和序贯处理理论等。目标特征信息融合实际属于模式识别问题，常见的数学方法有参量模板法、特征压缩和聚类方法、人工神经网络及 K 阶最近邻法等。

3. 决策级融合

决策级融合是一种高层次的融合，首先由每个传感器基于自己的数据做出决策，然后在融合中心完成局部决策的融合处理。决策级融合是三级融合的最终结果，是直接针对具体决策目标的，融合结果直接影响决策水平。这种处理方法数据损失量最大，因此相对来说精度最低，但其具有通信量小、抗干扰能力强、对传感器依赖小、不要求是同质传感器、融合中心处理代价低等优点。常见算法有贝叶斯推理、D-S 证据推理和模糊集理论等。

特征级融合和决策级融合不要求多传感器是同类的。另外，因为不同融合级别的融合算法各有利弊，所以为了提高信息融合技术的速度和精度，需要开发高效的局部传感器处理策略以及优化融合中心的融合规则。

1.3 多源动态系统融合估计概述

由于信息表现形式的多样性、信息数量的巨大性和信息关系的复杂性，信息融合的综合或融合处理过程具有本质的复杂性，涉及多学科交叉的理论和技术。另外，信息融合面向的应用对象比较宽泛，不同对象的属性特征差异也要求发展与之相适应的信息融合技术。目前信息融合所依赖的技术方法大致可分为基于概率论的融合方法和非概率的融合方法。前者主要包括经典概率推理、经典贝叶斯估计、Kalman 滤波、期望最大化 (expectation maximization, EM) 算法、贝叶斯凸集理论和信息论 (香农理论) 等方法；后者主要包括 D-S 证据推理、模糊逻辑、神经网络、条件事件代数、随机集理论、粗糙集、鞅论和小波变换等方法。其中，以贝叶斯估计和 Kalman 滤波为基础的状态融合估计理论为多源信息融合奠定了关键的理论基础，通过学者的长期不懈努力，状态融合估计已经成为多源信息融合中不可或缺的重要分支。有鉴于此，本书以随机动态系统估计、辨识和融合为主要研究对象，重点关注基于贝叶斯估计与 Kalman 滤波的多源动态系统融合估计的最新研究进展及相关理论。

多源动态系统融合估计是通过充分利用不同时间、不同空间的多传感器观测信息，采用信息融合技术以获得对系统状态的最佳描述和高于各个单传感器估计精度的优越性能，并增加估计的可靠性。在多源动态系统融合估计中，信息的多源性有助于多传感器之间的协调和互补优势，克服单个传感器的不确定性和局限性，提高整个系统的可靠性和鲁棒性，不仅可以获得比单个传感器更高的估计精度，而且多传感器空间分布可大大提高探测范围和探测能力。鉴于多源动态系统融合估计的上述优点，一直以来，它都是诸如系统跟踪、过程监控、工艺优化、故障诊断等应用中不可缺少的重要组成部分 [3]。例如，在网络化控制系统中，多源信息的冗余性和互补性可有效地监控系统的实时运行状态，抵消网络环境的不确定性对系统性能的影响，以保证系统的安全性和经济性；多源融合估计还是系统故障诊断的基础，基于多源信息计算出的高精度状态估计结果，可有效地去除网络环境中的随机干扰所引起的错误信息，及时发现不合理的状态或故障，使得能够提前采取必要的措施进行矫正。

1.3.1 一般性框架

多源信息在形式上具有多样性和复杂性，如异类传感器量测多尺度和同类传感器量测多平台转换等，如何对多尺度多平台信息进行合理建模、转换和处理，并进一步选择合理的融合方法给出最优状态估计结果，一直以来都是多信息融合领域研究的热点与难点。

以目标跟踪为例，在多源 (特别是异类传感器) 信息融合系统中，目标的不同特征可用不同类型的信息进行刻画、描述或表示。例如，用位置、速度和加速度刻画目标的空间状态，用方位角和俯仰角刻画目标的态势，用目标发射的电磁波刻画目标的形状，用体积和重量刻画目标的类型，用像素刻画目标的颜色，等等。这些信息包含声学、光学或化学等特性，它们都是通过相应类型的传感器 (如雷达、声呐和红外传感器和光学传感器等) 采集到的。

多源动态系统融合估计的一般性处理框架如图 1.11 所示。整个系统由 M 类传感器组构成，其中每组中含若干个同类型的传感器，$z_i(t)$ 为各类传感器的量测信息 (或经过相应信息处理后的局部融合结果)。首先建立目标对象的状态空间演化模型，状态演化会受到控制输入、参数耦合、状态约束、多模态和非线性等因素的影响，多传感器系统对目标状态进行量测，获得不同平台和不同尺度的量测信息，需要考虑不同传感器的采样或传输多速率及传感器管理等问题。然后，融合中心借助网络通信接收来自不同传感器的量测信息或局部融合结果，不同传感器共享网络总线，网络出现拥塞和异常等，包括时滞、丢包、乱序和量化等。最后，融合中心通过数据时空配准，利用各类估计、辨识或联合估计与辨识等融合算法或技术，输出状态或参数的融合估计结果。

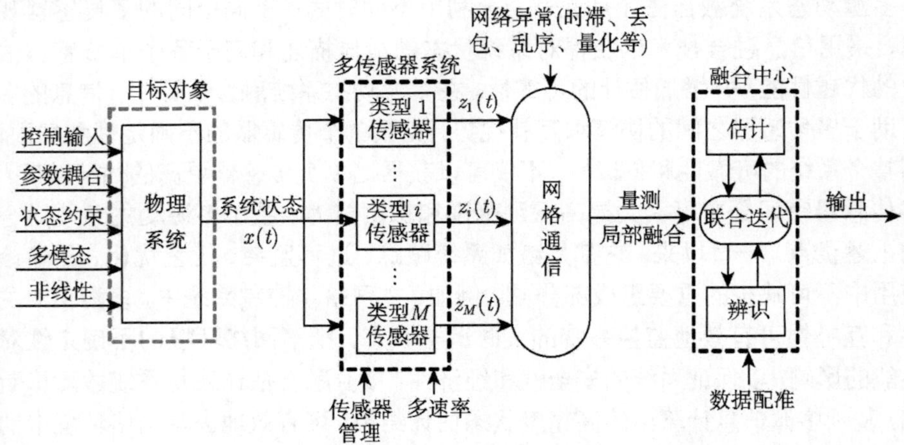

图 1.11　多源动态系统融合估计的一般性处理框架

下面就借助图 1.11 分别论述多源动态系统融合估计中涉及的空间配准、多速率、状态约束、多模态、非线性、状态与模型参数耦合以及传感器资源管理等相关问题。本书后面的章节内容将围绕这些问题展开论述，并详细论述目前作者在这些方面所取得的一些研究结果。

1. 数据配准

多传感器配置在不同的地域和平台上，且通常是在不同时刻获取到量测信息。为了正确融合这些不同地域、不同平台和不同时刻获取的信息，必须对不同传感器获取的时空信息进行协调和校准，因此传感器数据配准是进一步融合的前提和基础。例如，在目标跟踪应用中，若将量测数据直接进行融合运算，则会导致融合跟踪系统对同一目标进行探测时产生多条航迹，甚至在目标密集、编队飞行等复杂的场景中造成航迹关联混乱；若仅简单地采用局部平台传感器量测信息直接参与融合处理，则将严重影响系统融合性能。

为了综合来自多平台的异地、非同步信息，首要任务是进行多源信息的系统偏差估计，以形成空间和时间上的统一量测信息，这也是所有后续信息处理的前提和基础。

2. 多速率

传感器的采样间隔不一致，或网络通信时融合中心主客观方面的信息接收时刻不一致，都会导致多速率问题。例如，远程预警系统具有典型的多速率特点，预警机要集成来自相控阵雷达、红外、敌我识别、ESM 和战术数据链等多源信息，其前视红外典型采样周期是 100ms，ESM 数据更新周期是秒级，相控阵雷达则可工作在 20ms 到几十秒的范围。对于采用电离层折射效应的高频超视距雷达 (over the horizon radar, OTHR)，其电离层辅助探测设备采样间隔为十几甚至几十分钟，而主雷达的探测周期则快得多。

3. 状态约束

实际中，某些物理属性 (如质量、能量、冲量) 或数学性质 (如非负性、单调性、凸性) 决定了系统状态必须遵循或要求满足一定的约束条件。这种约束动态系统广泛地存在于现实世界中。例如，电路系统中电流和电压满足基尔霍夫定律；飞行器的姿态估计中，状态分量 (四元数) 平方和等于单位 1；目标跟踪中，飞行器运动速度、加速度存在一定的极限值，地面目标的运行轨迹会受到地形、地势、道路等地面条件的限制；民航飞行中，客机航迹必须在飞行包线内等。另外，约束的形式多种多样，有等式/不等式约束、集合约束、概率约束和硬/软约束等。在信息融合角度，系统中有效利用约束信息必定会带来更好的系统模型和更精确的状态估计。

4. 多模态

多模态通常用来表征目标对象的多种状态演化特性或量测模型与目标对象的多种对应关系，其在多传感器目标跟踪中表现尤为突出。一般来说，多模态被用来建模跟踪系统的多种选择的可能，它包括了目标运动状态的多种形式、杂波环境或多目标跟踪情况中量测与目标的关联 (数据关联)、多检测系统中量测与模式的关联、多传感器融合中航迹与航迹的关联。例如，在机动目标跟踪中，目标运动被描述成多个典型运动模式的随机马尔可夫切换，从而将机动目标的自适应建模转化为一类马尔可夫切换系统的状态估计和模式辨识的综合过程。

5. 非线性

非线性特征在实际系统中广泛存在。例如，在目标跟踪中，目标的超强机动或转弯会导致目标运动演化本质非线性，雷达量测方程在球坐标系下是与目标状态非线性耦合的指数函数，而多传感器量测信息在不同参考坐标系之间转换会引起量测模型的强非线性；在全球卫星导航系统 (global navigation satellite system, GNSS)/惯性导航系统 (inertial navigation system, INS) 的组合方式中，大的载体姿态误差使得导航误差模型中位置和速度方程呈现强非线性特征，GNSS 和 INS 的 (超) 紧组合量测输出是与状态呈非线性关系的伪距和伪距率。

6. 状态与模型参数耦合

模型参数在这里表示的范围比较广泛，可以理解为是与状态相互耦合、互为因果的一类参变量。状态与参数分别对应于状态估计与参数辨识，一方面，估计问题包括目标运动状态估计、多传感器航迹融合、系统偏差估计等，而辨识问题包括干扰参数辨识、数据关联、机动检测等；另一方面，这两个问题相互耦合，估计的误差会引来辨识风险，而辨识风险又会带来估计误差。估计与辨识的相互耦合对目标状态稳定估计造成严峻的挑战。而联合估计与辨识综合考虑了这两个问题耦合的影响，显然比单独辨识或估计，即“先估计–后辨识”或“先辨识–后估计”更为有效。在估计和辨识高度相关下的联合处理中，期望最大化方法由于其特有的迭代优化性能而在目标跟踪、语音识别、机器学习等领域得到极大关注和应用。

7. 传感器资源管理

在多传感器系统中，如何在资源有限情况下合理有效地利用传感器资源以满足系统最优性能的要求，以及如何对传感器资源进行协调分配以使系统取得整体性能最优，日益成为信息融合中迫切需要解决的问题。因此，传感器管理技术不仅大大提高了信息融合系统的精度，而且提高了系统整体效能，成为获得最佳作战效果的关键。传感器资源管理通常是指利用多个传感器收集关于目标与环境的信息，以任务为导向，在一定的约束条件下，合理选择参与执行任务的传感器，通过使传感器信息在网络中实现共享，恰当分配或驱动多传感器协同完成相应的任务，以使一定的任务性能最优。

目前，基于事件驱动思想的传感器管理研究受到了广泛关注，包括单传感器的工作模式或工作参数的自适应调控及多传感器的优化选择等。

1.3.2 发展现状

目前多源动态系统融合估计理论的融合方法众多，在丰富融合估计理论的同时，很难用一个统一的标准对其进行分类，本书下面从不同角度对信息融合估计的基本方法进行梳理和综述。参照文献 [19]，从不同角度来说，融合估计的基本方法主要包括最优加权融合估计、集中式融合估计和分布式融合估计、状态融合估计和观测融合估计、协方差交叉 (covariance intersection, CI) 融合估计等。

1. 最优加权融合估计

最优加权融合估计是解决在某种融合准则下的多源信息最优融合估计问题，这也是学者最先考虑和研究的一类融合估计方法。

20 世纪 70 年代，Singer 等 [20] 在假设各个状态估计是相互独立的前提下研究了多传感器状态估计问题，标志着多传感器融合系统融合估计研究的开始。1986 年，带两传感器系统当两个局部估计误差不相关 (互协方差为零) 时的按矩阵加权最优融合公式被给出 [21]。Bar-Shalom 和 Campo 则进一步提出了当两个局部估计误差互协方差不为零时的按矩阵加权最优融合公式 [22]。1990 年，Carlson[23] 将文献 [24] 的结果推广到多传感器情形，用加权最小二乘 (weighted least squares, WLS) 法导出了带不相关局部估计误差的多传感器按矩阵加权最优融合公式。1994 年，Kim[25] 推广文献 [22] 的结果到多传感器情形，并考虑了局部估计误差相关的情形，用极大似然 (maximization likelihood, ML) 法导出了按矩阵加权最优融合公式，但其缺点和局限性是假设局部估计误差服从联合正态分布。为了克服这种局限性，文献 [26] 针对局部估计误差相关情形，在线性无偏最小方差 (linear unbiased minimum variance, LUMV) 准则下，用 Lagrange 乘数法导出了按矩阵加权最优融合公式，它等同于 Kim 的公式，但去掉了正态分布的假设。而文献 [27] 用 WLS 法非常简洁地导出了文献 [26] 的结果，推广文献 [23] 的结果到局部估计误差相关的情形。当局部估计误差相关时，为了计算最优加权矩阵，要求计算 $nL\times nL$ 高维矩阵的逆矩阵，计算负担较大。为了克服这个缺点，文献 [28] 在线性最小方差意义下用 Lagrange 乘数法提出了按标量加权最优融合公式。之后，文献 [29] 提出了按对角阵加权 (即对分量按标量加权) 最优融合公式。采用按标量或对角阵加权公式，可显著减小计算负担，便于实时应用，因为只要求计算 $L\times L$ 矩阵的逆矩阵。

对于基于 Kalman 滤波的融合，已证明上述三种加权融合估计的精度关系为 [27]：按标量加权融合估计的精度高于每个局部估计的精度，按对角阵加权融合估计的精度高于按标量加权融合估计的精度，而按矩阵加权融合估计的精度高于按对角阵加权融合估计的精度。特别地，集中式融合估计的精度高于按矩阵加权融合估计的精度。这里，精度比较的性能指标为估计误差方差阵的迹，它等于分量估计误差方差之和。因此，集中式融合 Kalman 滤波是全局最优的，而上述三种加权状态融合 Kalman 滤波是全局次优的。

应指出早在 2000 年，文献 [30] 就对 Lagrange 乘数法提出了局部估计误差不相关时的按标量加权融合公式，文献 [27]、[28] 将其推广到局部估计误差相关的情形。

文献 [31] 分别用隐式和显式两种不同方法导出了隐式和显式标量加权融合估计公式，其中，显式融合公式相同于文献 [27] 和 [28] 的公式。隐式方法避免了

Lagrange 乘数法，显式方法采用带约束的二次型优化求解公式。

文献 [32] 将约束优化问题化为无约束优化问题，避免了 Lagrange 乘数法，给出了最优加权阵的一种公式，可适当降阶矩阵求逆维数，从而减小部分计算负担。文献 [33] 将约束优化问题化为无约束优化问题，提出了加权观测融合最优加权阵的两种公式，可减小一定的计算负担。

2. 集中式融合估计和分布式融合估计

从未加工的数据是否被直接应用的角度，融合估计方法分为集中式融合估计和分布式融合估计 [34]。若各传感器观测数据直接被送到融合中心进行处理，则称为集中式融合 (图 1.12)；若各传感器观测数据先通过相应的局部处理器得到局部估计后，再将各传感器的局部估计送到融合中心进行融合处理，则称为分布式融合 (图 1.13)。

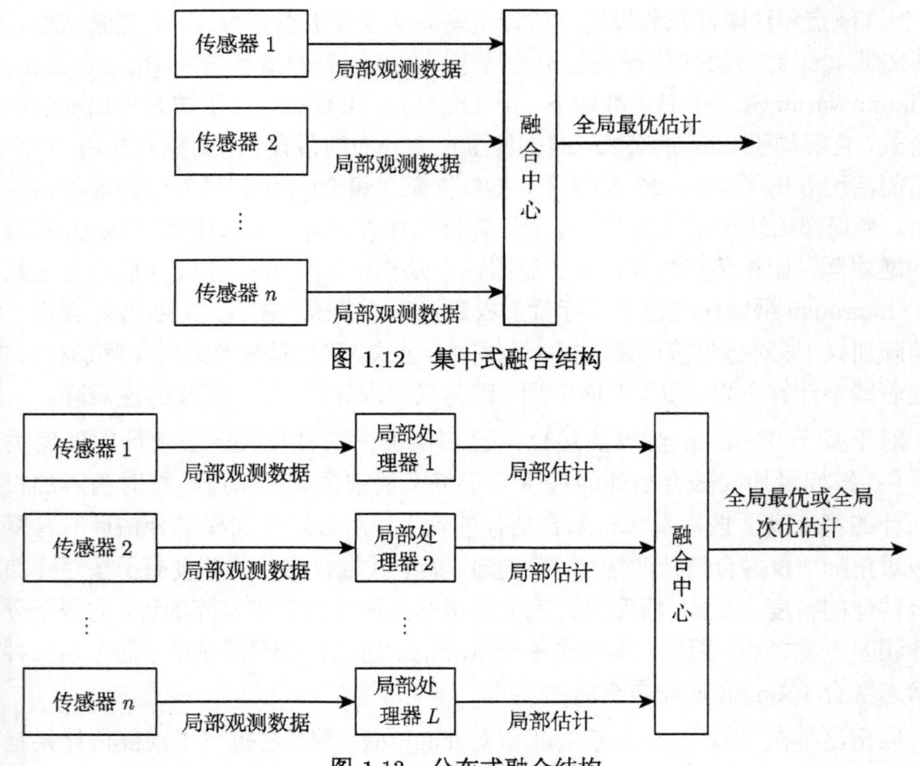

图 1.12　集中式融合结构

图 1.13　分布式融合结构

对于集中式融合最优时变 Kalman 滤波而言，因为它直接应用了各传感器的全部观测信息，所以在 LUMV 估计意义下是全局 (整体) 最优的。对于分布式时变 Kalman 滤波而言，基于信息滤波器由局部 Kalman 滤波组合获得的分布式融合时变 Kalman 滤波 (包括带反馈和不带反馈融合) 是全局最优的，文献 [35] 给出了严格的证明。按矩阵、对角阵或标量加权的分布式状态融合 Kalman 滤波是全局次优的 [36,27]，用方差上界技术的按矩阵加权联邦 Kalman 滤波是全局最优的 [23]。

3. 状态融合估计和观测融合估计

从 Kalman 滤波执行方式上来说，基于 Kalman 滤波的融合估计方法分为状态融合估计和观测融合估计。状态融合估计又分为集中式融合 Kalman 滤波与分布式融合 Kalman 滤波。集中式融合 Kalman 滤波是先将多传感器观测方程合并为一个扩维的观测方程，然后与状态方差联立引出集中式融合 Kalman 滤波。根据投影理论 [37], 它是状态在由扩维观测构成的线性空间上的投影，即状态的 LUMV 估值，故称其为全局最优的，但其缺点是计算负担大，容错性差。然而，在各传感器观测噪声不相关时，采用在信息滤波器形式下的集中式融合 Kalman 滤波可减小计算负担。

一类分布式融合 Kalman 滤波是先求基于每个传感器的局部 Kalman 滤波，然后组合局部 Kalman 滤波器获得全局最优 Kalman 滤波融合 [35,38]，它本质上等价于在信息滤波器形式下的集中式融合 Kalman 滤波。另一类分布式融合 Kalman 滤波是用加权局部 Kalman 滤波得到的 [36,26,27]，其中提出了按矩阵、对角阵和标量加权的三种最优加权融合估计准则 [27]，这类加权分布式融合 Kalman 滤波是全局次优的，即其精度比集中式 Kalman 滤波低，但它的精度比每个局部 Kalman 滤波的精度高 [36]。因为加权分布式融合 Kalman 滤波估值是状态在由局部 Kalman 滤波生成的受约束的线性空间上的 LUMV 估值，而这个受约束的线性空间是由扩维观测构成的线性空间的子空间，且集中式融合 Kalman 滤波估值是状态在由扩维观测生成的线性空间上的 LUMV 估值，所以集中式融合 Kalman 滤波的精度比加权分布式融合 Kalman 滤波高，即加权分布式融合 Kalman 滤波是全局次优的。加权状态融合 Kalman 滤波的优点是可减小计算负担，便于故障诊断和分离 [26]。

观测融合估计分为两种：一种是集中式观测融合估计，它相当于集中式状态融合方法；另一种是分布式观测融合估计，也称加权观测融合方法，该方法首先基于 WLS 法加权局部观测方程得到一个融合观测方程，它的观测噪声具有最小方差，然后将其与状态方程联立，用单个 Kalman 滤波可获得全局最优状态估计。同集中式观测融合 Kalman 滤波相比，加权观测融合 Kalman 滤波有这些优点：由于融合观测具有较低的维数，可显著减小计算负担，且可证明 [36,39] 它在功能上等价于集中式融合 Kalman 滤波，因此具有全局最优性。最初，加权观测融合 Kalman 滤波 [39] 要求各传感器带相同观测阵，且假设各传感器观测噪声是互不相关的。文献 [36]、[40]~[42] 将文献 [39] 的结果推广到带不同观测阵和带相关观测噪声的情形，以及带相关的输入噪声和观测噪声的情形，系统地提出了加权观测融合 Kalman 滤波理论，其中，用信息滤波器严格证明了加权观测融合 Kalman 滤波功能等价于集中式融合 Kalman 滤波。

分布式状态融合 Kalman 滤波与分布式观测融合 Kalman 滤波的区别可用图 1.14 和图 1.15 来说明。前者是先计算局部 Kalman 滤波，然后实现融合状态估计；后者是先进行观测融合，然后用单个 Kalman 滤波器实现观测融合状态估计。

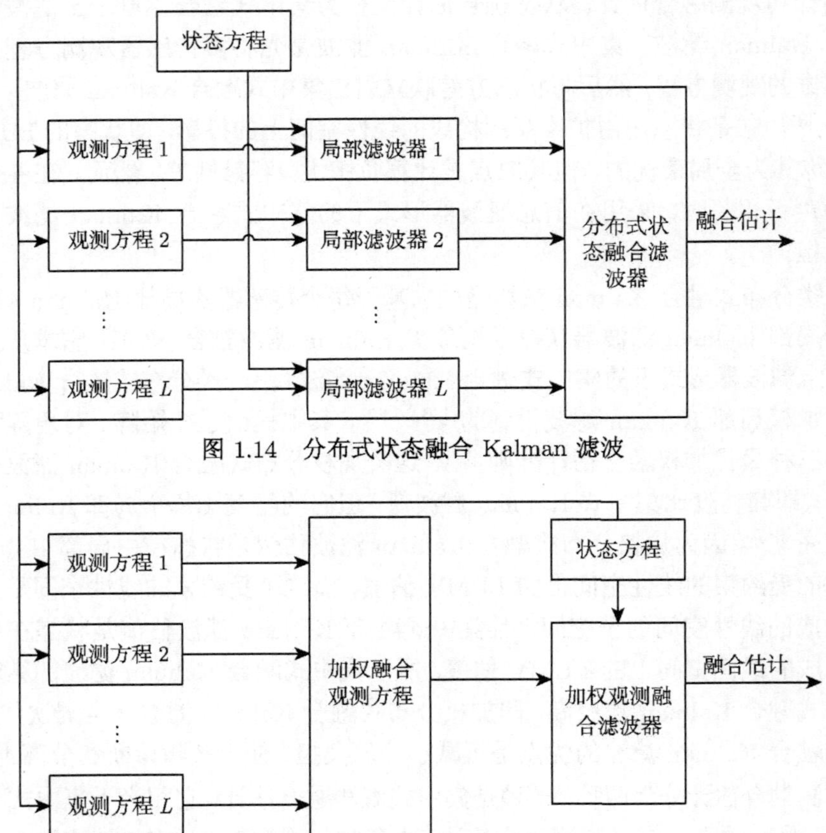

图 1.14　分布式状态融合 Kalman 滤波

图 1.15　分布式观测融合 Kalman 滤波

4. CI 融合估计

从互协方差计算处理角度来说，为了计算最优加权分布式融合 Kalman 滤波，要求精确已知局部 Kalman 滤波误差互协方差阵。但在许多理论和应用问题中，互协方差是未知的，或虽然可求得互协方差公式，但互协方差的计算是非常复杂的 [43,44]，要求较大的计算负担。若忽略互协方差的作用和影响，人为假设互协方差为零，则可导致滤波发散 [45,46]。为了克服上述缺点和局限性，文献 [45]~[47] 中提出了 CI 融合估计方法，并广泛应用于许多领域，如移动机器人同步定位和地图创建 [48]、火箭跟踪和预报 [49]、遥感图像融合 [21]、导弹定位 [50]、宇宙飞船状态估计 [51] 和导航 [52]。CI 融合估计方法有以下特点和优点。

(1) 它可以处理带未知互协方差的多传感器系统的信息融合状态估计问题，避免了寻求和计算未知的互协方差。

(2) 它给出了融合估计误差的实际方差阵的一个上界，这个上界与未知互协方差阵无关，故融合估计误差的实际方差阵的上界对未知互协方差阵是不灵敏的，即无论未知互协方差是什么，相应的融合估计误差的实际方差阵都不会超过这个上界。因此，CI 融合估计精度关于未知互协方差是鲁棒的。

(3) CI 融合估计的精度高于每个局部估计的精度。

目前，CI 融合滤波理论处于开发阶段，尚未形成一个完整的理论体系，但它是富有生命力的，其完全不同于自校正信息融合滤波理论，避免了系统辨识，可以有效处理不确定性多传感器系统的鲁棒融合滤波问题。关于 CI 融合估计的详细论述可参见文献 [19]。

参 考 文 献

[1] Sittler R W. An optimal data association problem in surveillance theory[J]. IEEE Transactions on Military Electronics, 1964, 8(2): 125-139.

[2] 何友, 王国宏, 关欣, 等. 信息融合理论及应用 [M]. 北京: 电子工业出版社, 2010.

[3] 韩崇昭, 朱洪艳, 段战胜, 等. 多源信息融合 [M]. 2 版. 北京: 清华大学出版社, 2009.

[4] 潘泉, 程咏梅, 梁彦, 等. 多源信息融合理论及应用 [M]. 北京: 清华大学出版社, 2013.

[5] Hall D L, Llinas J. Handbook of Multi-sensor Data Fusion[M]. Danvers: CRC Press, 2001.

[6] 闫莉萍，夏元清，刘宝生，等. 多传感器最优估计理论及其应用 [M]. 北京：科学出版社, 2015.

[7] White F E. Data fusion lexicon[R]. Joint Directors of Laboratories, Technical Panel for C3, Data Fusion Sub-Panel, Naval Ocean Systems Center, San Diego, CA,USA ,1987.

[8] 何友. 多目标多传感器分布信息融合算法研究 [D]. 北京: 清华大学博士学位论文, 1996.

[9] White F E. A model for data fusion[C]. Proceedings of the 1st National Symposium on Sensor Fusion, 1988, 2: 149-158.

[10] Steinberg A N, Bowman C L, White F E. Revisions to the JDL data fusion model[C]. SPIE Proceedings of Sensor Fusion: Architectures, Algorithms and Applications, Orlando, Florida, 1999: 430-441.

[11] Wald L. Some terms of reference in data fusion[J]. IEEE Transactions on Geoscience and Remote Sensing, 1999, 37(3): 1190-1193.

[12] Li X R. Information fusion for estimation and detection[C]. International Workshop on Information Fusion, 2007: 1-8.

[13] 潘泉, 梁彦, 杨峰. 现代目标跟踪与信息融合 [M]. 北京: 国防工业出版社, 2009.

[14] Liggins M, Hall D L, Llinas J. Handbook of Multisensor Data Fusion Theory and Practice(Second Edition) [M]. New York: CRC Press, 2008.

[15] Harri C J, Bailey A, Dodd T J. Multi-sensor data fusion in defence and aerospace[J]. The Aeronautical Journal, 1998, 102(1015): 229-244.

[16] Shulsky A. Slient Warface: Understanding the World of Intelligence[M]. London: Brassey's Defence Publishers, 1993.

[17] Body J. A Disource on Winning and Losing[M]. Alabama: Maxwell Air Force Base Lecture, 1987.

[18] Vogt D, Brink V Z, Stewart R, et al. Azisa: Improving mining decisions with real-time data[J]. Journal of the Southern African Institute of Mining and Metallurgy, 2009, 109(1): 15-21.

[19] 邓自立. 信息融合估计理论及其应用 [M]. 北京：科学出版社, 2012.

[20] Singer R, Kanyuck A J. Computer control of multiple site track correlation[J]. Automation, 1971, 7: 455-464.

[21] Guo Q, Chen S Y, Leung H R, et al. Covariance intersection based image fusion technique with application to pan sharpening in remote sensing[J]. Information Sciences, 2010, 180: 3434-3443.

[22] Bar-Shalom Y, Campo L. The effect of the common process noise on the two-sensor fused-track covariance[J]. IEEE Transactions on Aerospace and Electronic Systems, 1986, 22(6): 803-805.

[23] Carlson N A. Federated square root filter for decentralized parallel processes[J]. IEEE Transactions on Aerospace and Electronic Systems, 1990, 26(3): 517-525.

[24] Lewis F L. Optimal Estimation[M]. New York: Wiley, 1986.

[25] Kim K H. Development of track to track fusion algorithm[C]. Proceedings of the American Control Conference, Maryland, 1994: 1037-1040.

[26] Sun S L, Deng Z L. Multi-sensor optimal information fusion Kalman filter[J]. Automatica, 2004, 40: 1017-1023.

[27] Deng Z L, Gao Y, Mao L, et al. New approach to information fusion steady-state Kalman filtering[J]. Automatica, 2005, 41(10): 1695-1707.

[28] Sun S L. Multi-sensor information fusion white noise filter weighted by scalars based on Kalman predictor[J]. Automatica, 2004, 40: 1447-1453.

[29] Sun S L. Distributed optimal component fusion weighted by scalars for fixed-lag Kalman smoother[J]. Automatica, 2005, 41: 2153-2159.

[30] 邓自立, 祁荣宾. 多传感器信息融合次优稳态 Kalman 滤波器 [J]. 中国学术期刊文摘, 2006, 6(2): 183-184.

[31] Shin V, Shevlyakov G, Kim K. A new fusion formula and its application to continuous-time linear systems with multi-sensor environment[J]. Computational Statistics & Data Analysis, 2007, 52: 840-854.

[32] Qiu H Z, Zhang H Y, Jin H. Fusion algorithm of correlated local estimates[J]. Aerospace Science and Technology, 2004, 8: 619-626.

[33] Gao Y, Ran C J, Deng Z L. Weighted measurement fusion Kalman filter based on linear unbiased minimum variance criterion[C]. Joint 48th IEEE Conference on Decision and Control and 28th Chinese Control Conference, 2009: 7593-7598.

[34] Li X R, Zhu Y M, Han C Z. Optimal linear estimation fusion-Part I: Unified fusion rules[J]. IEEE Transactions on Information Theory, 2003, 49(9): 2192-2280.

[35] Zhu Y M, You Z S, Zhao J, et al. The optimality for the distributed Kalman filtering fusion with feedback[J]. Automatica, 2001, 37: 1489-1493.

[36] 邓自立. 信息融合滤波理论及其应用 [M]. 哈尔滨: 哈尔滨工业大学出版社, 2007.

[37] Kalman R E. A new approach to linear filtering and prediction problems[J]. ASME Journal of Basic Engineering, 1960, 82D: 35-45.

[38] Song E B, Zhu Y M, Zhao J, et al. Optimal Kalman filtering fusion with cross-correlated sensor noises[J]. Automatica, 2007, 43: 1450-1456.

[39] Gan Q, Harris C J. Comparison of two measurement fusion methods for Kalman filter based multi-sensor data fusion[J]. IEEE Transactions on Aerospace and Electronic Systems, 2001, 37(1): 273-280.

[40] 冉陈健, 惠玉松, 顾磊, 等. 相关观测融合稳态 Kalman 滤波器及其最优性 [J]. 自动化学报, 2008, 34(3): 233-239.

[41] 冉陈健, 顾磊, 邓自立. 相关观测融合 Kalman 估值器及其全局最优性 [J]. 控制理论与应用, 2009, 26(2): 174-178.

[42] 邓自立, 顾磊, 冉陈健. 带相关噪声的观测融合稳态 Kalman 滤波算法及其全局最优性 [J]. 电子与信息学报, 2009, 31(3): 556-560.

[43] Sun X J, Gao Y, Deng Z L, et al. Multi-model information fusion Kalman filtering and white noise deconvolution[J]. Information Fusion, 2010, 11: 163-173.

[44] Sun X J, Deng Z L. Information fusion Wiener filter for the multi-sensor multi-channel ARMA signal with time-delayed measurements[J]. IET Signal Processing, 2009, 3(5): 403-415.

[45] Julier S J, Uhlmann J K. General decentralized data fusion with covariance intersection [J]. Handbook of Multisensor Date Fusion: Theory and Practice, 2009:319-444.

[46] Julier S J, Uhlmann J K. A non-divergent estimation algorithm in the presence of unknown correlations[C]. Proceedings of 1997 IEEE American Control Conference, 1997: 2369-2373.

[47] Uhlmann J K. General data fusion for estimates with unknown cross-covariance[C]. Proceedings of the SPIE Aerosence Conference, 1996, 2755: 536-547.

[48] Julier S J, Uhlmann J K. Using covariance intersection for SLAM[J]. Robotice and Autonomous Systems, 2007, 55: 3-20.

[49] Ferreira J, Waldmann J. Covariance intersection-based sensor fusion for sounding rocket tracking and impact area prediction[J]. Control Engineering Practice, 2007, 15: 289-409.

[50] Lazarus S B, Ashokaraj I, Tsourdos A, et al. Vehicle localization using sensors data fusion via integration of covariance intersection and interval analysis[J]. IEEE Sensor Journal, 2007, 7(9): 1302-1314.

[51] Arambe L, Rago C, Mehra R K. Covariance intersection algorithm for distributed spacecraft state estimation[C]. Proceedings of the American Control Conference, 2001: 4398-4403.

[52] Lazarus S B, Silson P, Tsourdos A, et al. Multi-sensor fusion for 3D navigation for unmanned autonomous vehicles[C]. The 18th Mediterranean Conference on Control & Automation Congress Palace Hotel, 2010: 1182-1187.

第2章 系统偏差在线估计

在多源信息融合中，多传感器系统可以发挥多传感器之间的协调和互补优势，克服单个传感器的不确定性和局限性，从而极大提高探测范围和探测能力，提高整个传感器系统的可靠性和鲁棒性。然而，因为每部传感器配置在不同地域和不同平台上，且通常是在不同时刻获取到量测信息，所以为了正确融合这些不同地域、不同平台和不同时刻获取的信息，必须对多部传感器获取的信息进行协调和校准，即数据配准。因此，数据配准是多源信息融合的前提和基础。数据配准又称时空配准，包括时间配准和空间配准。

所谓时间配准，是指将关于同一目标的各传感器不同步的量测信息同步到同一时刻。因为各个传感器对目标的量测是相互独立的，且采样周期往往不同，所以它们向融合中心报告的时刻往往是不同的。另外，因为网络通信的延迟，各传感器和融合中心之间传送信息所需的时间也各不相同，所以各传感器报告间有可能存在时间差。因此，融合前需将不同步的传感器量测信息配准到相同的融合时刻。

所谓空间配准，是指借助于多传感器对空间共同目标的量测来估计和补偿传感器偏差。对平台级配准来说，各传感器采用的探测坐标系相同；而对系统级配准来说，各传感器所在的平台采用的探测坐标系是不同的。因此，在融合各平台传感器量测信息之前，需要将它们转换到统一量测坐标系中，而融合后还需将融合结果转换成各平台坐标系的数据后再传送给各个平台。

本章重点关注多源信息融合中的空间配准，特别是由坐标转换、距离偏移、方位偏移和传感器定位不准等引起的系统偏差问题。例如，由于传感器自身故障或外界干扰，其量测信息不可避免地带有一定误差，当多源信息在不同坐标系之间转换时，传感器的自身偏差可能会被进一步放大或激发，若不对多传感器系统偏差进行配准，则会导致估计融合精度降低，甚至误差或故障快速累计，最终导致整个传感器量测系统的失效或崩溃。

2.1 引　　言

若对系统偏差进行配准，则需要先估计出系统偏差这一参数量。从对系统偏差建模角度来说，目前系统偏差估计的国内外研究主要集中在以下几点。

(1) 当随机系统偏差具有零均值和高斯白噪声特性时，可将其看成随机误差的一部分并通过滤波估计、预测估计和平滑估计等方法将其消除，当系统偏差二阶距信息未知时，利用贝叶斯和最大似然 (maximum likelihood, ML) 等方法对该二阶矩进行解析 [1-4]。

(2) 当系统偏差呈现未知确定性，即其为未知的某一常值或缓慢变化值时，可利用广义最小二乘 (generalized least square, GLS)[5,6] 和最小二乘 (least square, LS)[7] 等实时估计方法。Leung 等的极大似然 [8]、Zhou 等的精确极大似然 (exact maximum likelihood, EML)[9] 和 Mcmichael 等改进的最大似然配准 (maximum likelihood registration, MLR) 方法 [10] 利用传感器量测、极大似然法和递归优化来加快估计系统偏差和提升收敛速度。当系统偏差受外界不确定因素影响时，可利用智能方法估计系统偏差 [11,12]；当系统偏差演化模型缓慢变化时, 可利用滑窗原理将缓慢演变的系统偏差作为未知常值进行处理 [13,14]。

(3) 当系统偏差无任何先验知识或先验知识较少时，即系统偏差随机发生且无规律可循，Okello 等的最大似然配准算法 [15] 和等效传感器系统偏差估计算法 [16] 都能较好估计各类动态系统偏差。Li 等 [17] 和 Zhu 等 [18] 提出了基于集中式、分布式的数据关联、系统偏差和数据融合相结合的精确最大化 Kalman 滤波方法。Huang 等提出用期望最大 (expectation maximization, EM) 方法 [19] 同时进行系统偏差配准和数据融合处理。Zhang 等提出基于自动跟踪监视广播 (automatic dependent surveillance-broadcast, ADS-B) 方式的估计方法来提高系统偏差估计精度 [20,21]。

(4) 当系统长时间高负荷工作或受内外部因素影响时，系统偏差随机发生异常等现象，但随后又保持在某一恒定值或按某一模型进行演变。例如，在机载雷达对目标进行跟踪时，雷达受到干扰源影响或机载雷达探测频率频繁切换等都会引起雷达和导航设备量测误差量的跳变。Lian 等提出一种基于广义似然比 (generalized likelihood ratio, GLR) 的自适应在线传感器配准算法来估计偏差跳变的时刻和跳变量的大小 [22]。

上述方法大多基于统计模型和离线估计方式对系统偏差进行建模和估计，不仅数据存储空间和计算复杂度相对较高，而且系统偏差的变化特性不能及时得到反映。因此，第一类常用的系统偏差在线估计方法是将系统偏差增加到状态矢量形成扩维矩阵来联合估计系统偏差和状态。例如，Dhar [23] 用 Kalman 滤波器 (Kalman filter, KF) 在线估计系统偏差；何友等 [24] 采用傅里叶变换理论估计系统偏差和补偿目标航迹；针对非线性系统的系统偏差估计，文献 [25] 和 [26] 提出了无迹 Kalman 滤波 (unscented Kalman filter, UKF) 和粒子滤波 (particle filter，PF) 等联合估计方法。但上述扩维方法仍然不可避免地带来计算复杂度和通信带宽等问题。第二类在线估计方法是降维或迭代估计方法策略，包括二级分解法、解耦 Kalman 滤波 (decoupled Kalman filter , DKF)、EX(exact) 算法及其改进等 [27-31]，这些方法中的 EX 算法通过构造伪量测模型的方法估计系统偏差。Huang 等 [29] 通过推导伪量测表达式并利用期望最大法来估计系统偏差。Lin 等 [32] 提出了拓展 EX(extended EX, EEX) 方法，可用来消除因系统机动模型不匹配造成的系统偏差估计损失。当系统偏差模型难以建立且未知时，张宇等 [33] 提出未知过程噪声统计特性和运动模型情况下 H_∞ 滤波的联合估计方法。

总之，传统的系统偏差估计方法常假设系统偏差或具有高斯特性，或具有确定演化模型，或呈现常值特性，可通过归并和扩维等方法对系统偏差进行估计。但是，传感器突发故障或受外界干扰等都会引发动态系统偏差发生突变，且突变的系统偏差无任何先验知识 (方差和分布等) 可用，因此现有系统偏差估计算法很难有效地解决此类问题。另外，受多种外来因素的影响，多传感器探测系统往往呈现出低检测概率、低信噪比、高虚警率和数据高冲突等复杂特性，会引发量测不确定性、目标不确定性和系统偏差模型不确定等问题。因此，如何对量测和目标的不确定性和系统偏差的不确定性进行估计，也是本章研究的重点。为了方便读者阅读，本章中使用的数学符号在表 2.1 中给出。

表 2.1　第 2 章符号说明

符号	说明
$E[\cdot]$	均值计算
x_k	目标状态向量
t	目标数量
k	时刻
F_k	状态转移阵
Γ_k	干扰阵
$z_{s,k}$	传感器量测向量
$h_{s,k}(\cdot)$	非线性量测函数
$b_{s,k}$	系统偏差向量
v_k	过程噪声
Q_k	过程噪声方差阵
$w_{s,k}$	量测噪声
$R_{s,k}$	量测噪声方差阵
δ_{kl}	Kronecker 函数
$H_{s,k}$	线性量测转移阵
$B_{s,k}$	极坐标系到笛卡儿坐标系的转换阵
$\bar{w}_{s,k}$	零均值高斯白噪声
$F_{s,k}^{b_t}$	系统偏差转移阵
$v_{s,k}^{b_t}$	系统偏差模型的过程噪声
$G_k^{b_t}$	扰动阵
u_k	未知输入驱动
$q_1, q_2, \cdots, q_{N-1}$	$N-1$ 个传感器量测的权系数
F_k^b	扩维后的系统偏差转移阵
b_k	扩维后的系统偏差

续表

符号	说明
G_k^b	扩维后的扰动阵
v_k^b	扩维后的系统偏差模型的过程噪声
Q_k^b	扩维后的过程噪声方差阵
$\tilde{u}_k$	未知的新系统偏差
$(\cdot)^\dagger$	阵的伪逆
$\hat{b}_{k+1\|k}$	系统偏差的预估计
$\hat{b}_{k\|k}$	系统偏差估计
K_{k+1}^b	估计增益阵
$P_{k\|k}^b$	系统偏差估计方差
$P_{k+1\|k}^b$	系统偏差预测方差
$\tilde{b}_{k+1\|k+1}$	系统偏差估计的误差
$\tilde{b}_{k+1\|k}$	统偏差的预测误差
l	迭代的次数
φ	收缩因子
$v_i(m)$	粒子的速度
$x_i(m)$	粒子的位置
$w(m)$	惯性权因子
c_1, c_2, c_3	正的学习因子
r_1, r_2	均匀分布随机数
$p_{\text{best},i}$	个体极值
g_{best}	全局极值
x_{initial}	粒子的初始位置
x_0	初始位置
$\{x_{\text{AP}}, y_{\text{AP}}\}$	传感器 A 在中心坐标系中的坐标
$\{x_{\text{BP}}, y_{\text{BP}}\}$	传感器 B 在中心坐标系中的坐标
$\{r_A(k), \theta_A(k)\}$	传感器 A 在极坐标系中的坐标
$\{r_B(k), \theta_B(k)\}$	传感器 B 在极坐标系中的坐标
$\Delta r_{\text{A}}(k)$	传感器 A 待配准的径向距系统偏差
$\Delta \theta_{\text{A}}(k)$	传感器 A 待配准的方位角系统偏差
$\Delta r_{\text{B}}(k)$	传感器 B 待配准的径向距系统偏差
$\Delta \theta_{\text{B}}(k)$	传感器 B 待配准的方位角系统偏差
$\{x_{\text{A}}(k), y_{\text{A}}(k)\}$	从传感器 A 的量测转换到公共坐标系中的坐标
$\{x_{\text{B}}(k), y_{\text{B}}(k)\}$	从传感器 B 的量测转换到公共坐标系中的坐标
G_k	输入阵
$n = 1, 2, \cdots, N$	PSO 初始化粒子的个数
$\hat{x}_{k\|k,s}$	k 时刻由传感器 s 得到的目标状态估计
$P_{k\|k,s}$	k 时刻由传感器 s 得到的目标状态估计的方差
$\hat{b}_{k,s}$	k 时刻传感器 s 的系统偏差
$i_{\text{A}} = 1, 2, \cdots, m_k$	传感器 A 的量测个数
$i_{\text{B}} = 1, 2, \cdots, n_k$	传感器 B 的量测个数
$\text{Fit}(k)$	k 时刻的目标函数
f_{value}	设定的某一较大正整数
$\hat{b}_{0,s}^{(n)}$	随机初始化种群中各粒子的位置

续表

符号	说明
$\beta_k^{(i)}$	传感器 A 的量测和目标的互联概率
$\beta_k^{(j)}$	传感器 B 的量测和目标的互联概率
$s=1,2,\cdots,N$	传感器个数
$v_s^{(n)}$	随机初始化种群中各粒子的速度
p_G	门概率
p_D	目标检测概率
$\beta_{k,s}^{(n)(0)}$	每个粒子 n 对应的虚假量测源于目标的关联概率
$\beta_{k,s}^{(n)(i)}$	每个粒子 n 对应的确认量测源于目标的关联概率
$\overleftrightarrow{b}_{k,s}$	模型关联概率的参数部分之一
$e_{k,s}^{(n)(i)}$	模型关联概率的参数部分之一
$\tilde{z}_{k\|k-1,s}^{(n)(i)}$	传感器 s 的量测信息
$\hat{z}_{k\|k-1,s}^{(n)}$	传感器 s 的量测预测
$\hat{x}_{k\|k,s}^{(n)}$	每个粒子 n 的融合状态估计
$\tilde{z}_{k\|k-1,s}^{(n)}$	每个粒子 n 的量测信息
$P_{k\|k,s}^{c}$	粒子 n 的融合状态估计方差
$f(n)$	粒子 n 的目标函数
$p_{\text{best},s}(n)$	所有粒子的最优解
$g_{\text{best},s}$	全局最优解
$v_s^{(n)}(l+1)$	粒子 n 的第 l 次更新速度
$\hat{b}_{0,s}^{(n)}(l+1)$	粒子 n 的第 l 次更新位置

2.2　未知输入驱动下的系统偏差估计

本节针对传感器的突发故障和外界干扰等未知扰动引起的系统偏差发生随机突变的情况，设计基于系统偏差伪量测 (pseudo measurement, PM) 模型的未知输入 (unknown input, UI) 在线解耦滤波器，为了描述方便，将其记为 PMUI (pseudo measurement unknown input)，解决未知系统偏差输入的随机性和不确定性等问题。首先，该算法将不同传感器关于目标状态的量测模型转换为系统偏差伪量测模型，并联合带有未知输入的广义动态系统偏差模型，重构出系统偏差等效系统。其次，基于该等效系统对系统偏差模型的未知输入部分进行解耦。然后，基于最小方差无偏方法设计滤波器，实现对系统偏差的在线估计。最后，通过仿真算例验证，所提算法能对含有未知输入的传感器系统偏差进行较精确的估计。

2.2.1　系统偏差的广义建模

1. 系统模型

设某一含有系统偏差的线性离散系统状态描述如下：

$$x_{k+1} = F_k x_k + \varGamma_k v_k \tag{2-1}$$

$$z_{s,k} = h_{s,k}(x_k) + b_{s,k} + w_{s,k} \tag{2-2}$$

式中, $x_k \in \mathbb{R}^n$ 是目标状态向量; F_k, $\varGamma_k$ 分别是已知的状态转移阵和干扰阵; $z_{s,k} \in \mathbb{R}^m$ 是传感器量测向量; $h_{s,k}(\cdot)$ 是已知非线性量测函数; $b_{s,k} \in \mathbb{R}^p$ 是独立于状态 x_k 的系统偏差向量，且其含有未知突变信息; 过程噪声 v_k 和量测噪声 $w_{s,k}$ 是互不相关的零均值高斯白噪声，满足 $E\left[v_k v_l^{\mathrm{T}}\right] = Q_k \delta_{kl}$，$E\left[w_{s,k} w_{s,l}^{\mathrm{T}}\right] = R_{s,k}\delta_{kl}$，且 δ_{kl} 是 Kronecker 函数，$s = 1, 2, \cdots, N$ 为传感器个数。

通常，状态方程式 (2-1) 在笛卡儿坐标系下是线性的，而量测方程式 (2-2) 在极坐标系下是非线性的，若要进行融合处理，则需将它们统一到公共坐标系下。因此，可通过坐标转换，将极坐标系下的量测转换到笛卡儿坐标系 (参见本章附录)，其形式如下:

$$z_{s,k} = H_{s,k} x_k + B_{s,k} b_{s,k} + \bar{w}_{s,k} \tag{2-3}$$

式中, $H_{s,k}$ 是量测转移阵; $B_{s,k}$ 是极坐标系到笛卡儿坐标系的转换阵; $\bar{w}_{s,k}$ 是零均值高斯白噪声，表示极坐标系下的 $w_{s,k}$ 转换到笛卡儿坐标系下的噪声，且其方差 $R_{s,k} = B_{s,k} \cdot R_{s,k} \cdot B_{s,k}^{\mathrm{T}}$。

2. *系统偏差模型*

受外界随机扰动的影响，系统偏差可能会发生突变，从未知输入的角度，可将其看成系统偏差演化模型的未知输入驱动。因此，广义动态系统偏差模型可写成如下形式:

$$b_{s,k+1} = F_{s,k}^{b_s} b_{s,k} + v_{s,k}^{b_s} + G_k^{b_s} u_k \tag{2-4}$$

式中，$F_{s,k}^{b_s}$ 是已知的系统偏差转移阵; $v_{s,k}^{b_s}$ 是系统偏差模型的过程噪声，且为零均值高斯白噪声，满足 $E\left[v_{s,k}^{b_s}\left(v_{s,k}^{b_s}\right)^{\mathrm{T}}\right] = Q_{s,k}^{b_s}\delta_{kl}$，$\delta_{kl}$ 是 Kronecker 函数; $G_k^{b_s}$ 是已知扰动阵; u_k 是未知输入驱动，且无任何先验知识。

本节目的是设计用于估计系统偏差 $b_{s,k}$ 的滤波器，但需注意如下几点。

(1) 系统偏差常被建模为定常或动态时变演化形式。因此，方程式 (2-4) 可表示四种类型系统偏差: ① 若 $G_k^{b_s} = 0$，则系统偏差变为时变系统偏差; ② 若 $F_{s,k}^{b_s} = I$，$v_{s,k}^{b_s} = 0$，$G_k^{b_s} = 0$，则系统偏差变为定常系统偏差; ③ 若 $F_{s,k}^{b_s} = 0$，$G_k^{b_s} = 0$，则系统偏差可表示为随机误差; ④ 若 $G_k^{b_s} \neq 0$，则系统偏差可表示为未知输入系统偏差。前三种可以看成本章系统偏差模型的特殊情况。

(2) 在导航和探测系统中，当传感器配置在移动平台上，如移动车辆、舰船、飞行器和卫星等，除了存在量测系统偏差外，还存在姿态角系统偏差。特别地，惯性导航系统 (inertial navigation system, INS) 会随时间推移，其系统偏差会不断地进行积累。可用形如方程式 (2-4) 的模型描述该类系统偏差，其中 u_k 被描述为未知姿态角偏差，$F_{s,k}^{b_s} b_{s,k}$ 可被描述为 INS 累积系统偏差。

(3) 在电子对抗量测 (electronic counter measurement, ECM) 系统中，如距离波门拖引 (range gate pull off , RGPO) 中的机动目标跟踪应用，干扰来源和类型都未知。此时，可先将干扰引发的系统偏差描述为未知输入 u_k，然后对其处理；否则，若把干扰所引起的虚假量测误认为目标量测，则会导致目标航迹关联错误。

2.2.2 伪量测模型

多传感器组网探测系统，每部传感器具有各自的计算能力，根据各个传感器的自身量测维持对被探测目标的跟踪。可利用量测模型构建只与动态系统偏差有关的 PM 模型 [34]。现就系统偏差的 PM 模型的构建过程进行描述，假设在第 $k+1$ 时刻，N 个传感器的量测分别为 $z_{1,k}, z_{2,k}, \cdots, z_{N,k}$，由式 (2-1) 和式 (2-3) 可得

$$
\begin{aligned}
z_{s,k+1} =& H_{s,k+1} x_{k+1} + \bar{w}_{s,k+1} + B_{s,k+1} b_{s,k+1} \\
=& H_{s,k+1} \left(F_k x_k + \Gamma_k v_k \right) + \bar{w}_{s,k+1} + B_{s,k+1} b_{s,k+1}
\end{aligned} \tag{2-5}
$$

对 N 个传感器的量测进行线性组合，可得

$$
\begin{aligned}
z_{k+1}^{b} =& z_{N,k} - \left[q_{N-1} z_{N-1,k} + \cdots + q_1 z_{1,k} \right] \\
=& \left[H_{N,k+1} F_k - \left(q_{N-1} H_{N-1,k+1} F_k + \cdots + q_1 H_{1,k+1} F_k \right) \right] x_k \\
& + \left[B_{N,k+1} b_{N,k+1} - \left(q_{N-1} B_{N-1,k+1} b_{N-1,k+1} + \cdots + q_1 B_{1,k+1} b_{1,k+1} \right) \right] \\
& + \left[H_{N,k+1} \Gamma_k v_k - \left(q_{N-1} H_{N-1,k+1} \Gamma_k v_k + \cdots + q_1 H_{1,k+1} \Gamma_k v_k \right) \right] \\
& + \left[\bar{w}_{N,k+1} - \left(q_{N-1} \bar{w}_{N-1,k+1} + \cdots + q_1 \bar{w}_{1,k+1} \right) \right]
\end{aligned} \tag{2-6}
$$

式中，$q_1, q_2, \cdots, q_{N-1}$ 为 $N-1$ 个传感器量测的权系数。

考虑到传感器量测和目标状态的无关性，需消除目标状态，因此式 (2-6) 的第一项 x_k 前面的系数应为 0，即

$$
H_{N,k+1} F_k - \left(q_{N-1} H_{N-1,k+1} F_k + \cdots + q_1 H_{1,k+1} F_k \right) = 0 \tag{2-7}
$$

此时，式 (2-6) 可变形为式 (2-8)，式 (2-8) 即为系统偏差的 PM 模型。

$$
z_{k+1}^{b} = H_{k+1} b_{k+1} + \tilde{w}_{k+1} \tag{2-8}
$$

式中，

$$
H_{k+1} \triangleq \underline{Q} \underline{B} \tag{2-9}
$$

$$
\underline{Q} \triangleq \left[-q_1, -q_2, \cdots, -q_{N-1}, 1 \right] \tag{2-10}
$$

$$\underline{B} \triangleq \operatorname{diag}\left[B_{1,k+1}, B_{2,k+1}, \cdots, B_{N,k+1}\right] \tag{2-11}$$

$$b_{k+1} \triangleq \left[b_{1,k+1}^{\mathrm{T}}, \cdots, b_{N,k+1}^{\mathrm{T}}\right]^{\mathrm{T}} \tag{2-12}$$

$$\tilde{w}_{k+1} \triangleq \underline{Q}(\underline{\Lambda}\, \underline{V} + \underline{W}) \tag{2-13}$$

$$\underline{\Lambda} \triangleq \operatorname{diag}\left[H_{1,k+1}\Gamma_k, H_{2,k+1}\Gamma_k, \cdots, H_{N,k+1}\Gamma_k\right] \tag{2-14}$$

$$\underline{V} \triangleq \left[v_k^{\mathrm{T}}, \cdots, v_k^{\mathrm{T}}\right]^{\mathrm{T}} \tag{2-15}$$

$$\underline{W} \triangleq \left[\bar{w}_{1,k+1}^{\mathrm{T}}, \cdots, \bar{w}_{N,k+1}^{\mathrm{T}}\right]^{\mathrm{T}} \tag{2-16}$$

将式 (2-4) 中 N 个传感器的系统偏差改写成扩维的形式：

$$b_{k+1} = F_k^b b_k + v_k^b + G_k^b u_k \tag{2-17}$$

式中，$F_k^b = \operatorname{diag}\left[F_{1,k}^{b_1}, \cdots, F_{N,k}^{b_N}\right]$；$b_k = \left[b_{1,k}^{\mathrm{T}}, \cdots, b_{N,k}^{\mathrm{T}}\right]^{\mathrm{T}}$；$G_k^b = \left[\left(G_k^{b_1}\right)^{\mathrm{T}}, \cdots, \left(G_k^{b_N}\right)^{\mathrm{T}}\right]^{\mathrm{T}}$；$v_k^b = \left[v_{1,k}^{b_1}, \cdots, v_{N,k}^{b_N}\right]$，其方差 $Q_k^b = \operatorname{diag}\left(Q_k^{b_1}, Q_k^{b_2}, \cdots, Q_k^{b_N}\right)$。

综上，式 (2-8) 表示的系统偏差 PM 模型和式 (2-17) 表示的动态系统偏差模型，两者结合起来可构成关于系统偏差的系统。基于该系统，可以进一步设计滤波器来对系统偏差进行估计。

注 2.1　在式 (2-17) 中，若 u_k 先验知识已知，且可被表示为高斯白噪声，则可用传统的 ML、GLS、KF 和 EML 等方法对系统偏差进行估计。但是，ML、GLS 方法要求量测噪声相对较小；EML 方法尽管没有上述要求，但要求量测噪声已知；由于未知输入 u_k 无任何先验知识 (如均值或方差)，故 KF 方法也受到了限制。

2.2.3　解耦滤波器的设计

依据前面给出的系统偏差模型及其 PM 模型，本节给出一种基于最小方差无偏 (minimum variance unbiased, MVU) 的系统偏差估计方法。该方法首先将系统偏差的未知输入部分进行解耦，使动态系统偏差与未知输入无关。然后，基于解耦后的系统偏差设计一个最小方差无偏估计器。

本节的目标是利用设计的滤波器，估计独立于未知输入的系统偏差。这里，滤波器设计主要分为两部分：① 未知输入系统偏差的解耦；② 系统偏差的估计。

定理 2.1(未知系统偏差输入的解耦)　若以下条件满足，则能对未知输入系统偏差解耦 (见本章附录)。

$$\operatorname{rank}\left(H_{k+1}G_k^b\right) = \operatorname{rank}\left(G_k^b\right) \tag{2-18}$$

且解耦后的系统偏差动态模型有如下形式：

$$b_{k+1} = \bar{F}_{k+1}^b b_k + \bar{G}_{k+1}^b z_{k+1}^b + \bar{\Gamma}_{k+1}^b v_k^b - \bar{G}_{k+1}^b \tilde{w}_{k+1} \tag{2-19}$$

式中，$\bar{G}_{k+1}^b = G_k^b \left(H_{k+1}G_k^b\right)^\dagger$；$\bar{F}_{k+1}^b = F_k^b - \bar{G}_{k+1}^b H_{k+1}F_k^b$；$\bar{\Gamma}_{k+1}^b = I - \bar{G}_{k+1}^b H_{k+1}$。

证明　根据式 (2-17)，在其左右两侧分别左乘 PM 模型的转移阵 H_{k+1}，可得

$$H_{k+1}b_{k+1} = H_{k+1}F_k^b b_k + H_{k+1}v_k^b + H_{k+1}G_k^b u_k \tag{2-20}$$

将式 (2-8) 变形为

$$z_{k+1}^b - \tilde{w}_{k+1} = H_{k+1}b_{k+1} \tag{2-21}$$

将式 (2-17) 代入式 (2-21)，可得

$$z_{k+1}^b - \tilde{w}_{k+1} = H_{k+1}F_k^b b_k + H_{k+1}v_k^b + H_{k+1}G_k^b u_k \tag{2-22}$$

式 (2-22) 关于 u_k 的通解为

$$\begin{aligned} u_k =& \left(H_{k+1}G_k^b\right)^\dagger \left(z_{k+1}^b - \tilde{w}_{k+1} - H_{k+1}F_k^b b_k - H_{k+1}v_k^b\right) \\ &+ \left[I - \left(H_{k+1}G_k^b\right)^\dagger \left(H_{k+1}G_k^b\right)\right] \tilde{u}_k \end{aligned} \tag{2-23}$$

式中，$\tilde{u}_k$ 是一个未知的新系统偏差，$\left(H_{k+1}G_k^b\right)^\dagger$ 是 $\left(H_{k+1}G_k^b\right)$ 的伪逆。

将式 (2-23) 代入式 (2-17)，可得

$$\begin{aligned} b_{k+1} =& F_k^b b_k + v_k^b + G_k^b \left(H_{k+1}G_k^b\right)^\dagger \left(z_{k+1}^b - \tilde{w}_{k+1} - H_{k+1}F_k^b b_k - H_{k+1}v_k^b\right) \\ &+ G_k^b \left[I - \left(H_{k+1}G_k^b\right)^\dagger \left(H_{k+1}G_k^b\right)\right] \tilde{u}_k \\ =& \left[F_k^b - G_k^b \left(H_{k+1}G_k^b\right)^\dagger H_{k+1}F_k^b\right] b_k + G_k^b \left(H_{k+1}G_k^b\right)^\dagger z_{k+1}^b \\ &+ \left[I - G_k^b \left(H_{k+1}G_k^b\right)^\dagger H_{k+1}\right] v_k^b - G_k^b \left(H_{k+1}G_k^b\right)^\dagger \tilde{w}_{k+1} \\ &+ G_k^b \left[I - \left(H_{k+1}G_k^b\right)^\dagger \left(H_{k+1}G_k^b\right)\right] \tilde{u}_k \end{aligned} \tag{2-24}$$

在式 (2-18) 条件成立的情况下，令 $\bar{G}_{k+1}^b = G_k^b \left(H_{k+1}G_k^b\right)^\dagger$，$\bar{F}_{k+1}^b = F_k^b - \bar{G}_{k+1}^b H_{k+1}F_k^b$，$\bar{\Gamma}_{k+1}^b = I - \bar{G}_{k+1}^b H_{k+1}$，则式 (2-24) 可变形为式 (2-19)。

经过解耦，原有动态系统偏差模型变形为与未知输入无关的模型，随后可进行滤波器的设计。

注 2.2　定义 $M \triangleq H_{k+1}G_k^b$，当 $\text{rank}\left(H_{k+1}G_k^b\right) = \text{rank}\left(G_k^b\right)$ 且 G_k^b 列满秩时，$\text{rank}(M^\text{T}M) = \text{rank}(G_k^b)$。因此，$M^\text{T}M$ 是可逆的。定义 $M^\dagger \triangleq \left(M^\text{T}M\right)^{-1} M^\text{T}$，$M^\dagger$ 为 M 的伪逆，那么 $M^\dagger M = I$ 和 $MM^\dagger M = M$ 成立。

定理 2.2(系统偏差的估计)　基于式 (2-8) 和式 (2-19)，可得最优化线性最小方差估计滤波器如下：

$$\hat{b}_{k+1|k+1}=\hat{b}_{k+1|k}+K_{k+1}^{b}\left(z_{k+1}^{b}-H_{k+1}\hat{b}_{k+1|k}\right) \tag{2-25}$$

$$\hat{b}_{k+1|k}=\bar{F}_{k+1}^{b}\hat{b}_{k|k}+\bar{G}_{k+1}^{b}z_{k+1}^{b} \tag{2-26}$$

$$P_{k+1|k}^{b}=\bar{F}_{k+1}^{b}P_{k|k}^{b}\left(\bar{F}_{k+1}^{b}\right)^{\mathrm{T}}+\bar{G}_{k+1}^{b}R_{k+1}\left(\bar{G}_{k+1}^{b}\right)^{\mathrm{T}}+\bar{\varGamma}_{k+1}^{b}Q_{k}^{b}\left(\bar{\varGamma}_{k+1}^{b}\right)^{\mathrm{T}} \tag{2-27}$$

$$\begin{aligned}K_{k+1}^{b}=&\left(P_{k+1|k}^{b}H_{k+1}^{\mathrm{T}}-\bar{G}_{k+1}^{b}R_{k+1}\right)\\&\left(H_{k+1}P_{k+1|k}^{b}H_{k+1}^{\mathrm{T}}+R_{k+1}-H_{k+1}\bar{G}_{k+1}^{b}R_{k+1}-R_{k+1}\left(\bar{G}_{k+1}^{b}\right)^{\mathrm{T}}H_{k+1}^{\mathrm{T}}\right)^{-1}\end{aligned} \tag{2-28}$$

$$P_{k+1|k+1}^{b}=\left[I-K_{k+1}^{b}H_{k+1}\right]P_{k+1|k}^{b}+K_{k+1}^{b}R_{k+1}\left(\bar{G}_{k+1}^{b}\right)^{\mathrm{T}} \tag{2-29}$$

证明　利用最小方差理论，可将系统偏差的估计及其预测表示成式 (2-25) 和式 (2-26) 的形式，其中 K_{k+1}^{b} 是待计算矩阵。K_{k+1}^{b} 的引入能获得最小方差无偏的系统偏差估计，则滤波器推导设计如下所述。

定义系统偏差估计的误差 $\tilde{b}_{k+1|k+1}$ 和系统偏差的预测误差 $\tilde{b}_{k+1|k}$ 分别为

$$\begin{aligned}\tilde{b}_{k+1|k+1}=&b_{k+1}-\hat{b}_{k+1|k+1}\\=&\left[I-K_{k+1}^{b}H_{k+1}\right]\left[\bar{F}_{k+1}^{b}\tilde{b}_{k|k}+\bar{\varGamma}_{k+1}^{b}v_{k}^{b}-\bar{G}_{k+1}^{b}\tilde{w}_{k+1}\right]\\&-K_{k+1}^{b}\tilde{w}_{k+1}\end{aligned} \tag{2-30}$$

$$\tilde{b}_{k+1|k}=b_{k+1}-\hat{b}_{k+1|k}=\bar{F}_{k+1}^{b}\tilde{b}_{k|k}+\bar{\varGamma}_{k+1}^{b}v_{k}^{b}-\bar{G}_{k+1}^{b}\tilde{w}_{k+1} \tag{2-31}$$

定义预测误差 $\tilde{b}_{k+1|k}$ 的方差为 $P_{k+1|k}^{b}$，且表示为

$$\begin{aligned}P_{k+1|k}^{b}=&E\left[\tilde{b}_{k+1|k}\tilde{b}_{k+1|k}^{\mathrm{T}}\right]\\=&\bar{F}_{k+1}^{b}P_{k|k}^{b}\left(\bar{F}_{k+1}^{b}\right)^{\mathrm{T}}+\bar{G}_{k+1}^{b}R_{k+1}\left(\bar{G}_{k+1}^{b}\right)^{\mathrm{T}}+\bar{\varGamma}_{k+1}^{b}Q_{k}^{b}\left(\bar{\varGamma}_{k+1}^{b}\right)^{\mathrm{T}}\end{aligned} \tag{2-32}$$

式中，$P_{k|k}^{b}\triangleq E\left[\tilde{b}_{k|k}\tilde{b}_{k|k}^{\mathrm{T}}\right]$。类似地，可定义估计误差 $\tilde{b}_{k+1|k+1}$ 的方差为 $P_{k+1|k+1}^{b}$，则有

$$\begin{aligned}P_{k+1|k+1}^{b}=&E\left[\tilde{b}_{k+1|k+1}\tilde{b}_{k+1|k+1}^{\mathrm{T}}\right]\\=&\left[I-K_{k+1}^{b}H_{k+1}\right]P_{k+1|k}^{b}\left[I-K_{k+1}^{b}H_{k+1}\right]^{\mathrm{T}}+K_{k+1}^{b}R_{k+1}\left(K_{k+1}^{b}\right)^{\mathrm{T}}\\&+\left[I-K_{k+1}^{b}H_{k+1}\right]\bar{G}_{k+1}^{b}R_{k+1}\left(K_{k+1}^{b}\right)^{\mathrm{T}}\end{aligned}$$

$$+ K_{k+1}^b R_{k+1} \left(\bar{G}_{k+1}^b\right)^{\mathrm{T}} \left[I - K_{k+1}^b H_{k+1}\right]^{\mathrm{T}} \tag{2-33}$$

注 2.3　依据最小方差估计理论，可将估计问题等效于在约束条件式 (2-18) 下寻找一个使 $P_{k+1|k+1}^b$ 的迹最小的 K_{k+1}^b 阵问题。

基于正交投影的系统偏差线性最小方差估计可表示如下：

$$\hat{b}_{k+1|k+1} = \hat{b}_{k+1|k} + P_{\tilde{b}\tilde{z}^b} \left(P_{\tilde{z}^b\tilde{z}^b}\right)^{-1} \tilde{z}_{k+1}^b \tag{2-34}$$

式中，

$$P_{\tilde{b}\tilde{z}^b} = E\left[\tilde{b}_{k+1|k} \left(\tilde{z}_{k+1|k}^b\right)^{\mathrm{T}}\right] = P_{k+1|k}^b H_{k+1}^{\mathrm{T}} - \bar{G}_{k+1}^b R_{k+1} \tag{2-35}$$

$$\begin{aligned} P_{\tilde{z}^b\tilde{z}^b} =& E\left[\tilde{z}_{k+1|k}^b \left(\tilde{z}_{k+1|k}^b\right)^{\mathrm{T}}\right] \\ =& H_{k+1} P_{k+1|k}^b H_{k+1}^{\mathrm{T}} + R_{k+1} - H_{k+1}\bar{G}_{k+1}^b R_{k+1} - R_{k+1} \left(\bar{G}_{k+1}^b\right)^{\mathrm{T}} H_{k+1}^{\mathrm{T}} \end{aligned} \tag{2-36}$$

将式 (2-35) 和式 (2-36) 代入式 (2-34)，可得

$$\begin{aligned} \hat{b}_{k+1|k+1} =& \hat{b}_{k+1|k} + P_{\tilde{b}\tilde{z}^b} \left(P_{\tilde{z}^b\tilde{z}^b}\right)^{-1} \tilde{z}_{k+1}^b \\ =& \hat{b}_{k+1|k} + \left(P_{k+1|k}^b H_{k+1}^{\mathrm{T}} - \bar{G}_{k+1}^b R_{k+1}\right) \\ & \cdot \left[H_{k+1} P_{k+1|k}^b H_{k+1}^{\mathrm{T}} + R_{k+1} - H_{k+1}\bar{G}_{k+1}^b R_{k+1}\right. \\ & \left. - R_{k+1} \left(\bar{G}_{k+1}^b\right)^{\mathrm{T}} H_{k+1}^{\mathrm{T}}\right]^{-1} \tilde{z}_{k+1}^b \end{aligned} \tag{2-37}$$

定义如下等式：

$$\begin{aligned} K_{k+1}^b =& \left(P_{k+1|k}^b H_{k+1}^{\mathrm{T}} - \bar{G}_{k+1}^b R_{k+1}\right) \\ & \left[H_{k+1} P_{k+1|k}^b H_{k+1}^{\mathrm{T}} + R_{k+1} - H_{k+1}\bar{G}_{k+1}^b R_{k+1} - R_{k+1} \left(\bar{G}_{k+1}^b\right)^{\mathrm{T}} H_{k+1}^{\mathrm{T}}\right]^{-1} \end{aligned} \tag{2-38}$$

式中，K_{k+1}^b 为增益阵，作用是利用系统偏差的伪量测信息。

展开式 (2-33)，并将式 (2-38) 代入式 (2-33)，可得

$$P_{k+1|k+1}^b = \left[I - K_{k+1}^b H_{k+1}\right] P_{k+1|k}^b + K_{k+1}^b R_{k+1} \left(\bar{G}_{k+1}^b\right)^{\mathrm{T}} \tag{2-39}$$

根据定理 2.1 和定理 2.2，系统偏差估计框架如图 2.1 所示。在图 2.1 中，“解耦”模块和“滤波”模块统称为 UI 滤波器。

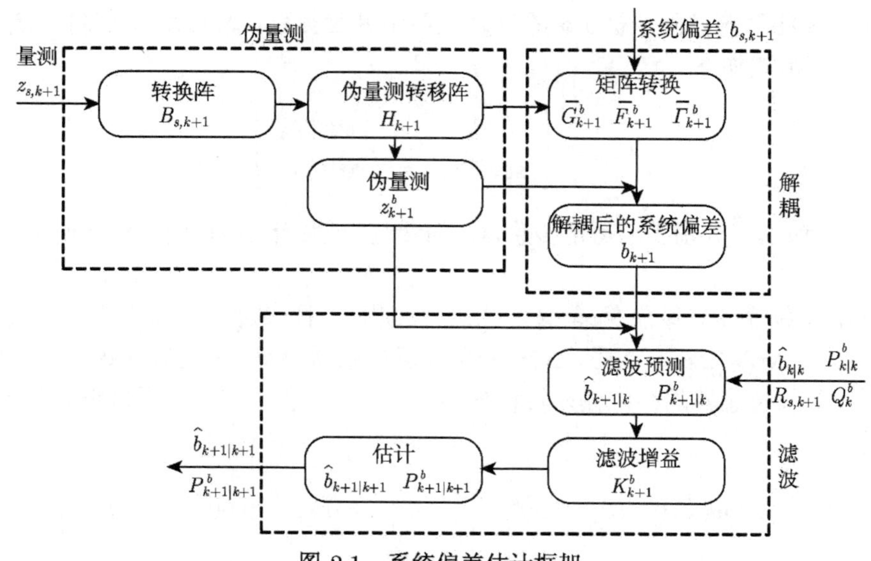

图 2.1　系统偏差估计框架

$s=1,2,\cdots,N$ 表示传感器个数

2.2.4　仿真分析

1. *仿真场景*

假设目标在平面直角坐标系中做机动，传感器在极坐标系中对机动目标进行跟踪，且在径向距和方位角上有系统偏差。在状态模型中，$x_k=[x_k\ \dot{x}_k\ y_k\ \dot{y}_k]^{\mathrm{T}}$ 表示状态向量，假设机动目标进行转弯运动，且状态转移阵 F_k 如下：

$$F_k=\begin{bmatrix} f_{k1} & f_{k2} \\ -f_{k2} & f_{k1}\end{bmatrix},\quad f_{k1}=\begin{bmatrix} 1 & \dfrac{\sin(\omega\tau)}{\omega} \\ 0 & \cos(\omega\tau)\end{bmatrix},\quad f_{k2}=\begin{bmatrix} 0 & \dfrac{\cos(\omega\tau)-1}{\omega} \\ 0 & -\sin(\omega\tau)\end{bmatrix}$$

式中，角速度 $\omega=-0.005\mathrm{rad/s}$; $\tau=1\mathrm{s}$ 表示采样周期。噪声阵 $\Gamma_k=\mathrm{blockdiag}([I_k,I_k])$ 且 $I_k=[\tau^2/2\ \ \tau]^{\mathrm{T}}$，状态噪声 v_k 的方差为 $Q_k=\mathrm{diag}\left\{0.02^2\mathrm{km}^2/\mathrm{s}^2, 0.005^2\mathrm{km}^2/\mathrm{s}^2\right\}$，目标初始状态为 (35km, −0.3km/s; 20km, −0.1km/s)。

假设两部传感器 (A 和 B) 对机动目标进行探测，则在量测模型中有 $N=2$，根据目标状态转移阵 F_k、式 (2-7) 以及量测转移阵 $H_k=\begin{bmatrix} 1 & 0 & 0 & 0; & 0 & 0 & 1 & 0\end{bmatrix}$，可知量测的权系数 $q_1=1$。在极坐标系中，两部传感器的量测噪声 $\bar{w}_{\mathrm{A},k}$ 和 $\bar{w}_{\mathrm{B},k}$ 的方差分别为

$$\bar{R}_{\mathrm{A},k}=\mathrm{diag}(\sigma_{1r}^2,\sigma_{1\theta}^2)=\mathrm{diag}\left\{\ 0.02^2\quad 0.05^2\ \right\}$$

$$\bar{R}_{\mathrm{B},k}=\mathrm{diag}(\sigma_{2r}^2,\sigma_{2\theta}^2)=\mathrm{diag}\left\{\ 0.03^2\quad 0.04^2\ \right\}$$

由于需将系统偏差从极坐标系转换到笛卡儿坐标系，因此计算转换阵 $B_{t,k}$ 是必要的，其形式如下：

$$B_{t,k}=\begin{bmatrix}\cos\theta_{t,k} & -r_{t,k}\sin\theta_{t,k}\\ \sin\theta_{t,k}^{(i)} & r_{t,k}\cos\theta_{t,k}\end{bmatrix}$$

式中，$r_{t,k}$ 和 $\theta_{t,k}$ 分别表示可用传感器 t 的量测 (或估计) 的径向距和方位角 (见本章附录)。

在极坐标系中，系统偏差 $b_k=[\Delta b_k^{\mathrm{A}},\Delta b_k^{\mathrm{B}}]^{\mathrm{T}}$，且 $\Delta b_k^{\mathrm{A}}=[\Delta r_k^{\mathrm{A}};\Delta\theta_k^{\mathrm{A}}]$, $\Delta b_k^{\mathrm{B}}=[\Delta r_k^{\mathrm{B}};\Delta\theta_k^{\mathrm{B}}]$, Δr_k^{A}、$\Delta\theta_k^{\mathrm{A}}$、$\Delta r_k^{\mathrm{B}}$、$\Delta\theta_k^{\mathrm{B}}$ 分别表示传感器 A 和 B 的径向距和方位角系统偏差。两部传感器的系统偏差转移阵 $F_k^{b_{\mathrm{A}}}=I_{2\times 2},F_k^{b_{\mathrm{B}}}=I_{2\times 2}$，系统偏差噪声 $v_k^{b_t}$ 的方差为

$$Q_k^{b_{\mathrm{A}}}=\mathrm{diag}\left\{\begin{matrix}0.007^2 & 0.007^2\end{matrix}\right\},\quad Q_k^{b_{\mathrm{B}}}=\mathrm{diag}\left\{\begin{matrix}0.008^2 & 0.008^2\end{matrix}\right\}$$

两部传感器系统偏差的已知扰动阵 $G_k^{b_{\mathrm{A}}}=I_{2\times 2}$, $G_k^{b_{\mathrm{B}}}=I_{2\times 2}$。

为了描述算法的有效性，可以假设受未知扰动影响产生的未知输入系统偏差 u_k 在不同采样阶段是不同的，且为

$$\begin{cases}u_k=0_{2\times 1}, & 1\leqslant k\leqslant 20,25<k\leqslant 150,k>155\\ u_k=[\begin{matrix}5\mathrm{km} & 3^\circ\end{matrix}]^{\mathrm{T}}, & 20<k\leqslant 25\\ u_k=[\begin{matrix}6\mathrm{km} & 2^\circ\end{matrix}]^{\mathrm{T}}, & 150<k\leqslant 155\end{cases}$$

此外，系统偏差初始估计值为 $\hat{b}_0^{\mathrm{A}}=\hat{b}_0^{\mathrm{B}}=0_{2\times 1}$，目标状态估计方差初始值为 $P_0=0.001^2 I_{4\times 4}$。采样 180 次，进行 50 次蒙特卡罗 (Monte Carlo) 仿真，仿真硬件条件为 Intel Core(TM) 2 Duo CPU 2 GHz。

2. 仿真结果

依据所给参数，目标真实轨迹和传感器位置如图 2.2 所示。图 2.3 给出了相应的动态系统偏差图，其中向上突出的部分是受外界干扰影响所产生的未知系统偏差输入部分。运行所提的 PMUI 算法，对传感器 A 和 B 的系统偏差进行估计，单次仿真在采样时间内的算法执行时间为 0.10581s。图 2.4 给出了目标真实轨迹、配准前/后传感器量测比较。从图 2.4 中可以看出，传感器量测配准后要明显好于配准前。

为了说明所提 PMUI 算法的估计性能，仿真将其与其他系统偏差估计算法 (KF 和 GLS) 进行比较，图 2.5 给出了几种算法在径向距和方位角上的系统偏差估计的比较结果，从该图中可以看出，PMUI 算法能很好地估计出系统偏差。

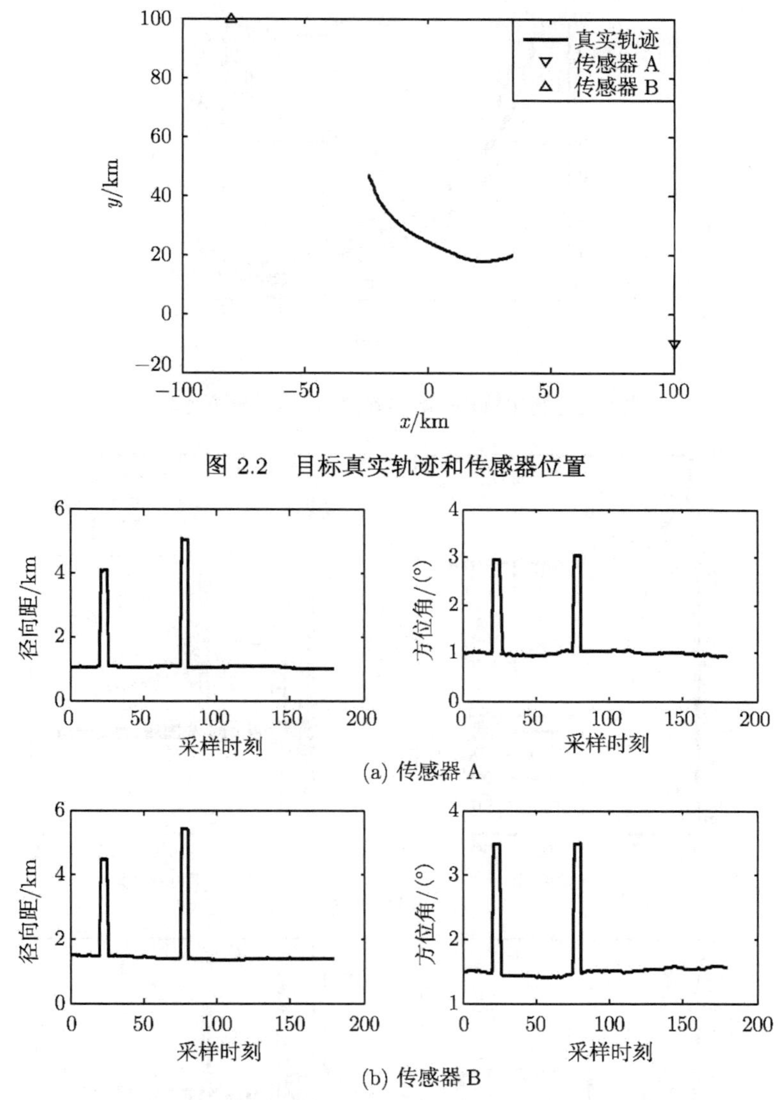

图 2.2　目标真实轨迹和传感器位置

(a) 传感器 A

(b) 传感器 B

图 2.3　传感器 A 和 B 的真实系统偏差

经分析，产生图 2.5 结果的原因是 PMUI 算法对未知系统偏差输入进行了解耦；而 KF 算法忽略了动态时变系统偏差中的未知输入部分，但这部分系统偏差却对整个系统的系统偏差估计产生重大影响；GLS 算法充分利用了整个仿真过程中的传感器量测信息，但这些信息包含系统偏差未知输入部分的量测信息，且这些量测信息对目标跟踪来说是极不精确的。综上所述，PMUI 算法的估计性能要优于 KF 算法和 GLS 算法。特别地，当系统偏差含有随机突变的未知输入时，PMUI 算法能很好地估计出该类随机动态时变系统偏差。

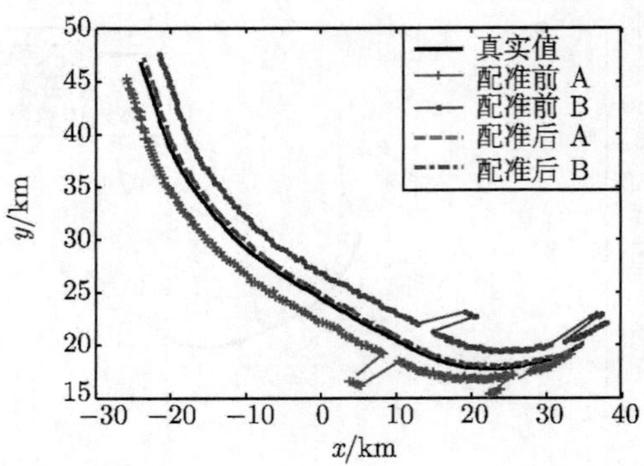

图 2.4　真实轨迹、配准前/后传感器量测比较

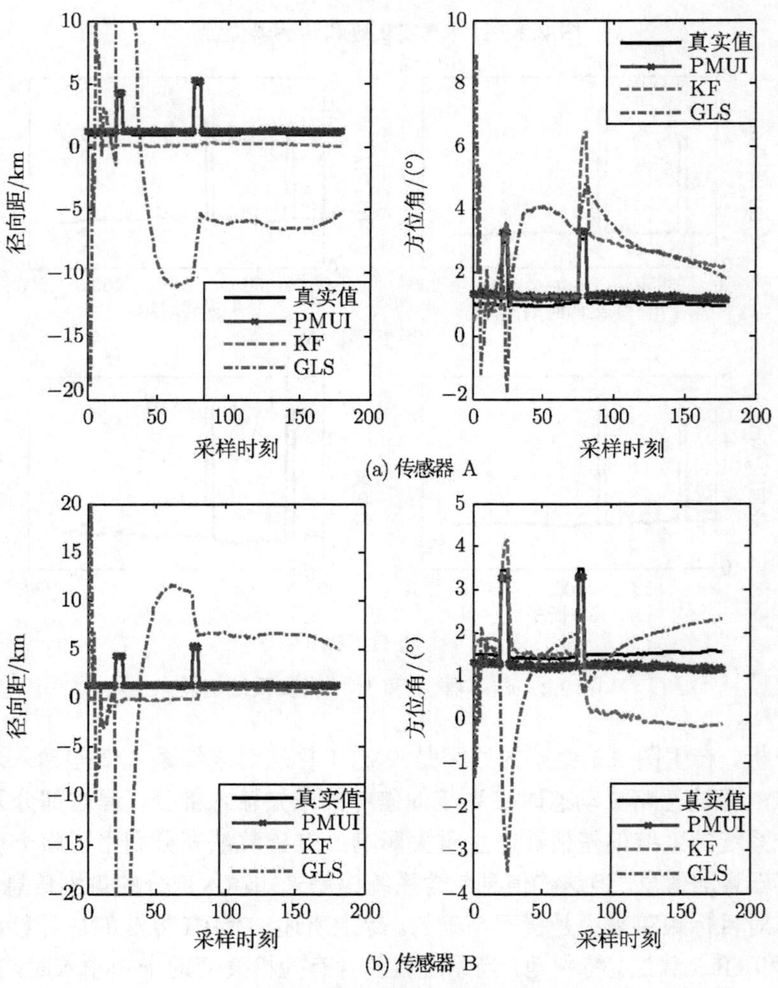

(a) 传感器 A

(b) 传感器 B

图 2.5　系统偏差真实值和估计值的比较

为描述 PMUI 算法的系统偏差估计性能，图 2.6 给出了不同算法在传感器 A 和 B 的径向距和方位角上系统偏差估计的均方根误差 (root mean square error, RMSE)。为了更详细地描述比较结果，对 y 轴取常用对数，从图中可以看出，所提算法所得到的 RMSE 要小于其他算法 (KF 和 GLS)。

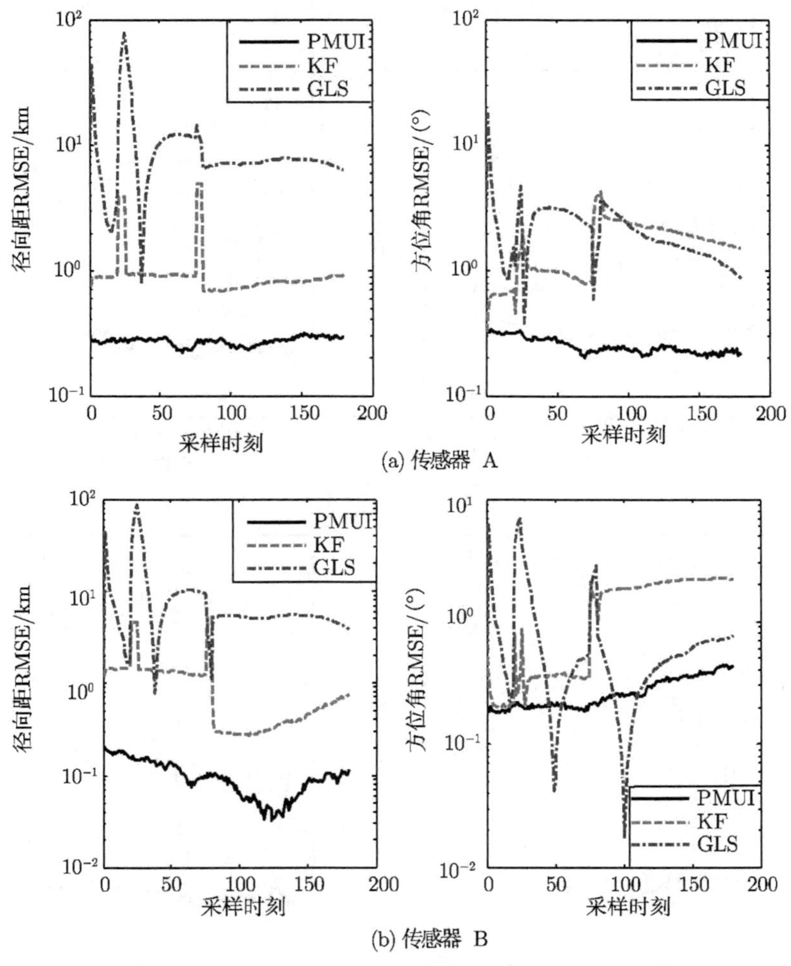

(a) 传感器 A

(b) 传感器 B

图 2.6　系统偏差估计的 RMSE

与其他两种算法相比，PMUI 算法的目标状态估计性能好于其他系统偏差估计算法。原因是 GLS 算法利用含有随机未知输入系统偏差的所有传感器量测信息，因而不可避免地得到不精确的状态估计。KF 算法在系统偏差模型已知的条件下能很好地对系统偏差估计，但是本节的系统偏差模型含有未知随机输入部分，若利用 KF 算法，则会导致不精确的估计结果。总之，利用 KF 算法和 GLS 算法进行系统偏差估计会导致较差的量测配准效果，从而导致不精确的状态估计。

图 2.7 相应给出了三种不同算法 (PMUI、KF 和 GLS) 在 50 次蒙特卡罗仿真后，得到的状态估计 RMSE 比较关系。从图 2.7 中可以看出，PMUI 算法得出的状态估计 RMSE 要明显小于其他两种算法。

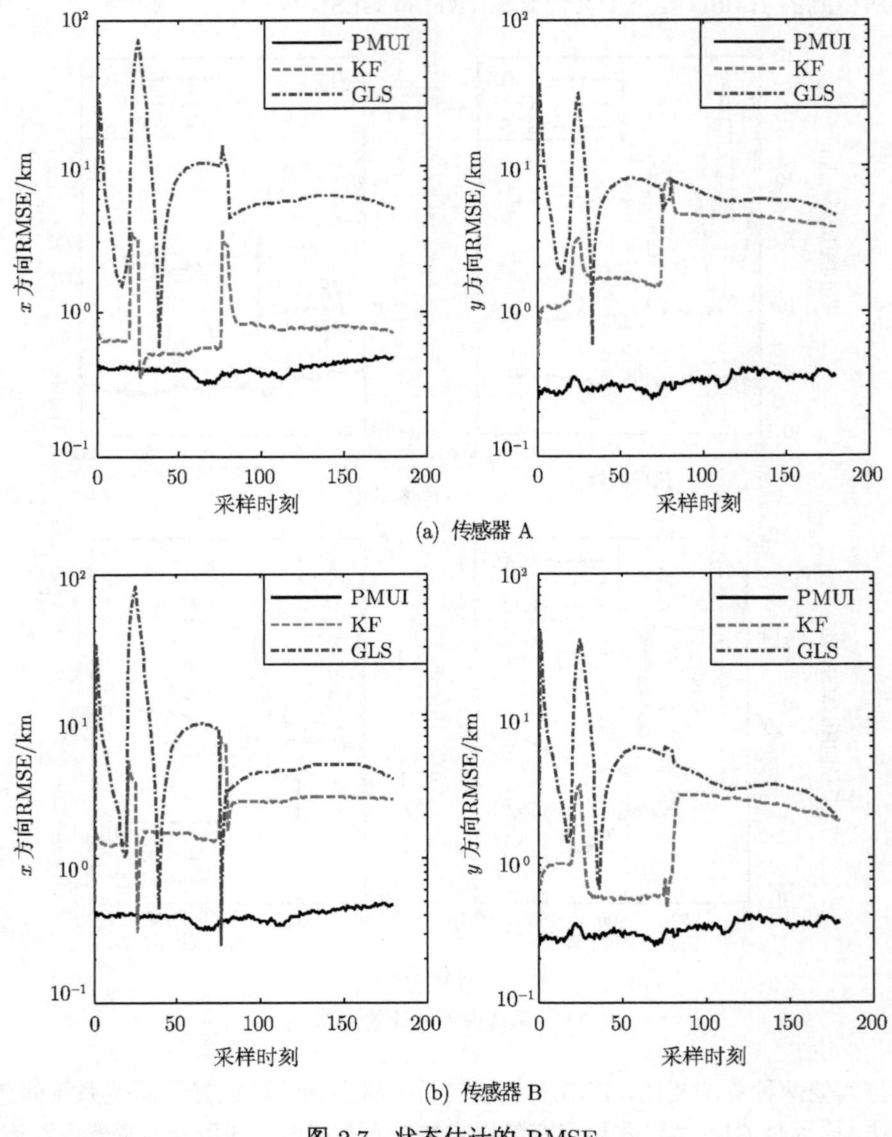

(a) 传感器 A

(b) 传感器 B

图 2.7　状态估计的 RMSE

经 50 次蒙特卡罗仿真后，KF 算法和 GLS 算法的平均运行时间是 t_{KF}=0.0642s, t_{GLS}=8.4135s，而所提的 PMUI 算法的平均运行时间为 t_{PMUI}=0.0848s。从时间复杂度上看，PMUI 算法并没有增加。

表 2.2 给出了传感器 A 和 B 的径向距和方位角系统偏差估计的平均 RMSE。从表 2.2 中的数据可以看出，PMUI 算法在估计性能上要明显好于 KF 和 GLS 算法。

表 2.2　系统偏差估计的平均 RMSE

RMSE	径向距/km		方位角/(°)	
	传感器 A	传感器 B	传感器 A	传感器 B
PMUI	0.2751	0.1004	0.2463	0.2660
KF	1.0427	1.0247	1.6541	1.3194
GLS	9.5617	8.2670	2.2250	0.8276

类似，经 50 次蒙特卡罗仿真后，可以得到关于状态估计的平均 RMSE，如表 2.3 所示。在 x 和 y 方向上，PMUI 算法的距离状态估计效果要好于其他两种算法。但是在速度估计方面，PMUI 算法的运行结果和其他两种算法的运行结果相当，并没有明显的优势。

表 2.3　状态估计的平均 RMSE

RMSE	x/km		x 方向速度/(km/s)		y/km		y 方向速度/(km/s)	
	传感器 A	传感器 B	传感器 A	传感器 B	传感器 A	传感器 B	传感器 A	传感器 B
PMUI	0.4015	0.4533	0.3305	0.3305	0.3237	0.2256	0.1769	0.1769
KF	0.8258	2.2476	0.3305	0.3305	3.2584	1.6752	0.1769	0.1769
GLS	8.6808	7.4814	0.3305	0.3305	6.7735	4.9823	0.1769	0.1769

综上，当传感器突发故障或其所在环境受到外界扰动干扰时，传感器的系统偏差也会随之发生突变，即未知输入驱动动态系统偏差发生了突变，但随后又保持在某一恒定值或按某一动态模型进行演变。对于此类问题，传统传感器系统偏差估计方法不再适用。为此，本节首先提出了一种新的联合伪量测模型和未知输入思想的在线系统偏差估计方法——PMUI。该算法首先以状态量测模型为出发点，重构包含伪量测模型和广义动态演化模型的偏差系统。然后，将突变系统偏差输入看成系统偏差 PM 模型的未知输入部分，并对其进行解耦。最后，基于系统偏差伪量测模型和解耦后的系统偏差动态模型，用最小方差无偏思想设计滤波器。仿真结果显示，在保证时间复杂度不提高的情况下，所提算法配准性能优于其他传感器系统偏差估计方法，特别当系统偏差发生突变时，估计精度明显高于其他系统偏差估计算法。

2.3　基于粒子群优化的系统偏差估计

传感器探测系统自身存在定位系统偏差以及使用过程中产生的量测系统偏差。若不对系统偏差进行处理，则会导致传感器对目标的探测结果较大地偏离真实测量，进而引发对目标的误跟、失跟现象，造成航迹关联混乱、融合精度降低等，进一步丧失多传感器组网系统的整体融合意义。

数据关联是多传感器信息融合系统中的关键技术之一。在杂波环境下，由于随机因素的影响会出现量测不确定性和目标不确定性等问题。在进行数据处理前，必须首先对上述不确定性进行确定，也即给出量测与目标航迹的关联关系。经数据关联后，可将准确的关联目标航迹信息提供给系统偏差估计，即准确的数据关联是系统偏差估计的基础。与此同时，传统的数据关联算法通常没有考虑系统偏差，若未对传感器的系统偏差进行配准处理，则导致航迹的正确关联率受到影响。可以看出，目标航迹的数据关联与传感器系统偏差之间存在耦合关系，它们互相影响。

数据关联和传感器系统偏差都是多传感器融合系统中的关键问题，以往对航迹数据关联的处理通常是在不含系统偏差的情况下进行的。典型的单目标数据关联算法包括航迹分裂法、最近邻/最强近邻法、概率数据关联法和最优贝叶斯法等。典型的多目标数据关联算法包括全局最近邻法、联合概率数据关联法、多假设法、多维分配法和规划法等。基于构建的最大后验概率分配方法，Chong 等在文献 [35] 中给出了一种考虑系统偏差的目标航迹关联处理方法。同样，传感器系统偏差估计研究通常是在假设航迹已进行可靠的数据关联处理之后进行的。常见的算法包括广义最小二乘法、极大似然法及其改进方法、滤波方法、解耦滤波方法、EX 方法、广义似然比方法和 EM 方法等。近年来，有学者对航迹关联和系统偏差估计的联合优化问题进行了探讨，他们利用极大化似然函数来处理系统偏差下的目标航迹关联问题 [36,37]。在文献 [16] 中，Okello 等基于贝叶斯方法提出了一种分布式传感器系统偏差估计和航迹–航迹融合方法。

在进行传感器系统偏差估计时，常假设系统偏差具有动态演化模型或系统偏差为某一时不变未知量。但在实际环境中，多种不确定因素导致系统偏差呈现随机性，传统系统偏差估计方法往往很难处理此类系统偏差，甚至可能导致新偏差的产生。为了解决系统偏差的随机性问题，可以引入优化算法思想。优化算法在工程中的应用可分为两种情况：一种是非模型情况，即将其作为辅助手段，对一些算法进行优化；另一种是模型情况，即直接用于系统设计。当系统偏差呈现随机性难以对其进行确定性建模时，一些学者提出了基于随机优化的系统偏差估计方法。Karmiely 等在文献 [11] 中提出一种利用神经网络来估计系统偏差的方法。一些学者基于智能优化的粒子群 (particle swarm optimization, PSO) 方法解决了传感器系统偏差估计问题 [38,39]，对未知源的随机系统偏差进行了估计。

经过分析可知，用于解决量测和目标不确定性问题的数据关联以及用于解决传感器系统偏差随机性的优化方法通常都是被分离开进行讨论的。为了研究杂波环境下的系统偏差估计问题，本节在综合考虑传感器量测和目标的不确定性以及传感器系统偏差的随机性等多种不确定因素的基础上，给出一种在密集杂波环境下利用 PSO 策略对系统偏差进行在线估计的方法。该方法主要利用概率数据关联 (probability data association，PDA) 获取的关联概率信息来重构 PSO 寻优所需的目标函数，它综合考虑 PSO 系统偏差粒子的多样性和 PDA 的回波多样性。

2.3.1　概率数据关联

传统滤波器的基础是已确知单个目标在每个采样时刻只有一个源于目标的量测。但是，在实际观测系统中存在两类不确定性：量测不确定性和目标不确定性。量测不确定性是指由于各种原因造成的传感器量测与目标源之间的对应关系无法确知，不知道某个量测是属于哪个目标，还是属于杂波或无关目标。目标不确定性是指关于目标的数目、目标出现和消失、杂波干扰和目标的运动形式等都是无法确知的。

Bar-Shalom 等提出了一种利用全邻法则实现数据关联的思想，并在此基础上构建了概率数据关联 (PDA) 算法 [40,41]。PDA 是一种准最优贝叶斯法，它的基本假设是在监视空域中仅有一个目标存在，并且这个目标的航迹已经形成。在目标跟踪与数据关联领域，经常会用到杂波的概念。在杂波环境下，由于随机因素的影响，在任一时刻，某一给定目标的有效回波往往不止一个。PDA 理论考虑落入波门内的所有量测，并对落入一条航迹波门内的所有量测均进行概率意义下的关联。Berteskas 将 PDA 引入交互式多模型 (interactive multiple model，IMM) 框架，提出交互式多模型概率数据关联 (interactive multiple model probability data association，IMMPDA) 算法，进一步将其扩展到杂波环境下机动目标跟踪的应用中 [42]。近年来，针对 PDA 缺乏航迹起始与消亡机理问题，Li 等将目标可见性等概念引入 PDA，提出包括航迹起始和终结的改进 PDA 算法 [43-45]。

PDA 主要用来处理单目标问题，而实际工程中是多目标跟踪问题。近年来基于贝叶斯理论、整数规划、动态规划和多假设等理论，人们相继提出一系列处理多目标跟踪问题方法。基于贝叶斯理论的数据关联算法中，Fortman 等提出的联合概率数据关联 (joint probability data association, JPDA) 被认为是精度较好的关联方法 [46]。但是，JPDA 的计算量会随着目标和回波增长呈指数递增，难以满足实时性要求。为此，人们相继提出一些改进方法，如次优意义下的快速 JPDA 算法、扩展概率数据关联算法和基于神经元网络的 JPDA 算法和基于子波理论的 JPDA 算法等 [47,48]。潘泉等提出了量测与目标均可复用的观点，构建一种广义概率数据关联 (generalized probability data association, GPDA) 算法 [49-52]。

关于 PDA 和 JPDA 算法的具体实现步骤可参考文献 [53]。

2.3.2　群体智能算法

随着工程问题的日益复杂，许多系统优化问题呈现出高度非线性、不连续、不可微、高维、不确定和量测缺失等特性，用确定性解析表达式难以描述上述性质，因此智能优化算法乘势而生。智能优化算法属于现代优化算法范畴，它主要受生物群体和人类智能等自然现象或社会性规律等启发。大部分智能优化算法包含随机性因素，因此可将该类算法归为随机性不确定性优化算法。

因为在搜索空间进行随机性搜索时，智能优化算法可以受启发式信息的指导，所以智能优化算法也被称为启发式随机搜索优化算法。以下是常见的智能优化算法 [54]。

(1) 模拟自然界进化机制的进化计算：包括遗传算法、遗传规划、进化策略和进化规划等。

(2) 模拟物理化学机理算法：包括模拟退火算法和人工化学过程算法等。

(3) 模拟类似人工动物的实体算法：包括免疫算法、人工内分泌系统算法、文化算法、DNA 计算、神经网络算法和神经计算等。

(4) 模拟生物行为的群智能算法：包括蚁群算法、粒子群算法和人工蜜蜂算法等。

群体智能算法是指尽管自然界群居动物中的每个个体智能有限，但它们协同工作，如完成筑巢和觅食等行为时十分有效，这种协同工作的集体行为称为群体智能 (swarm intelligence, SI)[55,56]。群体智能是模拟自然界的群居性动物行为的随机优化算法。自 20 世纪 80 年代出现以来，群体智能已经成为人工智能以及经济、社会、生物等交叉学科的热点和前沿领域。群体智能利用群体的优势，在没有集中控制且不提供全局模型的前提下，提供寻找复杂问题解决方案的新思路。群体智能具有以下特点 [57]。

(1) 群体中相互合作的个体具有分布式特点，没有集中控制约束，因而它更能够适应当前组网的工作状态，保证了整个系统呈现较强的鲁棒性。

(2) 群体中每个个体智能仅感知到局部信息，通常不直接拥有全局信息，群体中每个个体的能力较简单，因而群体智能的实现方便，具有简单性。

(3) 个体之间通过非直接通信的方式进行合作，该信息交换机制保证系统具有良好的可扩充性。

(4) 群体表现出来的复杂行为是通过简单个体的交互而突现出来的智能，具有自组织性特点。

(5) 对目标函数的连续性无特殊要求。

学者对群体智能的定义进行了扩展，把鱼群、蚁群和鸟群等自然界的群体运动都理解为群体智能活动。群体智能算法主要包含以下两类：一类是由一组简单智能体涌现出来的集体智能 (collective intelligence)，代表性算法有蚁群优化算法和蚂蚁聚类算法等；另一类是把群体中的每个个体看成粒子而非智能体，代表性算法有粒子群优化算法等。

2.3.3　粒子群目标函数的构造

群体智能优化算法包含多种算法，每种算法各有优缺点。与其他算法相比，粒子群算法同时模型化粒子的位置和速度，并给出显示进化方程，从而使其有更多机会更快地进入到更好解的区域内 [54]。

1. 粒子群优化算法

粒子群优化 (PSO) 算法要求系统首先初始化一群随机粒子 (随机解)，然后粒子通过迭代在解空间追随最优的粒子进行搜索来搜寻最优值。在更新过程中，每一个粒子不仅具有一个最优的历史记录，还有一个全局最优的历史记录。在粒子更新过程中，其更新由当前位置以及历史记录共同决定。

PSO 算法由于学习因子的不同取值，粒子过多地在局部徘徊可能出现粒子过早收敛到局部最小值的情况。为有效控制粒子的飞行速度使 PSO 算法达到全局搜寻与局部搜索的平衡，Clerc 等引入收缩因子的 PSO 算法 [58]。

$$\begin{cases} v_i(l+1) = \varphi[w(l)\times v_i(l) + c_1\times r_1\times(p_{\text{best},i} - x_i(l)) + c_2\times r_2\times(g_{\text{best}} - x_i(l))] \\ x_i(l+1) = x_i(l) + v_i(l+1) \end{cases} \tag{2-40}$$

式中，l 为迭代的次数；φ 为收缩因子，$\varphi = 2/|2-C-\sqrt{C^2-4C}|$，$C=c_1+c_2$，$c_1$ 和 c_2 是正的学习因子，$C>4$，其中 c_1 调节粒子飞向自身最好位置方向的步长，c_2 调节粒子飞向全局最好位置方向的步长，常用的经典参数为 [54] $c_1 = 2.8$，$c_2 = 1.3$，$\varphi = 0.7298$；$v_i(l)$ 是粒子的速度，且 $v_{\min} \leqslant v_i(l) \leqslant v_{\max}$；$x_i(l)$ 是当前粒子的位置；$w(l)$ 是惯性权因子；r_1 和 r_2 是 (0,1) 区间相互独立的均匀分布随机数，它们保证了算法具有一定的随机性和全局搜索能力；$p_{\text{best},i}$ 为个体极值；g_{best} 为全局极值。

在式 (2-40) 中包含两部分：认知部分和社会部分。认知部分 $c_1\times r_1\times(p_{\text{best},i} - x_i(l))$ 表示粒子对自身的认知，若式 (2-40) 仅有此部分，不含社会部分，则粒子间不进行信息交互，只进行自身的更新，不能获取全局最优解。社会部分 $c_2\times r_2\times(g_{\text{best}} - x_i(l))$ 表示粒子间的信息共享，若式 (2-40) 仅考虑此部分，则易陷入局部极小解。因此，结合认知和社会两部分，PSO 算法会有较好的群体优化性能。

在式 (2-40) 中，没有考虑到初始位置 x_0 的选择对算法的影响，但在实际应用中 x_0 对 PSO 算法的寻优结果有一定的影响 [59]。为此，可将带有收缩因子的 PSO 算法的位置公式改写为

$$\begin{aligned} v_i(l+1) = &\varphi[w(l)\times v_i(l) + c_1\times r_1\times(p_{\text{best},i} - x_i(l)) \\ &+ c_2\times r_2\times(g_{\text{best}} - x_i(l)) + c_3\times r_3\times(x_{\text{initial}} - x_i(l))] \end{aligned} \tag{2-41}$$

式中，x_{initial} 为粒子的初始位置；收缩因子 φ 中的 C 为 $C=c_1+c_2+c_3$，$C>4$。

2. 目标函数的构造

粒子群优化算法中需要利用粒子群算法迭代地对目标函数的解进行寻优，本节目的是估计监视系统中的传感器系统偏差。为此，需要构造目标函数，使其作为粒子群算法中求取适应值的参考表达式。

在某一探测系统中，设 $\{x_{\mathrm{AP}}, y_{\mathrm{AP}}\}$ 和 $\{x_{\mathrm{BP}}, y_{\mathrm{BP}}\}$ 分别表示传感器 A、B 在中心坐标系中的坐标；$\{r_{\mathrm{A}}(k), \theta_{\mathrm{A}}(k)\}$ 和 $\{r_{\mathrm{B}}(k), \theta_{\mathrm{B}}(k)\}$ 分别表示传感器 A、B 对目标的量测值；$\Delta r_{\mathrm{A}}(k)$，$\Delta\theta_{\mathrm{A}}(k)$，$\Delta r_{\mathrm{B}}(k)$，$\Delta\theta_{\mathrm{B}}(k)$ 分别表示传感器 A、B 待配准的系统偏差。

图 2.8 为传感器和目标在平面坐标系中的系统偏差几何关系图。

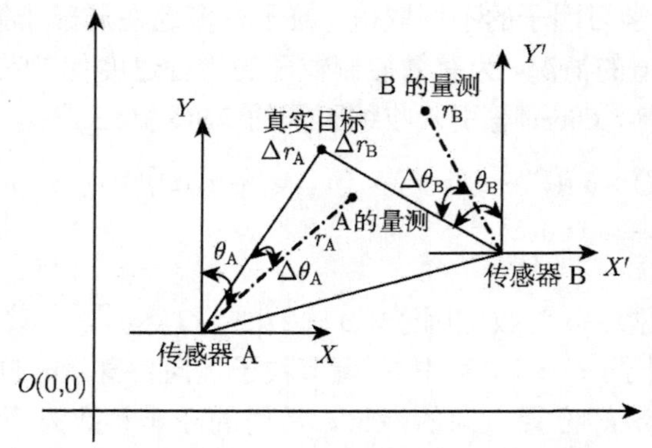

图 2.8 传感器和目标的系统偏差几何关系

由图 2.8 可得被测目标坐标的真实位置和量测位置之间关系：

$$\begin{cases} x_{\mathrm{A}}(k) = [r_{\mathrm{A}}(k) - \Delta r_{\mathrm{A}}(k)]\sin[\theta_{\mathrm{A}}(k) - \Delta\theta_{\mathrm{A}}(k)] + x_{\mathrm{AP}} \\ y_{\mathrm{A}}(k) = [r_{\mathrm{A}}(k) - \Delta r_{\mathrm{A}}(k)]\cos[\theta_{\mathrm{A}}(k) - \Delta\theta_{\mathrm{A}}(k)] + y_{\mathrm{AP}} \\ x_{\mathrm{B}}(k) = [r_{\mathrm{B}}(k) - \Delta r_{\mathrm{B}}(k)]\sin[\theta_{\mathrm{B}}(k) - \Delta\theta_{\mathrm{B}}(k)] + x_{\mathrm{BP}} \\ y_{\mathrm{B}}(k) = [r_{\mathrm{B}}(k) - \Delta r_{\mathrm{B}}(k)]\cos[\theta_{\mathrm{B}}(k) - \Delta\theta_{\mathrm{B}}(k)] + y_{\mathrm{BP}} \end{cases} \tag{2-42}$$

式中，$\{x_{\mathrm{A}}(k), y_{\mathrm{A}}(k)\}$ 和 $\{x_{\mathrm{B}}(k), y_{\mathrm{B}}(k)\}$ 分别表示从传感器 A 和 B 的量测转换到公共坐标系中的坐标。

假设在同一时刻，对同一目标进行量测，则应有传感器 A 和 B 对同一目标量测的笛卡儿坐标应重合，即

$$x_{\mathrm{A}}(k) = x_{\mathrm{B}}(k) \tag{2-43}$$

$$y_{\mathrm{A}}(k) = y_{\mathrm{B}}(k) \tag{2-44}$$

将式 (2-42) 的相关表达式分别代入式 (2-43) 和式 (2-44)，可得

$$
\left\{\begin{aligned}
&[r_{\mathrm{A}}(k)-\Delta r_{\mathrm{A}}(k)]\sin[\theta_{\mathrm{A}}(k)-\Delta\theta_{\mathrm{A}}(k)]+x_{\mathrm{AP}}\\
&\qquad=[r_{\mathrm{B}}(k)-\Delta r_{\mathrm{B}}(k)]\sin[\theta_{\mathrm{B}}(k)-\Delta\theta_{\mathrm{B}}(k)]+x_{\mathrm{BP}}\\
&[r_{\mathrm{A}}(k)-\Delta r_{\mathrm{A}}(k)]\cos[\theta_{\mathrm{A}}(k)-\Delta\theta_{\mathrm{A}}(k)]+y_{\mathrm{AP}}\\
&\qquad=[r_{\mathrm{B}}(k)-\Delta r_{\mathrm{B}}(k)]\cos[\theta_{\mathrm{B}}(k)-\Delta\theta_{\mathrm{B}}(k)]+y_{\mathrm{BP}}
\end{aligned}\right. \tag{2-45}
$$

但是求解上述包含 $\Delta r_{\mathrm{A}}(k)$、$\Delta\theta_{\mathrm{A}}(k)$、$\Delta r_{\mathrm{B}}(k)$ 和 $\Delta\theta_{\mathrm{B}}(k)$ 参变量的两个非线性方程较困难，可考虑利用一阶泰勒级数展开和最小二乘算法，但最小二乘算法完全不考虑传感器量测噪声的影响，而只把公共坐标系中的差异归于传感器偏差。

根据求解目标有且只有一个的原则，可利用非线性最优化方法来解决传感器系统偏差估计问题。通过构建合理优化函数 (即目标函数)，可将 k 时刻的目标函数描述成如式 (2-46) 的表达式：

$$
\begin{aligned}
\mathrm{Fit}(k)=&\{[r_{\mathrm{A}}(k)-\Delta r_{\mathrm{A}}(k)]\sin[\theta_{\mathrm{A}}(k)-\Delta\theta_{\mathrm{A}}(k)]+x_{\mathrm{AP}}\\
&-[r_{\mathrm{B}}(k)-\Delta r_{\mathrm{B}}(k)]\sin[\theta_{\mathrm{B}}(k)-\Delta\theta_{\mathrm{B}}(k)]-x_{\mathrm{BP}}\}^2\\
&+\{[r_{\mathrm{A}}(k)-\Delta r_{\mathrm{A}}(k)]\cos[\theta_{\mathrm{A}}(k)-\Delta\theta_{\mathrm{A}}(k)]+y_{\mathrm{AP}}\\
&-[r_{\mathrm{B}}(k)-\Delta r_{\mathrm{B}}(k)]\cos[\theta_{\mathrm{B}}(k)-\Delta\theta_{\mathrm{B}}(k)]-y_{\mathrm{BP}}\}^2
\end{aligned} \tag{2-46}
$$

注 2.4　利用非线性最优化方法来解决系统偏差的思想是利用传感器 A、B 对目标的量测与目标的真实轨迹无限逼近，以及将传感器 A、B 的量测值利用 $\Delta r_{\mathrm{A}}(k)$、$\Delta\theta_{\mathrm{A}}(k)$、$\Delta r_{\mathrm{B}}(k)$ 和 $\Delta\theta_{\mathrm{B}}(k)$ 估计值将其配准到目标真实轨迹点位置后，两个传感器配准后航迹点之间的互异程度应最小。

2.3.4　系统偏差估计策略

用 PSO 算法对系统偏差进行估计时，不仅考虑外界因素所引起的系统偏差的不确定性，还要考虑目标有多个有效量测问题。用两部传感器对一个目标进行探测时，需解决量测的不确定性，即量测和目标航迹的关联问题。因为本节是利用两部传感器探测一个目标，所以用 PDA 进行测量和航迹的关联处理。

设某系统的状态方程和量测方程分别为

$$
x_k=F_k x_{k-1}+G_k u_k \tag{2-47}
$$

$$
z_{k,s}=h_{k,s}(x_k)+b_{k,s}+v_{k,s},\quad s=1,2,\cdots,N \tag{2-48}
$$

在 PDA 理论和 PSO 理论的基础上，图 2.9 给出利用 PSO 对系统偏差进行估计的策略框图。其中，$n=1,2,\cdots,N$ 为 PSO 初始化粒子的个数；$\hat{x}_{k-1|k-1,s}$ 和 $P_{k-1|k-1,s}$ 为 $k-1$ 时刻由传感器 s 得到的目标状态估计及其方差；$i_{\mathrm{A}}=1,2,\cdots,m_k$ 为传感器 A 的量测个数，$i_{\mathrm{B}}=1,2,\cdots,n_k$ 为传感器 B 的量测个数；$\hat{x}_{k|k,s}$ 和 $P_{k|k,s}$

分别为 k 时刻由传感器 s 得到的目标状态估计及其方差；$\hat{b}_{k,s}$ 为 k 时刻传感器 s 的系统偏差；l 为迭代次数。

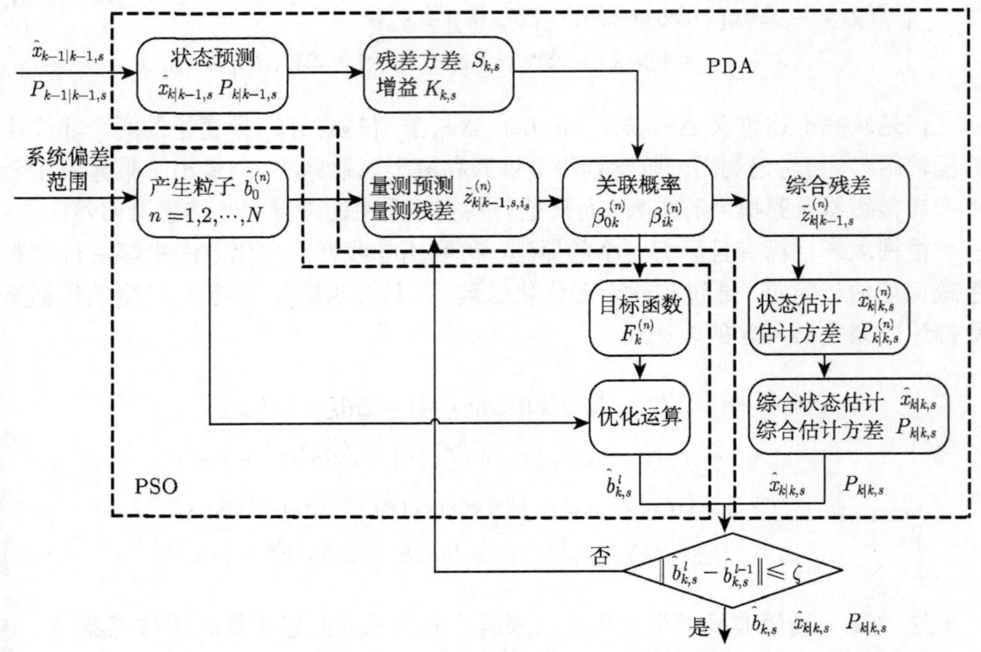

图 2.9　基于 PSO 算法的系统偏差估计策略框图

因为要用到两部传感器，且考虑传感器量测的归属，所以可用 PDA 关联概率信息对 k 时刻的目标函数式 (2-46) 进一步变形：

$$\mathrm{Fit}(k)=\begin{cases} f_{\mathrm{value}}, & m_k=0,\ n_k=0 \\ f_x^2(k)+f_y^2(k), & m_k\neq 0,\ n_k\neq 0 \end{cases} \tag{2-49}$$

式中，f_{value} 为某一较大正整数；$f_x(k)$ 和 $f_y(k)$ 分别如下：

$$\begin{aligned} f_x(k)=&\sum_{i=1}^{m_k}\beta_k^{(i)}\left\{[r_{\mathrm{A},i}(k)-\Delta r_{\mathrm{A}}(k)]\sin[\theta_{\mathrm{A},i}(k)-\Delta\theta_{\mathrm{A}}(k)]+x_{\mathrm{AP}}\right\} \\ &-\sum_{j=1}^{n_k}\beta_k^{(j)}\left\{[r_{\mathrm{B},j}(k)-\Delta r_{\mathrm{B}}(k)]\sin[\theta_{\mathrm{B},j}(k)-\Delta\theta_{\mathrm{B}}(k)]-x_{\mathrm{BP}}\right\} \end{aligned} \tag{2-50}$$

$$\begin{aligned} f_y(k)=&\sum_{i=1}^{m_k}\beta_k^{(i)}\left\{[r_{\mathrm{A},i}(k)-\Delta r_{\mathrm{A}}(k)]\cos[\theta_{\mathrm{A},i}(k)-\Delta\theta_{\mathrm{A}}(k)]+y_{\mathrm{AP}}\right\} \\ &-\sum_{j=1}^{n_k}\beta_k^{(j)}\left\{[r_{\mathrm{B},j}(k)-\Delta r_{\mathrm{B}}(k)]\cos[\theta_{\mathrm{B},j}(k)-\Delta\theta_{\mathrm{B}}(k)]-y_{\mathrm{BP}}\right\} \end{aligned} \tag{2-51}$$

式中，$\beta_k^{(i)}$、$\beta_k^{(j)}$ 分别为传感器 A、B 量测和目标的互联概率。

通过上述相关描述，本节所提的系统偏差估计算法主要分为下面两部分。

(1) 利用 PDA 获取关联概率。

(2) 利用获取的关联概率，构建 PSO 所需的目标函数，并利用该目标函数进行系统偏差估计的优化运算。

1. 关联概率的获取

在基本概率数据关联算法 PDA[51] 的基础上，引入了种群粒子的信息，其具体实现步骤如下。

(1) 目标状态预测估计。根据第 $k-1$ 时刻的目标状态估计及其方差，获取第 k 时刻各个传感器 s 的预测估计及方差，其中，$s=1,\cdots,N$ 表示传感器个数。

$$\hat{x}_{k|k-1,s}=F_k\hat{x}_{k-1|k-1,s} \tag{2-52}$$

$$P_{k|k-1,s}=F_{k-1}\hat{P}_{k-1|k-1,s}(F_{k-1})^{\mathrm{T}}+G_{k-1}Q_k(G_{k-1})^{\mathrm{T}} \tag{2-53}$$

$$S_{k,s}=H_kP_{k|k-1,s}(H_k)^{\mathrm{T}}+R_k+R_{k,s}^b \tag{2-54}$$

$$K_{k,s}=P_{k|k-1,s}(H_k)^{\mathrm{T}}(S_{k,s})^{-1} \tag{2-55}$$

(2) 初始化种群粒子。依据系统偏差范围，随机初始化种群中各粒子的位置 $\hat{b}_{0,s}^{(n)}$、速度 $v_s^{(n)}$，其中，$n=1,\cdots,N$ 表示粒子群的粒子。

(3) $i=1,\cdots,m_k$。计算每个粒子 n 对应的量测和目标的关联概率如下，其中，$i=1,\cdots,m_k$ 表示确认量测个数，0 表示没有量测源于目标的概率：

$$\beta_{k,s}^{(n)(0)}=\frac{\overleftrightarrow{b}_{k,s}}{\overleftrightarrow{b}_{k,s}+\sum_{j=1}^{m_k}e_{k,s}^{(n)(j)}} \tag{2-56}$$

$$\beta_{k,s}^{(n)(i)}=\frac{e_{k,s}^{(n)(i)}}{\overleftrightarrow{b}_{k,s}+\sum_{j=1}^{m_k}e_{k,s}^{(n)(j)}} \tag{2-57}$$

式中，

$$\overleftrightarrow{b}_{k,s}=\lambda\left(2\pi\right)^{n_z/2}\left|S_{k,s}\right|^{1/2}\left(1-p_{\mathrm{D}}p_{\mathrm{G}}\right)/p_{\mathrm{D}}$$

$$e_{k,s}^{(n)(i)}=\exp\left(-\frac{1}{2}\left(\tilde{z}_{k|k-1,s}^{(n)(i)}\right)^{\mathrm{T}}S_k^{-1}\left(\tilde{z}_{k|k-1,s}^{(n)(i)}\right)\right)$$

$$\tilde{z}_{k|k-1,s}^{(n)(i)}=z_{k,s}^{(i)}-\hat{z}_{k|k-1,s}^{(n)}$$

$$\hat{z}_{k|k-1,s}^{(n)}=h_{k,s}\left(\hat{x}_{k|k-1,s}\right)+\hat{b}_{0,s}^{(n)}$$

(4) 目标状态估计。计算每个粒子 n 的融合状态估计及其方差如下：

$$\hat{x}_{k|k,s}^{(n)} = \hat{x}_{k|k-1,s} + K_{k,s}\tilde{z}_{k|k-1,s}^{(n)} \tag{2-58}$$

$$P_{k|k,s}^{(n)} = \beta_{k,s}^{(n)(0)} P_{k|k-1,s} + \left(1 - \beta_{k,s}^{(n)(0)}\right) P_{k|k,s}^{c} + \tilde{P}_{k|k,s}^{(n)} \tag{2-59}$$

式中，

$$\tilde{z}_{k|k-1,s}^{(n)} = \sum_{i=1}^{m_k} \beta_k^{(n)(i)} \tilde{z}_{k|k-1,s}^{(n)(i)}$$

$$P_{k|k,s}^{c} = \left[I - K_{k,s}H_{k,s}\right] P_{k|k-1,s}$$

$$\tilde{P}_{k|k,s}^{(n)} = K_{k,s}\left[\sum_{i=1}^{m_k} \beta_k^{(n)(i)} \left(\tilde{z}_{k|k-1,s}^{(n)(i)}\right)\left(\tilde{z}_{k|k-1,s}^{(n)(i)}\right)^{\mathrm{T}} - \left(\tilde{z}_{k|k-1,s}^{(n)}\right)\left(\tilde{z}_{k|k-1,s}^{(n)}\right)^{\mathrm{T}}\right] K_{k,s}^{\mathrm{T}}$$

(5) 目标状态的融合估计。利用所有粒子的状态估计及其方差，第 k 时刻的目标状态的融合估计如下：

$$\hat{x}_{k|k,s} = \sum_{n=1}^{N} \hat{x}_{k|k,s}^{(n)} \Big/ N \tag{2-60}$$

$$P_{k|k,s} = \sum_{n=1}^{N} \left[P_{k|k,s}^{(n)} + \left(\hat{x}_{k|k,s} - \hat{x}_{k|k,s}^{(n)}\right)\left(\hat{x}_{k|k,s} - \hat{x}_{k|k,s}^{(n)}\right)^{\mathrm{T}}\right] \Big/ N \tag{2-61}$$

2. PSO 的优化估计

利用 PDA 的关联概率，通过 PSO 理论对系统偏差的种群粒子进行寻优处理，其具体步骤如下。

(1) 粒子初始化。随机初始化种群中所有粒子的位置和速度，并给出目标函数和所有粒子的最优解即 $f(n) = \mathrm{Fit}(k, n, \beta_{k,s}^{(n)(0)}, \beta_{k,s}^{(n)(i)}, \hat{b}_{0,s}^{(n)})$ 和 $p_{\mathrm{best},s}(n) = \hat{b}_{0,s}^{(n)}$，其中 Fit 是目标函数。

(2) 寻找全局最优解。令 $g_{\mathrm{best},s} = \hat{b}_{0,s}^{(N)}$，index $= N$，并按下面表达式进行所有粒子的寻优判断，若成立，则令 $g_{\mathrm{best},s} = \hat{b}_{0,s}^{(n)}$，index $= n$，即将找到的全局最优解存储于 $g_{\mathrm{best},s}$。

$$\mathrm{Fit}(k, n, \beta_{k,s}^{(n)0}, \beta_{k,s}^{(n)(i)}, \hat{b}_{0,s}^{(n)}) < \mathrm{Fit}(k, \mathrm{index}, \beta_{k,s}^{(\mathrm{index})(0)}, \beta_{k,s}^{(\mathrm{index})(i)}, g_{\mathrm{best},s}) \tag{2-62}$$

(3) 更新速度和位置。按照下面式 (2-63) 和式 (2-64) 对所有粒子的速度和位置分别进行更新，其中，$l = 1, \cdots, L$ 表示迭代粒子群的迭代次数。

$$\begin{aligned} v_s^{(n)}(l+1) =& \varphi[w(l) \times v_s^{(n)}(l) + c_1 \times r_1 \times (p_{\mathrm{best},s} - x_n(l)) \\ &+ c_2 \times r_2 \times (g_{\mathrm{best}} - x_n(l)) + c_3 \times r_3 \times (x_{\mathrm{initial}} - x_n(l))] \end{aligned} \tag{2-63}$$

$$\hat{b}_{0,s}^{(n)}(l+1)=\hat{b}_{0,s}^{(n)}(l)+v_s^{(n)}(l+1) \tag{2-64}$$

(4) 寻找当前个体极值。利用式 (2-65) 进行个体粒子当前迭代更新后的适应值与其经历过的最好位置比较，若满足，则令 $f(n)=\mathrm{Fit}(k,n,\beta_{k,s}^{(n)(0)},\beta_{k,s}^{(n)(i)},\hat{b}_{0,s}^{(n)}(l+1))$，即将其作为个体当前最好位置，$p_{\mathrm{best},s}(n)=\hat{b}_{0,s}^{(n)}(l+1)$。

$$\mathrm{Fit}(k,n,\beta_{k,s}^{(n)(0)},\beta_{k,s}^{(n)(i)},\hat{b}_{0,s}^{(n)}(l+1))<f(n) \tag{2-65}$$

(5) 更新全局最优解。利用式 (2-66) 进行当前所有粒子个体极值和全局最优解的比较，若成立，则令 $g_{\mathrm{best},s}=p_{\mathrm{best},s}(n)$，$\mathrm{index}=n$，即对全局最优解进行更新。

$$f(n)<\mathrm{Fit}(k,\mathrm{index},\beta_{k,s}^{(\mathrm{index})(0)},\beta_{k,s}^{(\mathrm{index})(i)},g_{\mathrm{best},s}) \tag{2-66}$$

上述步骤经过 L 次迭代，可得系统偏差估计 $\hat{b}_{k,s}=g_{\mathrm{best},s}$，其即每部传感器的系统偏差估计。注意的是，每次迭代都令 $p_{\mathrm{best},s}=\mathrm{Fit}(k,\mathrm{index},\beta_{k,s}^{(\mathrm{index})(0)},\beta_{k,s}^{(\mathrm{index})(i)},g_{\mathrm{best},s})$，进行个体适应值的重置。

2.3.5 仿真分析

1. *仿真场景*

假设在某探测系统中，用 A、B 两个传感器去观测某一机动目标 T，利用两坐标传感器的量测数据实现对 x-y 平面上机动目标的跟踪。传感器监测区域目标运动场景如下：被观测目标以一定的转弯角速度沿逆时针方向作匀速转弯机动。基于目标运动轨迹特点，目标运动和量测模型如下：

$$x_k=F_kx_{k-1}+G_ku_k$$

$$z_k=\left[r_k^{\mathrm{A}}\ \ \theta_k^{\mathrm{A}}\ \ r_k^{\mathrm{B}}\ \ \theta_k^{\mathrm{B}}\right]^{\mathrm{T}}+b_k+v_k$$

式中，$r_k^i=\sqrt{(x_k^i-x_i)^2+(y_k^i-y_i)^2}$ 为传感器的量测径向距 $(i=\mathrm{A},\mathrm{B})$；$\theta_k^i=\arctan\left((y_k^i-y_i)/(x_k^i-x_i)\right)$ 为传感器的量测方位角 $(i=\mathrm{A},\mathrm{B})$；$b_k=[\Delta r_k^{\mathrm{A}}\ \ \Delta\theta_k^{\mathrm{A}}\ \ \Delta r_k^{\mathrm{B}}\ \ \Delta\theta_k^{\mathrm{B}}]^{\mathrm{T}}$ 为传感器的系统偏差。

如模型所示，且目标状态 $x_k=[x_k,\dot{x}_k,y_k,\dot{y}_k]^{\mathrm{T}}$；$F_k=[\ f_1\ \ -f_2;\ \ f_2\ \ f_1\ ]$ 为系统状态转移矩阵，其中 $f_1=[\ 1\ \ \sin(w\tau)/w;\ \ 0\ \ \cos(w\tau)\ ]$，$f_2=[0\ \ (1-\cos(w\tau))/w;\ 0\ \ \sin(w\tau)]$，$\omega=-0.05\mathrm{rad/s}$，采样间隔 τ 为 1；系统过程噪声 u_k 采用均值为 0、标准差为 $0.05I_{2\times 2}$ 的高斯白噪声；矩阵 $G_k=[\ g_1\ \ g_2\ ]^{\mathrm{T}}$，$g_1=[\ \tau^2/2\ \ \tau;\ \ 0\ \ 0\ ]$，$g_2=[\ 0\ \ 0;\ \ \tau^2/2\ \ \tau\ ]$，目标状态的初值 $x_0=[29\mathrm{km},0.4\mathrm{km/s},34.5\mathrm{km},-0.4\mathrm{km/s}]^{\mathrm{T}}$。

量测噪声 v_k 采用均值为 0 和标准差为 $\mathrm{blkdiag}\left(R_r,R_\theta\right)$ 的高斯白噪声，其中传感器 A 的径向距分量的噪声标准差和方位角分量的噪声方差分别为 $R_\gamma^{\mathrm{A}}=$

0.2km，$R_\theta^{\mathrm{A}}=0.2°$，$R_\gamma^{\mathrm{B}}=0.15\mathrm{km}$，$R_\theta^{\mathrm{B}}=0.3°$；两部传感器 A 和 B 的位置分别为 $(-8\mathrm{km},10\mathrm{km})$ 和 $(10\mathrm{km},-10\mathrm{km})$；两部传感器系统偏差的方差分别为 $\sigma_{\Delta r}^{\mathrm{A}}=(0.2\mathrm{km})^2$，$\sigma_{\Delta\theta}^{\mathrm{A}}=(0.2°)^2$，$\sigma_{\Delta r}^{\mathrm{B}}=(0.3\mathrm{km})^2$，$\sigma_{\Delta\theta}^{\mathrm{A}}=(0.3°)^2$；传感器 A、B 的径向距系统偏差范围都为 $0\sim2\mathrm{km}$，方位角系统偏差范围都为 $0.5°\sim2°$。仿真中，假设两部传感器的真实系统偏差 $b_k=[\Delta r_k^{\mathrm{A}}\ \ \Delta\theta_k^{\mathrm{A}}\ \ \Delta r_k^{\mathrm{B}}\ \ \Delta\theta_k^{\mathrm{B}}]^{\mathrm{T}}=[1\mathrm{km}\ \ 1°\ \ 1.5\mathrm{km}\ \ 1.5°]^{\mathrm{T}}$。

PSO 相关参数：初始粒子群粒子个数为 40 个，迭代次数 1000 次，正的学习因子 $c_1=c_2=1.2$。传感器对目标进行探测时，$P_{\mathrm{D}}=0.99$，$P_{\mathrm{G}}=0.997$，跟踪门选用椭圆形波门且门限阈值取为 16，杂波密度 λ 取 0.01。

本模型模特卡罗仿真循环次数为 50 次；实验平台采用 PC 机，主频 Intel(R) Core(TM)2 Duo CPU 2GHz，内存 2G，运行 Windows XP 的 ThinkPad 笔记本电脑，编程语言为 MATLAB7。

2. 仿真结果

依据参数，图 2.10 给出了所建目标模型的真实轨迹、传感器 A 和 B 系统偏差配准前的量测以及杂波图。从仿真图 2.10 中可以看出，在未配准前，传感器 A 和 B 的量测会随着时间的推移，量测和目标真实轨迹的误差存在，这会导致在后端对目标进行航迹关联和目标跟踪、估计等问题处理时在准确度上造成一定影响。同时，由于杂波的存在，在对目标进行估计时，会出现量测–航迹关联问题。

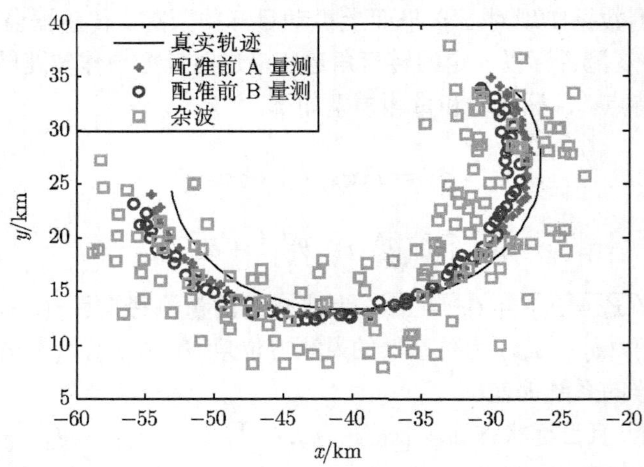

图 2.10 真实轨迹、量测和杂波图

为说明引入 PDA 信息后 PSO 算法的有效性，图 2.11 给出所提算法 (这里简称 PSO-PDA) 和 PDA 算法得到的传感器系统偏差和假设的真实系统偏差比较图。从图 2.11 可以看出，PSO-PDA 算法比 PDA 算法能更好地估计传感器的系统偏差。在含有杂波的复杂环境下，PSO-PDA 对目标的多回波问题进行了处理。同时，智能优化 PSO 算法通过迭代的方法直接对系统偏差估计进行寻优处理，而 PDA 算法不能直接获取系统偏差的估计值，它只能先对多回波进行处理，然后通过反演方法获取系统偏差的估计值。若不进行关联处理而直接用 PSO 算法对系统偏差进行估计，则会将多量测回波误认为多目标。此时，优化的目标函数就变成了多目标多约束优化问题，不能用简单的 PSO 算法进行处理。

为进一步对 PSO-PDA 算法的估计精度和计算量等性能进行分析，图 2.12 给出了两种算法 (PSO-PDA 和 PDA) 的径向距和方位角偏差估计的 RMSE 曲线比较图。

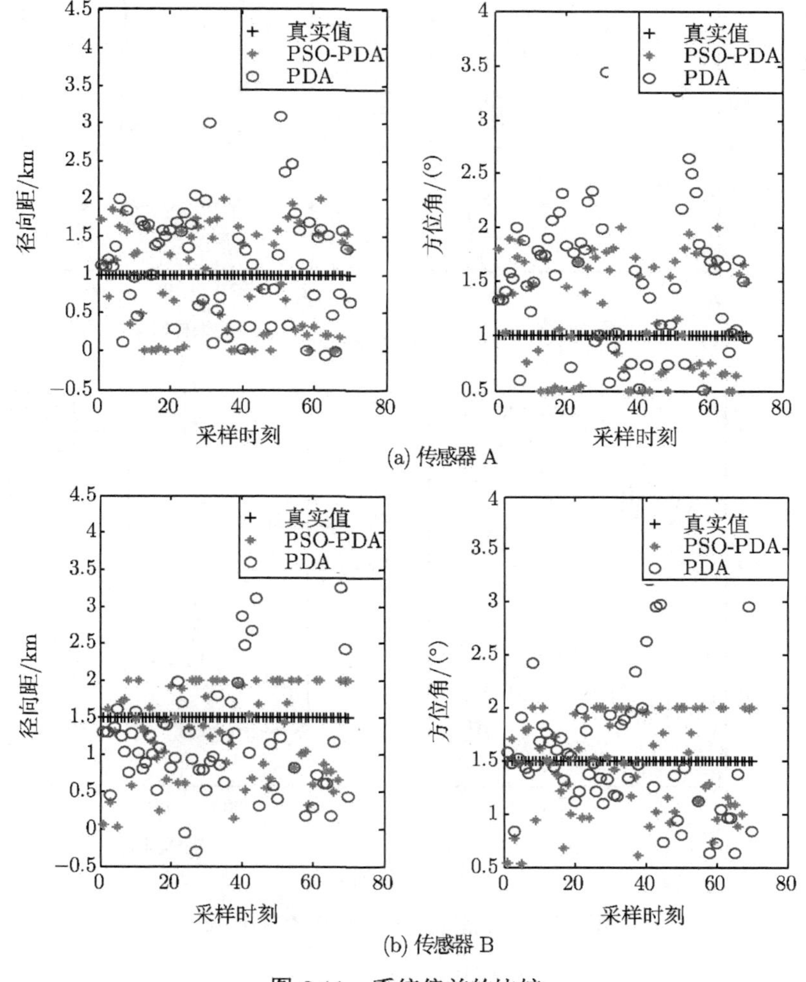

图 2.11　系统偏差的比较

从图 2.12 可以看出，PSO-PDA 算法和 PDA 算法都可以用于估计传感器的系统偏差，但 PSO-PDA 算法的 RMSE 明显小于 PDA 算法的 RMSE，说明

PSO-PDA 算法的系统偏差估计性能要优于 PDA 算法。其原因在于 PSO-PDA 算法在每一采样时刻都进行了迭代寻优处理，因而都能比 PDA 间接获取系统偏差估计的方法得到更好的估计结果。为了更详细地对两种算法性能进行分析，表 2.4 分别统计了稳态精度 (1~70s 的 RMSE 平均值) 和计算量 (仿真所耗费的平均机时)。

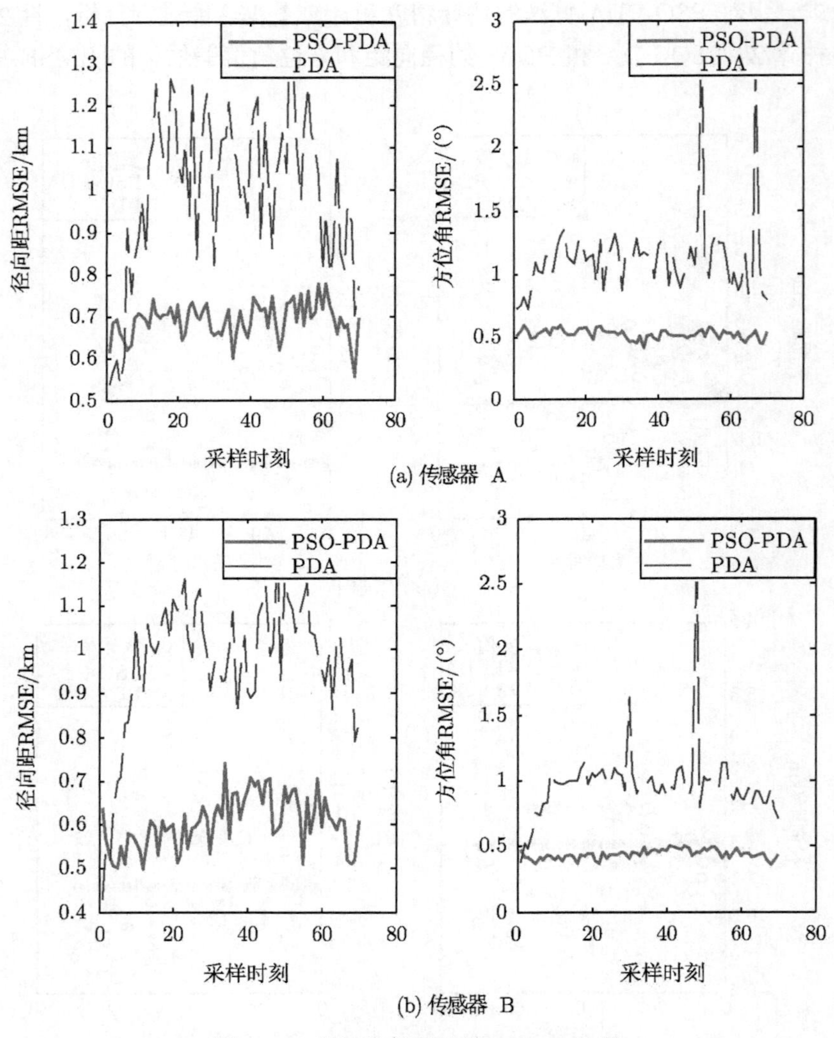

图 2.12　系统偏差估计的 RMSE 比较

根据模型以及仿真参数设置可知，两种算法在稳态精度方面，PSO-PDA 算法对传感器系统偏差的精度要高于 PDA 算法；而在计算量方面，PSO-PDA 算法耗时要比 PDA 算法长，主要有以下原因。

表 2.4　稳态精度和计算量比较

系统偏差		PSO-PDA	PDA
传感器 A	径向距Δr_{A}/km	0.6927	1.0009
	方位角$\Delta\theta_{\mathrm{A}}$/(°)	0.5271	1.1287
传感器 B	径向距Δr_{B}/km	0.6040	0.9696
	方位角$\Delta\theta_{\mathrm{B}}$/(°)	0.4354	0.9626
平均耗时/s		4.3086	0.560

(1) PSO-PDA 算法和 PDA 算法都是基于数据关联理论，充分考虑所有量测回波。由于传感器系统偏差模型未知，只有径向距和方位角方差等先验信息。因此，PDA 算法在每个时刻的系统偏差初始估计为任意某一值，当 PDA 滤波过程结束时得到目标的状态估计，然后利用反解方式通过传感器真实量测信息得到传感器的系统偏差估计，它是单一粒子的处理过程；PSO-PDA 算法在每个时刻的系统偏差初始估计是一系列值，对每一初始估计值都进行 PDA 滤波处理、PSO 寻优处理和综合处理，得到传感器的系统偏差估计，它是多粒子的处理过程。从估计性能角度来看，PSO-PDA 算法比 PDA 算法更具有优势。

(2) 因为在 PSO-PDA 算法中，每个时刻对每一个粒子都需要进行 PDA 滤波处理和 PSO 寻优处理，所以在耗费机时上，该算法明显长于 PDA 算法。PSO-PDA 算法的耗费机时与 PSO 算法对粒子个数、寻优迭代次数等参数的不同设置有很大的关系。

根据图 2.12 和表 2.4 可知，与 PDA 算法相比，PSO-PDA 算法的估计性能好，但是计算量较大。鉴于此，可以通过平衡估计性能和计算量来对相关参数进行设置。图 2.13 给出了利用 PSO-PDA 算法对传感器量测配准前后两部传感器的量测比较关系图。

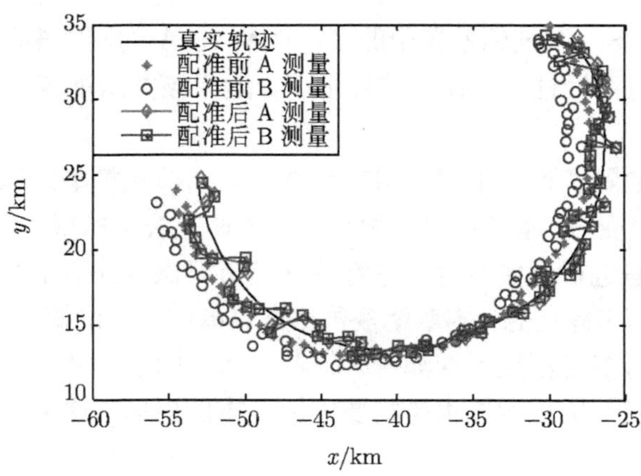

图 2.13　配准前后传感器的量测比较

本节针对杂波环境下出现的量测和目标不确定性问题，以及动态系统偏差的出现具有很大的随机性问题，提出一种基于粒子群优化的系统偏差在线估计算法。该算法通过在目标函数中引入多回波概率信息，给出一种 PSO 优化估计系统偏差的方法。首先，利用 PDA 算法获取传感器量测回波的关联概率信息。然后，利用关联概率信息重新构建寻优所需的目标函数，并根据 PSO 优化运算对系统偏差进行寻优估计。仿真结果表明，所提算法综合考虑了 PSO 系统偏差粒子的多样性及 PDA 的回波多样性，比只利用 PDA 算法获取的系统偏差估计有更高的估计精度。

2.4 本章小结

针对外界未知扰动引起的系统偏差发生随机性和不确定性突变的问题，本章提出一种未知输入驱动下的在线系统偏差估计算法——PMUI。该算法的核心是设计基于系统偏差伪量测模型和广义动态系统偏差模型的未知输入解耦滤波器。该算法首先将不同传感器关于状态的量测模型转换为系统偏差伪量测模型，并联合带有未知输入的广义系统偏差动态模型，重构出系统偏差的等效系统。然后，基于该等效系统对广义系统偏差模型的未知输入部分进行解耦。最后，利用最小方差无偏估计，设计用于估计系统偏差的滤波器。仿真结果表明，与其他估计方法相比，所提算法能较精确地估计含有未知输入的传感器系统偏差。

针对杂波环境中出现的多回波特性以及系统偏差的随机性，本章提出一种基于粒子群优化的在线系统偏差估计算法。该算法通过在 PSO 的寻优目标函数中引入多回波概率信息，解决密集杂波环境下的传感器系统偏差估计问题。首先，利用 PDA 算法获取量测回波的关联概率信息。然后，依据关联概率信息对寻优所需的目标函数进行重构。最后，利用 PSO 优化运算获取传感器系统偏差估计信息。该算法综合考虑了 PSO 系统偏差粒子的多样性及 PDA 的回波多样性。仿真结果表明，所提算法具有可行性，且在杂波环境下，运用该算法能得到较好传感器配准效果。

传感器突发故障和外界干扰等引起系统偏差的演化模型难以建立，特别当系统偏差发生随机突变时，本章给出一种广义系统偏差演化模型，但如何更合适地对随机突变系统偏差进行建模并对其进行估计是值得深入研究的内容。针对杂波环境下的传感器系统偏差问题，本章就多传感器对单一目标的探测情况进行了探讨。当出现多传感器对多目标进行探测时，除考虑回波的多样性外，智能优化方法中的目标函数构造以及优化运算也是需要重新考虑的问题，这也是需要继续探讨的问题。

在多传感器探测系统中，时间配准算法研究通常是各平台上传感器的采样周期不同或它们各自传到处理中心的通信速率不同。除上述非同步特性外，动态系统偏差还具有自身的演化采样时间，如何处理多类型时间非同步问题，是时间配准研究值得探讨的内容。

参考文献

[1] Fateme R, Hamid K, Roya A M. First and second moment control of linear stochastic discrete time systems[C]. The 11th International Conference on Control, Automation, Robotics and Vision, Singapore, 2010: 252-257.

[2] Zhu H, Leung H, He Z S. State estimation in unknown non-gaussian measurement noise using variational Bayesian technique[J]. IEEE Transactions on Aerospace and Electronic Systems, 2013,49(4):2601-2614.

[3] Liang Y, An D X, Zhou D H, et al. A finite horizon adaptive Kalman filter for linear systems with unknown disturbances[J]. Signal Processing, 2004, 84(11):2175-2194.

[4] Liang Y, An D X, Zhou D H, et al. Estimation of time-varying time delay and parameters of a class of jump Markov nonlinear stochastic systems [J].Computers & Chemical Engineering,2003,27(12): 1761-1778.

[5] Dana M P. Registration:A prerequisite for multiple sensor tracking[J]. Multitarget-Multisensor Tracking: Advanced Applications, 1990, 1: 155-185.

[6] 熊伟, 潘旭东, 彭应宁, 等. 基于不敏变换的动基座传感器偏差估计方法 [J]. 航空学报, 2010, 31(4): 819-824.

[7] 赵杰, 江晶, 陶松波, 等. 基于地心地固坐标系的多传感器实时配准方法 [J]. 空军雷达学院学报, 2008, 22(2): 79-82.

[8] Leung H,Blanchette M,Gault K.Comparison of registration error correction techniques for air surveillance radar network[C]. Proceedings of SPIE, 1995, 2561: 498-508.

[9] Zhou Y F, Henry L. An exact maximum likelihood registration algorithm for data fusion[J]. IEEE Transactions Signal Processing, 1997, 45(6): 1560-1572.

[10] Mcmichael D W,Okello N N. Maximum likelihood registration of dissimilar sensors[C]. Proceedings of the Australian Data Fusion Symposium, Adelaide, 1996: 31-34.

[11] Karmiely H, Hava T S. Sensor registration using neural network[J]. IEEE Transactions on Aerospace and Electronic Systems, 2000, 36(1): 85-100.

[12] Ye H, Yang Z P, Li J. BP neural networks based sensor registration algorithm[C]. 2011 International Conference on Computational and Information Sciences, 2011: 759-761.

[13] Bogler P L. Tracking a maneuvering target using input estimation[J]. IEEE Transactions on Aerospace and Electronic Systems, 1987, 23(3): 298-310.

[14] Liang Y, Zhou D H, Zhang L, et al. Adaptive filtering for stochastic systems with generalized disturbance inputs[J]. IEEE Signal Processing Letters, 2008, 15: 645-648.

[15] Okello N N, Ristic B.Maximum likelihood registration for multiple dissimilar sensors[J]. IEEE Transactions on Aerospace and Electronic Systems, 2003, 39(3): 1074-1083.

[16] Okello N N,Challa S.Joint sensor registration and track-to-track fusion for distributed trackers[J]. IEEE Transactions on Aerospace and Electronic Systems, 2004, 40(3): 808-823.

[17] Li Z H, Chen S Y, Leung H. Joint data association, registration, and fusion using EM-KF[J]. IEEE Transactions on Aerospace and Electronic Systems, 2010, 46(2): 496-507.

[18] Zhu H, Leung H, Yuen K V. A joint data association, registration, and fusion approach for distributed tracking[J]. Information Sciences, 2015, 324(C): 186-196.

[19] Huang D L, Leung H. An EM-IMM method for simultaneous registration and fusion of multiple radars and ESM sensors[J]. Lecture Notes in Electrical Engineering, Advances in Wireless Sensors and Sensor Networks, LNEE, 2010, 64: 101-124.

[20] Zhang T, Wu R, Lai R, et al. Probability hypothesis density filter for radar systematic bias estimation aided by ADS-B[J]. Signal Processing, 2016, 120: 280-287.

[21] He Y,Zhu H W, Tang X M. Joint systematic error estimation algorithm for radar and automatic dependent surveillance broadcasting[J]. IET Radar, Sonar and Navigation, 2013, 7(4): 361-370.

[22] Lian F, Han C Z, Shi Y. Adaptive on-line registration algorithm based on GLR[C]. IEEE International Joint Conference on Neural Networks(IJCNN) , 2008: 2220-2226.

[23] Dhar S. Application of a recursive method for registration error correction in tracking with multiple sensor[C]. Proceedings of the American Control Conference, 1993: 875-879.

[24] 何友, 宋强, 熊伟. 基于傅里叶变换的航迹对准关联算法 [J]. 航空学报, 2010, 31(2): 356-362.

[25] Li W, Leung H, Zhou Y F. Space-time registration of radar and ESM using unscented Kalman filter[J]. IEEE Transactions on Aerospace and Electronic Systems, 2004, 40(3): 824-836.

[26] Zia A, Kirubarajan T, Reilly P, et al. An EM algorithm for nonlinear state estimation with model uncertainties[J]. IEEE Transactions on Signal Processing, 2008, 56(3): 921-936.

[27] Ignagni M B. An alternate derivation and extension of Friedland's two-stage kalman estimator[J]. IEEE Transactions on Automatic Control, 1981, 26(3): 746-750.

[28] Lin X D, Bar-shalom Y, Kirubarajan T. Exact multisensor dynamic bias estimation with local tracks[J]. IEEE Transactions on Aerospace and Electronic Systems, 2004, 40(2): 576-588.

[29] Huang D L, Leung H. A pseudo-measurement approach to simultaneous registration and track fusion [J]. IEEE Transactions on Aerospace and Electronic Systems, 2012, 48(3): 2315-2331.

[30] Chen S Y, Leung H, Bosse E. A maximum likelihood approach to joint registration, association and fusion for multi-sensor multi-target tracking[C]. The 12th International Conference on Information Fusion,2009: 686-693.

[31] Musicki D, Evans R J. Track fusion using equivalent innovations[C].The 10th International Conference on Information Fusion, 2007: 1-8.

[32] Lin X D, Bar-Shalom Y, Kirubarajan T. Multisensor-multitarget bias estimation for general asynchronous sensors[J].IEEE Transactions on Aerospace and Electronic Systems, 2005, 41(3): 899-921.

[33] 张宇, 王国宏, 关成斌, 等. 基于 H_∞ 滤波算法的系统偏差稳健估计方法 [J]. 现代防御技术, 2013, 41(5): 100-105.

[34] 祁永庆. 多平台多传感器配准算法研究 [D]. 上海: 上海交通大学博士学位论文, 2008.

[35] Chong C Y, Mori S. Metrics for feature-aided track association[C]. The 9th International Conference on Information Fusion, 2006: 1-8.

[36] Papageorgiou D J. Track-to-track association using pure association likelihoods[R]. Raytheon Technical Report, 2008.

[37] Papageorgiou D J, Holender M. Track-to-track association and ambiguity management in the presence of sensor bias[C]. The 12th International Conference on Information Fusion, 2009: 2012-2019.

[38] 王波, 李瑞涛, 王灿林. 一种改进的变异粒子群算法研究 [J]. 军械工程学院学报, 2006, 18(3): 50-52.

[39] 王波, 王灿林, 董云龙. 吸收变异的粒子群算法及应用 [J]. 海军航空工程学院学报, 2006, 21(4): 410-412.

[40] Bar-Shalom Y, Kirubarajan T, Lin X. Probabilistic data association techniques for target tracking with applications to sonar, radar and EO sensors[J]. IEEE Aerospace and Electronic Systems Magazine, 2005, 20(8): 37-54.

[41] Bar-Shalom Y, Tse E. Tracking in a cluttered environment with probabilistic data association[J]. Automatica, 1975, 11(5): 451-460.

[42] Berteskas D P. The auction algorithm for assignment and other network flow problems: A tutorial[J].Interfaces, 1990, 20(4): 133-149.

[43] Li N, Li X R. Target perceivability and its applications[J]. IEEE Transactions on Signal Processing, 2001, 49(11): 2588-2604.

[44] Musicki D, Evans R J, Stankovic S. Integrated probabilistic data association [J]. IEEE Transactions on Automatic and Control, 1994, 39(8): 1237-1241.

[45] Colegrove S B, Davey S J. PDAF with multiple clutter regions and target models[J]. IEEE Transactions on Aerospace and Electronic Systems, 2003, 39(1): 110-124.

[46] Fortman T E, Bar-Shalom Y, Scheffe M. Multi-target tracking using joint probabilistic data association[C]. 19th IEEE Conference on Decision and Control including the Symposium on Adaptive Processes, 1980, 19: 907-812.

[47] Sengupta D, Iltis R A. Neural solution to the multi-target tracking data association problem[J]. IEEE Transactions on Aerospace and Electronic Systems, 1989, 24(7): 66-71.

[48] Roecker J A, Phillps G I. Suboptimal joint probabilistic data association[J]. IEEE Transactions on Aerospace and Electronic Systems, 1993, 29(2): 510-517.

[49] 叶西宁, 潘泉, 陈鸣, 等. 密集回波环境下多目标跟踪的一种新算法 [J]. 西北工业大学学报, 2004, 22(3): 388-391.

[50] 潘泉, 叶西宁. 广义概率数据关联算法 [J]. 电子学报, 2005, 33(3): 467-472.

[51] 叶西宁. 多目标跟踪中数据关联与多维分配技术研究 [D]. 西安: 西北工业大学博士学位论文, 2003.

[52] 杨峰. 现代多目标跟踪与多传感器融合关键技术研究 [D]. 西安: 西北工业大学博士学位论文, 2006.

[53] 何友, 修建娟, 张晶炜. 雷达数据处理及应用 [M]. 北京: 电子工业出版社, 2006.

[54] 崔志华. 微粒群算法的性能分析与优化 [D]. 西安: 西安交通大学博士学位论文, 2008.

[55] Bonabeau E, Dorigo M, Theraulaz G. Swarm Intelligence: From Natural to Artificial Systems[M]. Santa Fe Institute Publicaitons, 1999.

[56] Kennedy J, Eberhart RC, Shi Y. Swarm Interlligence [M]. San Francisco: Morgan Kaufmann, 2001.

[57] Engelbrecht A P. Fundamentals of Computational Swarm Intelligence [M]. Hoboken Terminal: John Wiley and Sons, 2006.

[58] Clerc M, Kennedy J. The particle swarm-explosion, stability, and convergence in a multidimensional complex space[J]. IEEE Transactions on Evolutionary Computation (S1089-778X), 2002, 6(1): 58-73.

[59] Wachowiak M P, Smolikova R, Zheng Y F, et al. An approach to multimodal biomedical image registration utilizing particle swarm optimization [J]. IEEE Transactions on Evolutionary Computation(S1089-778X), 2004, 8(3): 289-301.

附　录

1. 量测坐标变换

本附录以二维坐标为例，给出量测从极坐标系转换到笛卡儿坐标系的转换过程，也即从式 (2-2) 到式 (2-3) 的转换。对任一传感器来说，在极坐标系中的量测可以表示为

$$\bar{r} = r + b^r + w^r$$

$$\bar{\theta} = \theta + b^\theta + w^\theta$$

式中，$\bar{r}$ 和 $\bar{\theta}$ 分别表示径向距和方位角的有偏量测；r 和 θ 分别表示真实的径向距和方位角；b^r 和 b^θ 分别表示径向距和方位角的系统偏差；w^r 和 w^θ 分别表示零均值高斯白噪声。

由极坐标系投影到笛卡儿坐标系，则其坐标转换表达式为

$$\bar{x} = \bar{r}\cos\bar{\theta}, \quad \bar{y} = \bar{r}\sin\bar{\theta}$$

式中，

$$\begin{aligned}
\cos\bar{\theta} =& \cos(\theta + b^\theta + w^\theta)\\
=& \cos(\theta + b^\theta)\cos w^\theta - \sin(\theta + b^\theta)\sin w^\theta\\
=& (\cos\theta\cos b^\theta - \sin\theta\sin b^\theta)\cos w^\theta - (\sin\theta\cos b^\theta + \cos\theta\sin b^\theta)\sin w^\theta\\
\sin\bar{\theta} =& \sin(\theta + b^\theta + w^\theta)\\
=& \sin(\theta + b^\theta)\cos w^\theta + \cos(\theta + b^\theta)\sin w^\theta\\
=& (\sin\theta\cos b^\theta + \cos\theta\sin b^\theta)\cos w^\theta + (\cos\theta\cos b^\theta - \sin\theta\sin b^\theta)\sin w^\theta
\end{aligned}$$

因为系统偏差 b^θ、w^θ 相对量测 $\bar{\theta}$ 来说相当小，所以在运算过程中，可有以下近似关系：

$$\sin b^\theta \approx b^\theta, \quad \cos b^\theta \approx 1, \quad \sin w^\theta \approx w^\theta, \quad \cos w^\theta \approx 1$$

则有

$$\cos\bar{\theta} \approx (\cos\theta - b^\theta\sin\theta) - (\sin\theta + b^\theta\cos\theta)w^\theta \approx \cos\theta - b^\theta\sin\theta - w^\theta\sin\theta$$

$$\sin\bar{\theta} \approx (\sin\theta + b^\theta\cos\theta) + (\cos\theta - b^\theta\sin\theta)w^\theta \approx \sin\theta + b^\theta\cos\theta + w^\theta\cos\theta$$

因此，笛卡儿坐标系中的坐标为

$$\bar{x} = \bar{r}\cos\bar{\theta}$$

$$
\begin{aligned}
&=(r+b^r+w^r)\cos(\theta+b^\theta+w^\theta)\\
&=(r+b^r+w^r)(\cos\theta-b^\theta\sin\theta-w^\theta\sin\theta)\\
&=(r+b^r)\cos\theta-(r+b^r)(b^\theta+w^\theta)\sin\theta+w^r\cos\theta-w^r(b^\theta+w^\theta)\sin\theta\\
&=(r+b^r)\cos\theta-r(b^\theta+w^\theta)\sin\theta-b^r(b^\theta+w^\theta)\sin\theta+w^r\cos\theta-w^r(b^\theta+w^\theta)\sin\theta\\
&=[(r+b^r)\cos\theta-rb^\theta\sin\theta]+(w^r\cos\theta-rw^\theta\sin\theta)-(b^r+w^r)(b^\theta+w^\theta)\sin\theta
\end{aligned}
$$

$$
\begin{aligned}
\bar{y}&=\bar{r}\sin\bar{\theta}\\
&=(r+b^r+w^r)\sin(\theta+b^\theta+w^\theta)\\
&=(r+b^r+w^r)(\sin\theta+b^\theta\cos\theta+w^\theta\cos\theta)\\
&=(r+b^r)\sin\theta+(r+b^r)(b^\theta+w^\theta)\cos\theta+w^r\sin\theta+w^r(b^\theta+w^\theta)\cos\theta\\
&=(r+b^r)\sin\theta+r(b^\theta+w^\theta)\cos\theta+b^r(b^\theta+w^\theta)\cos\theta+w^r\sin\theta+w^r(b^\theta+w^\theta)\cos\theta\\
&=[(r+b^r)\sin\theta+rb^\theta\cos\theta]+(w^r\sin\theta+rw^\theta\cos\theta)+(b^r+w^r)(b^\theta+w^\theta)\cos\theta
\end{aligned}
$$

因为系统偏差 b^r、b^θ、w^r、w^θ 相对量测 $\bar{r}$ 和 $\bar{\theta}$ 来说相当小，所以笛卡儿坐标系中的量测 $\bar{x}$ 和 $\bar{y}$ 表达式的第三项对传感器量测来说也相当小，进一步可将上述两式变形为

$$
\bar{x}=\bar{r}\cos\bar{\theta}=[(r+b^r)\cos\theta-rb^\theta\sin\theta]+(w^r\cos\theta-rw^\theta\sin\theta)
$$

$$
\bar{y}=\bar{r}\sin\bar{\theta}=[(r+b^r)\sin\theta+rb^\theta\cos\theta]+(w^r\sin\theta+rw^\theta\cos\theta)
$$

将上述两表达式整理可得

$$
\begin{aligned}
z&=\begin{bmatrix}\bar{x}\\ \bar{y}\end{bmatrix}=\begin{bmatrix}[(r+b^r)\cos\theta-rb^\theta\sin\theta]+(w^r\cos\theta-rw^\theta\sin\theta)\\ [(r+b^r)\sin\theta+rb^\theta\cos\theta]+(w^r\sin\theta+rw^\theta\cos\theta)\end{bmatrix}\\
&=\begin{bmatrix}r\cos\theta\\ r\sin\theta\end{bmatrix}+\begin{bmatrix}\cos\theta & -r\sin\theta\\ \sin\theta & r\cos\theta\end{bmatrix}\begin{bmatrix}b^r\\ b^\theta\end{bmatrix}+\begin{bmatrix}\cos\theta & -r\sin\theta\\ \sin\theta & r\cos\theta\end{bmatrix}\begin{bmatrix}w^r\\ w^\theta\end{bmatrix}\\
&=\begin{bmatrix}x\\ y\end{bmatrix}+\begin{bmatrix}\cos\theta & -r\sin\theta\\ \sin\theta & r\cos\theta\end{bmatrix}\begin{bmatrix}b^r\\ b^\theta\end{bmatrix}+\begin{bmatrix}\cos\theta & -r\sin\theta\\ \sin\theta & r\cos\theta\end{bmatrix}\begin{bmatrix}w^r\\ w^\theta\end{bmatrix}\\
&=Hx+Bb+\bar{w}
\end{aligned}
$$

式中，$H=\begin{bmatrix}1&0&0&0\\0&0&1&0\end{bmatrix}$；$x=\begin{bmatrix}x & \dot{x} & y & \dot{y}\end{bmatrix}$；$B=\begin{bmatrix}\cos\theta & -r\sin\theta\\ \sin\theta & r\cos\theta\end{bmatrix}$；$b=\begin{bmatrix}b^r\\ b^\theta\end{bmatrix}$；$\bar{w}=B\begin{bmatrix}w^r\\ w^\theta\end{bmatrix}$。

2. 式 (2-18) 的证明

系统偏差能解耦的充要条件是

$$\operatorname{rank}\left(H_{k+1}G_k^b\right)=\operatorname{rank}\left(G_k^b\right)$$

(1) 充分性。

首先，若$\operatorname{rank}\left(H_{k+1}G_k^b\right)=\operatorname{rank}\left(G_k^b\right)$，则 H_{k+1} 必须是列满秩阵，且其左逆阵 L 存在。其次，$\left[I-\left(H_{k+1}G_k^b\right)^{\dagger}\left(H_{k+1}G_k^b\right)\right]\tilde{u}_k\in N(H_{k+1}G_k^b)$，这里定义 $N(H_{k+1}G_k^b)$ 是阵 $H_{k+1}G_k^b$ 的零空间，则

$$H_{k+1}G_k^b\left[I-\left(H_{k+1}G_k^b\right)^{\dagger}\left(H_{k+1}G_k^b\right)\right]=0$$

在上式两边分别左乘 L，可得

$$LH_{k+1}G_k^b\left[I-\left(H_{k+1}G_k^b\right)^{\dagger}\left(H_{k+1}G_k^b\right)\right]=0$$

因此有

$$G_k^b\left[I-\left(H_{k+1}G_k^b\right)^{\dagger}\left(H_{k+1}G_k^b\right)\right]=0$$

(2) 必要性。

在式 (2-23) 中，$\tilde{u}_k$ 是一个任意阵，为确保 $G_k^b\left[I-\left(H_{k+1}G_k^b\right)^{\dagger}\left(H_{k+1}G_k^b\right)\right]\tilde{u}_k=0$，则 $G_k^b\left[I-\left(H_{k+1}G_k^b\right)^{\dagger}\left(H_{k+1}G_k^b\right)\right]$ 必须为零。

定义 $N(H_{k+1}G_k^b)$ 是阵 $H_{k+1}G_k^b$ 的零空间，存在

$$\left[I-\left(H_{k+1}G_k^b\right)^{\dagger}\left(H_{k+1}G_k^b\right)\right]\tilde{u}_k\in N(H_{k+1}G_k^b)$$

因为

$$(N(H_{k+1}G_k^b))^{\perp}=R(H_{k+1}G_k^b)$$

所以

$$G_k^b\in R(H_{k+1}G_k^b)$$

也即下面的式子成立

$$\operatorname{rank}G_k^b\leqslant\operatorname{rank}(H_{k+1}G_k^b)$$

$$\operatorname{rank}(H_{k+1}G_k^b)\leqslant\operatorname{rank}G_k^b$$

因此，$\operatorname{rank}\left(H_{k+1}G_k^b\right)=\operatorname{rank}\left(G_k^b\right)$ 存在。

第 3 章　多速率估计

在现代目标跟踪中，随着探测传感器性能和类型的不断升级和多样性，以及多传感器协同探测手段的日益丰富，在显著提升感知目标能力的同时，也带来了多速率问题。所谓多速率是指多传感器采样间隔不一致或多源信息在通信网络传递中到达融合中心的时刻不一致，也泛指单传感器采样间隔根据实际系统对性能要求进行自适应调节。本章重点关注多传感器系统中的多速率估计问题，此时多速率问题属于多源信息时间配准的研究范畴。

传感器在类型上从主动到被动，在监测范围上从局部观测到全球准同步观测，在波谱上从可见光延伸到红外、远红外乃至微波和超长波，特别是遥感光谱波段的发展，在高光谱扫描实验型波段已达到 200 多个。同时，感知系统多平台、多传感器及网络化与分布式的发展趋势不断增强，不同类型传感器网络，如雷达网、声呐网和全球信息栅格 (GIG 项目)[1] 等，通过信息之间交互融合，实现优势互补，取长补短，最终取得决策优势和行动优势 [2-5]。

传感器类型的多样性自然带来信息的多样性，随即引起多传感器采样间隔不一致或信息网络传输时刻不一致的多速率问题。例如，远程预警系统具有典型的多速率特点，预警机要集成来自相控阵雷达、红外、敌我识别、ESM 和战术数据链等多源信息，其前视红外典型采样周期是 100ms，ESM 数据更新周期是秒级，相控阵雷达则可工作在 20ms 到几十秒范围；对于采用电离层折射效应的高频超视距雷达 (OTHR)，其电离层辅助探测设备采样间隔时间为十几分钟甚至几十分钟，而主雷达的探测周期则快得多。另外，多传感器之间的协同探测要求通过网络通信进行信息传递和交互，网络通信时融合中心主客观方面的信息接收时刻不一致，也会导致多速率问题：主观上，结合对不同目标感知的实时、高精度、远程、快速、协同和多任务合成等要求，信息在网络通信时具有人为设定的优先级；客观上，与目标高度耦合共存的复杂环境会引起量测信息的随机时滞性和缺失性。

现代目标特性的日益复杂多变，且对目标感知需求的内容与质量要求大大提高，使得多速率问题越来越呈现出与不确定、非线性、高维数和量测缺失等诸多复杂特性的耦合共存。目标跟踪的对象包括陆海空各处形态各异的目标，多目标联合处理会带来状态高维数，多目标回波数据关联和杂波环境下量测虚警等则会引起量测高维数。目标运动特性已发生了革命性变化，超强/超常规机动、高转弯率和运动模式瞬时切换等已在实际工程中成功应用，目标运动模态不仅多样而且状态演化方程呈现非线性和不确定等特征。目标隐身、干扰和伪装技术日新月异，导致目标跟踪成为典型的“低量测精度、低检测概率、低数据率”和“量测异常 (时滞、缺失、乱序和量化等)”问题 [6-8]，量测模型不仅建模困难，而且面临各种不确定随机干扰等。

本章针对目标跟踪的多传感器系统，研究多源信息下具有不同采样速率的多传感器系统建模与估计，即多速率多传感器系统的建模与估计。特别针对多速率与量测随机缺失、不确定和系统故障等耦合共存问题，从以下三个方面开展了研究工作。

(1) 量测缺失下的多速率多传感器系统建模与估计。基于未知输入观测器 (unknown input observer, UIO)，研究量测缺失下多速率最小方差滤波器和最小方差观测器的建模以及多速率残差生成器的建模；以网络控制系统 (network control systems, NCSs) 为研究背景，通过把量测缺失引起的不确定性表征为估计误差系统的输入型扰动，基于 UIO 来设计多速率滤波器，揭示多速率、传感器模型、因果约束、量测缺失概率和滤波性能的内在联系，给出量测缺失下多速率建模与估计方法在目标跟踪中的有效实现。

(2) 多速率多传感系统故障检测。为了保证目标信息获取的可靠性和安全性，开展多速率多传感器系统中执行器与传感器故障检测研究，设计多速率意义下的残差生成器用于故障检测，通过残差信号的识别来对故障信号做出判定，并以典型多速率系统为仿真环境，验证新残差生成器的有效性。

(3) 多种不确定型并存下的多速率多传感系统故障检测。考虑当扰动与噪声共存于多速率系统时，设计多传感器系统的多速率最优观测器和残差生成器，保证残差满足对扰动解耦和对噪声不敏感的设计特性，并给出了扰动解耦噪声不敏存在性条件；基于扰动解耦噪声不敏残差信号，提出一种快速故障检测方法，能实时在线监测故障。

3.1 引　　言

3.1.1 网络控制系统的多速率估计

网络控制系统 (NCSs) 是一种空间分布式系统，其中传感器、执行器和控制器通过共享有限带宽的数字通信网络进行信息交联。NCSs 的常见结构是一种连接各个空间分布元素的多目的共享分布式网络，其结构灵活、安装维护成本低廉等优点使得 NCSs 在诸如移动传感器网络、远程手术、自动高速公路系统和无人驾驶车辆中应用广泛。

NCSs 作为一种信息共享的网络连接系统，必然受到网络系统常见的承载能力和通信带宽等限制，不可避免地引入了两类不确定性问题：一类是系统存在网络时延、数据丢包和量化失真等，这类不确定被称为媒介不确定性 [9-12]；另一类是系统模型中存在的参数不确定性，常被描述为范数有界不确定性或凸多面体不确定性 [14-16]。上述不确定性问题不仅大大降低系统性能，而且增加了滤波算法设计的难度。因此，研究 NCSs 中不确定性系统的估计技术具有十分重要的实际意义，一直是国内外关注的热点。

对于上述提到的 NCSs 中随机传输延迟和缺失或丢包等不确定问题，丢包问题是国际上研究的重点前沿之一，常用随机系统建模的方法对丢包进行描述或刻画 [17,18]，丢包通常分为打时标的丢包和不打时标的丢包。打时标的丢包指的是在数据发送之前就对数据在传输中是否会发生丢包情况进行准确的了解，而不打时标的丢包则指的是在数据发送之前并不知道数据是否会发生丢包以及哪些数据会丢包。针对不打时标的丢包，Sinopoli 等 [19] 深入研究了与丢包率相关的时变 Kalman 滤波器的稳定性；Plarre 等 [20] 则给出了丢包概率的下界并在观测空间可逆时计算了准确的丢包概率；Jin 等 [21] 则发现了一种增加系统稳定域范围的多描述量测编码。针对打时标情况下的丢包，通过把丢包率转换成系统的随机参数，定义出估计误差系统的 H_2 与 H_∞ 范数，这样就可以在统一框架下，利用 H_2 与 H_∞ 滤波器对一个采样周期内可能存在的延迟、不确定观测和多重丢包问题进行同时处理 [22,23]。针对线性系统中丢包会引入随机参数的问题，Sun 等设计了一般化的线性最小方差 (linear minimum variance, LMV) 估计器，该估计器包括滤波器、预测器和平滑器 [24]，随后在 LMV 估计器方法的基础上又提出了降阶滤波器 [25]，并考虑了最大连续丢包数量 [26]。在有限通道容量下，Gao 等 [27] 针对具有凸多面体参数不确定性的一类线性系统，设计了 H_∞ 估计框架，该框架可解决由有限通道容量所带来的量测量化、数据传输延迟和丢包等问题。上述研究都是先利用传感器发送的量测或者接收到的输入对状态进行扩维，以捕获由丢包所带来的动态特性，然后设计线性系统的随机参数滤波器。

3.1.2　多速率多传感器系统建模与估计

在多传感器系统中，通常很难保证或者说不太可能使所有传感器信息都工作在同一速率 [28]。1987 年，Andiusani 等 [29] 提出了双速率传感器的状态估计问题，由此拉开了多速率多传感器系统状态估计的研究序幕，他们将动态系统分解成两个子系统，分别对应于快速量测和慢速量测，然后在低速率子系统 Kalman 滤波体系内将快速率子系统 Kalman 滤波器的滤波残差与低速率传感器量测相融合，最终得到传感器系统的多速率最优状态估计。Hong [30] 提出了设计高效多速率交互多模型估计器的理论依据，即在多速率问题中，不同的量测模型通常有不同的频率特性，该理论依据可以保证：在低频率的模型中，以不损失精度或者极小的精度损失为代价，压缩快速率传感器量测并以低速率量测代替。Sheng 等 [31] 提出了快速率估计问题的解决方案，即通过扩展传统的 H_2 与 H_∞ 滤波器，解决状态更新速率是传感器量测采样速率的整数倍的问题。

之后，针对四速率的估计问题，Liang 等 [32] 提出了一种 LMV 滤波器，该滤波器模型涵盖了状态更新速率、量测采样速率、估计更新速率和估计输出速率这四种速率。在此基础上，Liang 等 [33] 首次提出了丢包意义下的多传感器多速率融合问题，并将其转化成基于 H_∞ 的周期时不变 UIO 设计问题，且得到了该 UIO 的稳定性条件。Yan 等 [34] 通过在每一个尺度上建立空间模型，提出了一种多传感器数据的递推融合方法，并将其运用于异步多速率多传感器数据的估计融合中。Mahmoud 等 [35] 在 Yan 等方法基础上，又进一步研究了当系统存在延迟和量测缺失时，如何对系统进行建模和估计的问题。另外，Yan 等 [36] 借助于多尺度系统理论和修正 Kalman 滤波，将联邦 Kalman 滤波器扩展应用到一类异步多速率多传感器且具有延迟和量测缺失的动态系统中，并设计了最优状态估计器。

最近，针对具有多重丢包的多传感器系统，Ma 等 [37] 提出了 LMV 意义下的集中式融合估计器和分布式融合估计器，且对采样速率不一致的多速率多传感器离散随机系统的分布式滤波问题进行了深入研究。为了解决两个传感器之间不一致的估计速率问题，Ma 等 [38] 又提出了有限窗下的最优线性估计器并给出了相应的融合规则。之后，Zhang 等 [39,40] 针对丢包意义下无线传感器网络中的分布式多传感器融合问题，提出了两步式融合估计器。Chen 等 [41] 设计了一种鲁棒分布式状态融合 Kalman 滤波器，并将其成功运用于具有不同传输速率的多重延迟传感器系统。然而，上述在多速率意义下的具有丢包情况的多传感器估计问题，绝大多数针对的是不打时标的丢包。通常来说，在实际应用中一般都会对数据发送前是否会丢包有一定的统计经验，而并非是一无所知。因此，针对具有时标的丢包问题出现在多速率多传感器系统中时，如何设计线性最小均方误差估计 (linear minimum meansquare error estimat, LMMSE) 意义下的多速率观测器和多速率滤波器值得研究。

3.1.3　多速率多传感器系统故障检测

随着自动化系统不断向更加复杂化方向发展，以及对系统的可靠性和稳定性特别是安全性提出了越来越高的要求，故障诊断问题受到越来越多的关注和研究 [6-8]。基于模型的故障诊断和隔离 (fault diagnosis and isolation, FDI) 因其不需要过多的硬件冗余和传感器，在故障诊断中占有举足轻重的地位。关于 FDI 的研究也是硕果累累 [42-55]。近年来，随着通信网络的日新月异以及各类传感器网络的广泛应用，FDI 研究重点开始向多传感器网络系统方向延伸和发展。

在多速率多传感器系统中通常很难保证所有传感器工作在同一速率，且与单速率系统相比，多速率系统更容易遭遇到各种各样的故障，因此如何在系统出现故障征兆时及时检测出故障至关重要。一个解决多传感器多速率系统故障诊断问题的直接方法就是，利用单速率系统将基于奇偶空间或观测器的残差生成器扩展到多速率系统中 [44]。Fadali 等借助于一组同时工作在不同速率上的观测器，提出了基于观测器的故障检测方案 [51]，并且考虑运用 H_2 范数方法实现多速率系统的鲁棒故障诊断 [55]。Zhang 等通过将多速率数据采样系统 (multi-rate sampled data systems, MSDs) 转换成低速率下的线性时不变模型 (linear time-invariale model, LTIM)，基于奇偶空间和观测器的方法生成多速率系统的残差 [52]，并直接采用提升技术来设计多速率系统的残差生成器，定义参数因子以满足残差在故障的敏感性和未知输入的鲁棒性之间的折中计算 [53]。但上述残差生成器只能在周期点处给出故障检测信息，故只能实现低速率的故障检测。

为了能在多速率系统故障发生后尽可能快速地检测出故障，并在量测输出时快速地生成残差，快速残差生成方法得到了极大关注。Fadali 等 [54] 通过优化性能指标参数获得基于残差生成器的奇偶空间，提出了快速响应故障的检测方法。Izadi 等 [56] 提出了一种基于残差生成器的快速奇偶空间框架，该框架是通过将时变多速率估计问题转换成因果约束下的时不变问题来实现的。在此基础上，Iman 等 [57] 通过在 H_∞ 意义下优化具有因果约束的性能指标，设计了一类快速残差生成器。Zhong 等 [58] 基于故障检测滤波器，设计具有因果约束的低速率残差生成器，然后对生成的残差运用逆提升技术，实现了快速率的故障检测。然而上述研究工作均是围绕 MSDs 展开的，即系统虽然具有变速率采样，但却是单传感器系统。对于多速率多传感器系统中的故障检测问题却鲜有研究，且所构造的残差生成器也仅仅是用于故障检测目的，并未对残差生成器本身的潜在价值进行深入分析。随着传感器越来越集成化，如何检测多速率多传感器系统中的故障，并充分挖掘残差本身的价值以实现残差与扰动的完全解耦，值得深入研究。

为了方便读者阅读，本章中使用的符号在表 3.1 中给出。

表 3.1　第 3 章符号说明

符号	说明
上标 -1，T 和 †	矩阵的逆、转置和伪逆
I，0	适当维数的单位矩阵和零矩阵
diag{}	对角块矩阵
Prob{}	概率算子
$E\{\}$	期望
tr{}	矩阵的迹
q^{-1}	离散时间单位延迟算子
u、d 和 f	控制输入、扰动和故障
$\mathbb{R}^n$	n 维实数向量空间

3.2 量测缺失下多速率多传感器系统建模与估计

在多传感器系统中，多速率问题通常与网络环境下某些典型复杂特性如随机延迟、丢包和不确定观测等耦合共存。传统解决方法是将随机延迟、丢包和不确定观测等引起的系统变化表征为一定约束条件下的随机系统，或者是将系统变化表示成随机参数引入系统 [58-61]。对于存在量测缺失的多传感器系统，现有多速率估计要求提升定常系统而不适用于随机参数情况，而现有量测随机缺失下估计却是将量测缺失转化为随机参数处理。也就是说，量测随机缺失多速率多传感器系统估计研究并非是现有随机参数系统估计和多速率系统估计的简单组合。为了解决多速率估计和量测缺失下随机参数系统估计的矛盾对立，Liang 等 [33] 提出了将量测缺失表征为线性时不变估计误差系统的零均值白噪声输入，但量测缺失的随机参数优化是假设扰动有界以 H_∞ 为优化指标，而非已知扰动统计特性以线性最小均方误差为优化指标。本节考虑设计多速率观测器来解决量测缺失下多传感器系统多速率估计问题，提出了一种线性最小均方误差估计 (LMMSE) 意义下的多速率观测器。该观测器充分利用了各个不同速率上的量测信息，在线实时计算状态估计，而离线计算量测的随机缺失参数，以得到系统状态的初步估计值；在观测器基础上，设计估计误差系统的多速率线性最小方差滤波器，获取各个时刻状态的估计误差值，利用估计误差系统滤波器得到的估计误差的估计值来实时修正观测器的初步状态估计值，以得到高精度的实时状态估计值。

3.2.1 问题描述

考虑图 3.1 所示的量测缺失下多速率多传感器系统，其系统模型如下：

$$x_{k+1} = Ax_k + Bw_k \tag{3-1}$$

$$y_{j,n_jk} = C_j x_{n_jk} + D_j v_{n_jk}, \quad j \in \{1, 2, \cdots, p\} \tag{3-2}$$

$$y^*_{j,n_jk} = \epsilon_{j,n_jk} y_{j,n_jk} + (1 - \epsilon_{j,n_jk}) y^*_{j,n_jk-n_j} \tag{3-3}$$

在式 (3-1)~ 式 (3-3) 中，x 是以周期 h 衍化的待估计状态向量；y_{j,n_jk} 是采样速率为 n_jh 的第 j 个传感器通道的量测；A、B、C_j 和 D_j 是具有适当维数的参数矩阵。在式 (3-1)~ 式 (3-3) 中共有 p+1 个周期，即状态更新与估计输出周期为 h，p 个传感器同步工作，其采样周期分别为 n_1h，$\cdots$，n_ph；w_k 和 v_{n_jk} 是零均值的白噪声并满足：

$$E\begin{bmatrix} w_k \\ v_{n_jm} \end{bmatrix}\begin{bmatrix} w_l \\ v_{n_jn} \end{bmatrix}^{\mathrm{T}} = \begin{bmatrix} q_k & 0 \\ 0 & r_{n_jm} \end{bmatrix}\delta_{kl}\delta_{mn} \tag{3-4}$$

式中，q_k 和 r_{n_jm} 已知；δ_{kl} 是 Kronecker 函数，当 $k=l$ 时取值为 1，否则为 0。式 (3-3) 中的随机参数 ϵ_{j,n_jk} 服从伯努利分布且满足：

$$\text{prob}\left\{\epsilon_{j,n_jk}=1\right\}=\alpha_j,\quad 0<\alpha_j\leqslant 1 \tag{3-5}$$

式中，α_j 是第 j 个传感器通道量测成功传输的概率。

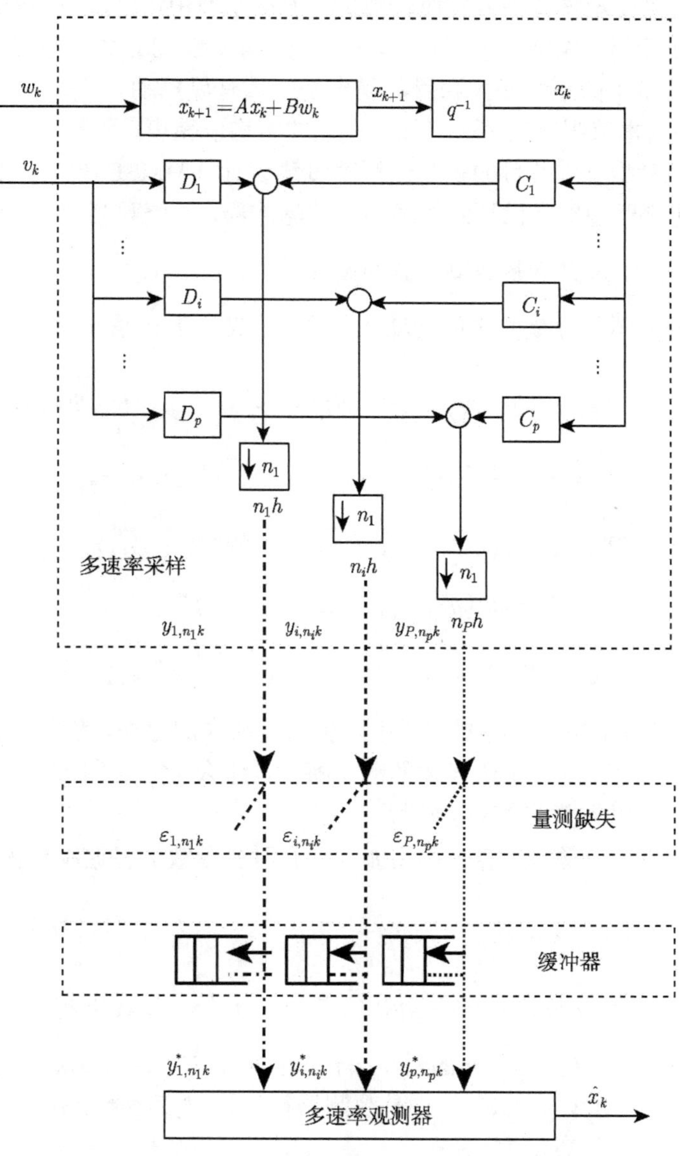

图 3.1　量测缺失下多速率传感器融合

状态向量 x 的初值 x_0 是一个随机向量，方差 $\bar{q}_0 = E\{x_0 x_0^{\mathrm{T}}\}$。假定 ϵ_{j,n_jk} 中各个参数值之间相互独立，同时与 w_k 和 v_{n_jk} 相互独立，且 x_0 与 ϵ_{j,n_jk}、w_k 和 v_{n_jk} 也是相互独立的。

注 3.1　需要指出的是，本节在研究问题方面与文献 [36] 是不同的。在文献 [36] 中，若量测缺失参数 ϵ_{j,n_jk} 是已知的，则其状态估计可以通过时变 Kalman 滤波得到，且增益矩阵是在线实时计算的。而在本节中，ϵ_{j,n_jk} 是随机的且只能在时刻 n_jh 和其后才能得到。式 (3-1)~ 式 (3-4) 与文献 [33] 中模型虽然类似，但差别在于：文献 [33] 的系统噪声和量测噪声是范数有界扰动，且是在 H_∞ 意义下优化系统参数，而本节假设噪声是已知协方差的零均值噪声，且是在线性最小方差意义下优化系统参数。本节目的是基于缓存量测设计 LMMSE 意义下的多速率观测器，然后在观测器基础上设计线性最小方差滤波器，以便观测器估计进行修正。

3.2.2 LMMSE 意义下多速率滤波器设计

为了方便表示缓存量测之间的动态关系，定义如下一系列变量：

$$m_{j,k} = (k+1)N/n_j, \quad \underline{y}^*_{j,k} = \mathrm{col}\{y^*_{j,kN},\ y^*_{j,kN+n_j},\ \cdots,\ y^*_{j,kN+N-n_j}\}$$

$$\underline{y}^{*d}_{j,k} = \mathrm{col}\{y^*_{j,kN-n_j},\ y^*_{j,kN},\ \cdots,\ y^*_{j,kN+N-2n_j}\}$$

$$\underline{y}^*_k = \mathrm{col}\{\underline{y}^*_{1,k}, \underline{y}^*_{2,k}, \cdots, \underline{y}^*_{p,k}\}, \quad \underline{y}^{*d}_k = \mathrm{col}\{\underline{y}^{*d}_{1,k}, \underline{y}^{*d}_{2,k}, \cdots, \underline{y}^{*d}_{p,k}\}$$

$$y^*_k = \mathrm{col}\{y^*_{1,m_{1,k}},\ y^*_{2,m_{2,k}},\ \cdots,\ y^*_{p,m_{p,k}}\},$$

$$y^{*d}_k = \mathrm{col}\{y^*_{1,m_{1,k}-1},\ y^*_{2,m_{2,k}-1},\ \cdots,\ y^*_{p,m_{p,k}-1}\}$$

如图 3.1 所示，由于传感器通道中随机量测缺失的存在，融合中心实际接收到的量测 y^*_{j,n_jk} 具有式 (3-3) 所描述的动态特性，那么 y^*_{j,n_jk} 和 y^*_{j,n_jk-n_j} 应该同时出现在观测器中以补偿这种动态特性。

根据观测器设计原理，容易得到如下具有时变参数的多速率观测器：

$$\hat{x}_{kN+i} = E_{i,k}\hat{x}_{kN} + F_{i,k}\underline{y}^*_k + F^*_{i,k}\underline{y}^{*d}_k, \quad i \in \{1,2,\cdots,N-1\} \tag{3-6}$$

$$\hat{x}_{kN+N} = E_{N,k}\hat{x}_{kN} + F_{N,k}\underline{y}^*_k + F^*_{N,k}\underline{y}^{*d}_k + F_{N+1,k}y^*_k + F^*_{N+1,k}y^{*d}_k \tag{3-7}$$

式中，N 是 n_j，$j = 1,2,\cdots,p$ 的最小公倍数；$E_{1,k}, E_{2,k},\cdots,E_{N,k}$，$F_{1,k},F_{2,k},\cdots,F_{N+1,k}$ 以及 $F^*_{1,k},F^*_{2,k},\cdots,F^*_{N+1,k}$ 是观测器待设计时变参数。式 (3-6) 和式 (3-7) 中的状态估计误差可表示为

$$\tilde{x}_k = x_k - \hat{x}_k, \quad \xi_k = \tilde{x}_{kN}, \quad e_k = \mathrm{col}\{\tilde{x}_{kN}, \tilde{x}_{kN+1},\cdots,\tilde{x}_{kN+N-1}\}$$

为了进一步将状态和量测从估计误差中解耦出来，定义如下变量：

$$\underline{C}_j = \mathrm{col}\{C_j, C_jA^{n_j}, \cdots, C_jA^{N-n_j}\}, \quad \Delta\underline{y}^*_{j,k} = \underline{y}^*_{j,k} - (1-\alpha_j)\underline{y}^{*d}_{j,k} - \alpha_j\underline{C}_j\hat{x}_{kN}$$

$$\Delta y^*_{j,m_{j,k}} = y^*_{j,m_{j,k}} - (1-\alpha_j)y^*_{j,m_{j,k}-1} - \alpha_jC_j\underline{A}\hat{x}_{kN}$$

$$\Delta\underline{y}^*_k = \mathrm{col}\{\Delta\underline{y}^*_{1,k},\ \Delta\underline{y}^*_{2,k}, \cdots,\ \Delta\underline{y}^*_{p,k}\},$$

$$\Delta y^*_k = \mathrm{col}\{\Delta y^*_{1,m_{1,k}},\ \Delta y^*_{2,m_{2,k}},\ \cdots,\ \Delta y^*_{p,m_{p,k}}\}$$

$$\bar{\varDelta}_{j,k} = (\epsilon_{j,kN+N} - \alpha_j)(y_{j,m_{j,k}} - y^*_{j,m_{j,k}-1})$$

$$\begin{aligned}\varDelta_{j,k} = \mathrm{diag}\{&(\epsilon_{j,kN} - \alpha_j)(y_{j,kN} - y^*_{j,kN-n_j}), \cdots, (\epsilon_{j,kN+n_j} - \alpha_j)(y_{j,kN+n_j} - y^*_{j,kN}),\\ &(\epsilon_{j,kN+N-n_j} - \alpha_j)(y_{j,kN+N-n_j} - y^*_{j,kN+N-2n_j})\}\end{aligned}$$

此时，式 (3-6) 和式 (3-7) 中的观测器模型可以转换为以下表述形式：

$$\hat{x}_{kN+i} = A^i\hat{x}_{kN} + F_{i,k}\Delta\underline{y}^*_k, \quad i \in \{1, 2, \cdots, N-1\} \tag{3-8}$$

$$\hat{x}_{kN+N} = \underline{A}\hat{x}_{kN} + F_{N,k}\Delta\underline{y}^*_k + F_{N+1,k}\Delta y^*_k \tag{3-9}$$

注 3.2　在式 (3-8) 和式 (3-9) 中，由于状态估计 $\hat{x}_{kN+i}$ 的更新不能使用时刻 $kN+i$ 之后的量测，$F_{i,k}$ 应该满足如下因果约束关系：

$$F_{i,k}\Delta\underline{y}^*_k = \sum_{j=1}^{p} K^k_{i,j}(H_{i,j}\Delta\underline{y}^*_{j,k})$$

式中，$K^k_{i,j}$ 是自由矩阵，$i \in \{1, 2, \cdots, N-1\}$，$j \in \{i, 2, \cdots, p\}$，因果约束矩阵 H 的第 (i,j) 个子块定义为

$$H_{i,j} = \mathrm{diag}\left\{\underbrace{I\cdots I}_{l_{i,j}\text{块}} \quad \underbrace{0\cdots 0}_{N/n_j - l_{i,j}\text{块}}\right\} \tag{3-10}$$

式中，$l_{i,j} = \lfloor i/n_j \rfloor + 1$，$\lfloor i/n_j \rfloor$ 表示 i/n_j 的最大整数。显然，由式 (3-10) 可以得到：

$$\begin{aligned}H_{i,j}\Delta\underline{y}^*_{j,k} =& \mathrm{col}\{y^*_{j,kN} - (1-\alpha_j)y^*_{j,kN-n_j},\ \cdots, y^*_{j,kN+\lfloor i/n_j \rfloor n_j}\\ &- (1-\alpha_j)y^*_{j,kN+\lfloor i/n_j - 1\rfloor n_j},\ 0,\ \cdots,\ 0\}\\ &- \alpha_jH_{i,j}C_j\hat{x}_{kN}\end{aligned} \tag{3-11}$$

从式 (3-11) 可以看出，在估计 $kN+i$ 时刻的状态时，并没有用到未来量测，因果约束条件得以满足。

构造一个时变矩阵 $\underline{F}_k$，它的第 i 个行子块是 $F_{i,k}$，易得对应于式 (3-8) 和式 (3-9) 中的观测器的估计误差系统为

$$\begin{cases} \xi_{k+1} = \bar{A}_k \xi_k + \bar{B}_k W_k \\ e_k = \bar{C}_k \xi_k + \bar{D}_k W_k \end{cases} \tag{3-12}$$

式中，

$$W_k = \mathrm{col}\{w_k^*, \quad \Delta_k^*\}, \Delta_k^* = \mathrm{col}\{\Delta_k,\ \bar{\Delta}_k\}, \quad w_k^* = \mathrm{col}\{w_{kN}, w_{kN+1}, \cdots, w_{kN+N}\}$$

$$\Delta_k = \mathrm{col}\{\Delta_{1,k},\ \Delta_{2,k},\ \cdots,\ \Delta_{p,k}\}, \quad \bar{\Delta}_k = \mathrm{col}\{\bar{\Delta}_{1,k},\ \bar{\Delta}_{2,k},\ \cdots,\ \bar{\Delta}_{p,k}\}$$

$$\bar{A}_k = A^N - F_{q,k}\underline{C}^1 - F_{q+1,k}\underline{C}^2 A^N, \quad \bar{C}_k = \tilde{C}_0 - \tilde{D}_{20}\underline{F}_k\underline{C}^1$$

$$\bar{B}_k = \begin{bmatrix} \bar{B}_{1,k} & \bar{B}_{2,k} \end{bmatrix}, \quad \bar{D}_k = \begin{bmatrix} \bar{D}_{1,k} & \bar{D}_{2,k} \end{bmatrix}$$

$$\bar{B}_{1,k} = \begin{bmatrix} \underline{B} - F_{N,k}\underline{D}^1 - F_{N+1,k}\underline{C}^2\underline{B} & -F_{N+1,k}\underline{D}^2 \end{bmatrix},$$

$$\bar{B}_{2,k} = \begin{bmatrix} -F_{N,k} & -F_{N+1,k} \end{bmatrix}$$

$$\bar{D}_{1,k} = \begin{bmatrix} \tilde{D}_{10} - \tilde{D}_{20}\underline{F}_k\underline{D}^1 & 0 \end{bmatrix}, \quad \bar{D}_{2,k} = \begin{bmatrix} -\tilde{D}_{20}\underline{F}_k & 0 \end{bmatrix}$$

且有

$$\underline{B} = [\ A^{N-1}B \quad \cdots \quad AB \quad B\ ]$$

$$\underline{C}^1 = \begin{bmatrix} \alpha_1\underline{C}_1^{\mathrm{T}} & \alpha_2\underline{C}_2^{\mathrm{T}} & \cdots & \alpha_p\underline{C}_p^{\mathrm{T}} \end{bmatrix}^{\mathrm{T}}, \quad \underline{C}^2 = \begin{bmatrix} \alpha_1 C_1^{\mathrm{T}} & \alpha_2 C_2^{\mathrm{T}} & \cdots & \alpha_p C_p^{\mathrm{T}} \end{bmatrix}^{\mathrm{T}}$$

$$\underline{D}^1 = \begin{bmatrix} \alpha_1\underline{D}_1^{\mathrm{T}} & \alpha_2\underline{D}_2^{\mathrm{T}} & \cdots & \alpha_p\underline{D}_p^{\mathrm{T}} \end{bmatrix}^{\mathrm{T}}, D^2 = \begin{bmatrix} \alpha_1 D_1^{\mathrm{T}} & \alpha_2 D_2^{\mathrm{T}} & \cdots & \alpha_p D_p^{\mathrm{T}} \end{bmatrix}^{\mathrm{T}}$$

$$\tilde{C}_0 = \begin{bmatrix} I & A^{\mathrm{T}} & \cdots & (A^{N-1})^{\mathrm{T}} \end{bmatrix}^{\mathrm{T}}$$

$$\tilde{D}_{10} = \begin{bmatrix} 0 & 0 & \cdots & 0 & \cdots & 0 \\ B & 0 & \cdots & 0 & \cdots & 0 \\ \vdots & \vdots & & \vdots & & \vdots \\ A^{N-2}B & \cdots & \cdots & \cdots & B & 0 \end{bmatrix}, \quad \tilde{D}_{20} = \begin{bmatrix} 0 & \cdots & 0 \\ I & 0 & 0 \\ 0 & I & 0 \\ 0 & 0 & I \end{bmatrix}$$

由上面的误差估计系统很容易证明 w_k^* 和 Δ_k^* 是零均值白噪声，且 Δ_k^* 独立于 ξ_k 和 w_k^*。为了进一步设计线性最小方差意义下的多速率观测器，需要确定估计误差系统中等效白噪声输入 W_k 的协方差，以在因果约束情况下求出使得协方差阵迹最小的观测器自由参数 $F_{i,k}$、$F_{N,k}$ 和 $F_{N+1,k}$。

由上面观测器的设计知道，为了利用估计误差系统求解观测器参数，首先必须得到等效白噪声 W_k 的协方差。定义如下变量：

$$\bar{q}_k = E\{(x_k)(x_k)^{\mathrm{T}}\}, \quad Q_k = E\{(W_k)(W_k)^{\mathrm{T}}\}$$

$$E_{j,n_jk} = E\{(y^*_{j,n_jk})(y^*_{j,n_jk})^{\mathrm{T}}\}, \quad M_{j,n_jk} = E\{(y_{j,n_jk})(y_{j,n_jk})^{\mathrm{T}}\}$$

$$E_{j,n_jk} = E\{(y^*_{j,n_jk})(y^*_{j,n_jk})^{\mathrm{T}}\}, \quad M_{j,n_jk} = E\{(y_{j,n_jk})(y_{j,n_jk})^{\mathrm{T}}\}$$

$$P_{j,n_jk} = E\{y_{j,n_jk}(y^*_{j,n_jk})^{\mathrm{T}}\}, \quad \bar{P}_{j,n_jk} = E\{y_{j,n_jk}(y^*_{j,n_jk-n_j})^{\mathrm{T}}\}$$

$$G_{j,n_jk} = E\{x_{n_jk}(y^*_{j,n_jk})^{\mathrm{T}}\}, \quad \bar{G}_{j,n_jk} = E\{x_{n_jk}(y^*_{j,n_jk-n_j})^{\mathrm{T}}\}$$

$$Q_{w^*_k} = E\{(w^*_k)(w^*_k)^{\mathrm{T}}\}, \quad Q_{\Delta^*_k} = E\{(\Delta^*_k)(w^*_k)^{\mathrm{T}}\}$$

为了获得协方差 Q_k，就上面定义给出如下两个引理。

引理 3.1　由式 (3-5) 可得

$$E\{\epsilon_{j,n_jk}\} = \alpha_j, \quad E\{\epsilon^2_{j,n_jk}\} = \alpha_j,$$

$$E\{\epsilon_{j,n_jk}(1-\epsilon_{j,n_jk})\} = 0, \quad E\{(1-\epsilon_{j,n_jk})^2\} = 1-\alpha_j$$

$$E\{\epsilon_{j,n_jk}(1-\epsilon_{j,n_jl})\} = \alpha_j(1-\alpha_j), \quad k \neq l$$

证明　由式 (3-5) 可直接得到。

引理 3.2　如下递推关系成立：

$$\bar{q}_k = A\bar{q}_{k-1}A^{\mathrm{T}} + Bq_{k-1}B^{\mathrm{T}} \tag{3-13}$$

$$M_{j,n_jk} = C_j\bar{q}_kC_j^{\mathrm{T}} + D_jr_jD_j^{\mathrm{T}} \tag{3-14}$$

$$E_{j,n_jk} = (1-\alpha_j)E_{j,n_jk-n_j} + \alpha_jM_{j,n_jk} \tag{3-15}$$

$$\bar{G}_{j,n_jk+n_j} = \alpha_jA^{n_j}\bar{q}_{n_jk}C_j^{\mathrm{T}} + \alpha_jA^{n_j-1}Bq_{n_jk}D_j^{\mathrm{T}} + (1-\alpha_j)A^{n_j}\bar{G}_{j,n_jk} \tag{3-16}$$

$$\bar{P}_{j,n_jk+n_j} = C_j\bar{G}_{j,n_jk+n_j} \tag{3-17}$$

$$\begin{aligned} G_{j,n_jk+n_j} =& \alpha_jA^{n_j}\bar{q}_{n_jk}(C_jA^{n_j})^{\mathrm{T}} + \alpha_j\underline{AB}_jq^j\underline{CAB}_j \\ &+ \alpha_j(1-\alpha_j)A^{n_j-1}Bq_{n_jk}D_j^{\mathrm{T}} + (1-\alpha_j)A^{n_j}G_{j,n_jk} \end{aligned} \tag{3-18}$$

$$P_{j,n_jk+n_j} = C_jG_{j,n_jk+n_j} + \alpha_jD_jr_jD_j^{\mathrm{T}} \tag{3-19}$$

式中，$\underline{AB}_j = [A^{n_j-1}B,\cdots,AB,B]$；$\underline{CAB}_j = \mathrm{col}\{(C_jA^{n_j-1}B)^{\mathrm{T}},\cdots,(C_jAB)^{\mathrm{T}},(C_jB)^{\mathrm{T}}\}$；$q^j = \mathrm{diag}\{q_{n_jk},q_{n_jk+1},\cdots,q_{n_jk+n_j-1}\}$。

证明　见本章附录。

定理 3.1　对应于式 (3-12) 中的估计误差系统，其等效噪声 W_k 的协方差 Q_k 可表示为

$$Q_k = \mathrm{diag}\{Q_{w_k^*},\ Q_{\Delta_k^*}\} \tag{3-20}$$

式中，

$$Q_{w_k^*} = \mathrm{diag}\{q_{kN}, q_{kN+1}, \cdots, q_{kN+N}\} \tag{3-21}$$

$$Q_{\Delta_k^*} = \mathrm{diag}\{E[\Delta_{1,k}(\Delta_{1,k})^{\mathrm{T}}, \cdots, \Delta_{p,k}(\Delta_{p,k})^{\mathrm{T}}, \bar{\Delta}_{1,k}(\bar{\Delta}_{1,k})^{\mathrm{T}}, \cdots, \bar{\Delta}_{p,k}(\bar{\Delta}_{p,k})^{\mathrm{T}}]\} \tag{3-22}$$

$$E[\Delta_{j,k}(\Delta_{j,k})^{\mathrm{T}}] = \mathrm{diag}\{\beta_{kN+tn_j}\}, \quad t = 0, 1, \cdots, \lfloor N/n_j \rfloor \tag{3-23}$$

$$\beta_{kN+tn_j} = (\alpha_j - \alpha_j^2)(M_{j,kN+tn_j} - P_{j,kN+tn_j} - P_{j,kN+tn_j}^{\mathrm{T}} + E_{j,kN+(t-1)n_j}) \tag{3-24}$$

$$E[\bar{\Delta}_{j,k}(\bar{\Delta}_{j,k})^{\mathrm{T}}] = (\alpha_j - \alpha_j^2)(M_{j,m_{j,k}} - \bar{P}_{j,m_{j,k}} - \bar{P}_{j,m_{j,k}}^{\mathrm{T}} + E_{j,m_{j,k}-1}) \tag{3-25}$$

证明　见本章附录。

由图 3.2 可看出，协方差计算分两步。首先是 $\bar{q}_k$、$\bar{G}_{j,k}$ 和 $E_{j,k}$ 的多次动态递推循环，这些循环来自量测缺失和式 (3-3) 中的量测缓存引起的动态特性，如果不存在量测的缺失，那么这些动态递推循环也就不存在。其次是 $G_{j,k}$ 的多速率递推循环，这是传感器以不同采样周期 $n_j h$ 进行采样引起的。总之，Q_k 的计算体现了多速率特性和量测缺失的耦合。

定义 $\bar{\xi}_k = E\{\xi_k(\xi_k)^{\mathrm{T}}\}$, $\bar{e}_k = E\{e_k(e_k)^{\mathrm{T}}\}$, 由式 (3-12) 可得

$$\begin{aligned}
\bar{\xi}_{k+1} =& E[(\bar{A}_k\xi_k + \bar{B}_k W_k)(\bar{A}_k\xi_k + \bar{B}_k W_k)^{\mathrm{T}}] \\
=& \bar{A}_k E[(\xi_k)(\xi_k)^{\mathrm{T}}]\bar{A}_k^{\mathrm{T}} + \bar{B}_k E[(W_k)(W_k)^{\mathrm{T}}]\bar{B}_k^{\mathrm{T}} \\
=& \bar{A}_k\bar{\xi}_k\bar{A}_k^{\mathrm{T}} + \bar{B}_k Q_k \bar{B}_k^{\mathrm{T}} \\
\bar{e}_{k+1} =& E[(\bar{C}_{k+1}\xi_{k+1} + \bar{D}_{k+1}W_{k+1})(\bar{C}_{k+1}\xi_{k+1} + \bar{D}_{k+1}W_{k+1})^{\mathrm{T}}] \\
=& \bar{C}_{k+1}E[(\xi_{k+1})(\xi_{k+1})^{\mathrm{T}}]\bar{C}_{k+1}^{\mathrm{T}} + \bar{D}_{k+1}E[(W_{k+1})(W_{k+1})^{\mathrm{T}}]\bar{D}_{k+1}^{\mathrm{T}} \\
=& \bar{C}_{k+1}\bar{\xi}_{k+1}\bar{C}_{k+1}^{\mathrm{T}} + \bar{D}_{k+1}Q_{k+1}\bar{D}_{k+1}^{\mathrm{T}}
\end{aligned}$$

那么估计误差的协方差就可以表示为

$$\begin{cases}
\bar{\xi}_{k+1} = \bar{A}_k\bar{\xi}_k\bar{A}_k^{\mathrm{T}} + \bar{B}_k Q_k \bar{B}_k^{\mathrm{T}} \\
\bar{e}_{k+1} = \bar{C}_{k+1}\bar{\xi}_{k+1}\bar{C}_{k+1}^{\mathrm{T}} + \bar{D}_{k+1}Q_{k+1}\bar{D}_{k+1}^{\mathrm{T}}
\end{cases} \tag{3-26}$$

已知协方差的表达式，便可以在 LMMSE 的意义下优化观测器参数。

定理 3.2　在 LMMSE 意义下，可求得待优化参数 $\underline{F}_k$、$F_{q,k}$ 和 $F_{q+1,k}$ 的计算表达式如下：

$$[F_{N,k}\ F_{N+1,k}] = [A^N\ \tilde{A}\ ]S_k(TS_k)^{\dagger} \tag{3-27}$$

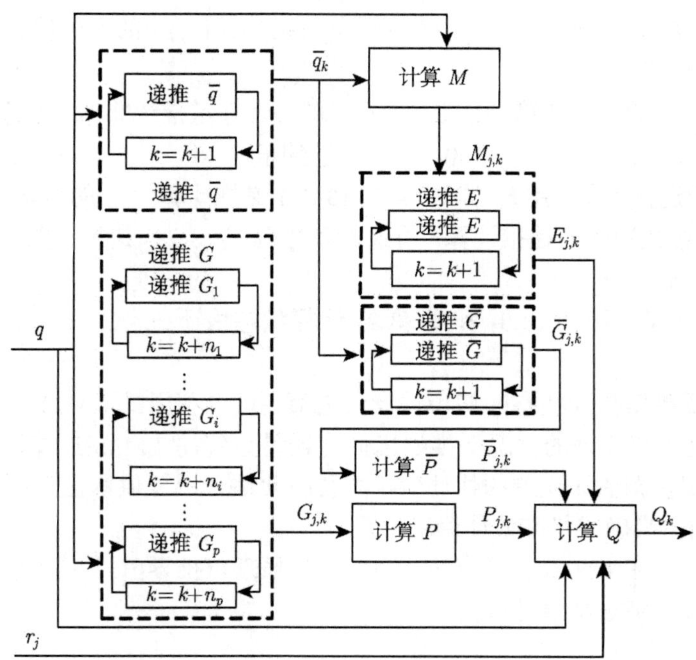

图 3.2　协方差 Q_k 的计算框图

$$\underline{F}_k = \tilde{D}_{20}^{\dagger} U_k V_k^{\dagger} \tag{3-28}$$

式中,

$$S_k = \begin{bmatrix} \bar{\xi}_k(\underline{C}^1)^{\mathrm{T}} & \bar{\xi}_k(\underline{C}^2 A^N)^{\mathrm{T}} \\ Q_k\tilde{C}^{\mathrm{T}} & Q_k\tilde{D}^{\mathrm{T}} \end{bmatrix}; \quad T = \begin{bmatrix} C^1 & \tilde{C} \\ C^2 A^N & \tilde{D} \end{bmatrix}$$

$$U_k = [\tilde{C}_0 \ \ \tilde{D}_0] \begin{bmatrix} \bar{\xi}_k & 0 \\ 0 & Q_k \end{bmatrix} \begin{bmatrix} (\tilde{D}_{20}H\underline{C}^1)^{\mathrm{T}} \\ (\tilde{D}_{20}H\underline{C}^{11})^{\mathrm{T}} \end{bmatrix}$$

$$\tilde{A} = [\underline{B} \ 0 \ 0 \ 0]; \quad \tilde{C} = [\underline{D}^1 \ 0 \ I \ 0]; \quad \tilde{D} = [\underline{C}^2 B \ \underline{D}^2 \ 0 \ I]$$

$$\tilde{D}_0 = \begin{bmatrix} \tilde{D}_{10} & 0 \\ 0 & 0 \end{bmatrix}, \quad \underline{C}^{11} = \begin{bmatrix} \underline{D}^{10} & 0 \\ I & 0 \end{bmatrix}$$

$$V_k = [\underline{C}_1 \ \underline{C}_{11}] \begin{bmatrix} \bar{\xi}_k & 0 \\ 0 & Q_k \end{bmatrix} \begin{bmatrix} (\tilde{D}_{20}H\underline{C}^1)^{\mathrm{T}} \\ (\tilde{D}_{20}H\underline{C}^{11})^{\mathrm{T}} \end{bmatrix}$$

$$V_k^{\dagger} = V_k^{\mathrm{T}}(V_k V_k^{\mathrm{T}})^{-1}; \quad \tilde{D}_{20}^{\dagger} = (\tilde{D}_{20}^{\mathrm{T}}\tilde{D}_{20})^{-1}\tilde{D}_{20}^{\mathrm{T}}; \quad (TS_k)^{\dagger} = (TS_k)^{\mathrm{T}}[(TS_k)(TS_k)^{\mathrm{T}}]^{-1}$$

证明　见本章附录。

到此，LMMSE 意义下多速率观测器设计就完成了，具体算法流程如下。

(1) 算法初始化：给定 $\bar{q}_0$、q_0、$\bar{\xi}_0$ 和 $r_j(j=1,2,\cdots,p)$ 的初始值。

(2) 离线计算。

① 引理 3.2 的递推计算：用式 (3-13)~ 式 (3-19) 递推计算 $\bar{q}_k$、M_{j,n_jk}、E_{j,n_jk}、G_{j,n_jk+n_j}、P_{j,n_jk+n_j}、$\bar{G}_{j,n_jk+n_j}$ 和 $\bar{P}_{j,n_jk+n_j}$ 的值。

② Q_k 的递推计算：用式 (3-20)~ 式 (3-25) 递推计算 Q_k 的值。

③ $\bar{\xi}_k$ 和增益矩阵的递推计算：用式 (3-27) 和式 (3-28) 递推计算 $\bar{\xi}_k$、F_k、$F_{N,k}$ 和 $F_{N+1,k}$ 的值。

(3) 在线计算：用式 (3-8) 和式 (3-9) 计算状态估计 $\hat{x}_{kN+i}$, $i=1,2,\cdots,N$ 的值。

当上述观测器得到状态的初步估计值之后，可以利用式 (3-12) 中的估计误差系统，在满足正交原理的情况下推导出估计误差系统的 LMMSE 滤波器。先利用该滤波器得到状态估计误差的估计值，再利用此估计误差值修正观测器的状态估计值，以得到更准确的状态估计值。

定理 3.3 在 LMMSE 意义下，利用正交原理可推导出式 (3-12) 中估计误差系统的 LMMSE 滤波器表达式为

$$\hat{\xi}_{k+1|k} = \bar{A}_k\hat{\xi}_{k|k} \tag{3-29}$$

$$P_{k+1|k} = \bar{A}_k\hat{P}_{k|k}\bar{A}_k^{\mathrm{T}} + \bar{B}_kQ_{k|k}\bar{B}_k^{\mathrm{T}} \tag{3-30}$$

$$\hat{\xi}_{k+1|k+1} = \hat{\xi}_{k+1|k} + K_{k+1}(e_{k+1} - \bar{C}_k\hat{\xi}_{k+1|k}) \tag{3-31}$$

$$P_{k+1|k+1} = (I-K_{k+1}\bar{C}_k)P_{k+1|k}(I-K_{k+1}\bar{C}_k)^{\mathrm{T}} - \bar{D}_kK_{k+1}Q_{k+1}(\bar{D}_kK_{k+1})^{\mathrm{T}} \tag{3-32}$$

$$K_{k+1} = P_{k+1|k}\bar{C}_k^{\mathrm{T}}[(\bar{C}_kP_{k+1|k}\bar{C}_k^{\mathrm{T}} + \bar{D}_kQ_{k+1}\bar{D}_k^{\mathrm{T}})]^{-1} \tag{3-33}$$

式中，

$$\bar{A}_k = A^N - F_{N,k}\underline{C}^1 - F_{N+1,k}\underline{C}^2A^N \tag{3-34}$$

$$\bar{B}_k = \begin{bmatrix} \underline{B} - F_{N,k}\underline{D}^1 - F_{N+1,k}\underline{C}^2B & -F_{N+1,k}\underline{D}^2 & -F_{N,k} & -F_{N+1,k} \end{bmatrix} \tag{3-35}$$

$$\bar{C}_k = \tilde{C}_0\tilde{D}_{20}\underline{F}_k\underline{C}^1 \tag{3-36}$$

$$\bar{D}_k = \begin{bmatrix} \tilde{D}_{10}\tilde{D}_{20}\underline{F}_k\underline{D}^1 & 0 & -\tilde{D}_{20}\underline{F}_k & 0 \end{bmatrix} \tag{3-37}$$

证明 利用正交原理，由式 (3-12) 很容易推得式 (3-29)~ 式 (3-37)。

注 3.3 当传感器传输通道中不存在量测缺失时，定理 3.3 中的 LMMSE 滤波器即退化为标准 Kalman 滤波器。对于滤波器中存在的自由参数矩阵 $\bar{A}_k$、$\bar{B}_k$ 和 $\bar{C}_k$，可由观测器自由参数矩阵 $F_{N,k}$、$F_{N+1,k}$ 和 $\underline{F}_k$ 来确定。

到此，整个 LMMSE 滤波器的设计也就完成了。当算法启动后，首先给定初值，便可实时在线得到状态估计误差值 $\hat{\xi}_{k+1|k}$，而相同 N 周期内的其他误差估计

值可以由公式 $\hat{e}_k = \bar{C}\hat{\xi}_k + \bar{D}W_k$ 得到。然后，将观测器的状态估计值与滤波器的估计误差值相加，即为最终的状态估计输出值。整个观测器–滤波器系统最后输出值是状态估计修正值 x_{kN+i}，由观测器输出值 $\hat{x}_{kN+i}$ 和滤波器输出值 $\tilde{x}_{kN+i}$ 组成，即最终系统的输出值为

$$x_{kN+mi} = \hat{x}_{kN+mi} + \tilde{x}_{kN+mi} \tag{3-38}$$

3.2.3　仿真分析

考虑如下多传感器目标跟踪例子：状态 x_k 包括目标位置、速度和加速度；y_{j,n_jk} $(j=1,2,3)$ 是传感器量测；传感器 S_1，S_2 和 S_3 分别以 h、$2h$ 和 $3h$ 的采样周期采样目标位置、速度和加速度；三个传感器通道中的量测缺失分别满足参数为 α_1、α_2 和 α_3 的伯努利分布；状态噪声 w_k 和量测噪声 v_{n_jk} 相互独立，且均服从零均值的正态分布，截断区间为 $[-3,3]$；截断后的过程噪声方差和量测噪声方差分别为 $q=0.05$、$r_1=0.01$、$r_2=0.09$ 和 $r_3=0.25$。具体的仿真参数如下：

$$A = \begin{bmatrix} 1 & h & h^2/2 \\ 0 & 1 & h \\ 0 & 0 & 1 \end{bmatrix}, \quad B = I_3, \quad C_1 = \begin{bmatrix} 1 & 0 & 0 \end{bmatrix}$$

$$C_2 = \begin{bmatrix} 0 & 0 & 1 \end{bmatrix}, \quad C_3 = \begin{bmatrix} 0 & 1 & 0 \end{bmatrix}$$

$$D_1 = \begin{bmatrix} 1 & 0 & 0 \end{bmatrix}, \quad D_2 = \begin{bmatrix} 0 & 1 & 0 \end{bmatrix}, \quad D_3 = \begin{bmatrix} 0 & 0 & 1 \end{bmatrix}$$

$$p=3, \quad n_1=1, \quad n_2=2, \quad n_3=3, \quad h=0.5, \quad \alpha_1=0.7, \quad \alpha_2=0.7, \quad \alpha_3=0.8$$

$$x_0 = \begin{bmatrix} 10 & 0 & 0 \end{bmatrix}^{\mathrm{T}}, \quad \bar{\xi}_0 = I_3, \quad \bar{q}_0 = \mathrm{diag}\{100,0,0\}$$

对比算法选取来自于文献 [33] 和 [36]。文献 [36] 在已知量测缺失是否发生的情况下设计了一种 LMMSE 意义下的滤波器，因此该滤波器在精度方面优于本节算法和文献 [33] 中的算法 (这两种算法仅已知量测随机缺失的概率)；文献 [33] 所设计的 H_∞ 滤波器要求在系统最差情况下获得最精确的估计值，但在实际中，系统并非总处于最差情况，因此理论上来说，本节算法在精度上优于文献 [33]。三种算法估计精度和计算量的比较如图 3.3 和表 3.2 所示。

由图 3.3 可以看出，本节算法在状态估计精度方面优于文献 [33]，但比文献 [36] 中算法稍差。表 3.3 给出了利用最小二乘拟合得到三种算法的计算时间，这些计算时间是与仿真时间时刻数紧密相关的。可以看出，当仿真时间时刻数较小时 (如 k<120)，文献 [33] 和本节的算法在线计算时间相近，且小于文献 [36] 计算时间；随着仿真时间时刻数增加，文献 [36] 的算法在线计算时间大大增加，且远大

于文献 [33] 和本节算法的在线计算时间。因此，虽然本节算法在计算量方面较文献 [33] 和 [36] 都要大，但其计算量主要集中在离线计算上。

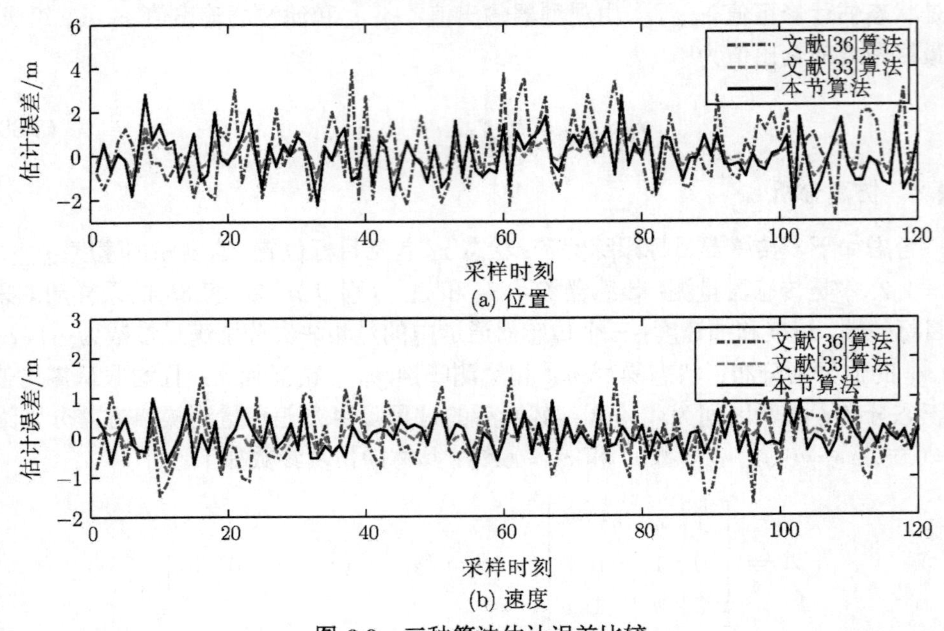

图 3.3　三种算法估计误差比较

表 3.2　三种算法的计算量比较

算法	在线计算时间/s	离线计算时间/s
文献 [33] 算法	$0.988k+1.016$	138.05
文献 [36] 算法	$2.325k+0.633$	0
本节算法	$0.994k+1.061$	$1.109k+1.364$

为方便起见，考虑具有两个传感器的分布式目标跟踪系统，传感器 S_1 和 S_2 分别以 h 和 $2h$ 的采样周期采样目标的位置和速度；两个传感器通道中的量测缺失分别服从相互独立的参数为 α_1 和 α_2 的伯努利分布。具体仿真参数如下：

$$A=\begin{bmatrix} 1 & h \\ 0 & 1 \end{bmatrix},\quad B=\begin{bmatrix} h^2/2 & 0 & 0 \\ h & 0 & 0 \end{bmatrix}$$

$$C_1=\begin{bmatrix} 1 & 0 \end{bmatrix},\quad C_2=\begin{bmatrix} 0 & 1 \end{bmatrix},\quad D_1=\begin{bmatrix} 0 & 1 & 0 \end{bmatrix},\quad D_2=\begin{bmatrix} 0 & 0 & 1 \end{bmatrix}$$

$$p=2,\quad n_1=1,\quad n_2=2$$

这里状态估计更新周期 h 设定为 0.5s。本次仿真中，将上面所涉及的多速率 LMMSE 观测器与多速率 LMMSE 滤波器分别得到的状态估计值进行比较，仿真结果如图 3.4 所示，图中方法 1 代表观测器与滤波器相结合后的算法，方法 2 代表观测器算法。由图可以看出，无论对于目标的位置估计还是速度估计，当用滤波器修正观测器的状态估计值后，所得到的最终估计值精度比单独用观测器所得到的估计值高，同时也更加接近状态的真实值。

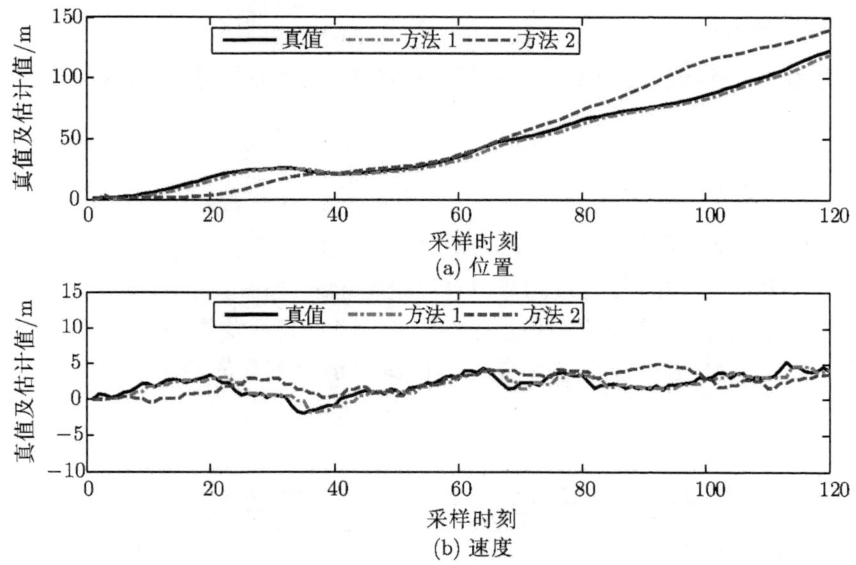

(a) 位置

(b) 速度

图 3.4 多速率 LMMSE 观测器与滤波器的状态估计比较

3.3 未知扰动下多速率多传感器系统故障检测

现代目标跟踪日益呈现越来越复杂的运动特性和越来越明显的传感器网络化的协调处理趋势，这必然导致整个目标跟踪系统越来越趋向于复杂化。相应地，多速率多传感器系统的可用性、费用、效率、可靠性和安全性等也变得越来越重要，需要迫切研究与之相关的故障检测问题。因为故障随着信息在多传感器之间的交互，所以有可能被不断传播放大，进而造成整个系统瘫痪甚至崩溃，导致人员伤亡、任务失败以及环境破坏和经济损失等。目前，大量多传感器故障检测研究 [44,58] 主要集中于多速率数据采样系统，典型的包括基于奇偶空间或观测器方法的残差生成器及其在多速率系统中的拓展应用，以及通过将多速率数据采样系统转换成低速率下的线性时不变模型，构造残差生成器来对系统进行故障检测 [61,62]。然而，对于多速率多传感器系统故障检测问题，特别是未知扰动下多速率多传感器系统故障检测却鲜有研究，且未对残差生成器本身的潜在价值进行深入分析。

针对上述问题，本节提出多传感器系统的多速率残差生成方法，通过构造多传感器系统中具有因果约束的残差生成器对系统故障进行检测，并利用左特征矢量配置方法将扰动从残差中解耦，以确定残差生成器的参数，揭示解耦条件与传感器速率之间的关系规律，给出的仿真例子验证了所设计残差生成器在多速率多传感器系统故障检测中的有效性。

3.3.1 问题描述

考虑图 3.5 所示的多速率多传感器系统故障检测问题，其系统模型如下：

$$x_{k+1} = Ax_k + Bu_k + R_1 f_k + Ed_k \tag{3-39}$$

$$y_{i,n_ik} = C_i x_{n_ik} + D_i u_{n_ik} + R_{2i} f_{n_ik}, \quad i = 1, 2, \cdots, p \tag{3-40}$$

式中，$x_k \in \mathbb{R}^n$ 是以周期 h 衍化的状态向量，h 是正实数；$y_{i,n_ik} \in \mathbb{R}^m$ 是采样周期为 n_ih 的第 i 个传感器的量测，同时也是输出向量；$u_k \in \mathbb{R}^r$ 是已知的输入向量；$d_k \in \mathbb{R}^p$ 是未知的输入 (或扰动) 向量；$f_k \in \mathbb{R}^g$ 表示发生在执行器或传感器中的故障；A, B, E, C_i, D_i, R_1 和 R_{2i} 是已知的具有适当维数的矩阵。

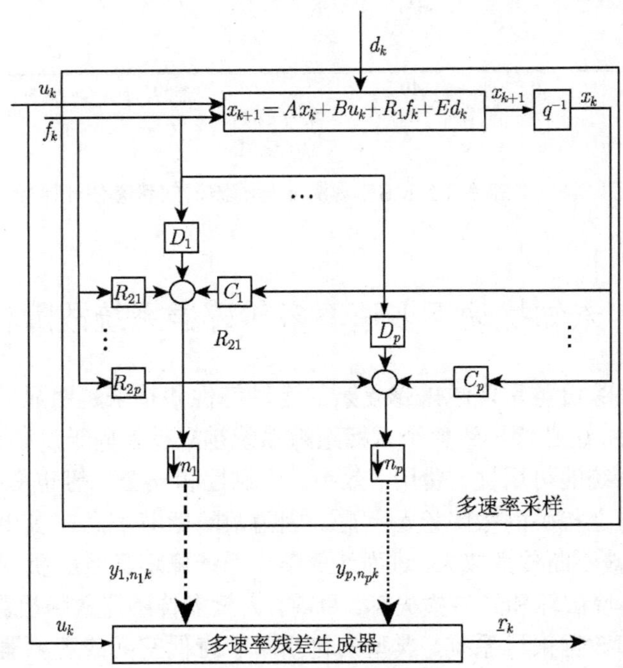

图 3.5 多传感器系统故障检测框图

本节目的是设计一个多速率的残差生成器来检测发生在执行器或者传感器中的故障，并确保故障检测不受未知扰动的影响。

注 3.4 如前所述，现有关于多传感器故障检测的研究主要是针对多速率数据采样系统的，而关于多速率多传感器系统残差生成器的研究成果很少。特别值得强调的是，在这些研究中，残差生成器的鲁棒性几乎都是通过优化残差对于故障敏感性和对于扰动鲁棒性这个指标来实现的，很少有研究考虑直接寻找残差与扰动完全解耦的条件。这主要是由于在已知扰动统计范数有界的情况下，直接进行扰动解耦会丢失扰动的有界信息，对观测器性能造成影响。而现有文献大多是基于观测器进行故障检测，因此直接解耦也会对系统故障检测产生影响。然而在对扰动没有任何先验信息的情况下，这种直接解耦所带来的扰动信息的损失则不再需要考虑。以上就是本节寻求扰动与残差完全解耦的初衷，并启发了本节对多传感器系统的多速率残差生成器构造和左特征矢量配置解耦残差等问题的研究。

3.3.2　多速率残差生成器

本节首先将式 (3-39) 和式 (3-40) 的多传感器系统提升成单速率模型以建立多速率残差生成器。由于提升技术的应用，自然而然在残差生成器的设计中引入了因果约束。

定义 n_i, $i=1, 2, \cdots, p$ 的最小公倍数为 $N=\mathrm{LCM}\{n_i, i=1, 2, \cdots, p\}$。对式 (3-39) 和式 (3-40) 运用文献 [28] 的提升技术可以得到

$$\underline{x}_{k+1}=\underline{A}\ \underline{x}_k+\underline{B}\ \underline{u}_k+\underline{R}_1\underline{f}_k+\underline{E}\ \underline{d}_k \tag{3-41}$$

$$\underline{y}_{i,k}=\underline{C}_i\ \underline{x}_k+\underline{D}_i\ \underline{u}_k+\underline{R}_{2i}\underline{f}_k,\quad i=1,2,\cdots,p \tag{3-42}$$

式中，

$$\underline{x}_k=\mathrm{col}\{x_{kN}, x_{kN+1}, \cdots, x_{kN+N-1}\};\quad \underline{u}_k=\mathrm{col}\{u_{kN}, u_{kN+1}, \cdots, u_{kN+N-1}\}$$

$$\underline{f}_k=\mathrm{col}\{f_{kN}, f_{kN+1}, \cdots, f_{kN+N-1}\};\quad \underline{d}_k=\mathrm{col}\{d_{kN}, d_{kN+1}, \cdots, d_{kN+N-1}\}$$

$$\underline{y}_{i,k}=\mathrm{col}\{y_{i,kN}, y_{i,kN+n_i}, \cdots, y_{i,kN+N-n_i}\};\quad \underline{A}=\mathrm{diag}\{A^N, A^N,\cdots,A^N\}$$

$$\underline{B}=\begin{bmatrix} A^{N-1}B & \cdots & AB & B \\ A^{N-1}B & \cdots & AB & B \\ \vdots & & \vdots & \vdots \\ A^{N-1}B & \cdots & AB & B \end{bmatrix};\quad \underline{R}_1=\begin{bmatrix} A^{N-1}R_1 & \cdots & AR_1 & R_1 \\ A^{N-1}R_1 & \cdots & AR_1 & R_1 \\ \vdots & & \vdots & \vdots \\ A^{N-1}R_1 & \cdots & AR_1 & R_1 \end{bmatrix}$$

$$\underline{E}=\begin{bmatrix} A^{N-1}E & \cdots & AE & E \\ A^{N-1}E & \cdots & AE & E \\ \vdots & & \vdots & \vdots \\ A^{N-1}E & \cdots & AE & E \end{bmatrix};\quad \underline{C}_i=\begin{bmatrix} C_i & 0 & \cdots & 0 \\ \underbrace{0\cdots0}_{n_i\text{块}} & C_i & \cdots & 0 \\ \vdots & \vdots & & \vdots \\ \underbrace{0\cdots0}_{N-n_i\text{块}} & \cdots & \cdots & C_i \end{bmatrix}$$

$$\underline{D}_i = \begin{bmatrix} D_i & 0 & \cdots & 0 \\ \underbrace{0 \cdots 0}_{n_i \text{块}} & D_i & \cdots & 0 \\ \vdots & \vdots & & \vdots \\ \underbrace{0 \cdots 0}_{N-n_i \text{块}} & \cdots & \cdots & D_i \end{bmatrix}; \quad \underline{R}_{2i} = \begin{bmatrix} R_{2i} & 0 & \cdots & 0 \\ \underbrace{0 \cdots 0}_{n_i \text{块}} & R_{2i} & \cdots & 0 \\ \vdots & \vdots & & \vdots \\ \underbrace{0 \cdots 0}_{N-n_i \text{块}} & \cdots & \cdots & R_{2i} \end{bmatrix}$$

提升后的系统如式 (3-41) 和式 (3-42) 所示，它以慢周期 Nh 衍化，使得所有传感器的速率都统一在相同的速率上。

注 3.5　值得一提的是，把多速率系统提升成单速率只是为了以后方便求解多速率残差生成器的参数，并非为了获得一个单速率的残差生成器。

基于式 (3-41) 和式 (3-42) 的一般意义上的时变残差生成器可以表示为

$$\hat{\underline{x}}_{k+1} = (\underline{A} - F\underline{C})\underline{x}_k + (\underline{B} - F\underline{D})\underline{u}_k + F\underline{y}_k \tag{3-43}$$

$$\hat{\underline{y}}_k = \underline{C}\ \hat{\underline{x}}_k + \underline{D}\ \underline{u}_k \tag{3-44}$$

$$\underline{r}_k = \underline{Q}(\underline{y}_k - \hat{\underline{y}}_k) \tag{3-45}$$

式中，$\underline{C} = \text{col}\{\underline{C}_1, \underline{C}_2, \cdots, \underline{C}_p\}$; $\underline{D} = \text{col}\{\underline{D}_1, \underline{D}_2, \cdots, \underline{D}_p\}$; $\underline{y}_k = \text{col}\{\underline{y}_{1,k}, \underline{y}_{2,k}, \cdots, \underline{y}_{p,k}\}$; F 和 $\underline{Q}$ 分别是增益矩阵和残差加权矩阵，并满足残差解耦的条件约束。

如式 (3-42) 所示，由于不同时刻的量测被提升成一个新的量测向量。这就导致如下的因果约束：即在一个实际意义下的物理观测器中，未来量测不能出现在当前状态估计表达式中。换句话说，式 (3-43) 中 F 的一些元素应该为零。定义如下因果约束矩阵：

$$T_{i,j} = \text{diag}\left\{ \underbrace{I \cdots I}_{l_{i,j}\text{块}} \quad \underbrace{0 \cdots 0}_{N/n_j - l_{i,j}\text{块}} \right\}, \tag{3-46}$$

式中，$l_{i,j} = \lfloor i/n_j \rfloor + 1, \lfloor i/n_j \rfloor$ 表示不超过 i/n_j 的最大整数。F_i(F 的第 i 个子块) 可以表示为

$$F_i = K_i T_i = [K_{i,1}T_{i,1} \ \cdots \ K_{i,p}T_{i,p}] \tag{3-47}$$

在这里 $K_{i,j}$, $i \in \{1,2,\cdots,N\}$, $j \in \{1,2,\cdots,p\}$ 是待定的自由矩阵。由式 (3-47) 可知

$$F_i\underline{y}_k = \sum_{j=1}^{p} K_{i,j}(T_{i,j}\underline{y}_{j,k})$$

式中，

$$T_{i,j}\underline{y}_{j,k} = \text{col}\{y_{j,kN}, \cdots, y_{j,kN+\lfloor i/n_j \rfloor n_j}, 0, \cdots, 0\} \tag{3-48}$$

如式 (3-48) 所示，在估计时刻 $(kN+i)$ 的状态时并没有用到未来量测。

因为在残差生成器的设计中引入了因果约束，所以将式 (3-43)~ 式 (3-45) 转化为下面的形式：

$$\hat{\underline{x}}_{k+1}=(\underline{A}-K\bar{C})\underline{x}_k+(B-K\bar{D})\underline{u}_k+K\bar{y}_k \tag{3-49}$$

$$\hat{\bar{y}}_k=\bar{C}\ \hat{\underline{x}}_k+\bar{D}\ \underline{u}_k \tag{3-50}$$

$$\bar{r}_k=\bar{Q}(\bar{y}_k-\hat{\bar{y}}_k) \tag{3-51}$$

式中, $\bar{C}=T\underline{C}$；$\bar{D}=T\underline{D}$；$\hat{\bar{y}}_k=T\hat{\underline{y}}_k$；$\bar{r}_k$ 是残差；$\hat{\underline{x}}_{k+1}$ 和 $\hat{\bar{y}}_k$ 分别是状态和输出估计；$\bar{Q}$ 和 K 是待设计的自由参数。

3.3.3　左特征向量解耦残差

本节将寻找扰动与残差解耦的充分条件，并在解耦条件满足时利用该条件确定残差生成器的自由参数。

定理 3.4　对于式 (3-49)~ 式 (3-51) 中的残差生成器，扰动与残差完全解耦的充分条件为

$$\underline{H}\ \underline{E}=0 \tag{3-52}$$

$$\underline{H}\ \underline{A}_c=0 \tag{3-53}$$

式中，

$$\underline{H}=\bar{Q}\ \bar{C};\quad \underline{A}_c=\underline{A}-K\bar{C}$$

满足式 (3-52) 和式 (3-53) 的 $\bar{Q}$ 和 K 的解为

$$\bar{Q}=\bar{Q}_1[I-\bar{C}\underline{E}(\bar{C}\underline{E})^{+}] \tag{3-54}$$

$$K=\underline{A}\bar{C}^{+}+K_1[I-\bar{C}\bar{C}^{+}] \tag{3-55}$$

式中，$\bar{C}^{+}=(\bar{C}^{\mathrm{T}}\bar{C})^{-1}\bar{C}^{\mathrm{T}}$;　$(\bar{C}\underline{E})^{+}=[(\bar{C}\underline{E})^{\mathrm{T}}(\bar{C}\underline{E})]^{-1}(\bar{C}\underline{E})^{\mathrm{T}}$;$\bar{Q}_1$ 和 K_1 是任意给定的矩阵。

证明　见本章附录。

注 3.6　式 (3-52) 表明需要配置的左特征向量 ($\underline{H}$ 的行向量) 正交于扰动方向，即扰动与残差完全解耦，那么 $\underline{H}$ 和残差加权矩阵 $\bar{Q}$ 可以通过该公式计算。式 (3-53) 表明增益矩阵 K 需满足 $\underline{H}$ 的各个行向量是 $\underline{A}_c$ 相对于零特征值的特征向量。

如同式 (3-54) 和式 (3-55) 所示，加权矩阵 $\bar{Q}$ 和增益矩阵 K 的求解与传感器速率和因果约束矩阵 T 密切相关。换句话说，传感器速率的改变会导致解耦条件

的改变。还有一点需要说明的是，当加权矩阵 $\bar{Q}$ 确定之后，增益矩阵 K 的计算既可以采用式 (3-55)，又可以采用文献 [62] 中的特征结构配置方法。

推论 3.1　对于不满足式 (3-52) 和式 (3-53) 解耦条件的系统，有可能通过增加一个传感器，即使该传感器是一个低速率传感器，使得系统满足解耦条件。

证明　考虑式 (3-39) 和式 (3-40) 描述的只包含一个传感器具有如下参数的系统：

$$A=\begin{bmatrix}0.5 & 0\\ 0 & 1\end{bmatrix},\quad B=\begin{bmatrix}0\\ 1\end{bmatrix},\quad E=\begin{bmatrix}0\\ 1\end{bmatrix},\quad C_1=\begin{bmatrix}0 & 1\end{bmatrix},\quad n_1=1$$

很显然, 满足式 (3-52) 的 $\bar{Q}$ 的解为零，这表明无论故障是否发生，残差都始终为零，也即残差与扰动解耦的条件并不存在。然而，如果加入一个低速率的传感器 $C_2=\begin{bmatrix}1 & 0\end{bmatrix}$, $n_2=2$，则有

$$\bar{C}=\begin{bmatrix}0 & 1 & 0 & 0\\ 0 & 0 & 0 & 1\\ 1 & 0 & 0 & 0\end{bmatrix},\quad \underline{E}=\begin{bmatrix}0 & 0\\ 1 & 1\\ 0 & 0\\ 1 & 1\end{bmatrix},\quad \underline{A}=\begin{bmatrix}0.25 & 0 & 0 & 1\\ 0 & 1 & 0 & 0\\ 0 & 0 & 0.25 & 0\\ 0 & 0 & 0 & 1\end{bmatrix}$$

将矩阵 $\bar{Q}_1$ 和 K_1 分别设定为 I_3 和 I_4，利用式 (3-54) 和式 (3-55) 可求得

$$\bar{Q}=\begin{bmatrix}1 & -1 & 0\end{bmatrix},\quad K=\begin{bmatrix}0 & 0 & 0\\ 0.5 & -0.5 & 0\\ 0 & 0 & 0\\ -0.5 & 0.5 & 0\end{bmatrix}$$

很容易验证加权矩阵 $\bar{Q}$ 和增益矩阵 K 满足式 (3-52) 和式 (3-53) 的解耦条件，从而说明系统解耦条件不存在时，可以通过增加传感器来达到解耦条件。

推论 3.2　对于满足解耦条件式 (3-52) 和式 (3-53) 的系统，当用高速率传感器替换低速率传感器时，有可能保证解耦条件仍然存在。

证明　考虑推论 3.2 中两个传感器情况，解耦条件存在。当把低速率传感器 $n_2=2$ 替换成高速率传感器 $n_2=1$ 时，将参数代入式 (3-41) 和式 (3-42) 及式 (3-54) 和式 (3-55)，发现解耦条件仍能满足，所得解耦参数 $\bar{C}=\begin{bmatrix}0 & 1\\ 1 & 0\end{bmatrix}$, $\underline{E}=E$, $\underline{A}=A$, 将矩阵 $\bar{Q}_1$ 和 K_1 分别设定为 I_1 和 I_2，有 $\bar{Q}=\begin{bmatrix}0 & 1\end{bmatrix}$, $K=\begin{bmatrix}0 & 0.25\\ 0 & 0\end{bmatrix}$。

3.3.4　残差评价

在上面的章节中已经给出了解耦条件和残差生成器的自由参数，接下来为了方便利用残差进行故障检测，给出残差评价函数。

定理 3.5　式 (3-51) 中满足解耦条件的残差的计算形式为

$$\underline{r}_k = [\bar{Q} - \underline{H}K]\begin{bmatrix} \underline{y}_k \\ \underline{y}_{k-1} \end{bmatrix} - [\bar{Q}\bar{D}\underline{H}(\underline{B} - K\bar{D})]\begin{bmatrix} \underline{u}_k \\ \underline{u}_{k-1} \end{bmatrix} \tag{3-56}$$

式中，加权矩阵 $\bar{Q}$ 和增益矩阵 K 分别由式 (3-54) 和式 (3-55) 给定。

证明　见本章附录。

残差评价函数 $J(r_k)$ 可定义为如下形式：

$$J(r_k) = \sqrt{(r_{k-1}^2 + r_k^2)/2} \tag{3-57}$$

残差的门限函数 J_{th} 设定为无故障发生时系统的残差的最大值。通过如下的关系式来比较残差评价函数 $J(r_k)$ 和门限函数 J_{th} 就可以确定系统中是否发生故障。

$$\begin{cases} J(r_k) \leqslant J_{\text{th}} \Rightarrow \text{无故障} \Rightarrow f_k = 0 \\ J(r_k) > J_{\text{th}} \Rightarrow \text{有故障} \Rightarrow f_k \neq 0 \end{cases} \tag{3-58}$$

最终，故障的发生与否可以通过下面的决策函数 DM_k 来确定。

$$\begin{cases} \text{DM}_k = 0, \quad J(r_k) \leqslant J_{\text{th}} \\ \text{DM}_k = \max\{J(r_k)\}, \quad J(r_k) > J_{\text{th}} \end{cases} \tag{3-59}$$

3.3.5　仿真分析

为了说明本节所设计多速率残差生成器的有效性，本节给出一个数值例子。考虑式 (3-39) 和式 (3-40) 所示的具有以下参数的系统：

$$A = \begin{bmatrix} 0.25 & 0 & 0 \\ 0 & 0.5 & 0 \\ 0 & 0 & 0.375 \end{bmatrix}, \quad B = \begin{bmatrix} 0 \\ 1 \\ 1 \end{bmatrix}, \quad E = \begin{bmatrix} 1 \\ 1 \\ 0 \end{bmatrix}$$

$$C_1 = \begin{bmatrix} 1 & 1 & 0 \\ 0 & 1 & 1 \end{bmatrix}, \quad C_2 = \begin{bmatrix} 0 & 0 & 1 \\ 1 & 0 & 0 \end{bmatrix}$$

$$R_{21} = \begin{bmatrix} 0 & 1 & 0 \\ 0 & 1 & 0 \end{bmatrix}, \quad R_{22} = \begin{bmatrix} 0 & 0 & 1 \\ 0 & 0 & 1 \end{bmatrix}, \quad R_1 = \begin{bmatrix} 1 & 0 & 0 \\ 1 & 0 & 0 \\ 1 & 0 & 0 \end{bmatrix}$$

$$h = 0.5\text{s}, \quad p = 2, \quad n_1 = 1, \quad n_2 = 2, \quad m = 1, \quad f_k = \begin{bmatrix} f_a & f_{s1} & f_{s2} \end{bmatrix}_k^{\mathrm{T}}$$

$$f_k = \begin{cases} 0.5, 1 \leqslant k \leqslant 5 \\ 1, 6 \leqslant k \leqslant 10 \\ 1, 11 \leqslant k \leqslant 15 \\ 1, 16 \leqslant k \leqslant 20 \\ rd_k, 40 \leqslant k \leqslant 60 \\ 1.75\sin(0.5k), 80 \leqslant k \leqslant 100 \end{cases}$$

故障矩阵 f_k 由执行器故障、传感器 S_1 故障和传感器 S_2 故障组成。将残差门限 J_{th} 设定为 10^{-3}，它是在仿真系统无故障的情况下残差绝对值的最大值。这里 k 代表采样时刻数，rd_k 是一个服从正态分布的随机序列。本节的仿真主要从以下两个方面进行。

(1) 在扰动信号一定的情况下，将故障信号分别取为阶跃信号、随机信号和周期正弦信号时，看能否利用多速率残差生成器准确检测出这三种故障。

(2) 在故障信号一定的情况下 (如固定为阶跃、随机和周期正弦信号)，将扰动信号分别取为阶跃扰动、随机扰动和周期余弦扰动，看是否能在系统遭遇不同扰动时，依旧得到同样的决策函数 DM_k，从而准确检测出故障发生与否。

根据上面给出的仿真参数，利用式 (3-54) 可得出满足解耦条件的残差加权矩阵为

$$\bar{Q} = \begin{bmatrix} -1 & 2 & -2 & 1 & 0 & 3 \end{bmatrix}$$

对应于零特征值得左特征向量为 $\underline{H} = \bar{Q}\bar{C} = \begin{bmatrix} 2 & 1 & 2 & -2 & -1 & 1 \end{bmatrix}$，易验证 $\underline{H}^{\mathrm{T}}$ 属于子空间 $\text{span}\{-\underline{A}^{\mathrm{T}}\bar{C}^{\mathrm{T}}\}$，则左特征向量 $\underline{H}$ 是可配置的。剩余五个特征值可以任意选取，只要位于单位圆内即可 (在此选取 0.1、0.1、0.15、0.2、0.25)。利用式 (3-55) 可计算得增益矩阵：

$$K = \begin{bmatrix} K_1 & K_2 & K_3 & K_4 & K_5 & K_6 \end{bmatrix}$$

式中，

$$K_1 = 1e-4 \begin{bmatrix} -167 & -83 & -167 & 167 & 83 & 83 \end{bmatrix}$$

$$K_2 = 1e-4 \begin{bmatrix} 708 & 354 & 708 & -708 & -354 & 354 \end{bmatrix}$$

$$K_3 = 1e-4 \begin{bmatrix} -285 & -142 & 285 & 142 & -142 \end{bmatrix}$$

$$K_4 = 1e-4\begin{bmatrix} 69 & 35 & 69 & -69 & -35 & 35 \end{bmatrix}$$

$$K_5 = 1e-4\begin{bmatrix} 375 & 187 & 375 & -375 & -187 & 187 \end{bmatrix}$$

$$K_6 = 1e-4\begin{bmatrix} -167 & -83 & -167 & 167 & 83 & -83 \end{bmatrix}$$

很容易验证式 (3-52) 和式 (3-53) 的解耦条件 $\underline{H}(\underline{A}-K\bar{C})=0, \bar{Q}\bar{C}\underline{E}=0$ 成立，且有 $\underline{H}(zI-\underline{A}_c)^{-1}\underline{E}=0$。

残差对于执行器故障 f_a，传感器 S_1 故障 f_{s1}，传感器 S_2 故障 f_{s2} 响应 z 变换为

$$\begin{aligned}\underline{r}(z) =& [\bar{Q}-\underline{H}(zI-\underline{A}_c)^{-1}K]\underline{f}_{s,z}+\underline{H}(zI-\underline{A}_C)^{-1}\underline{B}\underline{f}_{a,z}\\ =& S\underline{f}_{s,z}-Uz^{-1}\underline{f}_{s,z}-\begin{bmatrix} -1.1250 & 3 \end{bmatrix}z^{-1}\underline{f}_{a,z}\end{aligned}$$

式中，

$$S=\begin{bmatrix} -1 & 2 & -2 & 1 & 0 & 3 \end{bmatrix}; \quad U=\begin{bmatrix} U_1 & U_2 \end{bmatrix}$$

$$U_1=\begin{bmatrix} 0.125 & -0.5313 & 0.2135 \end{bmatrix}$$

$$U_2=\begin{bmatrix} -0.0521 & -0.2812 & 0.1250 \end{bmatrix}$$

很显然扰动项并没有出现在残差对故障响应的 z 变换中，也就是说残差只是故障的函数，那么残差对扰动具有鲁棒性。由式 (3-56) 可得到残差的最终计算式为

$$\underline{r}(z)=S\underline{y}_z-Uz^{-1}\underline{y}_z-\begin{bmatrix} 0 & 0 & -0.1250 & 3 \end{bmatrix}\underline{u}_z$$

即 $\underline{r}_k=\begin{bmatrix} \underline{y}_k \\ \underline{y}_{k-1} \end{bmatrix}-\begin{bmatrix} 0 & 0 & -0.1250 & 3 \end{bmatrix}\begin{bmatrix} \underline{u}_k \\ \underline{u}_{k-1} \end{bmatrix}$。

仿真结果如图 3.6~ 图 3.9 所示。由图 3.6 可以看出，无论故障以阶跃形式、随机形式或者周期时变信号形式出现，利用决策函数 DM_k 总能很好地检测出相应故障，这说明本节设计的多速率残差生成器是有效的。由图 3.7~ 图 3.9 可以看出，当系统发生相同的故障，但是遭遇不同的扰动信号时，用多速率残差生成器得到的决策函数 DM_k 是相同的。也就是说，不同的扰动信号并不影响残差生成器对系统的故障检测结果，这也再一次验证了扰动与残差是完全解耦的。

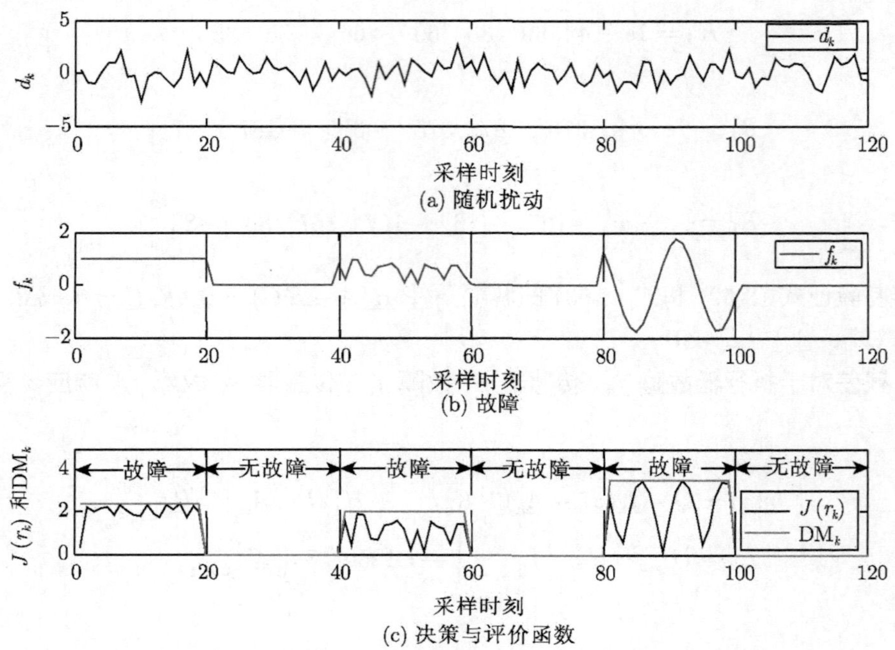

图 3.6　随机扰动下的故障与决策、评价函数

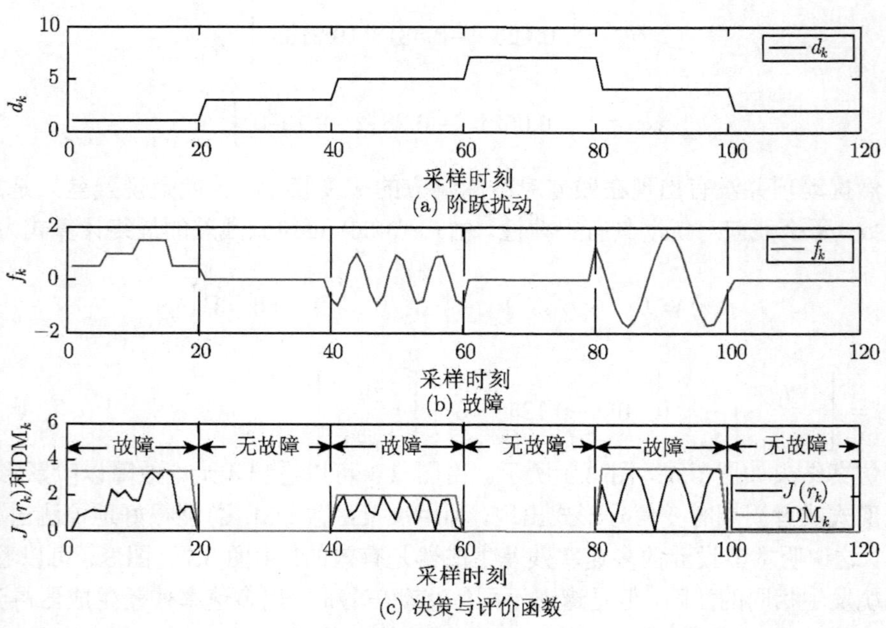

图 3.7　阶跃扰动下的故障与决策、评价函数

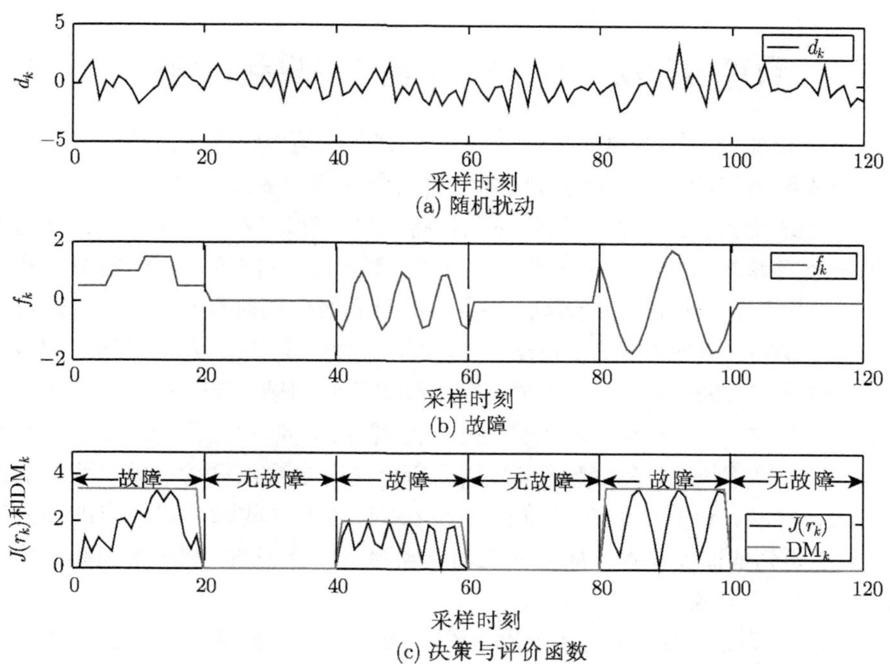

图 3.8　随机扰动下的故障检测

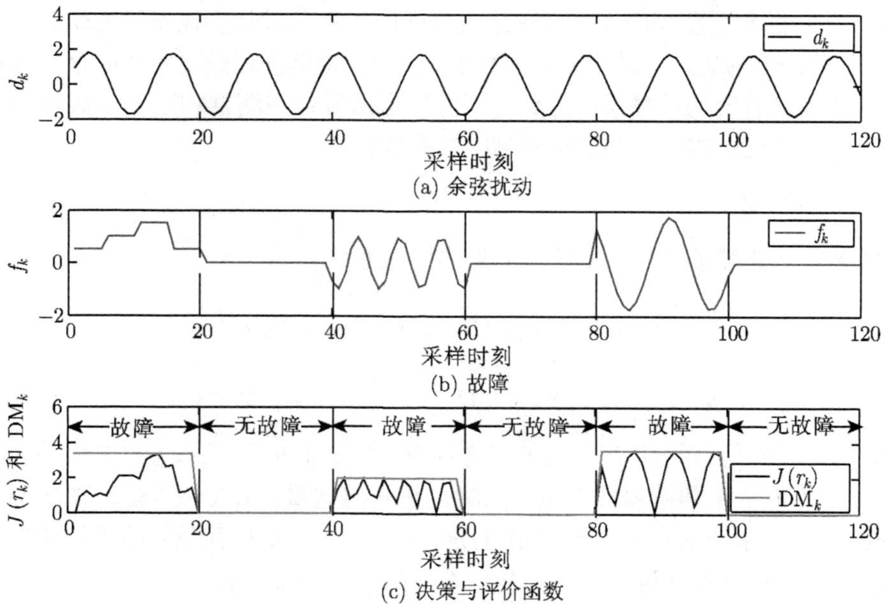

图 3.9　余弦扰动下的故障与决策、评价函数

3.4 噪声与扰动并存下多速率多传感器系统故障检测

前两节分别研究了多速率多传感器系统中存在噪声时的状态估计和系统存在扰动时的故障检测。然而，扰动与噪声可能耦合共存于多传感器系统中，如何在此情况下给出系统的状态估计和故障检测值得研究。针对噪声与扰动并存下的多传感器系统故障诊断问题，Guo 等 [63] 提出了一种 H_∞ 滤波器并用于随机分布式系统，以减少扰动对故障诊断的影响。并且，针对系统中同时存在非线性、建模不确定性、模型误差、延时和扰动的情况，提出了一种广义 H_∞ 算法来同时完成故障的估计、检测和诊断问题 [63]。针对执行器故障检测问题，Guo 等 [64] 设计了一种兼具估计状态/执行器故障与降低扰动效应的观测器，该观测器的驱动值为系统输出。Jiang 等 [65] 则研究了系统噪声服从高斯分布时多输入多输出随机系统的自适应故障估计算法，该算法能在故障发生变化时针对不同故障形式给出准确的故障估计。上述研究依旧没有解决如何在扰动与噪声同时存在时，利用慢速率量测进行快速率状态估计与故障检测的问题。

为此，本节提出噪声与随机扰动共存下的多速率多传感器系统快速状态估计与故障检测。通过设计扰动解耦的具有因果约束的多速率观测器，对系统状态进行估计，并给出观测器存在条件，且利用扰动解耦后剩余自由度证明该观测器是在 LMMSE 意义下获得的；输入估计误差被用作残差设计多速率下的快速残差生成器；残差评价则通过假设检验方法给出；无论扰动解耦还是观测器的存在性都与传感器速率有着密切的联系。仿真分析验证了所设计观测器和残差生成器在多速率多传感器系统状态估计和故障检测中的有效性。

3.4.1 问题描述

考虑如下离散数学模型描述的多速率随机系统：

$$x_{k+1} = A_k x_k + B_k^u u_k + B_k^d d_k + B_k^w w_k \tag{3-60}$$

$$y_{i,n_ik} = C_{i,n_ik} x_{n_ik} + D_{i,n_ik} v_{n_ik}, \quad i = 1, 2, \cdots, p \tag{3-61}$$

式中，$x_k \in \mathbb{R}^n$ 是以周期 h 衍化的状态向量，h 是正实数；$y_{i,n_ik} \in \mathbb{R}^m$ 是采样周期为 n_ih 的第 i 个传感器的量测，同时也是输出向量；$u_k \in \mathbb{R}^r$ 是已知的输入向量；$d_k \in \mathbb{R}^p$ 是未知的输入 (或扰动) 向量；w_k 与 v_{n_ik} 是相互独立的零均值白噪声序列，其协方差矩阵分别为 Q_k 和 R_k；A_k、$B_k^l (l \in \{u, d, w\})$、$C_{i,n_ik}$ 和 D_{i,n_ik} 是已知的具有适当维数的矩阵。

注 3.7　本节的目的是设计一个基于慢速率量测的快速率残差生成器，且该残差生成器的设计是基于一个未知扰动和噪声同时作用下的最优观测器。此最优观测器与扰动解耦，并且由于噪声统计特性已知，可以在利用估计误差系统优化观测器参数的同时，引入噪声统计特性以得到线性最小方差意义下的观测器参数。所谓快速率残差生成器就是一旦有量测输出，就能立刻给出残差信号，以及时检测出故障信息。

3.4.2 多速率最优观测器设计

本节首先将式 (3-60) 和式 (3-61) 噪声与扰动作用下的多速率系统提升成单速率模型，设计因果约束下的扰动解耦的多速率残差生成器，并证明扰动解耦后剩余的自由度可用于保证在噪声作用于系统时获得最小方差状态估计。

定义 $n_i,\ i=1,\ 2,\ \cdots,\ p$ 的最小公倍数为 $N=\mathrm{LCM}\{n_i,\ i=1,\ 2,\cdots,\ p\}$。对式 (3-60) 和式 (3-61) 运用文献 [28] 的提升技术可得

$$\underline{x}_{k+1}=\underline{A}_k\ \underline{x}_k+\underline{B}_k^u\ \underline{u}_k+\underline{B}_k^d\ \underline{d}_k+\underline{B}_k^w\underline{w}_k \tag{3-62}$$

$$\underline{y}_{i,k}=\underline{C}_{i,k}\ \underline{x}_k+\underline{D}_{i,k}\ \underline{v}_{i,k} \tag{3-63}$$

式中，

$$\underline{x}_k=\mathrm{col}\{x_{kN},\ x_{kN+1},\ \cdots,\ x_{kN+N-1}\};\quad \underline{u}_k=\mathrm{col}\{u_{kN},\ u_{kN+1},\ \cdots,\ u_{kN+N-1}\}$$

$$\underline{w}_k=\mathrm{col}\{w_{kN},\ w_{kN+1},\ \cdots,\ w_{kN+N-1}\};\quad \underline{d}_k=\mathrm{col}\{d_{kN},\ d_{kN+1},\ \cdots,\ d_{kN+N-1}\}$$

$$\underline{y}_{i,k}=\mathrm{col}\{y_{i,kN},\ y_{i,kN+n_i},\ \cdots,\ y_{i,kN+N-n_i}\};\quad \underline{A}_k=\mathrm{diag}\{A_k^N,\ A_k^N,\cdots,A_k^N\}$$

$$\underline{B}_k^l=\begin{bmatrix} A_k^{N-1}B_k^l & \cdots & A_kB_k^l & B_k^l \\ A_k^{N-1}B_k^l & \cdots & A_kB_k^l & B_k^l \\ \vdots & & \vdots & \vdots \\ A_k^{N-1}B_k^l & \cdots & A_kB_k^l & B_k^l \end{bmatrix}$$

$$\underline{C}_{i,k}=\begin{bmatrix} C_{i,kN} & 0 & \cdots & 0 \\ \underbrace{0\cdots0}_{n_i\text{块}} & C_{i,kN+n_i} & \cdots & 0 \\ \vdots & \vdots & & \vdots \\ \underbrace{0\cdots0}_{N-n_i\text{块}} & \cdots & \cdots & C_{i,kN+N-n_i} \end{bmatrix}$$

$$\underline{D}_{i,k}=\begin{bmatrix} D_{i,kN} & 0 & \cdots & 0 \\ \underbrace{0\cdots0}_{n_i\text{块}} & D_{i,kN+n_i} & \cdots & 0 \\ \vdots & \vdots & & \vdots \\ \underbrace{0\cdots0}_{N-n_i\text{块}} & \cdots & \cdots & D_{i,kN+N-n_i} \end{bmatrix}$$

需要指出的是，式 (3-62) 和式 (3-63) 的单速率模型只是为了推导方便而给出，并非是要将多速率系统提升成一个单速率系统以输出慢速率的状态估计。由式 (3-63) 可以进一步得到

$$\underline{y}_k = \underline{C}_k\ \underline{x}_k + \underline{D}_k \underline{v}_k \tag{3-64}$$

式中，

$$\underline{y}_k = \mathrm{col}\{\underline{y}_{1,k},\ \underline{y}_{2,k}, \cdots, \underline{y}_{p,k}\};\quad \underline{v}_k = \mathrm{col}\{\underline{v}_{1,k},\ \underline{v}_{2,k}, \cdots, \underline{v}_{p,k}\}$$
$$\underline{C}_k = \mathrm{col}\{\underline{C}_{1,k},\ \underline{C}_{2,k},\ \cdots,\ \underline{C}_{p,k}\},\quad \underline{D}_k = \mathrm{diag}\{\underline{D}_{1,k}, \underline{D}_{2,k}, \cdots, \underline{D}_{p,k}\}$$

为了估计式 (3-60) 和式 (3-61) 所描述的具有未知干扰的多传感器随机系统状态，提出具有如下结构的多速率最优观测器：

$$\hat{\underline{z}}_{k+1} = F_{k+1}\underline{z}_k + T_{k+1}\underline{B}^u \underline{u}_k + K_{k+1}\underline{y}_k \tag{3-65}$$

$$\hat{\underline{x}}_k = \underline{z}_k + H_k \underline{y}_k \tag{3-66}$$

式中, $\underline{z}_k = \mathrm{col}\{z_{kN},\ z_{kN+1},\ \cdots,\ z_{kN+N-1}\}, z_k \in \mathbb{R}^n$ 是观测器的状态；$\hat{\underline{x}}_k$ 是状态估计；$\underline{y}_k$ 是输出；F_{k+1}、T_{k+1}、K_{k+1} 和 H_k 是待设计的用于实现扰动解耦的参数矩阵。

注 3.8 由式 (3-63) 可以看出，不同时刻的量测被提升成一个新的量测向量产生如下的因果约束：即在一个实际意义下的物理观测器中，未来量测不能出现在当前状态估计表达式中。换句话说，式 (3-66) 中 H_k 的一些元素应该为零。矩阵 H_i^k(矩阵 H_k 的第 i 行子块) 可以表示为

$$H_i^k = M_i^k N_i = \left[M_{i,1}^k N_{i,1}, \cdots, M_{i,p}^k N_{i,p}\right] \tag{3-67}$$

其中，$M_{i,j}^k, i \in \{1,2,\cdots,N\}, j \in \{1,2,\cdots,p\}$ 是 k 时刻待设计的自由矩阵。由式 (3-67) 有

$$H_{i,k}\underline{y}_k = \sum_{j=1}^{p} M_{i,j}^k \mathrm{col}\{y_{j,kN}, \cdots, y_{j,kN+\lfloor i/n_j \rfloor n_j}, 0, \cdots, 0\} = \sum_{j=1}^{p} M_{i,j}^k (N_{i,j}\underline{y}_{j,k}) \tag{3-68}$$

由式 (3-68) 可得如下形式的因果约束矩阵：

$$N_{i,j} = \mathrm{diag}\left\{\underbrace{I \cdots I}_{l_{i,j}\text{块}} \quad \underbrace{0 \cdots 0}_{N/n_j - l_{i,j}\text{块}}\right\} \tag{3-69}$$

式中，$l_{i,j} = \lfloor i/n_j \rfloor + 1$，$\lfloor i/n_j \rfloor$ 表示不超过 i/n_j 的最大整数。由式 (3-68) 可以看出，$(kN+i)$ 时刻的状态估计并不会使用未来量测。将因果约束矩阵代入观测器方程，可得如下因果约束下的多速率观测器：

$$\hat{\underline{z}}_{k+1} = F_{k+1}\underline{z}_k + T_{k+1}\underline{B}^u \underline{u}_k + K_{k+1}\underline{y}_k \tag{3-70}$$

$$\underline{\hat{x}}_k = \underline{z}_k + M_k N \underline{y}_k \tag{3-71}$$

式中，N 是因果约束矩阵。

定义状态估计误差 $e_k = x_k - \hat{x}_k$, 则有

$$\underline{e}_k = \underline{x}_k - \underline{\hat{x}}_k \tag{3-72}$$

式中，$\underline{e}_k = \mathrm{col}\{e_{kN},\ e_{kN+1},\ \cdots,\ e_{kN+N-1}\}$, 记

$$K_{k+1} = K_{k+1}^1 + K_{k+1}^2 \tag{3-73}$$

并将式 (3-70) 和式 (3-71) 所描述的多速率观测器应用于式 (3-60) 和式 (3-61) 所描述的具有未知干扰的多速率随机系统，状态估计误差为

$$\begin{aligned}
\underline{e}_{k+1} =& \underline{x}_{k+1} - (\underline{z}_{k+1} + M_{k+1} N \underline{y}_{k+1}) \\
=& (I - M_{k+1} N \underline{C}_{k+1}) \underline{x}_{k+1} - \underline{z}_{k+1} - M_{k+1} N \underline{D}_{k+1} \underline{v}_{k+1} \\
=& (I - M_{k+1} N \underline{C}_{k+1}) \underline{x}_{k+1} - M_{k+1} N \underline{D}_{k+1} \underline{v}_{k+1} \\
& - [F_{k+1} \underline{z}_k + T_{k+1} \underline{B}_k^u \underline{u}_k + (K_{k+1}^1 + K_{k+1}^2) \underline{y}_k]
\end{aligned}$$

代入 $\underline{z}_{k+1}$ 的表达式 (3-70)，有

$$\begin{aligned}
\underline{e}_{k+1} =& (I - M_{k+1} N \underline{C}_{k+1}) \underline{x}_{k+1} - M_{k+1} N \underline{D}_{k+1} \underline{v}_{k+1} \\
& - T_{k+1} \underline{B}_k^u \underline{u}_k - F_{k+1} (\underline{x}_k - \underline{e}_k - M_k N \underline{y}_k) \\
& - K_{k+1}^1 (\underline{C}_k \underline{x}_k + \underline{D}_k \underline{v}_k) - K_{k+1}^2 \underline{y}_k
\end{aligned}$$

即

$$\begin{aligned}
\underline{e}_{k+1} =& - [F_{k+1} - (I - M_{k+1} N \underline{C}_{k+1}) \underline{A}_k + K_{k+1}^1 \underline{C}_k] \underline{x}_k \\
& + F_{k+1} \underline{e}_k - [K_{k+1}^2 - F_{k+1} M_k N] \underline{y}_k \\
& - [T_{k+1} - (I - M_{k+1} N \underline{C}_{k+1})] \underline{B}_k^u \underline{u}_k \\
& + (I - M_{k+1} N \underline{C}_{k+1}) \underline{B}_k^d \underline{d}_k - M_{k+1} N \underline{D}_{k+1} \underline{v}_{k+1} \\
& + (I - M_{k+1} N \underline{C}_{k+1}) \underline{B}_k^w \underline{w}_k - K_{k+1}^1 \underline{D}_k \underline{v}_k
\end{aligned} \tag{3-74}$$

为了将状态估计误差与状态、扰动和量测解耦，需要使下列关系成立：

$$\underline{B}_k^d = M_{k+1} N \underline{C}_{k+1} \underline{B}_k^d \tag{3-75}$$

$$T_{k+1} = I - M_{k+1} N \underline{C}_{k+1} \tag{3-76}$$

$$F_{k+1} = \underline{A}_k - M_{k+1}N\underline{C}_{k+1}\underline{A}_k - K_{k+1}^1\underline{C}_k \tag{3-77}$$

$$K_{k+1}^2 = F_{k+1}M_kN \tag{3-78}$$

那么状态估计误差可以写为

$$\underline{e}_{k+1} = F_{k+1}\underline{e}_k - K_{k+1}^1\underline{D}_k\underline{v}_k - M_{k+1}N\underline{D}_{k+1}\underline{v}_{k+1} + T_{k+1}\underline{B}_k^w\underline{w}_k \tag{3-79}$$

由式 (3-79) 可以看出，当式 (3-75) 和式 (3-76) 成立时，扰动得到解耦。

由式 (3-79) 还可以看出，观测器的稳定性依赖于矩阵 F_{k+1}，如果矩阵 F_{k+1} 稳定，那么 $E\{\underline{e}_k\} \to 0$，即 $E\{\underline{\hat{x}}_k\} \to E\{\underline{x}_k\}$。由式 (3-77) 可以得到

$$F_{k+1} = \underline{A}_{k+1}^1 - K_{k+1}^1\underline{C}_k \tag{3-80}$$

$$\underline{A}_{k+1}^1 = \underline{A}_k - M_{k+1}N\underline{C}_{k+1}\underline{A}_k \tag{3-81}$$

在设计增益矩阵 K_{k+1}^1 时应使得式 (3-70) 和式 (3-81) 的观测器稳定。考虑最简单的情形，即当系统是时不变系统时，如果矩阵对 $(N\underline{C}_{k+1}, \underline{A}_{k+1}^1)$ 能观，那么通过极点配置很容易使矩阵 F_{k+1} 稳定。对于时变系统，稳定性的证明较为麻烦，但是如果通过增益矩阵 K_{k+1}^1 将矩阵 F_{k+1} 的每个特征值都配置在复平面的左半平面，那么收敛性也不是一个问题。

为了获得扰动解耦下的观测器，需要确定观测器式 (3-70) 和式 (3-71) 中的参数矩阵 F_{k+1}、T_{k+1}、K_{k+1} 和 M_{k+1}，它们都可以通过式 (3-75) 和式 (3-78) 求解得到。然而，求解这些参数首先需要选择满足方程 (3-75) 的矩阵 M_{k+1} 和使得矩阵 F_{k+1} 稳定的增益矩阵 K_{k+1}^1，下面给出的两个定理就是用于求解这两个参数矩阵。

定理 3.6 当矩阵 B_k^d 列满秩时，式 (3-75) 有解的充要条件为

$$\mathrm{rank}(N\underline{C}_{k+1}\underline{B}_k^d) = \mathrm{rank}(\underline{B}_k^d) \tag{3-82}$$

并且其解为

$$M_{k+1} = M_{k+1}^0 + M_{k+1}^1 M_{k+1}^2 \tag{3-83}$$

$$M_{k+1}^0 = \underline{B}_k^d(N\underline{C}_{k+1}\underline{B}_k^d)^\dagger \tag{3-84}$$

$$M_{k+1}^2 = I - (N\underline{C}_{k+1}\underline{B}_k^d)(N\underline{C}_{k+1}\underline{B}_k^d)^\dagger \tag{3-85}$$

式中，矩阵 M_{k+1}^1 可以任意设定。

证明 见本章附录。

为了简化观测器的设计，在大多数情况下，可以设置矩阵 M_{k+1}^1 为零，即

$$M_{k+1} = \underline{B}_k^d(N\underline{C}_{k+1}\underline{B}_k^d)^\dagger \tag{3-86}$$

式中，

$$(N\underline{C}_{k+1}\underline{B}_k^d)^\dagger = [(N\underline{C}_{k+1}\underline{B}_k^d)^{\rm T}(N\underline{C}_{k+1}\underline{B}_k^d)]^{-1}(N\underline{C}_{k+1}\underline{B}_k^d)^{\rm T}$$

定义估计误差协方差：

$$P_k = E\{\underline{e}_k\underline{e}_k^{\rm T}\} \tag{3-87}$$

将式 (3-79) 代入式 (3-87)，则有

$$\begin{aligned}P_{k+1} =&(A_{k+1}^1 - K_{k+1}^1\underline{C}_k)P_k(A_{k+1}^1 - K_{k+1}^1\underline{C}_k)^{\rm T} + K_{k+1}^1\underline{D}_k\underline{R}_k(K_{k+1}^1\underline{D}_k)^{\rm T}\\&+ T_{k+1}\underline{B}_k^w\underline{Q}_k(T_{k+1}\underline{B}_k^w)^{\rm T} + M_{k+1}N\underline{D}_{k+1}R_{k+1}(M_{k+1}N\underline{D}_{k+1})^{\rm T}\end{aligned} \tag{3-88}$$

最优状态估计应当具有最小方差，由式 (3-88) 可以看出，估计误差的协方差矩阵受增益矩阵 K_{k+1}^1 的控制，下面的定理可以用于设计矩阵 K_{k+1}^1 以获得最小方差估计。

定理 3.7　为使状态估计误差协方差最小，增益矩阵 K_{k+1}^1 应由下式确定，即

$$K_{k+1}^1 = \underline{A}_{k+1}^1P_k\underline{C}_k^{\rm T}[\underline{C}_kP_k\underline{C}_k^{\rm T} + \underline{D}_k\underline{R}_k\underline{D}_k]^{-1} \tag{3-89}$$

且当式 (3-89) 成立时，进一步有

$$P_{k+1} = \underline{A}_{k+1}^1P'_{k+1}(\underline{A}_{k+1}^1)^{\rm T} + T_{k+1}\underline{Q}_k(T_{k+1})^{\rm T} + M_{k+1}N\underline{D}_{k+1}R_{k+1}(M_{k+1}N\underline{D}_{k+1})^{\rm T} \tag{3-90}$$

式中，

$$P'_{k+1} = P_k - K_{k+1}^1\underline{C}_kP_k(\underline{A}_{k+1}^1)^{\rm T} \tag{3-91}$$

证明　见本章附录。

到此，多速率观测器的设计就完成了，整个观测器的设计步骤如下。

(1) 初始化：

① 设定 $k=0$，由式 (3-62)~ 式 (3-64) 计算 $\underline{A}_0$、$\underline{B}_0^u$、$\underline{C}_0$、$\underline{D}_0$、$\underline{B}_0^d$、$\underline{B}_0^w$ 和 $\underline{x}_0$。

② 根据式 (3-69) 计算 N。

③ 计算 $M_0 = \underline{B}_0^d(N\underline{C}_0\underline{B}_0^d)^\dagger$。

④ 计算 $\underline{z}_0 = \underline{x}_0 - N\underline{C}_0\underline{B}_0^d(N\underline{C}_0\underline{B}_0^d)^\dagger\underline{y}_0$。

⑤ 由式 (3-71) 计算 $\hat{\underline{x}}_0$，由式 (3-72) 计算 $\underline{e}_0$，再由式 (3-87) 计算 $\underline{P}_0$。

(2) 递推：

① 由式 (3-84) 计算 M_{k+1}。

② 由式 (3-89) 计算 K_{k+1}^1，由式 (3-91) 计算 P'_{k+1}。

③ 由式 (3-76)~ 式 (3-78) 计算 T_{k+1}、F_{k+1} 和 K_{k+1}^2。

④ 由式 (3-73) 计算 K_{k+1}。

⑤ 由式 (3-70) 和式 (3-71) 分别计算 $\underline{z}_{k+1}$ 和 $\hat{\underline{x}}_{k+1}$。

⑥ 由式 (3-90) 计算 P_{k+1}。

⑦ 设置 $k=k+1$，转步骤①。

注 3.9　值得注意的是，当设定矩阵 $M_{k+1}=0$ 和 $T_{k+1}=I$ 时，本节所提出的多速率最优观测器在无扰动情况下 (i.e.，$B_k^d=0$) 退化成单速率时的形式就等效于标准 Kalman 滤波器。也就是说，标准 Kalman 滤波器是本节所提出的多速率最优观测器的一种特殊形式，这也再一次验证了本节所提观测器的最优性。

3.4.3　多速率残差

本节基于式 (3-70) 和式 (3-71) 所提出的多速率最优观测器设计相应的残差生成器以实现故障检测。

基于式 (3-70) 和式 (3-71) 的多速率最优观测器，其残差生成器可构造为

$$\underline{r}_k=N(\underline{y}_k-\hat{\underline{y}}_k)=(N-N\underline{C}_kM_kN)\underline{y}_k-M_kN\underline{C}_k\underline{z}_k \tag{3-92}$$

式中，$\underline{r}_k=\text{col}\{r_{kN},\ r_{kN+1},\ \cdots,\ r_{kN+N-1}\}$。基于式 (3-60) 和式 (3-61) 所描述的多速率随机系统，其具有可能的调节器与传感器故障的形式可以描述为

$$x_{k+1}=A_kx_k+B_k^uu_k+B_k^dd_k+B_k^ww_k+B_k^uf_k^a \tag{3-93}$$

$$y_{i,n_ik}=C_{i,n_ik}x_{n_ik}+D_{i,n_ik}v_{n_ik}+f_{n_ik}^s \tag{3-94}$$

式中，$f_k^a\in\mathbb{R}^r$ 是执行器故障向量；$f_{n_ik}^s\in\mathbb{R}^m$ 是第 i 个传感器故障向量。与式 (3-62) 和式 (3-63) 类似，则有

$$\underline{x}_{k+1}=\underline{A}_k\ \underline{x}_k+\underline{B}_k^u\underline{u}_k+\underline{B}_k^d\underline{d}_k+\underline{B}_k^w\underline{w}_k+\underline{B}_k^u\underline{f}_k^a \tag{3-95}$$

$$\underline{y}_k=\underline{C}_k\ \underline{x}_k+\underline{D}_k\ \underline{v}_k+\underline{f}_k^s \tag{3-96}$$

式中，

$$\underline{f}_k^a=\text{col}\{f_{kN}^a,\ f_{kN+1}^a,\ \cdots,\ f_{kN+N-1}^a\};\quad \underline{f}_k^s=\text{col}\{f_{1,k}^s,\ f_{2,k}^s,\ \cdots,\ \underline{f}_{p,k}^s\}$$

$$\underline{f}_{i,k}^s=\text{col}\{f_{kN}^s,\ f_{kN+n_i}^s,\ \cdots,\ \underline{f}_{kN+N-n_i}^s\}$$

将式 (3-92) 所描述的残差生成器作用于式 (3-95) 和式 (3-96)，可得到下面的状态估计误差与残差：

$$\begin{aligned}\underline{e}_{k+1}=&F_{k+1}\underline{e}_k+K_{k+1}^1\underline{D}_k\underline{v}_k-M_{k+1}\underline{D}_k'\underline{v}_{k+1}+T_{k+1}\underline{B}_k^w\underline{w}_k\\&+K_{k+1}^1f_k^s-M_{k+1}Nf_k^s+T_{k+1}\underline{B}_k^u\underline{f}_k^a\end{aligned} \tag{3-97}$$

$$\underline{r}_k=N(\underline{C}_k\underline{e}_k+\underline{D}_k\underline{v}_k+\underline{f}_k^s) \tag{3-98}$$

由式 (3-97) 可以看出，残差已经与扰动 $\underline{B}_k^d \underline{d}_k$ 解耦。由于状态估计误差 $\underline{e}_k$ 具有最小方差，残差具有假定统计特性的噪声也是最优的。根据式 (3-98)，可以进一步得到各个时刻的残差：

$$r_{kN+i} = (N\underline{C}_k)_i \underline{e}_k + (N\underline{D}_{k+1})_i \underline{v}_k + (N\underline{f}_k^s)_i \tag{3-99}$$

式中，$(N\underline{C}_k)_i$、$(N\underline{D}_{k+1})_i$ 和 $(N\underline{f}_k^s)_i$ 分别表示相应矩阵的第i行，且 $i \in \{1, 2, \cdots, N\}$。由式 (3-99) 可以看出，为了计算 $kN+i$ 时刻的残差似乎用到了 $kN+1$ 到 $kN+N$ 时段内的所有量测。但事实上，由于在残差生成器的设计中引入了因果约束，相应的残差计算并不会使用未来量测。为了计算方便，在设计中把相应量测设置为零。

对于式 (3-99) 中的残差，可以通过假设检验来进行残差评价以指示系统是否发生了故障。用于测试的两个假设分别是针对无故障模式的 H_0 和故障模式的 H_1，在无故障情况下残差的设计特性为

$$H_0: \begin{cases} E_{\{r_{kN+i}\}} = 0 \\ E_{\{r_{kN+i} r_{kN+i}^{\mathrm{T}}\}} = W_{kN+i} \\ W_{kN+i} = (N\underline{C}_k)_i \underline{P}_k (N\underline{C}_k)_i^{\mathrm{T}} + (N\underline{D}_k)_i \underline{R}_k (N\underline{D}_k)_i^{\mathrm{T}} \end{cases} \tag{3-100}$$

当系统出现故障时 (H_1)，残差的统计特性与正常状态时不同，故障检测就是区分两个假设 H_0 与 H_1 的不同。假定噪声序列 w_k 和 $v_{n_i k}$ 是高斯白噪声，则残差也具有高斯分布。残差评价函数可设计为如下形式：

$$J(r_{kN+i}) = |r_{kN+i}^{\mathrm{T}} W_{kN+i}^{-1} r_{kN+i}| \tag{3-101}$$

式中，$J(r_{kN+i})$ 服从自由度为 m(m 为 r_{kN+i} 的维数) 的 χ^2 分布。阈值 J_{th} 为确定值，可从 χ^2 分布表查出且满足：

$$P\{J(r_{kN+i}) \geqslant J_{\mathrm{th}} \mid H_0\} = P_{\mathrm{f}} \tag{3-102}$$

式中，P_{f} 是故障没有发生时的误报警概率，可根据设计要求给定。通过比较残差评价函数 $J(r_{kN+i})$ 与阈值 J_{th}，故障检测报告可以通过如下的故障检测函数 DM_{kN+i} 给出：

$$\begin{cases} J(r_{kN+i}) \geqslant J_{\mathrm{th}}, \mathrm{DM}_{kN+i} = 0 \\ J(r_{kN+i}) < J_{\mathrm{th}}, \mathrm{DM}_{kN+i} = 1 \end{cases} \tag{3-103}$$

式中，$\mathrm{DM}_{kN+i} = 0$ 和 $\mathrm{DM}_{kN+i} = 1$ 分别表示“无故障警报”和“故障警报”。

3.4.4　仿真分析

为了说明所设计最优多速率观测器和快速残差生成器的有效性，本节给出一

个数值例子。考虑式 (3-60) 和式 (3-61) 所示的具有如下参数的系统：

$$A_k = \begin{bmatrix} 0.9944 & -0.1203 & -0.4302 \\ 0.0017 & 0.9902 & -0.0747 \\ 0.8433 & 0.8187 & -0.6923 \end{bmatrix}, \quad B_k = \begin{bmatrix} 0.4252 \\ -0.0082 \\ 1.1813 \end{bmatrix}, \quad E_k = \begin{bmatrix} 1 & 0 \\ 0 & 1 \\ 0 & 0 \end{bmatrix}$$

$$C_{1,2k} = \begin{bmatrix} 1 & 0 & 0 \\ 1 & 1 & 0 \\ 1 & 0 & 1 \end{bmatrix}, \quad C_{2,3k} = \begin{bmatrix} 1 & 0 & 1 \\ 1 & 1 & 0 \\ 0 & 0 & 1 \end{bmatrix}$$

$$D_{1,2k} = D_{2,3k} = B_k^w = I_3, \quad u_k = 10$$

$$Q_k = R_k = 0.01I_3, \quad x_0 = \begin{bmatrix} 0 & 0 & 0 \end{bmatrix}^{\mathrm{T}}$$

$$P_0 = 0.01I_3, \quad p = 2, \quad n_1 = 2, \quad n_2 = 3, \quad h = 0.5s, \quad N = 6$$

式中，I_3 表示维数为 3×3 的单位阵。在所有的仿真中，故障没有发生时的误报警概率 $P_{\mathrm{f}} = 0.05$，根据 χ^2 分布表可以查出相应的阈值 $J_{\mathrm{th}} = 16.9$。

本节将最优多速率观测器与多速率 Kalman 滤波器 (KF) (Kalman 滤波器在多速率下的形式) 进行仿真对比。将上面的参数代入表 3.2 所给出的观测器设计步骤中，可以得到式 (3-70) 和式 (3-71) 中的观测器，仿真结果如图 3.10 所示。图 3.10 给出了 100 次蒙特卡罗仿真下的状态估计误差的统计均值的绝对值。可以看出，本节所提出的最优多速率观测器得到状态估计误差值基本收敛于 0 附近，而多速率情况下的 Kalman 滤波器所得状态估计误差值总是发散的，这也从另一方面说明扰动对估计误差的影响已经解耦。

另外，残差生成器的仿真结果如图 3.11~ 图 3.15 所示。在图 3.11 中，传感器 1 发生故障，在图 3.12 中执行器发生故障，在图 3.12~ 图 3.15 中执行器、传感器 1 和传感器 2 分别在第 1~20 时刻、第 41~60 时刻和第 81~100 时刻发生故障。仿真分为以下三步。

(1) 将本节的快速残差生成器算法与文献 [51] 的算法进行对比。扰动 d_k 设定为均值为零、方差为 0.01 的第 120 时刻服从正态分布的随机序列。传感器 1 的故障矢量是第 20~100 时刻的分段阶跃函数，以每 10 个时刻为一个周期，幅值分别为 0.5、0.9、1.2、1.8、2.2、1.8、1.2 和 0.5。仿真结果如图 3.12 所示，通过残差评价函数 $J(r_k)$ 的零值和非零值，可以看出本节所给出的算法在第 21 时刻就检测到故障的发生，在第 101 时刻便检测到故障的结束，而文献 [51] 中的算法却存在比较大的故障检测延迟。

(2) 扰动 d_k 仍设定为图 3.12 仿真中的形式，执行器故障被设定为一个从第 20 时刻起的阶跃信号。通过仿真图 3.13 可以看出，通过比较残差阈值 J_{th} 和残差评价函数 $J(r_k)$ 的值，本节算法可快速准确地检测出执行器故障的发生。

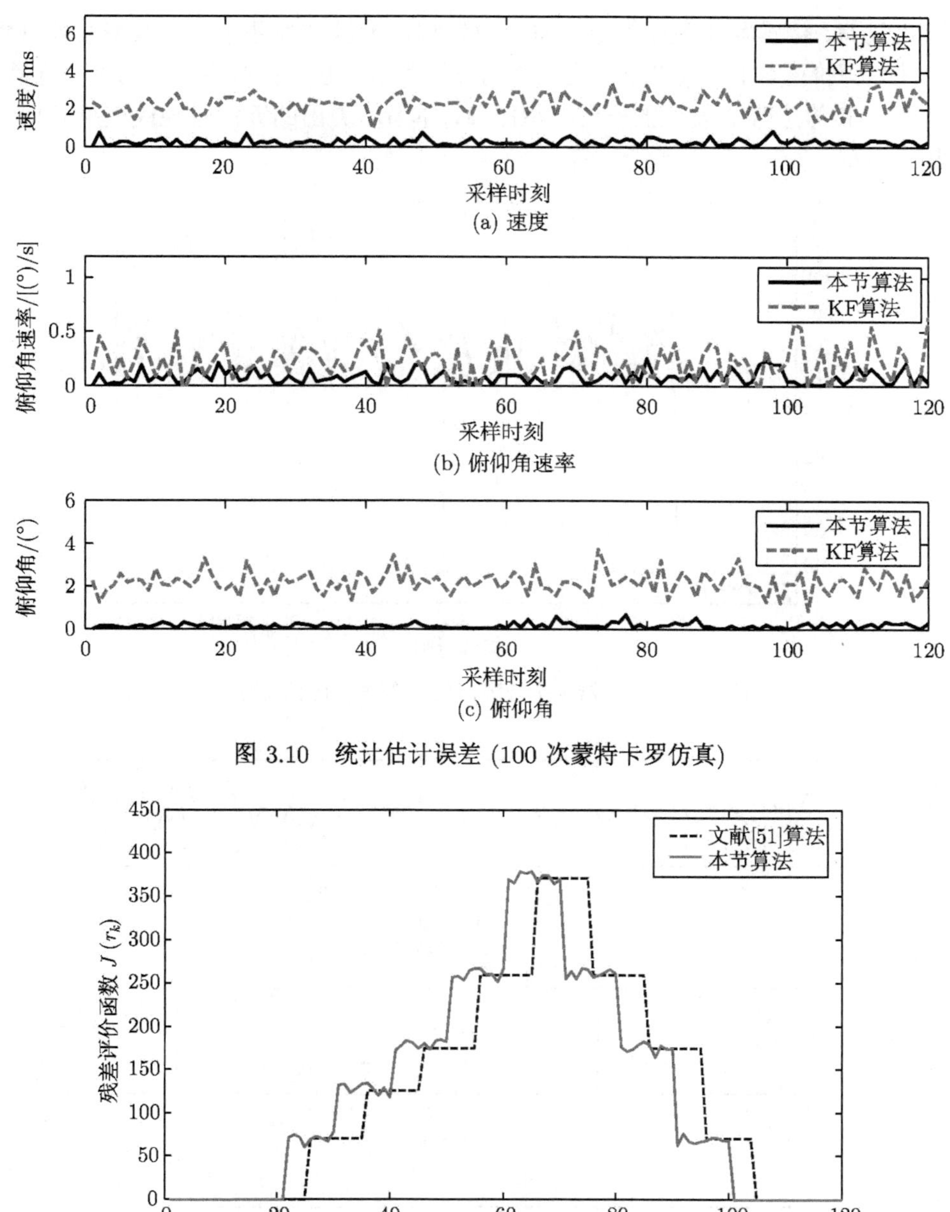

图 3.10　统计估计误差 (100 次蒙特卡罗仿真)

图 3.11　残差评价函数 $J(r_k)$ 的算法对比

(3) 最后将执行器、传感器 1 和传感器 2 的故障分别设定为不同形式，同时扰动 d_k 也被设定为不同形式，以验证在不同扰动形式下、执行器和传感器发生故障时，本算法仍旧能快速准确地给出故障检测。图 3.13～ 图 3.15 给出了当执行器发生随机故障、传感器 1 发生间断型阶跃故障和传感器 2 发生余弦函数型故障时相应的残差评价函数和检测报告。由这些仿真图可以看出，针对不同扰动下执行器、传感器 1 和传感器 2 发生的不同类型故障，本节所提出的算法总能快速准确地进行故障检测。

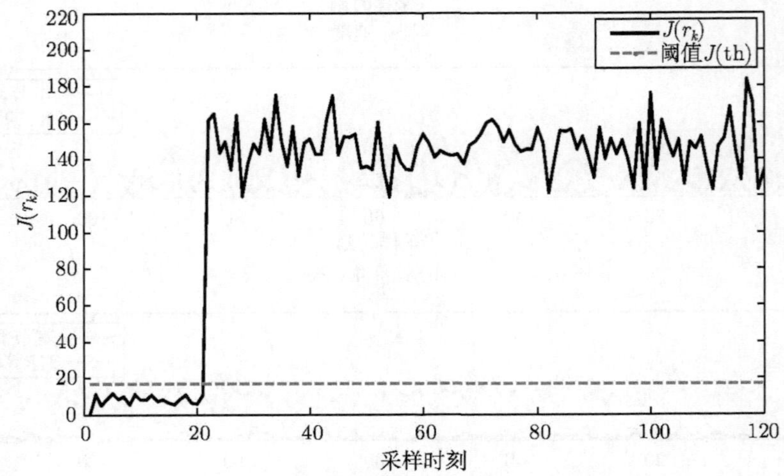

图 3.12　执行器发生故障时的残差评价函数 $J(r_k)$

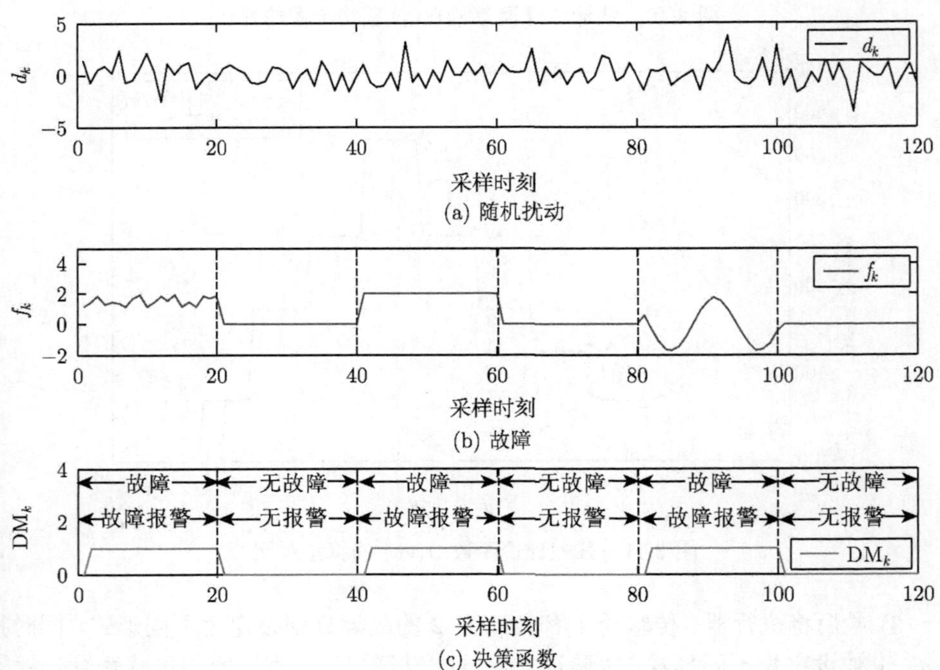

图 3.13　随机扰动下的故障与决策函数

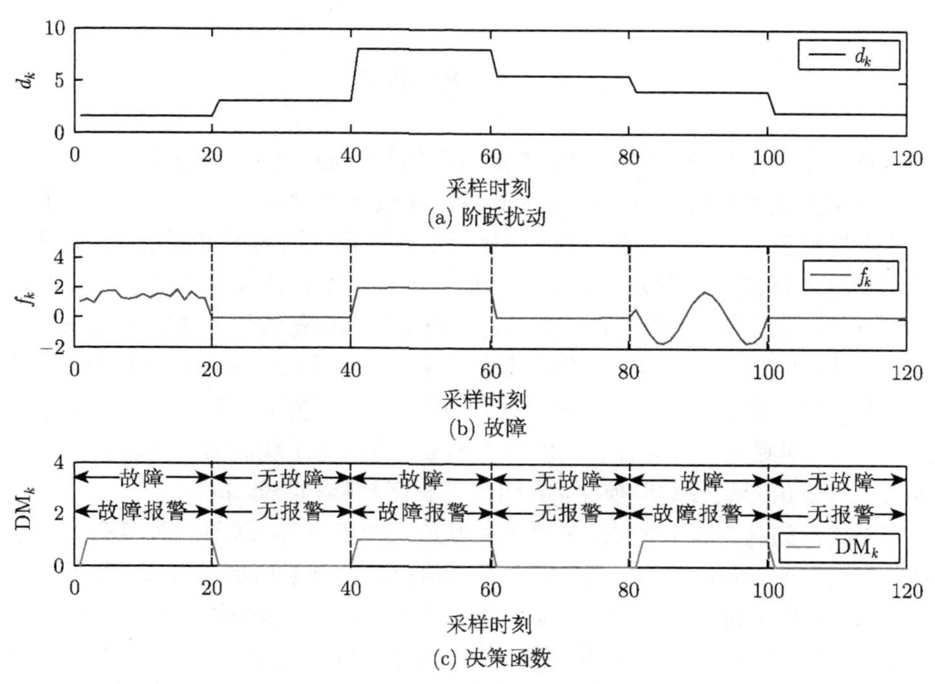

图 3.14　阶跃扰动下的故障与决策函数 DM_k

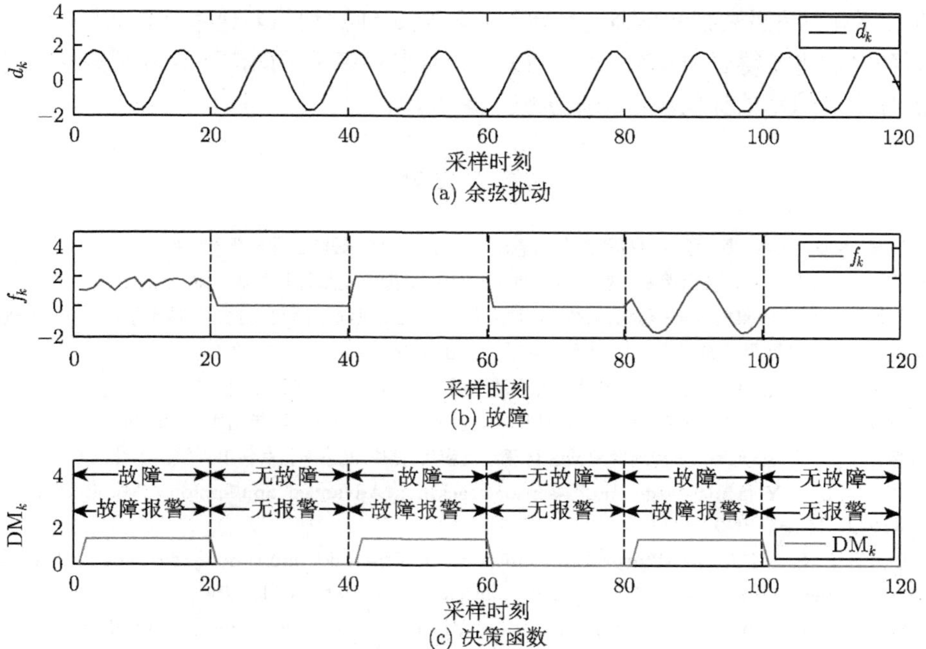

图 3.15　余弦扰动下的故障与决策函数

3.5 本章小结

本章对多源信息融合时间配准的多速率估计问题进行简单介绍，主要分为量测缺失下的多速率估计、未知扰动下的多速率故障检测和噪声与扰动并存下的多速率故障检测三部分。针对第一部分，提出了误差修正的多速率框架，即先设计多速率未知输入观测器得到系统状态估计值；然后利用估计误差系统设计线性最小方差滤波器，得到估计误差的估计值；最后利用估计误差的估计值去修正观测器的初步估计值，得到更加准确的系统状态估计值。针对第二部分和第三部分，则是在系统具有多种不确定性，包括未知扰动、噪声和故障等情形下研究多速率快速故障检测的问题。思路均为先设计扰动解耦观测器，然后基于观测器对扰动解耦和噪声不敏感的残差信号进行故障检测，并给出了相应解耦和不敏条件。

需要指出的是，本章考虑的多速率主要是同步多速率，即不同传感器的开机时间是同步的。在实际情况中，还常存在不同传感器的开机时间不同步，甚至传感器的采样速率会随时间变化而变化，即异步采样的情况。异步采样带来的挑战主要是传感器量测到达融合中心时间不一致，并且传感器自身采样时间不定，因此利用本章中所给的提升技术进行量测扩维，得到的只能是平滑器而非滤波器。此外，本章考虑的传感器通信问题是最简单丢包情况，当更多的通信问题，如时滞、非线性、删失、量化、信道衰减和增益变化等网络不确定性被纳入多速率融合问题时，系统模型和算法将变得更加复杂。综上可知，如何应对多种不确定下的多源信息时间配准的异步多速率估计问题是未来研究的重点。

参考文献

[1] 潘泉, 梁彦, 杨峰, 等. 现代目标跟踪与信息融合 [M]. 北京: 国防工业出版社, 2009.

[2] 苏长云. 多目标多传感器跟踪: 应用与发展 [J]. 情报指挥控制系统与仿真技术, 2002, 5-7.

[3] 杨峰. 现代多目标跟踪与多传感器融合关键技术研究 [D]. 西安: 西北工业大学博士学位论文, 2006.

[4] 龙永锡. 多目标跟踪的方法 [J]. 指挥与控制, 1980, 1(1): 18.

[5] 何友, 王国宏, 陆大, 等, 多传感器信息融合及应用 [M]. 北京: 电子工业出版社, 2000.

[6] 梁彦, 潘泉, 杨峰, 等, 复杂系统的现代估计理论及应用 [M]. 北京: 科学出版社, 2009.

[7] 戴亚平, 刘征, 郁光辉. 多传感器数据融合理论及应用 [M]. 北京: 北京理工大学出版社, 2004.

[8] Bar-Shalom Y. Multi-target multi-sensor tracking: Advanced applications [M]. Boston, MA: Artech House, 1990.

[9] Sun S L, Nan LV. Distributed fusion filter for multi-sensor multi-delay systems with colored sensor measurement noise[J]. Acta Automatica Sinica, 2009, 35(1): 46-53.

[10] Schenato L. Optimal estimation in networked control systems subject to random delay and packet loss[C]. 2006 Proceedings of the 45th Conference on Decision and Control, 2006: 5615-5620.

[11] Huang M Y, Dey S. Stability of Kalman filtering with Markovian packet losses[J]. Automatica, 2007, 43(4): 598-607.

[12] Malyavej V, Savkin A V. The problem of optimal robust Kalman state estimation via limited capacity digital communication channels[J]. Systems and Control Letters, 2005, 54(3): 283-292.

[13] Hespanha J P, Naghshtabrizi P, Xu Y. A survey of recent results in networked control systems[C]. Proceedings of IEEE, 2007, 95(1): 138-162.

[14] Zhang Y, Shi Z K, Dai G Z, et al. A new robust minimum variance filter for uncertain discret-time systems[J]. Acta Automatica Sinica, 2000, 26(6):782-787.

[15] Oliveira R C L F, Peres P L D. LMI conditions for robust stability analysis based on polynomially parameter-dependent Lyapunov functions[J]. System and Control Letter, 2006. 55(1): 52-61.

[16] Matveev A S, Savkin A V. The problem of state estimation via asynchronous communication channels with irregular transmission times[J]. IEEE Transactions on Automatic Control, 2003, 48(4): 670-676.

[17] Basin M, Martinez-Zuniga R. Optimal linear filtering over observations with multiple delays[J]. International Journal of Robust and Nonlinear Control, 2004, 14(8): 685-696.

[18] Wang Z, Yang F, Ho D, et al. Robust filtering for stochastic time-delayed systems with missing measurements[J]. IEEE Transactions on Signal Processing, 2004, 54(7): 2579-2587.

[19] Sinopoli B, Schenato L, Franceschetti M, et al. Kalman fltering with intermittent observations[J]. IEEE Transactions on Automatic Control, 2004, 49(9): 1453-1464.

[20] Plarre K, Bullo F. On kalman filtering for detectable systems with intermittent observations[J]. IEEE Transactions on Automatic Control, 2009, 54(2): 386-390.

[21] Jin Z, Gupta V, Murray R. State estimation over packet dropping networks using multipledescription coding[J]. Automatica, 2006, 42(9): 1441-1452.

[22] Sahebsara M, Chen T, Shah S L. Optimal filtering with random sensor delay, multiple packet dropout and uncertain observations[J]. International Journal of Control, 2007, 80(2): 292-301.

[23] Sahebsara M, Chen T, Shah S L. Optimal filtering in networked control systems with multiple packet dropouts[J]. System Control Letters, 2008, 57(9): 696-702.

[24] Sun S, Xie L, Xiao W, et al. Optimal linear estimation for systems with multiple packet dropouts[J]. Automatica, 2008, 44(5): 1333-1342.

[25] Sun S, Xie L, Xiao W, et al. Optimal full-order and reduced-order estimators for discrete-time systems with multiple packet dropouts[J]. IEEE Transactions on Signal Processing, 2008, 56(8): 4031-4038.

[26] Sun S, Xie L, Xiao W, et al. Optimal filtering for systems with multiple packet dropouts[J]. IEEE Transactions on Circuits and Systems II: Express Briefs, 2008, 55(7): 695-699.

[27] Gao H, Chen T. Estimation for uncertain systems with limited communication capacity[J]. IEEE Transactions on Automatic Control, 2001, 52(11): 2070-2084.

[28] Chen T, Francis B. Optimal Sampled-data Control Systems[M]. New York: Springer-Verlag, 1995.

[29] Andiusani D, Gau C. Estimation using a multi-rate filter[J]. IEEE Transactions on Automatic Control, 1987, 32(7): 653-656.

[30] Hong L. Multi-rate interacting multiple model filtering for target tracking using multi-rate models[J]. IEEE Transactions on Automatic Control, 1999, 44(7): 1326-1340.

[31] Sheng J, Chen T, Shah S L. Optimal filtering for multi-rate systems[J]. IEEE Transactions on Circuits Systems II: Express Briefs, 2005, 52(4): 228-232.

[32] Liang Y, Chen T, Pan Q. Multi-rate optimal state estimation[J]. International Journal of Control, 2009, 82(11): 2059-2076.

[33] Liang Y, Chen T, Pan Q. Multi-rate stochastic H1 filtering for networked multi-sensor fusion[J]. Automatica, 2010, 46(2): 437-444.

[34] Yan L, Liu S, Zhou D. The modeling and estimation of asynchronous multi-rate multi-sensor dynamic systems[J]. Aerospace Science and Technology, 2006, (10)1: 63-71.

[35] Mahmoud M S, Emzir M F. State estimation with asynchronous multi-rate multi-smart sensors[J]. Information Science, 2012, 13(6): 15-27.

[36] Yan L, Zhou D, Fu M, et al. State estimation or asynchronous multirate multisensor dynamic systems with missing measurements[J]. IET Signal Process, 2010, 4(6): 728-739.

[37] Ma J, Sun S. Information fusion estimators for systems with multiple sensors of different packet dropout rates[J]. Information Fusion, 2010, 12(5): 213-222.

[38] Ma J, Sun S. Distributed fusion filter for asynchronous multi-rate multi-sensor non-uniform sampling systems[C]. 15st International Conference on Information Fusion, 2012: 1645-1652.

[39] Zhang W, Feng G, Yu L. Fusion estimation for two sensors with nonuniform estimation rates[C]. 51st IEEE Conference on Decision and Control, 2012: 4083-4088.

[40] Zhang W, Liu S, Chen M, et al. Fusion estimation for two sensors with nonuniform estimation rates[J]. Automatica, 2012, 48(5): 2016-2028.

[41] Chen B, Yu L, Zhang W, et al. Robust information fusion estimator for multiple delay-tolerant sensors with different failure rates[J]. IEEE Transactions on Circuit and Systems, 2013, 60(2): 401-414.

[42] Frank P M, Ding X. Survey of robust residual generation and evaluation methods in observer-based fault detection systems[J]. Journal of Process Control, 1997, 7(6): 403-424.

[43] Patton R J, Chen J. Proceedings of IFAC on fault detection, supervision and safety for technical processes[C]. Safe Pross'97, Pergamon, 1998:11-12.

[44] Chen J, Patton R. Robust Model-Based Fault Diagnosis for Dynamic Systems[M]. Boston: Kluwer Academic Publishers, 1999.

[45] Frank P. Analytical and qualitative model-based fault diagnosis: A survey[J]. European Journal of Control, 1996, (1)2: 6-28.

[46] Frank P M, Ding S X, Köppen-Seliger B. Current developments in the theory of FDI[C]. Proceedings of IFAC Safeprocess, 2000: 6-27.

[47] Kinnaert M. Fault diagnosis based on analytical models for linear and nonlinear systems: A tutorial[C]. Proceedings of IFAC Safeprocess, 2003: 37-50.

[48] Guo L, Liu W. Fault detection and diagnosis for general stochastic systems using B-spline expansions and nonlinear filters[J]. IEEE Transactions on Circuits and Systems I: Regular Papers, 2005, 52 (8): 1644-1652.

[49] Cocquempot V, Mezyani T, Staroswiecki M. Fault detection and isolation for hybrid systems using structured parity residuals[C]. Proceedings of 5th Asian Control Conference Melbourne, 2004: 1204-1212.

[50] Fadali M S, Liu W. Fault detection for systems with multirate sampling[C]. Proceedings of the 1998 American Control Conference, 1998: 3302-3306.

[51] Fadali M S, Liu W. Observer-based robust fault detection for a class of multirate sampled date linear system[C]. Proceedings of the American Control Conference, 1998: 3443-3448.

[52] Zhang P, Ding S, Wang G, et al. Fault detection for multirate sampled data systems with time delays[J]. International Journal of Control, 2002, 75(18): 1457-1471.

[53] Zhang P, Ding S, Wang G, et al. Fault detection in multirate sampled data systems with time delays[C]. Proceedings of the 2002 IFAC World Congress, 2002: 1355-1360.

[54] Fadali M, Emara-Shabaik H. Timely robust fault detection for multirate linear systems[J]. International Journal of Control, 2012, 75(5): 305-313.

[55] Fadali M, Colaneri P, Nel M. Robust fault estimation for periodic systems[C]. Proceedings of the 2003 American Control Conference, 2003: 2973-2978.

[56] Izadi I, Zhao Q, Chen T. An optimal scheme for fast rate fault detection based on multirate sampled data[J]. Journal of Process Control, 2005, 15(3): 307-319.

[57] Iman I, Zhao Q, Chen T. An H1 approach to fast rate fault rate fault detection for multi-rate sampled-data systems[J]. Journal of Process Control, 2006, 16(3): 651-658.

[58] Zhong M, Ye H, Ding S, et al. Observer-based fast rate fault detection for a class of multi-rate sampled data systems[J]. IEEE Transactions on Automatic Control, 2007, 52(3): 520-525.

[59] Hu S, Zhu Q. Stochastic optimal control and analysis of stability of networked control systems with long delay[J]. Automatica, 2003, 39(11): 1877-1884.

[60] Luck R, Ray A. An observer-based compensator for distributed delays[J]. Automatica, 1990, 26(5): 903-908.

[61] Matveev A S, Savkin A V. The problem of state estimation via asynchronous communication channels with irregular transmission times[J]. IEEE Transactions on Automatic Control, 2003, 48(4): 670-676.

[62] Nilsson J, Bernhardsson B, Wittenmark B. Stochastic analysis and control of real-time systems with random time delays[J]. Automatica, 1998, 34(1): 57-64.

[63] Guo L, Zhang Y M. Generalized robust H_∞ fault diagnosis filtering based on conditional stochastic distributions of system outputs[J]. Journal of Systems and Control Engineering, 2007, 2(1): 857-864.

[64] Guo L, Zhang Y M, Wang H, et al. Observer-based optimal fault detection and diagnosis using conditional probability distributions[J]. IEEE Transactions on Signal Process, 2006, 5(4): 3712-3719.

[65] Jiang B, Chowdhury F N. Fault estimation and accommodation for linear MIMO discrete time systems[J]. IEEE Transactions on Control Systems technology, 2005, 13(3): 493-449.

附 录

1. 引理 3.2 的证明

将式 (3-1) 代入 $\bar{q}_k$ 的定义式中，则有

$$\bar{q}_k = E\{(Ax_{k-1} + Bw_{k-1})(Ax_{k-1} + Bw_{k-1})^{\mathrm{T}}\} = A\bar{q}_{k-1}A^{\mathrm{T}} + Bq_{k-1}B^{\mathrm{T}}$$

即式 (3-13)。

将式 (3-2) 代入 M_{j,n_jk} 定义式中并结合式 (3-5)，则有

$$M_{j,n_jk}=E\{(C_jx_{n_jk}+D_jv_{n_jk})(C_jx_{n_jk}+D_jv_{n_jk})^{\mathrm{T}}\}=C_j\bar{q}_kC_j^{\mathrm{T}}+D_jr_jD_j^{\mathrm{T}}$$

即式 (3-14)。

将式 (3-4) 代入 E_{j,n_jk} 的定义式中，则有

$$\begin{aligned}E_{j,n_jk}=&E\{(\epsilon_{j,n_jk}y_{j,n_jk}+(1-\epsilon_{j,n_jk})y^*_{j,n_jk-n_j})(\epsilon_{j,n_jk}y_{j,n_jk}+(1-\epsilon_{j,n_jk})y^*_{j,n_jk-n_j})^{\mathrm{T}}\}\\=&E\{(\epsilon_{j,n_jk}y_{j,n_jk})(\epsilon_{j,n_jk}y_{j,n_jk})^{\mathrm{T}}\}+E\{(1-\epsilon_{j,n_jk})^2y^*_{j,n_jk-n_j}(y^*_{j,n_jk-n_j})^{\mathrm{T}}\}\\&+2E\{\epsilon_{j,n_jk}y_{j,n_jk}(1-\epsilon_{j,n_jk})(y^*_{j,n_jk-n_j})^{\mathrm{T}}\}\\=&(1-\alpha_j)E_{j,n_jk-n_j}+\alpha_jM_{j,n_jk}\end{aligned}$$

即式 (3-15)。

由式 (3-1) 和式 (3-3) 有

$$x_{n_jk+n_j}=A^{n_j}x_{n_jk}+[A^{n_j}B,\cdots,AB,B]\mathrm{col}\{w_{n_jk},\ w_{n_jk+1},\ \cdots,\ w_{n_jk+n_j-1}\}$$

$$y^*_{j,n_jk+n_j}=\epsilon_{j,n_jk+n_j}y_{j,n_jk+n_j}+(1-\epsilon_{j,n_jk}+n_j)y^*_{j,n_jk}$$

将上两式代入 G_{j,n_jk+n_j} 和 $\bar{G}_{j,n_jk+n_j}$ 的定义式中，就得到式 (3-16) 和式 (3-18)。同理，将式 (3-1) 和式 (3-4) 代入 P_{j,n_jk+n_j} 和 $\bar{P}_{j,n_jk+n_j}$ 的定义式中，可以得到式 (3-17) 和式 (3-19)。

2. 定理 3.1 的证明

根据式 (3-12) 可以得到 $W_k=[w_k^*,\Delta_k^*]^{\mathrm{T}}$，同时注意到 Δ_k^* 和 w_k^* 是相互独立的，则可以得到式 (3-20)。

由 $w_k^*=\mathrm{col}\{w_k,w_{kN+N}\}$，$E(w_k)=0$ 且 $E\left\{(w_k)(w_k)^{\mathrm{T}}\right\}=q$，将它们代入式 (3-21) 的左边，则可以得到式 (3-21)。

将 Δ_k^* 的表达式代入式 (3-22) 的左边并注意到 $E(w_k)=0$，可得式 (3-22)。将式 (3-2) 和式 (3-3) 代入下面两个式子中，

$$\Delta_{j,k}=\tilde{\epsilon}_{j,k}(\underline{y}_{j,k}-\underline{y}^{*d}_{j,k}),\quad \bar{\Delta}_{j,k}=(\epsilon_{j,kN+N}-\alpha_j)(y_{j,m_{j,k}}-y^*_{j,m_{j,k}-1})$$

可以得到

$$\begin{aligned}E\{(\Delta_{j,k})(\Delta_{j,k})^{\mathrm{T}}\}=&(\alpha_j-\alpha_j^2)\mathrm{diag}E\{(y_{j,kN}-y^*_{j,kN-n_j})(y_{j,kN}-y^*_{j,kN-n_j})^{\mathrm{T}},\cdots,\\&(y_{j,kN+N-n_j}-y^*_{j,kN+N-2n_j})(y_{j,kN+N-n_j}-y^*_{j,kN+N-2n_j})^{\mathrm{T}}\}\end{aligned}$$

$$E\{(\bar{\Delta}_{j,k})(\bar{\Delta}_{j,k})^{\mathrm{T}}\}=(\alpha_j-\alpha_j^2)E\{(y_{j,m_{j,k}}-y^*_{j,m_{j,k}-1})(y_{j,m_{j,k}}-y^*_{j,m_{j,k}-1})^{\mathrm{T}}\}$$

进一步可以得到

$$\begin{aligned}E\{(\varDelta_{j,k})(\varDelta_{j,k})^{\mathrm{T}}\} =&(\alpha_j-\alpha_j^2)\mathrm{diag}\{[M_{j,kN}-P_{j,kN}-P_{j,kN}^{\mathrm{T}}+E_{j,kN-n_j}],\cdots,\\&[M_{j,kN+N-n_j}-P_{j,kN-n_j}-P_{j,kN-n_j}^{\mathrm{T}}+E_{j,kN+N-2n_j}]\}\\=&\mathrm{diag}\{a_{kN+tn_j}\},t\in\{0,1,\cdots,[N/n_j]\}\end{aligned}$$

$$E\{\bar{\varDelta}_{j,k}\bar{\varDelta}_{j,k}^{\mathrm{T}}\}=(\alpha_j-\alpha_j^2)(M_{j,m_{j,k}}-\bar{P}_{j,m_{j,k}}-\bar{P}_{j,m_{j,k}}^{\mathrm{T}}+E_{j,m_{j,k}-1})$$

即式 (3-23)∼ 式 (3-25)。

3. **定理 3.2 的证明**

将 B_k 写成式 (3-12) 中 A_k 的形式有

$$\bar{B}_k=\tilde{A}-F_{N,k}\tilde{C}-F_{N+1,k}\tilde{D}$$

式中，$\tilde{A}=[\underline{B}\ 0\ 0\ 0]$;　$\tilde{C}=[\underline{D}^1\ 0\ I\ 0]$;　$\tilde{D}=[\underline{C}^2B\ \underline{D}^2\ 0\ I]$。那么，$\overline{\xi_k}$ 的迹可以描述为

$$\mathrm{tr}(\bar{\xi}_{k+1})=\sum_{i,h,l}\{(\bar{A}_k)_{ih}(\bar{\xi}_k)_{hl}(\bar{A}_k)_{il}+(\bar{B}_k)_{ih}(Q_k)_{hl}(\bar{B}_k)_{il}\}$$

式中，

$$(\bar{A}_k)_{ih}=A_{ih}^N-\sum_m(F_{N,k})_{im}(\underline{C}^1)_{mh}-\sum_m(F_{N+1,k})_{im}(\underline{C}^2\underline{A})_{mh}$$

$$(\bar{A}_k)_{il}=A_{il}^N-\sum_m(F_{N,k})_{im}(\underline{C}^1)_{ml}-\sum_m(F_{N+1,k})_{im}(\underline{C}^2\underline{A})_{ml}$$

$$(\bar{B}_k)_{ih}=\tilde{A}_{ih}-\sum_m(F_{N,k})_{im}(\tilde{C})_{mh}-\sum_m(F_{N+1,k})_{im}(\tilde{D})_{mh}$$

$$(\bar{B}_k)_{il}=\tilde{A}_{il}-\sum_m(F_{N,k})_{im}(\tilde{C})_{ml}-\sum_m(F_{N+1,k})_{im}(\tilde{D})_{ml}$$

为了获得迹的最小值，对 $F_{N,k}$ 求偏微分有

$$\begin{aligned}\frac{\partial\,\mathrm{tr}(\bar{\xi}_{k+1})}{\partial(F_{N,k})_{ij}}=&\sum_{h,l}\{(-\underline{C}^1)_{jh}(\bar{\xi}_k)_{hl}(\bar{A}_k)_{il}\}+\sum_{h,l}\{(\bar{A}_k)_{ih}(\bar{\xi}_k)_{hl}(-\underline{C}^1)_{jl}\}\\&+\sum_{h,l}\{(-\tilde{C}_{jh})(Q_k)_{hl}(\bar{B}_k)_{il}\}-\sum_{h,l}\{(\bar{B}_k)_{ih}(Q_k)_{hl}(-\tilde{C}_{jl})\\=&0\end{aligned}$$

对 $F_{N+1,k}$ 求偏微分有

$$\frac{\partial\,\mathrm{tr}(\bar{\xi}_{k+1})}{\partial(F_{N+1,k})_{ij}}=\sum_{hl}\{(-\underline{C}^2\underline{A})_{jl}(\bar{\xi}_k)_{hl}(\bar{A}_k)_{il}\}+\sum_{hl}\{(\bar{A}_k)_{ih}(\bar{\xi}_k)_{hl}(-\underline{C}^2\underline{A})_{jl}\}$$

$$
\begin{aligned}
&+\sum_{hl}\{(-\tilde{D}_{jh})(Q_k)_{hl}(\bar{B}_k)_{il}\}+\sum_{hl}\{(\bar{B}_k)_{ih}(Q_k)_{hl}(-\tilde{D}_{jl})\}\\
=&0
\end{aligned}
$$

将上述两个式子联立起来有

$$
\begin{cases}
\dfrac{\partial\,\mathrm{tr}(\bar{\xi}_{k+1})}{\partial F_{N,k}}=2\bar{A}_k\bar{\xi}_k(\underline{C}^1)^{\mathrm{T}}+2\bar{B}_kQ_k\tilde{C}^{\mathrm{T}}=0\\
\dfrac{\partial\,\mathrm{tr}(\bar{\xi}_{k+1})}{\partial F_{N+1,k}}=2\bar{A}_k\bar{\xi}_k(\underline{C}^2A)^{\mathrm{T}}+2\bar{B}_kQ_k\tilde{D}^{\mathrm{T}}=0
\end{cases}
$$

即

$$
[\bar{A}_k\ \bar{B}_k]\begin{bmatrix}\bar{\xi}_k(\underline{C}^1)^{\mathrm{T}} & \bar{\xi}_k(\underline{C}^2A^N)^{\mathrm{T}}\\ Q_k\tilde{C}^{\mathrm{T}} & Q_k\tilde{D}^{\mathrm{T}}\end{bmatrix}=\begin{bmatrix}0 & 0\end{bmatrix}
$$

将 A_k 和 B_k 的表达式代入上式则有

$$
\begin{bmatrix}A^N & \tilde{A}\end{bmatrix}S_k-\begin{bmatrix}F_{N,k} & F_{N+1,k}\end{bmatrix}TS_k=0
$$

式中,

$$
S_k=\begin{bmatrix}\bar{\xi}_k(\underline{C}^1)^{\mathrm{T}} & \bar{\xi}_k(\underline{C}^2A^N)^{\mathrm{T}}\\ Q_k\tilde{C}^{\mathrm{T}} & Q_k\tilde{D}^{\mathrm{T}}\end{bmatrix},\ T=\begin{bmatrix}\underline{C}^1 & \tilde{C}\\ \underline{C}^2A^N & \tilde{D}\end{bmatrix}
$$

因此可以得到:

$$
[F_{N,k}\ F_{N+1,k}]TS_k=[\underline{A}\tilde{A}]S_k
$$

且由 T 和 S_k 表达式易知它们列满秩，在上式等号两边取伪逆可得到式 (3-35)。

同理，将 D_k 描述为与 C_k 同样的形式，即

$$
\bar{D}_k=\tilde{D}_0-\tilde{D}_{20}\underline{F}_k\underline{C}^{11}
$$

式中，$D_0=\begin{bmatrix}\tilde{D}_{10} & 0 & 0 & 0\end{bmatrix}$；　$\underline{C}^{11}=\begin{bmatrix}\underline{D}^1 & 0 & I & 0\end{bmatrix}$。那么 $\bar{e}_k$ 的迹可以描述为

$$
\mathrm{tr}(\bar{e}_k)=\sum_{i,h,l}\{(\bar{C}_k)_{ih}(\bar{\xi}_k)_{hl}(\bar{C}_k)_{il}\}+(\bar{D}_k)_{ih}(Q_k)_{hl}(\bar{D}_k)_{il}\}
$$

式中,

$$
(\bar{C}_k)_{ih}=(\tilde{C}_0)_{ih}-(\tilde{D}_{20})_{is}(\underline{F}_k)_{st}(\underline{C}^1)_{\mathrm{th}};\quad (\bar{C}_k)_{il}=(\tilde{C}_0)_{il}-(\tilde{D}_{20})_{is}(\underline{F}_k)_{st}(\underline{C}^1)_{tl}
$$

$$
(\bar{D}_k)_{ih}=(\tilde{D}_0)_{ih}-(\tilde{D}_{20})_{is}(\underline{F}_k)_{st}(\underline{C}^{11})_{\mathrm{th}};\quad (\bar{D}_k)_{il}=(\tilde{D}_0)_{il}-(\tilde{D}_{20})_{is}(\underline{F}_k)_{st}(\underline{C}^{11})_{tl}
$$

$$
(\underline{F}_k)_{st}=K_{st}H_{st}
$$

为了获得迹的最小值，对 $\underline{F}_k$ 求偏微分有

$$\begin{aligned}\frac{\partial \mathrm{tr}(\bar{e}_k)}{\partial k_{ij}} =&\sum_{h,l}\{(-\tilde{D}_{20})H\underline{C}^1)_{jh}(\bar{\xi}_k)_{hl}(\bar{C}_k)_{il}\}+\sum_{h,l}\{(\bar{C}_k)_{ih}(\bar{\xi}_k)_{hl}(-\tilde{D}_{20}H\underline{C}^1)_{jl}\}\\ &+\sum_{h,l}\{(-\tilde{D}_{20}H\underline{C}^{11})_{jh}(Q_k)_{hl}(\bar{D}_k)_{il}\}\\ &+\sum_{h,l}\{(\bar{D}_k)_{ih}(Q_k)_{hl}(-\tilde{D}_{20}H\underline{C}^{11})_{jl}\}\\ =&0\end{aligned}$$

进一步整理有

$$\begin{aligned}\frac{\partial \mathrm{tr}(\bar{e}_k)}{\partial k_{ij}} =&2\bar{C}_k\bar{\xi}_k(\tilde{D}_{20}H\underline{C}^1)^{\mathrm{T}}+2\bar{D}_kQ_k(\tilde{D}_{20}H\underline{C}^{11})^{\mathrm{T}}\\ =&\bar{C}_k\bar{\xi}_k(\tilde{D}_{20}H\underline{C}^1)^{\mathrm{T}}+\bar{D}_kQ_k(\tilde{D}_{20}H\underline{C}^{11})^{\mathrm{T}}\\ =&0\end{aligned}$$

将 C_k 和 D_k 的表达式代入上式则有

$$\begin{aligned}&\tilde{C}_0\bar{\xi}_k(\tilde{D}_{20}H\underline{C}^1)^{\mathrm{T}}+\tilde{D}_0Q_k(\tilde{D}_{20}H\underline{C}^{11})^{\mathrm{T}}\\ =&\tilde{D}_{20}\underline{F}_k\underline{C}^1\bar{\xi}_k(\tilde{D}_{20}H\underline{C}^1)^{\mathrm{T}}+\tilde{D}_{20}\underline{F}_k\underline{C}^{11}Q_k(\tilde{D}_{20}H\underline{C}^{11})^{\mathrm{T}}\end{aligned}$$

记：

$$U_k=[\tilde{C}_0\ \tilde{D}_0]\begin{bmatrix}\bar{\xi}_k & 0\\ 0 & Q_k\end{bmatrix}\begin{bmatrix}(\tilde{D}_{20}H\underline{C}^1)^{\mathrm{T}}\\ (\tilde{D}_{20}H\underline{C}^{11})^{\mathrm{T}}\end{bmatrix}$$

$$V_k=[\underline{C}_1\ \underline{C}_{11}]\begin{bmatrix}\bar{\xi}_k & 0\\ 0 & Q_k\end{bmatrix}\begin{bmatrix}(\tilde{D}_{20}H\underline{C}^1)^{\mathrm{T}}\\ (\tilde{D}_{20}H\underline{C}^{11})^{\mathrm{T}}\end{bmatrix}$$

且由 $\tilde{D}_{20}$ 和 V_k 的表达式易知它们一个行列满秩，一个列满秩，在等号两边取伪逆即可得到式 (3-35)。

$$\underline{F}_k=\tilde{D}_{20}^{+}[\tilde{C}_0\bar{\xi}_k(\tilde{D}_{20}H\underline{C}^1)^{\mathrm{T}}+\tilde{D}_0Q_k(\tilde{D}_{20}H\underline{C}^{11})^{\mathrm{T}}]\begin{bmatrix}\underline{C}^1\bar{\xi}_k(\tilde{D}_{20}H\underline{C}^1)^{\mathrm{T}}\\ \tilde{C}_{11}Q_k(\tilde{D}_{20}H\underline{C}^{11})^{\mathrm{T}}\end{bmatrix}^{\mathrm{T}}$$

即式 (3-36)。

4. **定理 3.4 的证明**

由式 (3-49) 和式 (3-51) 可以知道，残差对于故障和扰动响应的 z 变换形式为

$$\underline{r}(z)=\bar{Q}\ \underline{R}_2\ \underline{f}_z+\underline{H}(zI-\underline{A}_c)^{-1}(\underline{R}_1-K\underline{R}_2)\underline{f}_z+\underline{H}(zI-\underline{A}_c)^{-1}\underline{E}\ \underline{d}_z$$

式中，$\underline{A}_c = \underline{A} - K\bar{C}$、$\underline{H} = \bar{Q}\,\bar{C}$。那么，残差与扰动之间的传递矩阵可以展开为

$$\underline{H}(zI - \underline{A}_c)^{-1}\underline{E} = z^{-1}\underline{H}(I + \underline{A}_c z^{-1} + \underline{A}_c^2 z^{-2} + \cdots)\underline{E}$$

可以从传递矩阵的式子看出，当下面的两个式子满足时，传递矩阵为零，即扰动与残差解耦。

$$\underline{H}\ \underline{E} = \bar{Q}\ T\underline{C}\ \underline{E} = 0, \quad \underline{H}\ \underline{A}_c = \bar{Q}\ T\underline{C}(\underline{A} - KT\underline{C}) = 0$$

这样，就得到了式 (3-52) 和式 (3-53)。很容易证明，如果矩阵 C 和 E 列满秩，则残差加权矩阵 $\bar{Q}$ 和增益矩阵 K 可以由式 (3-52) 和式 (3-53) 解出，且其解就为式 (3-54) 和式 (3-55)。

5. **定理 3.5 的证明**

基于式 (3-49)~ 式 (3-51) 的多速率残差生成器的残差计算式为

$$\underline{r}(z) = [\bar{Q} - \underline{H}(zI - \underline{A}_c)^{-1}K]\underline{y}_z - [\bar{Q}\ \bar{D} + \underline{H}(zI - \underline{A}_c)^{-1}(\underline{B} - K\bar{D})]\underline{u}_z$$

当式 (3-53) 所给出的左特征向量配置条件成立时有

$$\underline{H}(zI - \underline{A}_c)^{-1} = z^{-1}\underline{H}$$

则残差向量 $\underline{r}_z$ 的计算式可改写为

$$\underline{r}(z) = [\bar{Q} - z^{-1}\underline{H}K]\underline{y}_z - [\bar{Q}\ \bar{D} + z^{-1}\underline{H}(\underline{B} - K\bar{D})]\underline{u}_z$$

即

$$\underline{r}_k = [\bar{Q}\ \ -\underline{H}K]\begin{bmatrix} \underline{y}_k \\ \underline{y}_{k-1} \end{bmatrix} - [\bar{Q}\ \bar{D}\ \underline{H}(\underline{B} - K\bar{D})]\begin{bmatrix} \underline{u}_k \\ \underline{u}_{k-1} \end{bmatrix}$$

这样便得到了式 (3-56)。

6. **定理 3.6 的证明**

(1) 必要性。

当式 (3-75) 有解 M_{k+1} 时，有 $(N\underline{C}_{k+1}\underline{B}_k^d)^{\mathrm{T}}\underline{M}_{k+1}^{\mathrm{T}} = (\underline{B}_k^d)^{\mathrm{T}}$, 即 $(\underline{B}_k^d)^{\mathrm{T}}$ 属于矩阵 $(N\underline{C}_{k+1}\underline{B}_k^d)^{\mathrm{T}}$ 的秩空间，则 $\mathrm{rank}\{(\underline{B}_k^d)^{\mathrm{T}}\} \leqslant \mathrm{rank}\{(N\underline{C}_{k+1}\underline{B}_k^d)^{\mathrm{T}}\}$, 即 $\mathrm{rank}(\underline{B}_k^d) \leqslant \mathrm{rank}(N\underline{C}_{k+1}\underline{B}_k^d), \mathrm{rank}\{(N\underline{C}_{k+1}\underline{B}_k^d)^{\mathrm{T}}\} \leqslant \min\{\mathrm{rank}(N\underline{C}_{k+1}), \mathrm{rank}(\underline{B}_k^d)\}$, 因此，有 $\mathrm{rank}(N\underline{C}_{k+1}\underline{B}_k^d) = \mathrm{rank}(\underline{B}_k^d)$。

(2) 充分性。

当式 (3-82) 成立时，由于已经假定 $\underline{B}_k^d$ 是列满秩的，则 $N\underline{C}_{k+1}\underline{B}_k^d$ 列满秩，其左逆存在，且为 $(N\underline{C}_{k+1}\underline{B}_k^d)^+ = [(N\underline{C}_{k+1}\underline{B}_k^d)^{\mathrm{T}}N\underline{C}_{k+1}\underline{B}_k^d]^{-1}(N\underline{C}_{k+1}\underline{B}_k^d)^{\mathrm{T}}$，则很容易得到式 (3-75) 的解为式 (3-83)~ 式 (3-85)。

7. 定理 3.7 的证明

由式 (3-88) 有

$$\begin{aligned}P_{k+1} =&\underline{A}_{k+1}^1 P_k(\underline{A}_{k+1}^1)^{\mathrm{T}} + +T_{k+1}\underline{B}_k^w \underline{Q}_k(T_{k+1}\underline{B}_k^w)^{\mathrm{T}}\\&+ M_{k+1}N\underline{D}_{k+1}R_{k+1}(M_{k+1}N\underline{D}_{k+1})^{\mathrm{T}}\\&- K_{k+1}^1\underline{C}_k P_k(A_{k+1}^1)^{\mathrm{T}} - \underline{A}_{k+1}^1 P_k\underline{C}_k^{\mathrm{T}}(K_{k+1}^1)^{\mathrm{T}} + K_{k+1}^1[\underline{C}_k P_k\underline{C}_k^{\mathrm{T}}\\&+ \underline{D}_k\underline{R}_k\underline{D}_k^{\mathrm{T}}](K_{k+1}^1)^{\mathrm{T}}\end{aligned}$$

由于 $\underline{R}_k$ 是正定阵，则 $\underline{C}_k P_k\underline{C}_k^{\mathrm{T}} + \underline{D}_k\underline{R}_k\underline{D}_k^{\mathrm{T}}$ 也是一个是正定阵。因此，存在可转置矩阵 S_k 满足：$S_kS_k^{\mathrm{T}} = \underline{C}_k P_k\underline{C}_k^{\mathrm{T}} + \underline{D}_k R_k\underline{D}_k^{\mathrm{T}}$。

令 $U_k = \underline{A}_{k+1}^1 P_k\underline{C}_k^{\mathrm{T}}(\underline{S}_k^{\mathrm{T}})^{-1}$，则协方差阵为

$$\begin{aligned}P_{k+1} =&\underline{A}_{k+1}^1 P_k(\underline{A}_{k+1}^1)^{\mathrm{T}} + \underline{D}_k\underline{R}_k\underline{D}_k^{\mathrm{T}} - U_kU_k^{\mathrm{T}} + (\underline{K}_{k+1}^1 S_k - U_k)(\underline{K}_{k+1}^1 S_k - U_k)^{\mathrm{T}}\\&+ T_{k+1}B_k^w\underline{Q}_k(T_{k+1}\underline{B}_k^w)^{\mathrm{T}}\end{aligned}$$

为了最小化 P_{k+1}，应当使 $\underline{K}_{k+1}^1 S_k - U_k = 0$，由此可得到式 (3-89)，进一步可得

$$P_{k+1} = \underline{A}_{k+1}^1 P'_{k+1}(\underline{A}_{k+1}^1)^{\mathrm{T}} + T_{k+1}\underline{Q}_k(T_{k+1})^{\mathrm{T}} + M_{k+1}N\underline{D}_{k+1}R_{k+1}(M_{k+1}N\underline{D}_{k+1})^{\mathrm{T}} \tag{3-104}$$

式中，

$$P'_{k+1} = P_k - K_{k+1}^1\underline{C}_k P_k(\underline{A}_{k+1}^1)^{\mathrm{T}} \tag{3-105}$$

即式 (3-90) 和式 (3-91)。

第 4 章　状态约束动态系统建模与估计

动态随机系统建模与状态估计在航空航天、自动控制、信号处理和国民经济等众多领域都有重要应用，因此其理论的每一次发展都蕴含着巨大的应用潜力。在理论研究方面，大部分成果主要针对非线性和非高斯动态系统，而对含约束的动态系统的研究相对较少。实际中，某些物理属性 (如质量、能量和冲量) 或数学性质 (如非负性、单调性和凸性) 决定了系统状态必须遵循或要求满足一定的约束条件 [1]。这种约束动态系统广泛地存在于现实世界中。例如，电路系统中电流和电压满足基尔霍夫定律 [2]；飞行器的姿态估计中，状态分量 (四元数) 平方和等于单位 1[3]；目标跟踪中，飞行器运动速度和加速度存在一定的极值 [4]，地面目标的运行轨迹会受到地形、地势和道路等地面条件的限制 [5]；民航飞行中，客机航行必须在飞行包线内 [6]，等等。另外，约束的形式多种多样，有等式/不等式约束、集合约束、概率约束和硬/软约束等。从信息融合的角度来说，在系统中有效利用约束信息必定会带来更好的系统模型和更精确的状态估计。因此，有必要在充分了解约束信息的基础上，深入分析约束动态系统并研究其系统建模与状态估计问题。

众所周知，精确的系统模型对系统分析、辨识、滤波和控制都大有裨益，因此系统建模是研究约束动态系统首当其冲的问题。在状态空间框架下，系统模型由动态方程和量测方程构成，其中动态方程反映了系统状态演化的先验信息。一般情况下，约束是先验已知的，而量测只有在当前时刻已知。基于此，约束作为先验信息，应该融入系统状态方程的建模，即保证系统状态按照动态方程演化在任意时刻自动满足约束要求。然而，直接建立这样一个带约束的动态方程往往相当困难，尤其是对一些比较复杂的约束条件。以地面运动目标为例，很难直接给出一个动力学方程保证车辆的状态演化始终自动满足复杂的道路约束要求。另外，针对约束动态系统，动态方程如何构建目前还没有得到充分的关注和研究，国内外与之相关的文献报道甚少。因此，开展约束动态系统建模研究具有很高的理论价值和现实意义。

关于约束动态系统状态估计的研究始于 20 世纪 90 年代 [7]，目前针对不同的约束形式产生了一些约束状态估计方法。主流约束估计器基本思想是约束信息先在状态估计层面被引入，即系统滤波建立在一个常规的 (无约束) 系统模型之下，得到状态更新后，再利用约束信息对更新结果进行二次校正，输出最终状态的估计结果。

对于等式约束，引入约束信息的方式有伪量测法和估计投影法。伪量测法将等式约束看作一种无噪声量测，扩展原量测方程以包含此无噪声量测 [8,9]，再利用传统的滤波 (如 Kalman 滤波) 得到约束状态的估计。该方法易于操作且有很清晰的解释，因此成为解决等式约束状态估计的标准方法并被广泛使用。估计投影法利用经典的约束优化技术将无约束的状态估计投影到约束空间得到对应的约束估计。该方法简单、直观，且可以推广到其他类型 (如不等式) 的约束，因此在实际应用中也备受青睐。然而通过研究发现，这些主流约束估计方法及其研究思路存在一定的缺陷甚至错误，简单描述如下。

(1) 混淆了等式约束与无噪声量测的差别。二者存在本质的不同，(无噪声) 量测方程中的量测是随机的，它的实现 (或观测值) 只有当前时刻才能得到，而等式约束是确定且先验已知的，这意味着伪量测法表示只是一次的试验结果表现为约束等式中的量，而等式约束隐含要求系统无数次试验结果均为定常量，因此伪量测法处理等式约束状态估计时实际上丢失了大量关于状态的有用信息。由于等式约束作为先验信息与作为量测在滤波过程中所占的权重不同，因此不同的处理方式其状态估计结果也是大不相同的。

(2) 强行要求状态的最优估计满足约束。包括估计投影法在内的诸多约束状态估计器，其目标为在约束空间中找到一个满足某种优化准则的点作为约束状态估计的输出。但实际上，系统状态本身在约束空间内并不表示其最优估计也同样在该约束空间内。例如，当约束空间为一球面时，很容易证明状态的最小均方误差 (minimum mean squared error, MMSE) 估计 (即条件期望) 在球内，而不在球面。因此，该要求显然有悖于某些意义下最优估计的性质。

(3) 滤波过程中改变了原优化目标。如图 4.1 所示，主流约束估计器 [1] 的滤波基础建立在无约束动态系统模型上。伪量测法实际上是在增加一个无噪声量测后寻找一个估计值，使之与模型中的无约束状态距离最近；估计投影法优化目标是在某种距离意义下，在约束空间中找到与给定无约束的状态估计距离最近的一个点。这些方法改变了原本的优化准则，即寻找某种距离意义下离受约束状态最近的一个点。因此，这些方法得到的所谓 “最优估计” 不能保证为原准则下的最优估计结果。

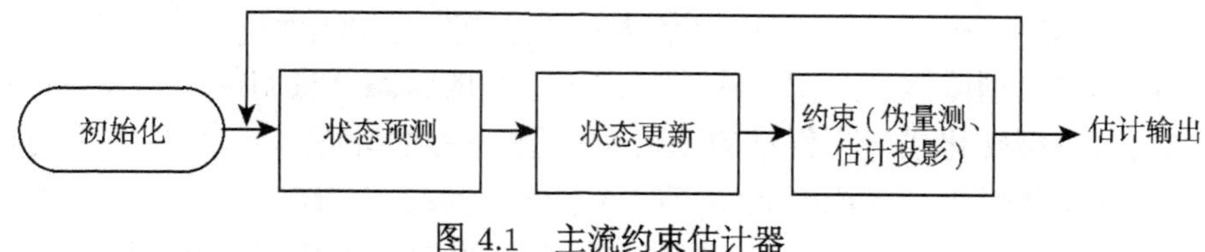

图 4.1 主流约束估计器

4.1 引 言

现实世界中约束形式包罗万象，且对约束动态系统的研究按层次可以包含多个主题。本章重点研究等式约束下的动态系统建模和状态估计问题，因此以下仅对该方面研究现状加以梳理和分析。

1. 约束动态方程的构建

约束信息的充分和有效引入是约束动态系统建模的关键。状态约束不同于状态量测，它描述了人们对状态及其演化的先验认知，因此应该包含在系统动态方程，而非量测方程的构建过程中。如前所述，尽管约束动态方程对分析约束动态系统具有非常重要的意义，但一般情况直接建立一个状态演化自动满足约束条件的动态模型并不容易，大部分研究选择一个近似的 (无约束) 动态方程，或避开对约束动态方程的讨论，因此其相关研究报道较少。Ko 等 [10] 重点研究了时不变、齐次线性约束，并提出了一种称为 “投影系统” 的约束动态模型。随后，Chen[11] 发现其证明中的错误并对其结果进行了修正，进而给出了该特定约束下系统的动态方程。Teixeira 等 [12] 从另外一个角度给出了动态方程和加性过程噪声满足线性等式约束的必要条件。Hewett 等 [13] 利用零空间分解，提出了一种受线性等式约束的动态系统的降维状态空间模型。针对线性不等式约束动态系统，Xu 等 [14,15] 提出了一种不同于传统状态空间模型的状态转移概率模型，在一定的假设条件下，可以得到状态转移概率模型的解析表达式。Duan 等 [16,17] 解决了两种特殊约束 (线性运动和圆周运动) 下目标动力学运动的建模问题。

2. 等式约束下动态系统状态估计

在对等式约束下状态估计的研究中，由于对约束属性理解的不同，目前已经涌现出了相当多的约束状态估计方法 (参见文献 [12]~[35])。其中，最常见的方法有伪量测法、模型降维法和估计投影法。Tahk 等 [7] 提出的伪量测法开启了约束状态估计的研究，其中由于扩展的量测误差协方差矩阵是奇异的，可能造成伪量测法在滤波时出现数值不稳定的现象，Alouani 等 [8] 通过在无噪声量测上人为增加很小的一个扰动来克服滤波数值上的不稳定。Duan 等 [16,17] 引入伪逆从理论上解决了由误差协方差阵奇异性造成的数值不稳定性。该方法物理意义清晰且操作简单，在目标跟踪 [7,8]、导航 [29-31]、经济 [20,21] 和人口规划 [22] 等领域都有广泛的应用。Wen 等 [23] 研究的模型降维法利用由线性等式所定义的状态分量间的确定关系，将一个等式约束模型转化成一个低维的无约束模型，在此基础上，一个带约束的状态估计问题便退化成一个低维的无约束的状态估计问题。相比之下，该方法具有数值稳定和计算量小的特点。但是，转化后状态方程中的各状态分量一般不再对应原状态分量，其物理意义也随之丧失，从而很难解释其物理含义 [10]，因此在一定程度上限制了该方法的推广应用，而且该方法也很难推广到非线性约束系统。Simon 等 [25] 提出估计投影法用来解决线性等式约束下的状态估计问题。在此基础上，Yang 等 [26] 利用估计投影法研究非线性等式约束下的状态估计问题。Julier 等 [1] 通过分析等式约束下状态估计的性质，提出了基于无迹变换的两步估计投影法，在四元数估计的仿真实验中结果表明其在估计精度上明显高于传统的一步估计投影的结果。还有一类特殊的范数等式约束，在地面目标跟踪 [26] 和飞行器姿态估计 [19,28] 中也得到了深入的研究。Gupta 等分析了伪量测法、估计投影法等约束估计器之间的联系，证明了在一定假设条件下它们之间在数学上的等价性 [27,35]。另外，De 等 [32] 提出的平滑约束 Kalman 滤波也被用于处理等式约束状态估计。

本章将具体解决约束动态系统的两大问题：数学建模和状态估计。在数学建模部分，假定线性等式约束条件已知且辅助动态方程给定，本章提出一种带约束的动态系统的建模方法。该方法建立的含约束的系统动态方程最优地融合线性等式约束和辅助的动态方程两方面的信息，而且它的系统状态仍在 (非降维的) 原状态空间中，保留了原状态分量的物理意义。

本章首先给出线性等式约束问题的数学描述，接着处理带约束动态系统的建模问题，并给出建立的含约束动态模型的几点特性。然后，分析线性等式约束下状态的线性最小均方误差估计，同时给出投影法与本章的基于含约束的动态模型的状态估计在数学上等价的充分条件，讨论线性等式约束的扩展形式，并提供两个示例。最后，给出本章小结。

本章符号说明：$\mathbb{R}^n$ 表示 n 维实数列向量的集合，$\mathbb{R}^{m\times n}$ 表示 $m\times n$ 维实数矩阵的集合；$E[x]$ 和 $\mathrm{cov}(x)$ 分别表示随机变量 x 的数学期望和协方差，$E[x|z]$ 表示 x 在 z 上的条件期望，而 $E^*[x|z]$ 表示 x 在 z 上的线性最小均方误差估计 (linear minimum square mean error, LMMSE)；给定矩阵 $X\in\mathbb{R}^{m\times n}$，$X^{\mathrm{T}},\mathcal{R}(X),\mathcal{N}(X),\mathrm{rank}(X)$ 分别表示 X 的转置、值域、零空间和秩；$X>0(X\geqslant 0)$ 表示 X 为正定阵 (或半正定阵)；I,O 分别表示单位阵和零矩阵；$p(\cdot)$ 和 $\Pr\{\cdot\}$ 分别表示概率密度函数和概率。

4.2　问题描述

假设设离散时间动态系统的状态 $x_k\in\mathbb{R}^n$ 满足线性等式约束 (linear equality constraint, LEC)：

$$C_k x_k = d_k,\quad k=0,1,2,\cdots \tag{4-1}$$

式中，k 为时刻；矩阵 $C_k\in\mathbb{R}^{m\times n}$ 行满秩且 $m\leqslant n$；时变参数 x_k 和 d_k 为先验已知。其中，$m=n$ 的情况很简单，因为式 (4-1) 的解可以由 $x_k=C_k^{-1}d_k$ 唯一确定。

假定状态的观测方程由式 (4-2) 给定：

$$z_k = h_k(x_k) + v_k \tag{4-2}$$

式中，$z_k \in \mathbb{R}^{n_z}$ 为量测值；$h_k(\cdot)$ 为给定的函数；量测噪声 $v_k \in \mathbb{R}^{n_v}$ 为零均值白噪声且协方差 $\mathrm{cov}(v_k) = R_k$。

在大多数带约束的动态系统的研究中，都隐含着一致性假设，即状态空间系统模型与真实的系统完全匹配，动态模型的状态自动满足约束条件。但实际应用中，正如早先解释的，真实的满足约束的系统动态模型常常是未知的或过分复杂的。相比较而言，近似该系统的一个无约束动态模型却不难得到，这里称这个近似的无约束动态模型为"辅助动态模型"。这里假定辅助动态模型给定，其表达式为

$$x_{k+1}^a = f_k(x_k^a, u_k) + w_k^a, \quad k = 0, 1, 2, \cdots \tag{4-3}$$

式中，$x_k^a \in \mathbb{R}^n$ 表示辅助模型的状态；$f_k(\cdot)$ 为向量值函数；$u_k \in \mathbb{R}^{n_u}$ 为已知控制输入。假设过程噪声 w_k^a 为零均值白噪声，其协方差 $\mathrm{cov}(w_k^a) = Q_k^a$。初始状态 x_0^a 均值为 $\bar{x}_0^a$，协方差为 Σ_0^a。假设序列 $\{w_k^a\}$ 和 $\{v_k\}$ 互不相关，且它们与初始状态 x_0^a 亦不相关。这里需要强调的是，动态模型式 (4-3) 具有一般的形式，其状态 $\{x_k^a\}$ 不必满足约束式 (4-1)。由此，接下来的问题是怎样充分地融合辅助动态模型式 (4-3) 和约束式 (4-1)，从而实现隐含约束的动态系统的建模。新建立的动态模型必须与线性等式约束式 (4-1) 一致，即对于所有时刻 k，建立的动态模型的状态 x_k 总是满足该约束。

本章拟解决的另一个问题为约束系统的状态估计。因此，基于上述建模，问题便转化成基于原始量测和新建系统模型的状态估计。现有的模型降维法利用线性等式约束给定的状态分量内部的关系，将状态等价成一个低维的新状态，因此原约束优化问题变成低维的无约束优化问题。但是这种方法要求约束和动态模型完全一致，即状态按照模型式 (4-3) 演化自动满足该约束。否则，原状态空间模型和降维的状态空间模型不再完全等价。换句话说，结果取决于保留哪些状态分量和消除哪些状态分量。然而，这种等价的必要条件在实际中往往被忽视。以下通过简单的例子说明这一点。

考虑约束条件式 (4-1)，其中 $C_k = [1, -1]$，$d_k = 0$。由此知道状态的两个分量一定相等，也就是说状态可以定义为 $x_k = [s_k, s_k]^{\mathrm{T}}$，其中 s_k 为随机标量。约束状态估计可以间接地由降维的状态得到，其关系为 $\hat{x}_{k|k} = [\hat{s}_{k|k}, \hat{s}_{k|k}]^{\mathrm{T}}$。

但如果给定的动态模型不是严格满足约束条件，如

$$x_k = \begin{bmatrix} 0.5 & 0 \\ 0 & 2 \end{bmatrix} x_{k-1} + w_{k-1} \tag{4-4}$$

则将约束条件式 (4-1) 代入模型式 (4-4)，可以得到以下两个模型：

$$s_k = 0.5 s_{k-1} + w_{k-1}^1 \tag{4-5}$$

或

$$s_k = 2s_{k-1} + w_{k-1}^2 \tag{4-6}$$

式中，w_{k-1}^1，w_{k-1}^2 为过程噪声 w_{k-1} 的两个分量。上面的转换产生了两个不同的模型：其中模型式 (4-5) 是稳定的，而模型式 (4-6) 是不稳定的。这必然导致基于不同的模型，估计器将输出不同的估计结果。那么，在实际应用中到底应该选择哪个模型或是怎么有效地整合这两个模型？遗憾的是，目前对该方法的研究并没有清楚地解答这个问题。可以说到目前为止，该方法仅适用于隐含约束的动态模型已给定，即约束和动态模型完全一致的情况。而本章讨论的是隐含约束的动态系统建模问题，故该方法不在本章的讨论范围之内。另外，模型降维法中新状态分量会丧失原状态分量的物理意义，而本章拟建立的系统模型均是直接建立在原状态空间中，不改变状态分量的物理意义。

4.3　线性等式约束下动态系统的数学建模

本节将基于已知的线性等式约束式 (4-1) 和辅助动态模型式 (4-3)，建立一个隐含约束的动态系统模型。一种获取受约束状态 x 的方式是根据约束式 (4-1) 来限制辅助动态模型式 (4-3) 中的状态 x^a。由于受辅助动态模型式 (4-3) 中过程噪声 w_{k-1}^a 的影响，对于任意时刻的状态 x_k^a，其向量元素之间是相关的。因此，这需要一种有效的状态分解方法对辅助状态进行“解相关”，下面具体讨论。

4.3.1　状态空间分解

考虑单个时刻的状态分解，为简化标记，去掉时间脚标 k。由等式约束式 (4-1)，这里引入一个新的随机向量 $r \in \mathbb{R}^m$，其表达式为

$$r = Cx^a \tag{4-7}$$

令 $\Sigma^a = \mathrm{cov}(x^a)$，则随机向量 r 的协方差以及 r 和 x^a 的互协方差分别为

$$\Sigma_r \triangleq \mathrm{cov}(r) = \mathrm{cov}(Cx^a) = C\Sigma^a C^{\mathrm{T}} \tag{4-8}$$

$$\mathrm{cov}(x^a, r) = \mathrm{cov}(x^a)C^{\mathrm{T}} = \Sigma^a C^{\mathrm{T}} \neq O \tag{4-9}$$

受约束条件式 (4-1) 限制的状态 x 被建模成无约束状态 x^a 在条件 $r = d$ 下的情况。用数学表达式简单表示为：“受约束状态 x”=“无约束状态 $x^a|_{r=d}$”，且

“$\mathrm{cov}(x)$”=“$\mathrm{cov}(x^a)|_{\Sigma_r = O}$”。

注意到向量 r 是随机的，且由式 (4-9) 可知 r 与 x^a 是互相关的。为了提取无约束状态 x^a 中关于 r 的分量及其协方差 Σ_r，使用 Gram-Schmidt 正交化分解来构造一个关于 r 的正交基 s，即

$$\begin{aligned}s =& x^a - \mathrm{cov}(x^a, r)[\mathrm{cov}(r)]^{-1} r \\ =& x^a - \Sigma^a C^{\mathrm{T}}(C\Sigma^a C^{\mathrm{T}})^{-1} r\end{aligned} \tag{4-10}$$

式 (4-10) 可改写成

$$x^a = s + \Sigma^a C^{\mathrm{T}}(C\Sigma^a C^{\mathrm{T}})^{-1} r \tag{4-11}$$

Gram-Schmidt 正交化分解保证了随机向量 s 与 r 之间是不相关的，即 $\mathrm{cov}(s, r) = O$。因此，x^a 的协方差可分解为

$$\Sigma^a = \mathrm{cov}(s) + \mathrm{cov}\left(\Sigma^a C^{\mathrm{T}}(C\Sigma^a C^{\mathrm{T}})^{-1} r\right) \tag{4-12}$$

将式 (4-7) 代入式 (4-10)，得到

$$\begin{aligned}s =& x^a - \Sigma^a C^{\mathrm{T}}(C\Sigma^a C^{\mathrm{T}})^{-1} C x^a \\ =& [I - \Sigma^a C^{\mathrm{T}}(C\Sigma^a C^{\mathrm{T}})^{-1} C] x^a\end{aligned}$$

令 $P = I - \Sigma^a C^{\mathrm{T}}(C\Sigma^a C^{\mathrm{T}})^{-1} C$，则上式可简写成 $s = Px^a$，且

$$\begin{aligned}\Sigma^a C^{\mathrm{T}}(C\Sigma^a C^{\mathrm{T}})^{-1} r =& \Sigma^a C^{\mathrm{T}}(C\Sigma^a C^{\mathrm{T}})^{-1} C C^{\mathrm{T}}(CC^{\mathrm{T}})^{-1} r \\ =& (I - P) A r\end{aligned}$$

式中，$A = C^{\mathrm{T}}(CC^{\mathrm{T}})^{-1}$。状态空间分解式 (4-11) 和式 (4-12) 可以表示为

$$x^a = Px^a + (I - P) A r \tag{4-13}$$

$$\Sigma^a = P\Sigma^a P^{\mathrm{T}} + (I - P) A \Sigma_r A^{\mathrm{T}} (I - P)^{\mathrm{T}} \tag{4-14}$$

由此，衡量随机向量 r 的不确定性程度的协方差 Σ_r 被分离出来了。

总之，任意的 (无约束) 状态 x^a 可以分解成式 (4-13) 所示的不相关的两项，其中随机向量 $r = Cx^a$。而且，式中 Px^a 实际上是 x^a 到零空间 $\mathcal{N}(C)$ 上的投影。关于状态空间分解表达式 (4-13) 的几何解释，将在 4.3.3 小节详细给出。

4.3.2　模型构建

根据分解式 (4-13)，初始状态 x_0^a(均值为 $\bar{x}_0^a$，协方差为 Σ_0^a) 可以分解成

$$x_0^a = P_0 x_0^a + (I - P_0) A_0 r_0 \tag{4-15}$$

式中，$P_0 = I - \Sigma_0^a C_0^{\mathrm{T}}(C_0\Sigma_0^a C_0^{\mathrm{T}})^{-1}C_0$；$A_0 = C_0^{\mathrm{T}}(C_0C_0^{\mathrm{T}})^{-1}$，且 $r_0 = C_0x_0^a$。

在状态空间框架下，动态模型式 (4-3) 定义了条件密度函数 $p(x_k^a|x_{k-1}^a)$，而非边缘密度函数 $p(x_k^a)$。这就意味着动态模型式 (4-13) 表示在给定 $k-1$ 时刻状态 x_{k-1}^a 的条件下，k 时刻的状态 x_k^a 的分布。在以下讨论辅助动态模型式 (4-3) 的等价形式中，固定状态 x_{k-1}^a，即设定 $\mathrm{cov}(x_{k-1}^a) = O$。根据式 (4-3)，此时状态 x_k^a 的不确定性完全来自加性噪声 w_{k-1}^a，因此状态 x_k^a 的协方差为

$$\Sigma_k^a = \mathrm{cov}(x_k^a) = \mathrm{cov}(w_{k-1}^a) = Q_{k-1}^a$$

在这种情况下，状态 x_k^a $(k \geqslant 1)$ 可以分解为

$$x_k^a = P_kx_k^a + (I - P_k)A_kr_k \tag{4-16}$$

式中，$P_k = I - Q_{k-1}^a C_k^{\mathrm{T}}(C_kQ_{k-1}^a C_k^{\mathrm{T}})^{-1}C_k$，$A_k = C_k^{\mathrm{T}}(C_kC_k^{\mathrm{T}})^{-1}$，且 $r_k = C_kx_k^a$。将式 (4-3) 代入式 (4-16) 的右边，可以得到

$$x_k^a = P_k[f_{k-1}(x_{k-1}^a, u_{k-1}) + w_{k-1}^a] + (I - P_k)A_kr_k \tag{4-17}$$

需要指出，新的动态模型式 (4-17) 为原始辅助模型式 (4-3) 的一种等价形式。

正如上面提及的，“受约束状态 x”=“无约束状态 $x^a|_{r=d}$”。用 d_k 替代式 (4-15) 和式 (4-17) 中的 r_k，因此初始的约束状态可建构为

$$x_0 = P_0x_0^a + (I - P_0)A_0d_0$$

其均值和协方差分别为

$$\bar{x}_0 = P_0\bar{x}_0^a + (I - P_0)A_0d_0 \tag{4-18}$$

$$\Sigma_0 = P_0\Sigma_0^a P_0^{\mathrm{T}} = P_0\Sigma_0^a \tag{4-19}$$

隐含线性等式约束的动态模型可以构建为 (对于 $k \geqslant 1$)

$$x_k = P_k[f_{k-1}(x_{k-1}, u_{k-1}) + w_{k-1}^a] + (I - P_k)A_kd_k \tag{4-20}$$

值得注意的是，因为在 $k-1$ 时刻状态依然受到约束条件的限制，所以式 (4-20) 中的状态 x_{k-1}^a 由 x_{k-1} 替换。Ko 和 Bitmead 提出的投影系统模型 (Chen 更正了该模型表达式) 可认为是本章提出的隐含约束的动态系统模型的一种特殊形式。辅助系统式 (4-3) 可以是非线性的，而他们的辅助系统限定为线性模型，且他们讨论的是一类特殊的时不变线性等式约束，即 $Cx_k = 0$。

式 (4-20) 中，由于 $C_kP_k = O$ 且 $C_kA_k = I$，因此任意时刻的状态 x_k(包括初始状态 x_0) 总是满足约束 $C_kx_k = d_k$。由此可见，动态模型式 (4-20) 充分融合了线性等式约束式 (4-1) 和辅助模型式 (4-3) 中的动态信息。

4.3.3　模型构建的几何解释

前面从理论上已经得到了隐含线性等式约束的动态模型式 (4-20)。为了直观地理解该模型，图 4.2 给出了其建模过程的几何解释。在图中，$P=I-Q^aC^{\mathrm{T}}(CQ^aC^{\mathrm{T}})^{-1}C$ 表示投影到 C 的零空间 $\mathcal{N}(C)$ 的一个斜投影算子。与 P 不同，$P_\perp=I-C^{\mathrm{T}}(CC^{\mathrm{T}})^{-1}C$ 是投影到零空间 $\mathcal{N}(C)$ 的正交投影算子。图中受约束状态 x 是辅助状态 x^a 经 P 在约束 $Cx=d$ 上的投影，状态 x 表示为

$$x=Px+(I-P)x=Px^a+\xi \tag{4-21}$$

实际上，式 (4-21) 中的 $I-P$ 为 x 到 C 的值域空间 $\mathcal{R}(C)$ 的投影算子；$\xi=(I-P)x$ 为 x 到值域空间 $\mathcal{R}(C)$ 的投影。从图中可以看出，在直线 $Cx=d$ 上的任意点经算子 $I-P$ 投影，它的值均等于 ξ。为简单起见，取直线 $Cx=d$ 上一个特殊的点 —— 等式 $Cx=d$ 的最小范数解 $x=C^{\mathrm{T}}(CC^{\mathrm{T}})^{-1}d$，即

$$x=Px^a+(I-P)C^{\mathrm{T}}(CC^{\mathrm{T}})^{-1}d=Px^a+(I-P)Ad \tag{4-22}$$

将 x^a 的演化方程式 (4-3) 代入式 (4-22) 便得到线性等式约束动态模型式 (4-20)。在本章提出的带线性等式约束的动态模型中，理论计算得出投影算子为 P，它是一个斜投影而非正交投影算子，它的直观解释将在 4.3.4 节具体给出。

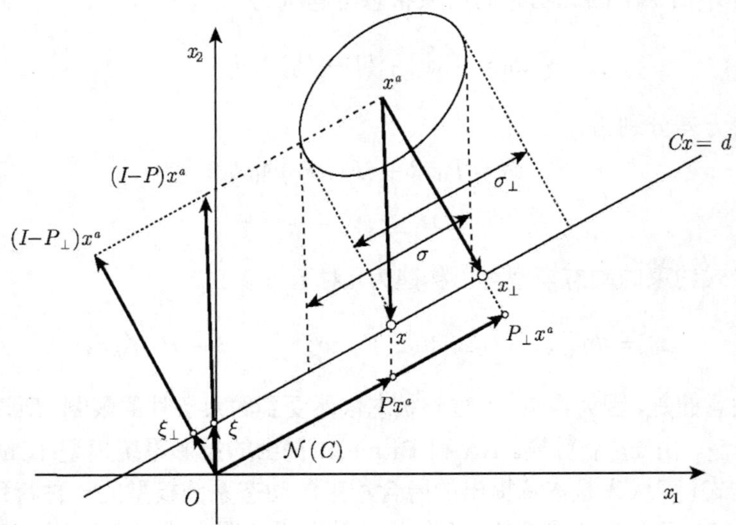

图 4.2　二维约束状态 ($x\in\mathbb{R}^2$) 模型构建的几何解释

$x_\perp=P_\perp x^a+\xi_\perp$, $x=Px^a+\xi$

其中, $P_\perp=I-C^{\mathrm{T}}(CC^{\mathrm{T}})^{-1}C$, $P=I-QC^{\mathrm{T}}(CQC^{\mathrm{T}})^{-1}C$

$\xi_\perp=(I-P_\perp)Ad$, $\xi=(I-P)Ad$

在特殊情况下，辅助动态模型式 (4-3) 已经满足约束，即等式 $Cx^a = d$ 始终成立，则从图 4.2 中很容易地得到 $\xi = (I - P)x^a$。因此，式 (4-21) 可以写成

$$x = Px^a + (I - P)x^a = x^a$$

上式说明，满足约束条件的点在投影后不会改变位置。也就是说，对于本身已满足约束的辅助动态模型，在经过上述的建模操作后，不会改变其表达形式。

4.3.4　隐含线性等式约束的模型性质

对于线性系统，已经证明如果其状态满足线性等式约束，则该系统的过程噪声的协方差必定为奇异的。令 $w_k = P_{k+1}w_k^a$，代表与状态同维的过程噪声。对于非线性加性噪声的动态系统，过程噪声 w_k 同样具有以下统计特性。

定理 4.1　对于加性噪声的 (线性或非线性) 动态系统，如果其状态在演化过程中自动满足线性等式约束，则过程噪声 w_k 的协方差矩阵 Q_k 一定是奇异阵，且

$$\text{rank}(Q_k) \leqslant n - m$$

证明　由于过程噪声协方差：

$$Q = PQ^aP^{\text{T}} = PQ^a \tag{4-23}$$

式中，$\text{rank}(I - P) \leqslant \text{rank}(C) = m$，因此 $\text{rank}(P) \geqslant n - m$。又有

$$\text{rank}(Q) = \text{rank}(PQ^a) \leqslant \min(\text{rank}(P), \text{rank}(Q^a))$$

故综合可得

$$\text{rank}(Q) - m < n$$

但是，过程噪声 w_k 的协方差为奇异阵只是状态满足线性等式约束的必要条件，也就是说，协方差为奇异阵并不能充分保证系统状态满足该约束条件。例如，机动目标跟踪中的离散时间匀速或匀加速模型，过程噪声协方差的秩小于状态的维数，但目标状态未受到任何硬约束。

实际上，可以验证 (也可从图 4.2 中看出)，以下动态系统的状态也满足约束条件式 (4-1)：

$$x_k = P_k^W[f_{k-1}(x_{k-1}, u_{k-1}) + w_{k-1}^a] + (I - P_k^W)A_k d_k \tag{4-24}$$

式中，$P_k^W = I - WC_k^{\text{T}}(C_k W C_k^{\text{T}})^{-1}C_k$ 为到零空间 $\mathcal{N}(C_k)$ 的任一投影算子，且 W 为任意的正定阵。

尽管方程式 (4-24) 定义了一系列系统模型，它们的状态 x_k 均满足约束 (4-1)，然而，本章提出的线性等式约束动态模型式 (4-20) 具有以下优点。

定理 4.2 给定 $k-1$ 时刻的状态 x_{k-1}，系统模型式 (4-20) 中的受约束状态在所有的备选模型式 (4-24) 中具有最小的不确定性。换句话说，给定状态 x_{k-1}，在所有的模型式 (4-24) 中，基于 P_k 的系统模型式 (4-20) 具有最小的建模误差，即过程噪声满足

$$Q_k = P_k Q_{k-1}^a P_k^{\mathrm{T}} \leqslant P_k^W Q_{k-1}^a (P_k^W)^{\mathrm{T}}, \quad \forall \mathrm{W} > 0 \tag{4-25}$$

证明 为简单起见，令投影算子 $P^W = I - WC^{\mathrm{T}}(CWC^{\mathrm{T}})^{-1}C$ 且

$$P = I - Q^a C^{\mathrm{T}}(CQ^a C^{\mathrm{T}})^{-1}C$$

不难验证以下等式成立：

$$P^W Q^a P^{\mathrm{T}} = PQ^a (P^W)^{\mathrm{T}} = PQ^a P^{\mathrm{T}} = PQ^a$$

因此，可以得到

$$\begin{aligned}
&(P^W - P)Q^a(P^W - P)^{\mathrm{T}} \\
=&P^W Q^a (P^W)^{\mathrm{T}} - P^W Q^a P^{\mathrm{T}} - PQ^a (P^W)^{\mathrm{T}} + PQ^a P^{\mathrm{T}} \\
=&P^W Q^a (P^W)^{\mathrm{T}} - PQ^a P^{\mathrm{T}}
\end{aligned}$$

又由于 Q^a 为半正定，这意味着对于所有的 $P^W - P$，不等式

$$(P^W - P)Q^a(P^W - P)^{\mathrm{T}} \geqslant 0$$

始终成立。因此，对于任意的 $W > 0$，有

$$P^W Q^a (P^W)^{\mathrm{T}} \geqslant PQ^a P^{\mathrm{T}}$$

同时，图 4.2 也直观描述了这一性质。基于不同的投影算子 P^W，任意状态向量 x^a 的投影均满足约束条件。x 和 $x_\perp$ 分别代表 x^a 基于 P 和 $P_\perp$ 在约束空间的投影。对于协方差为 Q^a 的二维随机向量 x^a，其投影的不确定程度可以粗略地用协方差椭圆在约束直线上投影的长度 σ_W 来度量。如图 4.2 所示，$\sigma < \sigma_\perp$，即由于加性噪声的不同，状态 x 的不确定性程度要小于 $x_\perp$ 的不确定性程度。而且，由以上定理可得：在所有的 σ_W 中，σ 长度最短。总之，在所有满足形如 (4-24) 的动态模型中，式 (4-20) 的过程噪声对应的建模误差最小，其状态 x_k 演化的不确定程度也最小。

4.4 线性等式约束下的系统状态估计

在 4.3 节中，新建立的带线性等式约束的动态模型完全融合了状态 x_k 的先验信息：约束条件和辅助动态模型。因此，线性等式约束下系统的状态估计问题便转化成基于该新建模型和真实量测的状态估计。

4.4.1 线性等式约束滤波

一个系统满足某约束意味着其状态的每次实现均满足该约束。关于受线性等式约束的系统，Julier 已经证明了其状态的最小均方误差 (MMSE) 估计一定满足线性等式约束 [1]。在应用中，除了 MMSE 准则，线性最小均方误差 (LMMSE) 也是一种最常见的点估计准则。因此，以下具体讨论线性等式约束系统的 LMMSE 估计。

定理 4.3 线性等式约束下的状态 LMMSE 最优估计一定满足该约束，且估计误差协方差的秩小于或等于 $n-m$。

证明 给定量测 z，状态 x 的 LMMSE 估计为

$$\hat{x}=E^*[x|z]\triangleq\bar{x}+\mathrm{cov}(x,z)[\mathrm{cov}(z)]^{-1}(z-\bar{z}) \tag{4-26}$$

式中，$\bar{x}$ 和 $\mathrm{cov}(x)$ 分别是 x 的均值和协方差；$\bar{z}$ 和 $\mathrm{cov}(z)$ 分别是 z 的均值和协方差。尽管式 (4-26) 中 $E^*[\cdot|z]$ 不是条件期望 $E[\cdot|z]$，但它跟条件期望一样，也是个线性算子，即满足 $E^*[\lambda_1x_1+\lambda_2x_2|z]=\lambda_1E^*[x_1|z]+\lambda_2E^*[x_2|z]$。因此

$$C\hat{x}=CE^*[x|z]=E^*[Cx|z]$$

对于满足约束 $Cx=d$ 的任意的 x，上式可以写成

$$C\hat{x}=E^*[d|z]=d \tag{4-27}$$

这证明状态 x 的 LMMSE 估计也服从这个约束条件。同时，估计误差的协方差 Σ 满足

$$\begin{aligned}C\Sigma&=CE[(x-\hat{x})(x-\hat{x})^{\mathrm{T}}]\\&=E[(Cx-C\hat{x})(x-\hat{x})^{\mathrm{T}}]\\&=E[(d-d)(x-\hat{x})^{\mathrm{T}}]=O\end{aligned} \tag{4-28}$$

由 Sylvester 秩不等式可以推出

$$\mathrm{rank}(C\Sigma)\geqslant\mathrm{rank}(C)+\mathrm{rank}(\Sigma)-n \tag{4-29}$$

又由于 $\mathrm{rank}(C)=m$，可以得到

$$\mathrm{rank}(\Sigma)\leqslant n-\mathrm{rank}(C)=n-m$$

还有另外一种证明方法。式 (4-28) 表明矩阵 Σ 正交于矩阵 C，也就是说，Σ 中的每个列向量都在 C 的零空间 $\mathcal{N}(C)$ 中，而 $\mathcal{N}(C)$ 是由 $n-m$ 个线性独立的向量展成的空间。因此，在 Σ 中也不会多于 $n-m$ 个线性独立的向量，由此可见它的秩满足

$$\mathrm{rank}(\Sigma)\leqslant n-m$$

这里考虑的线性系统的约束状态估计。给定一个线性的辅助动态模型：

$$x_k^a = F_{k-1}x_{k-1}^a + G_{k-1}u_{k-1} + w_{k-1}^a \tag{4-30}$$

式中，F_{k-1} 和 G_{k-1} 均为已知的模型参数。结合线性量测方程，该线性等式约束系统的状态空间模型为

$$x_k = P_k(F_{k-1}x_{k-1} + G_{k-1}u_{k-1} + w_{k-1}^a) + (I - P_k)A_k d_k \tag{4-31}$$

$$z_k = H_k x_k + v_k \tag{4-32}$$

以上受约束系统的状态估计可以直接利用经典的 Kalman 滤波。众所周知，对于线性系统，其状态 LMMSE 估计的递推形式即为 Kalman 滤波。表 4.1 总结了线性等式约束下 Kalman 滤波 (linear equation constraint Kalman filter, LECKF) 的具体算法。由定理 4.3 可知，最优估计 $\hat{x}_{k|k}$ 必定满足该约束条件，且估计误差协方差 $\Sigma_{k|k}$ 满足式 (4-28)。

表 4.1 LECKF 算法

具体算法
(1) 参数计算：$k = 0, 1, \cdots$，矩阵 $A_k = C_k^{\mathrm{T}}(C_k C_k^{\mathrm{T}})^{-1}$
投影算子：$P_0 = I - \Sigma_0^a C_0^{\mathrm{T}}(C_0\Sigma_0^a C_0^{\mathrm{T}})^{-1}C_0, P_k = I - Q_{k-1}^a C_k^{\mathrm{T}}(C_k Q_{k-1}^a C_k^{\mathrm{T}})^{-1}C_k$
参数：$Q_{k-1} = P_k Q_{k-1}^a P_k^{\mathrm{T}}, d_k^\star = (I - P_k)A_k d_k$
(2) 状态初始化：
$\hat{x}_{0\|0} = P_0\bar{x}_0^a + d_0^\star, \Sigma_{0\|0} = P_0\Sigma_0^a$
(3) 参数重置：$F_{k-1}^\star = P_k F_{k-1}, G_{k-1}^\star = P_k G_{k-1}$
(4) 滤波：$k \geqslant 1$
状态预测：$\hat{x}_{k\|k-1} = F_{k-1}^\star \hat{x}_{k-1\|k-1} + G_{k-1}^\star u_{k-1} + d_k^\star$
协方差预测：$\Sigma_{k\|k-1} = F_{k-1}^\star \Sigma_{k-1\|k-1}(F_{k-1}^\star)^{\mathrm{T}} + Q_{k-1}$
残差：$\tilde{z}_k = z_k - H_k\hat{x}_{k\|k-1}$；残差协方差：$S_k = H_k\Sigma_{k\|k-1}H_k^{\mathrm{T}} + R_k$
滤波增益：$K_k = \Sigma_{k\|k-1}H_k^{\mathrm{T}}S_k^{-1}$；状态更新：$\hat{x}_{k\|k} = \hat{x}_{k\|k-1} + K_k\tilde{z}_k$
协方差更新：$\Sigma_{k\|k} = \Sigma_{k\|k-1} - K_k S_k K_k^{\mathrm{T}}$

然而，对于非线性系统，其 LMMSE 最优解 (4-26) 一般情况下是不能解析得到的，所以在实际中不得不选择次优解。其中，扩展 Kalman 滤波 (extended kalman filter, EKF) 和无迹 Kalman 滤波 (unscented Kalman filter, UKF) 是两个最常用的次优 LMMSE 滤波。为了得到协方差 $\mathrm{cov}(z)$ 和互协方差 $\mathrm{cov}(x, z)$ 的值，EKF 用雅可比阵 $\nabla f_{\hat{x}_{k-1}}$ 和 $\nabla h_{\hat{x}_k}$ 去近似 (线性化) 动态方程和量测方程中的非线性函数。UKF 避免了求雅可比阵而是使用无迹变换，即用一些确定的采样点 $\{\chi_{k-1,i}\}$ 及其权重 $\{\alpha_{k-1}^i\}$ 去近似状态空间模型中的非线性函数的前两阶距。正如前面提到的，在给定非线性状态空间模型式 (4-2) 和式 (4-3) 情况下，受线性等式约束的状态估计便转化成基于新建系统动态模型式 (4-20) 和量测模型式 (4-2) 的滤波问题。受约束的状态估计可以由线性等式约束下的扩展 Kalman 滤波 (LECEKF) 或线性等式约束下的无迹 Kalman 滤波 (LECUKF) 计算得到，表 4.2 和表 4.3 给出了它们的具体算法。

表 4.2　LECEKF 算法

具体算法
$[\hat{x}_{k\|k}, \Sigma_{k\|k}] = \text{LECEKF}(\hat{x}_{k-1\|k-1}, \Sigma_{k-1\|k-1})$
$\hat{x}_{k\|k-1} = P_k f_{k-1}(\hat{x}_{k-1\|k-1}, u_{k-1}) + d_k^\star$
$\nabla f_{\hat{x}_{k-1}} = (\partial/\partial x) f_{k-1}(x_{k-1}, u_{k-1})\|_{x_{k-1}=\hat{x}_{k-1\|k-1}}$
$\Sigma_{k\|k-1} = P_k \nabla f_{\hat{x}_{k-1}} \Sigma_{k-1\|k-1} \nabla f_{\hat{x}_{k-1}}^{\mathrm{T}} P_k^{\mathrm{T}} + P_k Q_{k-1}$
$\hat{z}_{k\|k-1} = h_k(\hat{x}_{k\|k-1})$
$\tilde{z}_k = z_k - \hat{z}_{k\|k-1}$
$\nabla h_{\hat{x}_k} = (\partial/\partial x) h_k(x_k)\|_{x_k=\hat{x}_{k\|k-1}}$
$\text{cov}(\tilde{z}_k) = \nabla h_{\hat{x}_k} \Sigma_{k-1\|k-1} \nabla h_{\hat{x}_k}^{\mathrm{T}} + R_k$
$\text{cov}(\tilde{x}_k, \tilde{z}_k) = \Sigma_{k\|k-1} \nabla h_{\hat{x}_k}^{\mathrm{T}}$
$K_k = \text{cov}(\tilde{x}_k, \tilde{z}_k)[\text{cov}(\tilde{z}_k)]^{-1}$
$\hat{x}_{k\|k} = \hat{x}_{k\|k-1} + K_k \tilde{z}_k$
$\Sigma_{k\|k} = \Sigma_{k\|k-1} - K_k S_k K_k^{\mathrm{T}}$

表 4.3　LECUKF 算法

具体算法
$[\hat{x}_{k\|k}, \Sigma_{k\|k}] = \text{LECUF}(\hat{x}_{k-1\|k-1}, \Sigma_{k-1\|k-1})$
$[\{\alpha_{k-1}^i, \chi_{k-1,i}\}_{i=0}^N] = \text{CSP}(\hat{x}_{k-1\|k-1}, \Sigma_{k-1\|k-1})$
$\chi_{k,i}^- = P_k f_{k-1}(\chi_{k-1,i}, u_{k-1}) + d_k^\star$
$\hat{x}_{k\|k-1} = \sum_i \alpha_{k-1}^i \chi_{k,i}^-$
$\Sigma_{k\|k-1} = \sum_i \alpha_{k-1}^i (\chi_{k,i}^- - \hat{x}_{k\|k-1})(\chi_{k,i}^- - \hat{x}_{k\|k-1})^{\mathrm{T}} + P_k Q_{k-1}$
$\tilde{z}_k = z_k - \hat{z}_{k\|k-1}$
$\gamma_{k,i} = h_k(\chi_{k,i}^-)$
$\hat{z}_{k\|k-1} = \sum_i \alpha_{k-1}^i \gamma_{k,i}$
$\tilde{z}_k = z_k - \hat{z}_{k\|k-1}$
$\text{cov}(\tilde{z}_k) = \sum_i \alpha_{k-1}^i (\gamma_{k,i} - \hat{z}_{k\|k-1})(\gamma_{k,i} - \hat{z}_{k\|k-1})^{\mathrm{T}} + R_k$
$\text{cov}(\tilde{x}_k, \tilde{z}_k) = \sum_i \alpha_{k-1}^i (\chi_{k,i}^- - \hat{x}_{k\|k-1})(\gamma_{k,i} - \hat{z}_{k\|k-1})^{\mathrm{T}}$
$K_k = \text{cov}(\tilde{x}_k, \tilde{z}_k)[\text{cov}(\tilde{z}_k)]^{-1}$
$\hat{x}_{k\|k} = \hat{x}_{k\|k-1} + K_k \tilde{z}_k$
$\Sigma_{k\|k} = \Sigma_{k\|k-1} - K_k S_k K_k^{\mathrm{T}}$

注: CSP 代表产生受约束的 sigma 点的函数。

虽然本节给出的 LECEKF 和 LECUKF 均是近似的 LMMSE 估计器，但它们的估计结果有着与 LMMSE 估计器相同的特性。

定理 4.4　由 LECEKF 和 LECUKF 输出的状态估计结果都满足该线性等式约束，它们的估计误差协方差矩阵都是奇异的，且协方差矩阵的秩小于等于 $n-m$.

证明　在 LECEKF 和 LECUKF 算法中，$\hat{x}_{k|k-1}$ 表示 k 时刻预测的状态。由于 $C_k P_k = O$，并且 $C_k d_k^\star = C_k(I - P_k)A_k d_k = d_k$，其中 $d_k^\star = (I - P_k)A_k d_k$，由表

4.2 和表 4.3 可知

$$C_k\hat{x}_{k|k-1}=d_k, C_k\Sigma_{k|k-1}=O \text{ 且 } C_k\text{cov}(\tilde{x}_k,\tilde{z}_k)=O$$

由此可见 $C_kK_k=C_k\text{cov}(\tilde{x}_k,\tilde{z}_k)[\text{cov}(\tilde{z}_k)]^{-1}=O$。因此，更新的状态和误差协方差满足

$$C_k\hat{x}_{k|k}=C_k\hat{x}_{k|k-1}+C_kK_k\tilde{z}_k=d_k+O=d_k \tag{4-33}$$

$$C_k\Sigma_{k|k}=C_k\Sigma_{k|k-1}-C_kK_kS_kK_k^{\mathrm{T}}=O-O=O \tag{4-34}$$

同样按照定理 4.3 的证明过程，也能得到 $\text{rank}(\Sigma_{k|k})\leqslant n-m$。

下面讨论产生受约束的 sigma 点的函数 CSP。由奇异值分解，对称矩阵 $\Sigma_{k|k}$ 可分解成

$$\Sigma_{k|k}=\begin{bmatrix} U_1 & U_2\end{bmatrix}\begin{bmatrix}\Xi & O\\ O & O\end{bmatrix}\begin{bmatrix}U_1^{\mathrm{T}}\\ U_2^{\mathrm{T}}\end{bmatrix}=U_1\Xi U_1^{\mathrm{T}} \tag{4-35}$$

式中，$\Xi=\text{diag}(\sigma_1,\cdots,\sigma_l)\in\mathbb{R}^{l\times l}$, 且 $\sigma_1\geqslant\cdots\geqslant\sigma_l>0$，$l-m$。$\begin{bmatrix} U_1 & U_2\end{bmatrix}$ 为正交矩阵其列向量为标准正交基。进一步分解 Ξ 可以得到

$$\Sigma_{k|k}=U_1\sqrt{\Xi}(\sqrt{\Xi})^{\mathrm{T}}U_1^{\mathrm{T}}=U_1\sqrt{\Xi}(U_1\sqrt{\Xi})^{\mathrm{T}}$$

式中，$\sqrt{\Xi}=\text{diag}(\sqrt{\sigma_1},\cdots,\sqrt{\sigma_l})$。由式 (4-34) 和式 (4-35) 可以得到

$$C_k\Sigma_{k|k}=C_kU_1\Xi U_1^{\mathrm{T}}=O \tag{4-36}$$

由于 $U_1^{\mathrm{T}}U_1=I$ 且 Ξ 为可逆阵，因此

$$C_kU_1=O \tag{4-37}$$

由此，给定均值 $\hat{x}_{k|k}$ 和协方差 $\Sigma_{k|k}$，函数 CSP 采用对称 sigma 点策略，所产生 $\{\chi_{k,i}\}$ 及对应的权重 $\{\alpha_k^i\}$ 表示如下：

$$\begin{aligned}&\chi_{k,0}=\hat{x}_{k|k},\quad \alpha_k^0=\kappa/(l+\kappa)\\ &\chi_{k,\pm i}=\hat{x}_{k|k}\pm\sqrt{l+\kappa}U_1(\sqrt{\Xi}\%)_i,\quad \alpha_k^{\pm i}=1/[2(l+\kappa)],\quad i=1,\cdots,l\end{aligned}$$

式中，κ 是一个可调参数 (要求 $l+\kappa\neq 0$)；$(\sqrt{\Xi})_i$ 代表对角矩阵 $\sqrt{\Xi}$ 的第 i 行。由式 (4-37) 可知，所产生的 sigma 点均在约束空间中，即满足 $C_k\chi_{k,\pm i}=d_k$。在此值得强调的是，函数 CSP 产生的 sigma 点个数为 $N=2l+1$，该数目小于传统的 UKF 产生的 $2n+1$ 个 sigma 点，因此，本节给出的线性等式约束下的 LECUKF，计算量低于传统 UKF。

4.4.2　伪量测法

本章给出的线性等式约束 (LEC) 滤波将约束条件嵌入到系统的动态模型，与此不同，伪量测法将约束看成一个无误差的理想量测。对于一个受线性等式约束的系统，如果该系统本身也是线性的，则其中量测函数 $h_k(x_k)=H_kx_k$，由伪量测法生成的增广量测方程为

$$z_k^A=H_k^Ax_k+v_k^A$$

式中

$$z_k^A=[z_k^{\mathrm{T}},d_k^{\mathrm{T}}]^{\mathrm{T}},\quad H_k^A=[H_k^{\mathrm{T}},C_k^{\mathrm{T}}]^{\mathrm{T}},\quad v_k^A=[v_k^{\mathrm{T}},\mathbf{0}^{\mathrm{T}}]^{\mathrm{T}}$$

增广量测噪声的协方差为

$$R_k^A=\operatorname{cov}\left(v_k^A\right)=\begin{bmatrix}R_k & O\\ O & O\end{bmatrix}$$

因此，原约束估计问题可以转化为一个非约束估计问题。利用 Kalman 滤波可以得到状态估计 $\hat{x}_{k|k}$ 且满足该线性约束 $C_k\hat{x}_{k|k}=d_k$。然而，由于增广噪声的协方差 R_k^A 是奇异的，该方法在实际滤波过程中容易出现数值不稳定问题，目前大部分的工作都集中在解决和克服此数值问题。

事实上，理想量测 $z_k=C_kx_k$ 和等式约束 $d_k=C_kx_k$ 是不同的。一般说来，量测方程中的量测 z_k 是随机的，它的实现 (或观测值) 只有在 k 时刻才能得到，但是约束限制中的 d_k 是确定且先验已知的。也就是说，$E[d_k]=d_k$ 和 $\operatorname{cov}(d_k)=O$ 总是成立。

用 $\hat{x}_{k|k-1}=E[x_k|z^{k-1}]$ 和 $\Sigma_{k|k-1}=\operatorname{cov}(x_k|z^{k-1})$ 分别定义预测的状态及其误差的协方差，其中 z^{k-1} 表示到 $k-1$ 时刻的量测序列。对于确定的向量 d_k，有以下公式成立：

$$\begin{aligned}d_k&=E[d_k|z^{k-1}]=E[C_kx_k|z^{k-1}]=C_kE[x_k|z^{k-1}]\\&\Rightarrow C_k\hat{x}_{k|k-1}=d_k\end{aligned}\tag{4-38}$$

$$\begin{aligned}O&=\operatorname{cov}(d_k|z^{k-1})=\operatorname{cov}(C_kx_k|z^{k-1})=C_k\operatorname{cov}(x_k|z^{k-1})C_k^{\mathrm{T}}\\&\Rightarrow C_k\Sigma_{k|k-1}C_k^{\mathrm{T}}=O\end{aligned}\tag{4-39}$$

注意到 $E^*[\cdot]$ 是个线性算子，因此以上两个公式对于 LMMSE 最优预测仍然成立，即将式中的数学期望 $E[\cdot]$ 替换成 $E^*[\cdot]$。式 (4-38) 和式 (4-39) 给出了线性等式约束状态估计的必要条件，它在 LEC 滤波中都应得到满足。然而，约束和量测的这种区别在传统的伪量测法中却被忽略了。在伪量测法中，d_k 被当做和 z_k 完全一样，作为随机向量进行处理，这使得在滤波过程中 $C_k\hat{x}_{k|k-1}$ 和 $C_k\Sigma_{k|k-1}C_k^{\mathrm{T}}$ 的值

不再和条件式 (4-38) 和式 (4-39) 一致。因此，从这个角度来说，在处理等式约束的状态估计问题中，不修改传统的无约束估计，而直接将等式约束看做理想量测的方法本身是不严格的。遗憾的是该潜在的缺陷在以往的工作中均被忽略。

尽管线性等式约束滤波和伪量测法得出的状态估计均满足线性等式约束条件，但是这两种方法输出的状态估计值一般是不一样的。例如，这两种方法中加入限制的时间是不同的。从上面的理论分析以及之后的数值仿真结果可以看出线性等式约束滤波在性能和计算量上均要优于传统的伪量测法。除此之外，由于线性等式约束滤波中不涉及奇异的量测噪声协方差，因此也不会出现伪量测法中的数值稳定性问题。

4.4.3 估计投影法

估计投影法将无约束估计 $\hat{x}^a_{k|k}$ 投影到约束平面从而得到受约束的状态估计 $\hat{x}^p_{k|k}$。对于线性等式约束系统下的状态估计，估计投影法解决以下的最优化问题：

$$\begin{aligned}&\hat{x}^p_{k|k}=\arg\min_{x_k}(x_k-\hat{x}^a_{k|k})^{\mathrm{T}}W^{-1}(x_k-\hat{x}^a_{k|k})\\&C_kx_k=d_k\end{aligned}$$

其解析解为

$$\hat{x}^p_{k|k}=P^W_k\hat{x}^a_{k|k}+(I-P^W_k)A_kd_k \tag{4-40}$$

式中，P^W_k 和 A_k 在式 (4-24) 和式 (4-16) 已分别给出。

考虑一个线性系统，其状态空间模型为式 (4-30)~ 式 (4-32)。$\hat{x}^a_{k|k}$ 和 $\Sigma^a_{k|k}$ 为 Kalman 滤波基于该系统模型得出的无约束的状态估计的结果。Simon 已经证明如果选择权重 $W=\Sigma^a_{k|k}$，则约束估计具有最小的估计误差协方差 [1]，且

$$\hat{x}^p_{k|k}=P^{\Sigma}_{k|k}\hat{x}^a_{k|k}+(I-P^{\Sigma}_{k|k})A_kd_k \tag{4-41}$$

$$\Sigma^p_{k|k}=P^{\Sigma}_{k|k}\Sigma^a_{k|k}(P^{\Sigma}_{k|k})^{\mathrm{T}}=P^{\Sigma}_{k|k}\Sigma^a_{k|k} \tag{4-42}$$

式中，投影算子 $P^{\Sigma}_{k|k}=I-\Sigma^a_{k|k}C^{\mathrm{T}}_k(C_k\Sigma^a_{k|k}C^{\mathrm{T}}_k)^{-1}C_k$。与本章 LECKF 的投影算子 P 可以离线计算不同，估计投影法中的投影算子 (4-41)~ 式 (4-42) 必须在每次滤波之后才能算出，这种在线计算往往费时，因此，估计投影法的计算效率也低于 LECKF。

估计投影法将约束条件强加到 (更新的) 状态估计或者条件分布上，从而得到受约束的状态估计。而 LECKF 将约束加到整个系统：它将状态的所有实现 (而不是其估计) 投影到约束空间，这就意味着在状态估计中，约束对估计的影响本质上反映在预测阶段，尽管在更新阶段估计结果自动满足该约束。除此之外，这两种方

法使用完全不同的投影算子，因此它们的估计结果一般不同。但是，在一些特殊情况下，它们在数学上是等价的。

定理 4.5 考虑一个受约束的动态系统，其辅助系统模型为式 (4-30)~ 式 (4-32)，线性等式约束为式 (4-1)。如果预测状态 $\hat{x}_{k|k-1}$ 和它的误差协方差 $\Sigma_{k|k-1}$ 满足

$$C_k\hat{x}_{k|k-1} = d_k \tag{4-43}$$

$$C_k(\Sigma_{k|k-1} - Q^a_{k-1}) = O \tag{4-44}$$

则基于加权矩阵 $\Sigma^a_{k|k}$ 的估计投影法与 LECKF 滤波在数学上等价，即

$$\hat{x}^p_{k|k} = \hat{x}_{k|k},\ \Sigma^p_{k|k} = \Sigma_{k|k}$$

证明 参见文献 [17]。

该定理给出了这两种约束估计方法等价的一个充分条件。在这等价条件中，式 (4-44) 可以进一步写成 $C_kF_{k-1}\Sigma_{k-1|k-1}F^{\mathrm{T}}_{k-1} = O$，这表明这种等价条件不依赖于协方差 Q^a_{k-1} 的值。结合前人的关于伪量测法和估计投影法的等价性条件，这三种约束估计方法的关联性也被建立起来。在 4.5 节中，一个经典的案例也将证实这三种方法之间的关联性。

4.5 线性等式约束下动态系统模型的扩展形式

虽然式 (4-1) 是相当一般的线性等式约束，满足这种约束的动态系统已经构建出来且其性质在前几节中已有详细的讨论，但是它需要约束参数 $\beta_k \triangleq (C_k, d_k)$ 为定值且完全已知。在下面的讨论中，将放宽该假设，给出一些它的扩展形式。

在有些情况下，状态向量受到不确定的约束限制，即约束参数在一个有限的已知集合中是随机的。考虑一个简单的情况，其中参数 β 是时不变的，它所在的集合 $\mathcal{S}$ 是固定的且先验已知。如果集合 $\mathcal{S}$ 含有 M 个元素，则便有如下 M 个约束动态模型：

$$\begin{aligned} x_{k+1} &= P^i[f_k(x_k, u_k) + w^a_k] + (I - P^i)A^id^i \\ \mathcal{S} &= \{\beta^i\}^M_{i=1}, \quad \beta^i = (C^i, d^i) \end{aligned}$$

式中，P^i 和 A^i 等同于式 (4-20) 中的 P_{k+1} 和 A_{k+1}，只是将其中的 C_{k+1} 替换成 C^i。因此，不确定约束的系统可以建模成一个混合系统，其中包含连续值状态向量 x 和离散值 i。

对于混合约束系统的状态估计问题，多模型 (multiple model, MM) 方法提供了一种高效的解法。根据全概率公式，基于量测序列 z^k 的状态的后验概率密度函

数为

$$p(x_k|z^k) = \sum_{i=1}^{M} p(x_k|\beta^i, z^k) \Pr\{\beta^i|z^k\}$$

也就是说，在每个时刻，并行操作一系列参数 β^i 条件下的线性等式约束滤波，则最终的状态估计为这些 β^i 条件下估计的组合。由文献 [46] 理论结果可知，随着时间的推移，多模型状态概率密度函数 $p(x_k|z^k)$ 将趋近于真实的参数 β 的状态概率密度函数 $p(x_k|\beta, z^k)$：

$$\lim_{k\to\infty} \left|p(x_k|z^k) - p(x_k|\beta, z^k)\right| = 0$$

若约束参数 β 和有限集 $\mathcal{S}$ 均为时变，则可采用交互式多模型 (interactive multiple model, IMM) 和变结构多模型 (variable structure multiple model, VSMM)。对于不确定约束的状态估计，一个极有吸引力和挑战性的应用为道路网络中的地面目标跟踪问题。地面目标跟踪往往辅以可用的地理信息，如数字道路地图。每条道路可以定义为一些道路节点的集合，其结构可以简单地表示为一些连接这些道路节点的线段组成。目标沿着确定的直线运动可以建模成一个线性等式约束动态方程，而目标所在的 (直线) 路段对应于多模型中的模型参数。

线性等式约束的另外一个拓展是约束参数 d 是连续型随机变量。为了解决这种系统的状态估计问题，一个自然的方法是将原状态 x 扩展成由 x 和 d 组成的新状态，由此建立新的状态空间模型。最优的状态估计便基于此新建的状态空间模型而获得。关于这一类型的扩展，4.6 节将给出一个典型示例。

进一步考虑参数 d 是非随机的且受约束的情况。使用等量变换的方法处理这种情况，目的是将该约束问题转化成一个非约束问题。令 $d_{(i)}$ 代表 d 的第 i 个分量。如果可能，定义 $d_{(i)}$ 作为 θ 的函数，即 $d_{(i)} = g(\theta)$。在这里，对于所有的无约束的量 θ，函数 g 均满足该约束条件。因此，约束系统中受约束的参数 $d_{(i)}$ 则可以由关于无约束变量 θ 的函数 $g(\theta)$ 替换。例如，一些常用的变换函数有：若 $d_{(i)} \geqslant 0$，则可以使用平方函数 $g(\theta) = \theta^2$；若 $d_{(i)} > 0$，则可以使用指数函数 $g(\theta) = e^\theta$；若 $d_{(i)} \in [-1, 1]$，则可以定义三角函数 $g(\theta) = \sin\theta$，等等。通过这些基本变换函数的组合，便可以用一个无约束的变量去定义单边约束或双边约束参数 $d_{(i)}$。接下来，借助最大似然估计器的不变性特性 (invariance property)，约束参数 $d_{(i)}$ 的最大似然估计可以由无约束参数 θ 的最大似然估计间接得到。

4.6 仿真分析

4.6.1 基于道路信息的地面目标跟踪

为了比较以上各种约束估计器，考虑一个经典的利用道路信息进行地面目标

跟踪的例子，它是约束估计问题的一个基准场景。在这个例子中，目标的动态模型和量测模型分别为

$$x_{k+1} = Fx_k + Gu_k + w_k \tag{4-45}$$

$$z_k = Hx_k + v_k \tag{4-46}$$

模型参数如下：

$$F = \begin{bmatrix} 1 & 0 & T & 0 \\ 0 & 1 & 0 & T \\ 0 & 0 & 1 & 0 \\ 0 & 0 & 0 & 1 \end{bmatrix}, \quad H = \begin{bmatrix} 1 & 0 & 0 & 0 \\ 0 & 1 & 0 & 0 \\ 0 & 0 & 0 & 1 \end{bmatrix} \tag{4-47}$$

$$G = \begin{bmatrix} 0 \\ 0 \\ T\sin\theta_i \\ T\cos\theta_i \end{bmatrix}, \quad i = 1, 2$$

式中，T 为采样周期；θ_i 为目标在路段 i 中的速度朝向；目标的状态向量 $x = [x_1, x_2, \dot{x}_1, \dot{x}_2]^{\mathrm{T}}$，其中，$(x_1, x_2)$ 指位置，$(\dot{x}_1, \dot{x}_2)$ 指速度；u_k 为已知加速度；w_k 和 v_k 为互不相关的过程噪声和量测噪声，且它们本身均为白色和零均值。已知目标在不同路段上运动，且数字地图提供了不同路段的方向信息。目标初始状态 x_0，沿着道路以朝向 θ_1 做匀速运动。30s 后，该目标改变速度方向转向另一路段，以朝向 θ_2 做匀速直线运动 30s 后结束。整个运动过程中，目标在这两路段的动态约束可由式 (4-48) 给出：

$$\begin{bmatrix} 0 & 0 & 1 & -\tan\theta_i \end{bmatrix} x_k = 0, \quad i = 1, 2 \tag{4-48}$$

在本仿真中，$T = 2\mathrm{s}$，$\theta_1 = 60°$，$\theta_2 = 45°$，$u_k = \pm 1\mathrm{m/s^2}$ 或 0(假设在任意时刻均为已知)；量测噪声的协方差 $R = \mathrm{diag}(400, 400, 20)$；初始状态 $x_0 = [0, 0, 11.8301, 6.8301]^{\mathrm{T}}$。在这两个路段，过程噪声的协方差分别为

$$Q_1 = \begin{bmatrix} 16 & 0 & 0 & 0 \\ 0 & 64 & 0 & 0 \\ 0 & 0 & 0.9474 & 0.5470 \\ 0 & 0 & 0.5470 & 0.3158 \end{bmatrix}, \quad Q_2 = \begin{bmatrix} 16 & 0 & T & 0 \\ 0 & 64 & 0 & T \\ 0 & 0 & 0.8571 & 0.8571 \\ 0 & 0 & 0.8571 & 0.8571 \end{bmatrix} \tag{4-49}$$

基于以上过程噪声协方差 $Q_i(i = 1, 2)$，目标状态按照动态方程式 (4-45) 演化将自动满足约束条件式 (4-48)，且传感器输出该约束状态的观测值。

本例的目的是利用 LECKF 滤波获得该系统的状态估计，并比较它与常用的约束状态估计方法 —— 伪量测法和估计投影法的估计性能。这几种估计方法使用共同的辅助模型，其形式与系统模型式 (4-45)~式 (4-49) 一样，除了其中的过程噪声的协方差 Q_1 和 Q_2 由 $Q^a = \mathrm{diag}(16, 64, 1, 6)$ 代替。注意这里的辅助模型的过程噪声协方差 Q^a 未充分考虑约束信息。另外，这几种估计器使用相同的初始值 $\hat{x}_{0|0} = x_0$，且

$$\Sigma_{0|0} = \begin{bmatrix} 400 & 0 & 0 & 0 \\ 0 & 400 & 0 & 0 \\ 0 & 0 & 7.5000 & 4.3301 \\ 0 & 0 & 4.3301 & 2.5000 \end{bmatrix}$$

该初始状态满足第一阶段的约束条件式 (4-26) 和式 (4-28)。

图 4.3 给出了 1000 次蒙特卡罗仿真后不同估计器输出的位置和速度的均方根误差 (root mean square error, RMSE) 的比较。这几种估计器分别为：无约束 Kalman 滤波 (KF)、伪量测法、权重为单位阵和估计误差协方差的估计投影法以及本章提出的 LECKF 滤波。从图 4.3 中可以得到以下结论。

(1) 在这四种估计器中，无约束 Kalman 滤波的估计误差最大，而 LECKF 的估计误差最小。

(2) 权值 $W = \Sigma^a_{k|k}$ 的估计投影滤波的估计误差水平低于权值 $W = I$ 的估计投影滤波的估计误差水平。这一结果与文献 [25] 中的分析一致，即在所有的估计投影滤波中，对应于权重 $W = \Sigma^a_{k|k}$ 的滤波具有最小的估计误差协方差。同时，由于在本例中伪量测和权重 $W = \Sigma^a_{k|k}$ 的估计投影在数学上等价性, 这两种方法输出同样的状态估计。

(3) 权重 $W = \Sigma^a_{k|k}$ 的估计投影滤波和 LECKF 滤波之间的关系在图中也有明晰的表现。用 $\mathcal{V}$ $(i = 1, 2)$ 表示约束空间 (4-48)。由于对所有的 $x \in \mathcal{V}_i$，$Fx \in \mathcal{V}_i$ 仍然满足，称模型式 (4-45) 是 F 不变的。其结果是，对于任意的状态 x，如果在 $k-1$ 时刻其状态估计满足约束条件，则对于 k 时刻的状态估计，式 (4-43) 和式 (4-44) 也一定满足。这两种约束估计器均使用相同且满足约束条件的初始状态。在第一个运动阶段，容易验证定理 4.3 中的条件满足，因此在该阶段这两种约束估计器数学上等价，即基于权重 $W = \Sigma^a_{k|k}$ 的估计投影滤波达到 LECKF 的性能。图中第一路段这些方法的状态估计结果完全重合也验证了这一点。30s 后，目标改变运动朝向，在此时刻，估计投影法的预测状态仍旧属于空间 $\mathcal{V}_1$ 而不属于 $\mathcal{V}_2$，也就是说条件式 (4-43) 和式 (4-44) 不再满足。因此，在第二路段，这两种约束估计器不再等价。图中也显示了在第二路段，估计投影方法输出的状态估计有较大的估计误差，

且峰值误差在所有的约束估计器中最大。

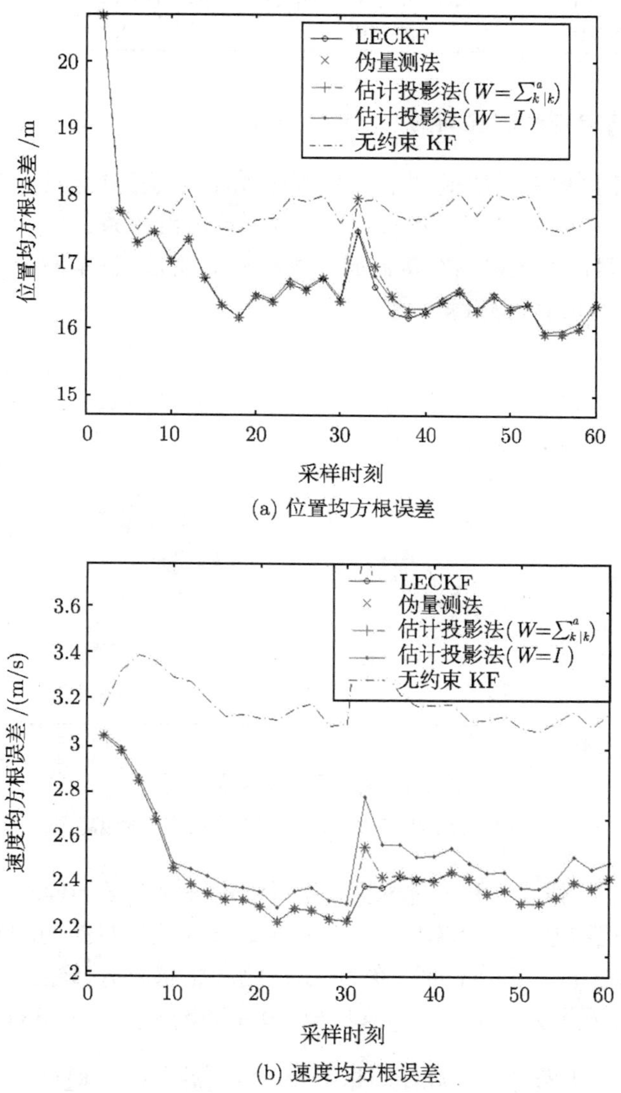

(a) 位置均方根误差

(b) 速度均方根误差

图 4.3　依道路运行的目标状态估计误差

正如前面提到的，除了在估计性能方面，LECKF 在计算复杂度方面也是优于估计投影法的。本章以计算机 CPU 运行时间来评价不同估计器计算复杂度。表 4.4 给出了不同估计器对于整个跟踪过程的平均耗时，由此可以直观地看出 LECKF 在计算量方面的优越性。

表 4.4　不同滤波的计算时间比较　(单位：ms)

LECKF	伪量测法	估计投影法 ($W=\Sigma^a_{k\|k}$)	估计投影法 ($W=I$)	无约束 KF
0.901	2.052	1.216	0.951	0.872

4.6.2　编队飞行目标的跟踪问题

在一些监控系统中，感兴趣的目标以群组或编队的形式运动，它们的位置和速度不再相互独立。这些“编队”形式可以认为是一种约束条件，它作为先验信息如果充分利用，则可以大大提高跟踪器的检测和跟踪性能。在本例中，如图 4.4 所示，考虑两个编队飞行的目标跟踪问题。

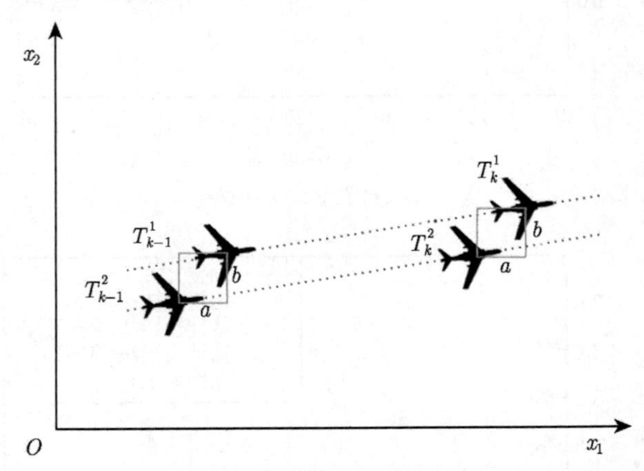

图 4.4　两个目标的编队飞行

a，b 分别表示目标 T^1 和 T^2 在两个方向上的距离

在飞行过程中，假设这两个目标空间相对位置保持不变，但具体大小未知。在跟踪系统中，首先需要建立一个模型能合理地描述编队飞行目标的动态过程。为简单起见，假设检测概率 $P_D=1$，虚警率为 0，量测和状态向量都建立在笛卡儿坐标系中。系统模型中，观测方程由式 (4-46) 给出，其中观测矩阵 $H=\mathrm{diag}(H_1,H_1)$，$H_1=\begin{bmatrix}1&0&0&0\\0&1&0&0\end{bmatrix}$。如果第 i 个目标的状态为 $x^i=[x_1^i,x_2^i,\dot{x}_1^i,\dot{x}_2^i]^{\mathrm{T}}$，则联合的状态向量为 $x=[(x^1)^{\mathrm{T}},(x^2)^{\mathrm{T}}]^{\mathrm{T}}$。这两个目标的位置约束可以建模成式 (4-1)，其中

$$C_k=\begin{bmatrix}1&0&0&0&-1&0&0&0\\0&1&0&0&0&-1&0&0\end{bmatrix},\quad d_k=\begin{bmatrix}a\\b\end{bmatrix}\tag{4-50}$$

式中，a 和 b 为两目标的空间上的距离参数。用距离向量 d 扩展原状态 x，则准线性等式约束状态方程以及量测方程可以写成

$$\begin{bmatrix} x_k \\ d_{k+1} \end{bmatrix} = \begin{bmatrix} P_k F & QC_k^{\mathrm{T}}(C_k Q C_k^{\mathrm{T}})^{-1} \\ O & I \end{bmatrix} \begin{bmatrix} x_{k-1} \\ d_k \end{bmatrix} + \begin{bmatrix} P_k w_{k-1} \\ 0 \end{bmatrix} \tag{4-51}$$

$$z_k = \begin{bmatrix} H & O \end{bmatrix} \begin{bmatrix} x_{k-1} \\ d_k \end{bmatrix} + v_k \tag{4-52}$$

式中，$F = \mathrm{diag}(F, F)$ 且其中的 F 已在式 (4-47) 中给出。过程噪声 w_k 以及量测噪声 v_k 均为零均值白噪声。它们的协方差 $\mathrm{cov}(w_k) = Q$，$\mathrm{cov}(v_k) = R$。令 $Q = \mathrm{diag}(Q_1, Q_1)$，其中

$$Q_1 = q \begin{bmatrix} T^3/3 & 0 & T^2/2 & 0 \\ 0 & T^3/3 & 0 & T^2/2 \\ T^2/2 & 0 & T & 0 \\ 0 & T^2/2 & 0 & T \end{bmatrix}$$

在仿真中，参数设置为 $T = 1\mathrm{s}$，$q = 36$，$R = 1250 I_4$。目标 1 和目标 2 的初始状态向量分别为 $x_0^1 = [0, 0, 100, 20]^{\mathrm{T}}$ 和 $x_0^2 = [-40, -50, 100, 20]^{\mathrm{T}}$，距离参数 a 和 b 的值分别设为 40m 和 50m。如果不考虑以上的位置约束，则在大多数多目标跟踪问题中，这两个目标将独立跟踪。显然，如果没有利用该信息，对于编队飞行目标的跟踪性能会降低。图 4.5 给出了有否考虑约束条件式 (4-50) 滤波输出的位置和速度的均方根误差比较，图 4.6 给出了位置约束参数估计。从图中可以清楚地看出，基于准线性等

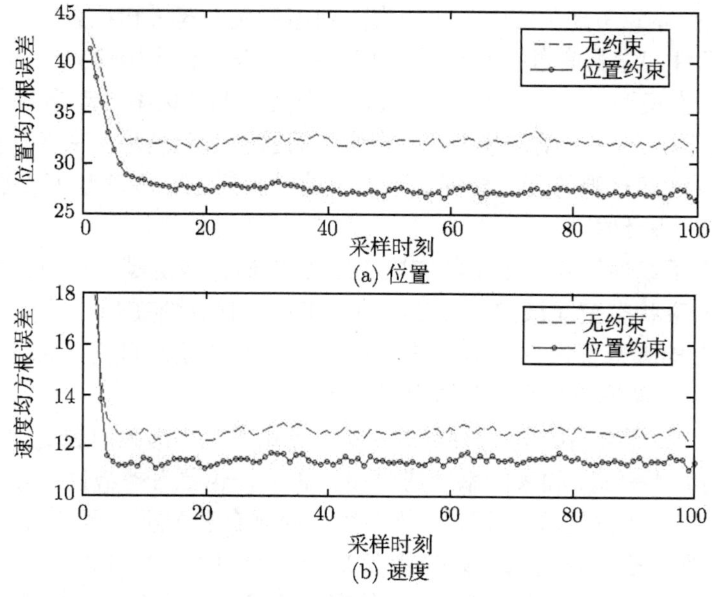

图 4.5　位置和速度的均方根误差

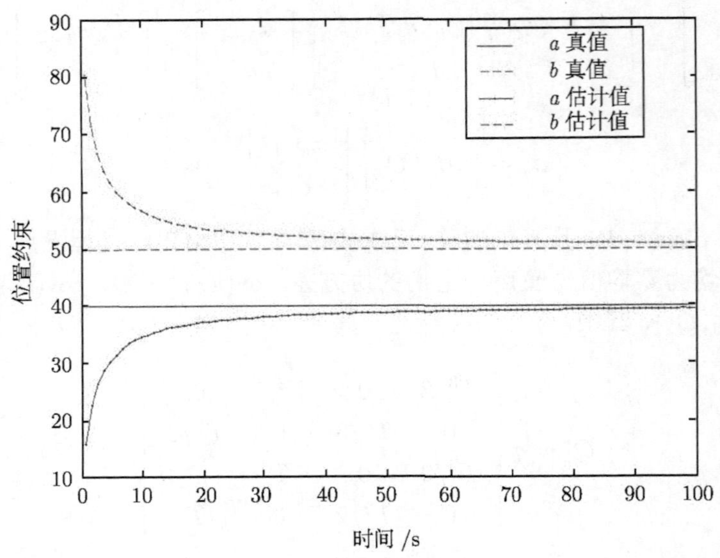

图 4.6 位置约束参数估计

式约束的动态模型输出的状态估计结果要远比独立跟踪目标的滤波输出的状态估计精确。而且可以看出，参数 a 和 b 收敛到它们的真值。

4.7 本章小结

综上所述，本章考虑了线性等式约束下动态系统的建模和状态估计问题。首先分析了约束条件和量测信息的不同，即约束条件一般是作先验信息给出，提出将约束条件融入动态模型中的思路。然后，通过充分融合辅助模型的动态信息和约束条件，建立满足约束条件的动态模型。该模型中的状态自动满足约束条件，且整个建模过程具有清晰和直观的几何解释。不同于估计投影法，本章建模方法是离线操作，且在算法上易于实现。

本章证明了线性等式约束下状态的 LMMSE 估计必定满足约束。基于提出的受线性等式约束状态空间模型，其对应的约束状态估计器在估计精度、数值稳定性和计算量上均具有很大的优势。这些约束估计器在地面目标跟踪 [36]、机场监控 [37]、经济 [38] 等领域有着广泛的应用前景。

相比较而言，现实中的非线性等式 (或不等式)[39-46] 约束问题更加普遍，但受非线性等式 (或不等式) 约束的系统建模和状态估计也更有挑战性。与线性等式约束优化问题有唯一的解析解不同，一般的约束问题有多个解甚至只能数值地得到。另外，本章证明了受线性等式约束的状态 MMSE 估计和 LMMSE 估计均满足约束条件，而对于更一般的非线性等式或不等式约束条件，这个好的特性基本上会丢失，即状态 MMSE 估计和 LMMSE 估计不再满足约束条件，这一问题值得进一步研究。

参考文献

[1] Julier S J, Laviola J J. On Kalman filtering with nonlinear equality constraints[J]. IEEE Transactions on Signal Processing, 2007, 55(6): 2774-2784.

[2] Berthier R, Bobba R, Davis M, et al. State estimation and contingency analysis of the power grid in a cyber-adversarial environment[C]. Proceedings of the NIST Workshop on Cyber-security for Cyber-Physical Systems, 2012: 1551-3203.

[3] Zanetti R, Majji M, Bishop R, et al. Norm-constrained Kalman filtering[J]. Journal of Guide, Control and Dynamics, 2009, 32(5): 1458-1465.

[4] Chong C, Garren D, Grayson T P. Ground target tracking—a historical perspective[J]. Proceedings of 2000 IEEE Aerospace Conference, 2000, 3: 433-448.

[5] Kirubarajan T, Bar-Shalom Y. Tracking evasive move-stop-move targets with GMTI radar using a VS-IMM estimator[J]. IEEE Transactions on Aerospace and Electronic Systems, 2003, 39(3): 1098-1103.

[6] Rotea M, Lana C. State estimation with probability constraints[C]. Proceedings of the44th IEEE Conference on Decision and Control, and the European Control Conference Seville, 2005.

[7] Tahk M, Speyer J L. Target tracking problems subject to kinematic constraints[J]. IEEE Transactions on Automatic Control, 1990, 35(3): 324-326.

[8] Alouani A T, Blair W D. Use a kinematic constraint in tracking constant speed, maneuvering targets[J]. IEEE Transactions on Automatic Control, 1993, 38(7): 1107-1111.

[9] Doran H E. Constraining Kalman filter and smoothing estimates to satisfy time-varying restrictions[J]. Review of Economics and Statistics, 1992, 74(3): 568-572.

[10] Ko S, Bitmead R R. State estimation for linear systems with state equality constraints[J]. Automatica, 2007, 43(8): 1363-1368.

[11] Chen T. Comments on state estimation for linear systems with state equality constraints[J]. Automatica, 2010, 46: 1929-1932.

[12] Teixeira B O S, Chandrasekar J, Torres L A B, et al. State estimation for linear and non-linear equality-constrained systems[J]. International Journal of Control, 2009, 82(5): 918-936.

[13] Hewett R J, Heath M T, Butala M D, et al. A robust null space method for linear equality constrained state estimation [J]. IEEE Transactions on Signal Processing, 2010, 58: 3961-3971.

[14] Xu L, Li X R. Estimation and filtering for Gaussian variables with linear inequality constraints[C]. Proc. 13th Int. Conf. Information Fusion, 2010: 1-6.

[15] Xu L, Li X R, Duan Z, et al. Modeling and state estimation for dynamic systems with linear equality constraints[J]. IEEE Transactions on Signal Processing, 2013, 61(11): 2927-2939.

[16] Duan Z, Li X R. Constrained target motion modeling — Part I: straight line track[C]. Information Fusion, 2013, 2153-2160.

[17] Duan Z, Li X R. Constrained Target Motion Modeling — Part II: Circular Track[C]. Information Fusion, 2013: 2161-2167.

[18] Simon D. Kalman filtering with state constraints: A survey of linear and nonlinear algorithms[J]. IET Control Theory and Applications, 2010, 4(8): 1303-1318.

[19] Chiang Y T, Wang L S, Chang F R, et al. Constrained filtering method for attitude determination using GPS and gyro[J]. IEE Proc-Radar, Sonar and Navigation, 2002, 149(5): 258-264.

[20] Doran H E, Rambaldi A N. Applying linear time-varying constraints to econometric models: With an application to demand systems[J]. Journal of Econometrics, 1997, 79(1): 83-95.

[21] Pandher G S. Forecasting multivariate time series with linear restrictions using constrained structural state-space models[J]. Journal of Forecasting, 2002, 21(4): 281-300.

[22] Doran H E. Estimation under exact linear time-varying constraints, with an application to population projections[J]. Journal of Forecasting, 1996, 15(7): 527-541.

[23] Wen W, Durrant-Whyte H F. Model-based multi-sensor data fusion[C]. Robotics and Automation, 1992: 1720-1726.

[24] Wu H, Wang W, Ye H. Model reduction based set-membership filtering with linear state equality constraints[J]. IEEE Transactions on Aerospace and Electronic Systems, 2013, 49(2): 1391-1399.

[25] Simon D, Chia T L. Kalman filtering with state equality constraints[J]. IEEE Transactions on Aerospace and Electronic Systems, 2002, 38(1): 128-136.

[26] Yang C, Blasch E. Fusion of track with road constraints[J]. Journal of Advances in InformationFusion, 2008, 3(1): 14-32.

[27] Jiang C, Zhang Y. Some results on linear equality constrained state filtering[J]. Journal of Control. 2013, 86(12): 2115-2130.

[28] Wang D, Li M, Huang X, et al. Kalman filtering for a quadratic form state equality constraint[J]. Journal of Guidance, Control, and Dynamics 2014, 37(3): 951-958.

[29] Pizzinga A. Further investigation into restricted Kalman filtering[J]. Statistical Probability Letter, 2009, 79(2): 264-269.

[30] Teixeira B O S, Chandrasekar J. Gain-constrained Kalman filtering for linear and nonlinear systems[J]. IEEE Transactions on Signal Processing, 2008, 56: 4113-4123.

[31] Pizzinga A. Constrained Kalman filtering: Additional results[J]. International Statistical Review, 2010, 78(2):189-208.

[32] De J, van H, Schutter J. A smoothly constrained Kalman filter[J]. IEEE Transactions on Pattern Analysis and Machine Intelligence, 1997, 19(10): 1171-1177.

[33] Davis W W. Bayesian analysis of the linear model subject to linear inequality constraints[J]. Journal of the American Statistical Association, 1978, 73(363): 573-579.

[34] Geweke J F. Bayesian inference for linear models subject to linear inequality constraints[C]. Forecasting, Prediction and Modeling in Statistics and Econometrics: Bayesian and Non-Bayesian Approaches, 1996: 248-263.

[35] Gupta N, Hauser R. Kalman filtering with equality and inequality state constraints[R]. Research Report, Oxford University Computing Laboratory, Numerical Analysis Group, Oxford, 2007.

[36] Koch W, Koller J, Ulmke M. Ground target tracking and road map extraction[J]. Int. J. Photogramm., 2006, 61: 197-208.

[37] Farina A, Ferranti L, Golino G. Constrained tracking filters for A-SMGCS[C]. Proc. 6th Int. Conf. Information Fusion, 2003, 414-421.

[38] Pandher G S. Modelling & controlling monetary and economic identities with constrained state spacemodels[J]. International Statistical Review, 2007, 75(2): 150-169.

[39] Lauvernet C, Brankart J, Castruccio F, et al. A truncated Gaussian filter for data assimilation with inequality constraints: Application to the hydrostatic stability condition in ocean

models[J]. Ocean Modelling, 2009, (27): 1-17.

[40] Simon D, Simon D L. Kalman filtering with inequality constraints for turbofan engine health estimation. IEE Proceedings Control Theory and Applications, 2006, 153(3): 371-378.

[41] Simon D, Simon D L. Constrained Kalman filtering via density function truncation for turbofan engine health estimation[J]. International Journal of System Science, 2010, 41(2): 159-171.

[42] Monin A, Salut G. Minimum variance estimation of parameters constrained by bounds[J]. IEEE Transactions on Signal Processing, 2001, 9(1): 246-248.

[43] Teixeira B O S, Chandrasekar J, Torres L A B, et al. On unscented Kalman filtering with state interval constraints[J]. Journal of Process Control, 2010, 20(1): 45-57.

[44] Boers Y, Driessen H, et al. Particle filter track-before-detect application using inequality constraints[J]. IEEE Transactions on Aerospace and Electronic Systems, 2005, 41: 1481-1487.

[45] Lang L, Chen W, Bakshi B, et al. Bayesian estimation via sequential Monte Carlo sampling - Constrained dynamic systems[J]. Automatica, 2007, 43: 1616-1622.

[46] Straka O, Dunik J, Simandl M. Truncated nonlinear filters for state estimation with nonlinear inequality constraints[J]. Automatica, 2012, 48:273-286.

[47] Rao C V, Rawlings J B, Lee J H. Constrained linear state estimation: a moving horizon approach[J]. Automatica, 2001, 37: 1619-1628.

[48] Simon D. A game theory approach to constrained minimax state estimation[J]. IEEE Transactions on Signal Processing, 2006, 54(2): 405-412.

[49] Baram Y, Samdel N R. An information theoretical approach to dynamical systems model in gand identification[J]. IEEE Transactions on Automatic Control, 1978, 23: 61-66.

第 5 章 状态演化多模态的马尔可夫跳变系统估计

机动目标跟踪作为目标跟踪中的重要组成部分，一直受到人们的广泛关注。目标机动就是指目标运动在三维空间中发生了不可预测的变化 [1]。需要特别指出的是，对于非合作目标，为了躲避跟踪及逃避被锁定，现代目标常进行超强常规的机动，其运动演化快速且无规则，即目标状态的演化方程呈现多模态特性。因此，在基于模型的机动目标描述中，显然单一运动模型并不能完全描述目标运动的演化特性，这就要求对目标运动状态进行自适应建模与估计。在基于马尔可夫跳变的机动目标跟踪估计中，目标运动被描述成多个典型运动模式的随机马尔可夫跳变，从而将机动目标的自适应建模与估计转化为一类马尔可夫跳变系统的状态估计和模式辨识的综合过程 [2]。随着技术的不断发展和进步，现代机动目标跟踪越来越呈现出多模态与不确定、非线性、高维数和时滞等诸多复杂特性的相互耦合，主要表现在以下几个方面 [3-5]。

(1) 不确定。传感器对机动目标进行观测时，常常伴随多个目标或杂波的出现，跟踪系统所要处理的回波数据与对应目标之间存在不确定关系。

(2) 非线性，且噪声非高斯。目标动态方程所在坐标系与量测模型所在坐标系往往是不一致的，信息在不同坐标系之间转换使得机动目标跟踪系统常常呈非线性。另外，在高频采样下相邻两采样时刻的外部干扰存在联系，此时量测噪声可能是有色噪声。

(3) 时滞。传感器和数据处理中心常常会设置在不同的位置，数据的交换和传输存在时滞现象。

上述三个方面的不确定性共存现象，使得机动目标跟踪系统越来越面临多种复杂特性耦合。为此，本章从马尔可夫跳变系统建模与估计方法入手，研究复杂特性与目标运动多模态耦合下的机动目标跟踪技术，包括随机参数跳变马尔可夫系统，考虑模式的不确定性和量测来源的不确定性，给出系统的线性最小均方误差 (linear minimum mean square error, LMMSE) 估计器的设计；有色噪声非线性马尔可夫系统考虑了模式不确定、噪声有色和非线性三种情况相互耦合下的系统高斯 (和) 滤波器的设计；多步随机延迟跳变马尔可夫系统考虑量测随机延迟不确定性和模式不确定性共存，给出系统的 LMMSE 估计器的设计。

5.1 引 言

在对机动目标跟踪时，基于马尔可夫跳变的多模型 (multiple model, MM) 方法被广泛采用。由于目标的非合作性，机动方式往往未知，因此目标的运动特征不可能由单一的运动模式完全表征。多模型方法的基本思想是：假设存在一个模型集合来描述目标当前时刻真实运动的可能模式，每个模式分别对应各自的基本估计器，不同模式之间在时间方向上的转换依靠马尔可夫概率切换来完成，目标状态的最终估计是不同模式下估计的概率加权融合 [6]。

迄今为止，多模型方法可分为三代 [7]。第一代多模型方法由 Magill[8] 和 Lainiotis[9,10] 提出，并被 Maybeck[11] 进一步发展。第一代多模型算法中的每个基本滤波器独立工作，滤波器之间没有交互或耦合。与非多模型方法相比，第一代多模型算法的结果来源于不同模式下滤波器的结果综合，因此在精度方面，其明显优于基于单一模型的方法。

然而，对于第一代多模型方法，一个主要问题是：随着时间递推，滤波器中的线性高斯假设个数呈指数增长 [12]，更重要的是信息在不同模式下滤波器之间无任何交互，信息融合只是初级的和简单的，没有深入挖掘信息之间的关联性来进一步提升估计精度。为此，Blom 和 Bar-Shalom 等通过高斯假设数目的剪枝或合并，提出交互式多模型算法 (interative multiple model, IMM)[12]，作为第二代多模型典型算法，在机动目标跟踪中，交互式多模型算法在适当增加计算负担的同时，取得了期望的跟踪精度 [13,14]，并在不同应用领域得到了发展 [15]。第二代多模型方法中的不同模式下滤波器通过内部的交互协作，实现了信息的交互共享，提升了估计性能。

在第一、二代多模型算法中，模型集合中的元素一成不变，这就导致多模型结构而是固定的。然而，为了提高估计精度，模型集合应尽量完全覆盖包含目标运动模式，这几乎是不可能的，即使模型集合能够完全覆盖目标运动模式，但计算量也会相当之大，不利于实时性。另外，研究已经发现，模型越多并不一定代表估计融合精度越高，因为当模型数达到一定规模时，模型的增加对改变精度的贡献并不成正比例。因此，固定结构的多模型算法，会陷入一个两难的境地：为了改善估计精度，不得不使用较多的模型，而过多的模型不仅增加了计算负担，却对估计精度的提升贡献不大，甚至有时在建模不精确的情况下，反而会降低估计精度 [16]。针对上述问题，Li 等提出变结构的思想，通过将图论的思想引入多模型中，利用图论的相关知识，自适应选择模型集合，提出变结构多模型 (variable structure multiple model, VSMM) 算法 [16-20]，作为第三代多模型算法。VSMM 算法受到学者的广泛关注，并在机动目标跟踪等领域得到了快速应用 [21,22]。第三代多模型方法不仅继承了第二代方法中有效的内部交互合作和第一代方法中的输出结果综合，而且在模型集的选择上，通过实时的滤波器引入与删除，基于当前时刻以前的信息，实现了对模型集的自适应调整。

5.2 随机参数马尔可夫跳变系统的 LMMSE 估计

在传统跟踪算法中，状态估计中的量测取决于数据关联后回波的概率加权。在最近邻 (nearest neighbor, NN) 算法中，当多个回波同时落入波门内时，认为离目标量测最近的回波为目标回波，进而继续后续的状态估计 [23]。在概率数据关联 (probabilistic data association, PDA) 算法中，基于计算落入波门内的候选回波的后验概率，认为仅有一个为真实目标回波，其他为泊松分布的杂波，利用概率加权或综合的新息对目标状态进行更新 [24]。与 PAD 算法不同，在 JPDA 算法中，关联概率的计算是通过所有目标集的联合获得的，从这个观点来看，虚假量测可能来源于杂波，也可能来源于其他目标 [1]。

近年来，在状态估计与数据关联建模为随机系数矩阵的状态空间模型研究方面，如果不考虑航迹起始的情况，那么通过传统的数据关联方法获得各个回波与目标间的概率关系，并借助几何扩维，利用所有目标状态构成新的状态向量方程。而在量测方程中，采用随机矩阵来描述回波与新的状态向量之间的随机关系。针对新的系统，需要重新设计滤波器，对状态进行估计，进而得到各目标的运动状态 [25]。

然而，上述研究方法仅考虑了目标非机动或弱机动运动下的跟踪。针对杂波环境下的机动目标跟踪，目标模式不确定与构造的系数矩阵随机性耦合。另外，由于多目标与多模式的共同作用，转化后的系统具有较高的维数，计算量随之增加。在模式不确定与模型系数矩阵的随机性耦合的情况下，需要合理的设计一种计算量较小而性能相当的滤波算法。

本节针对上述问题，基于随机参数跳变马尔可夫系统，设计系统 LMMSE 估计器，将状态估计与数据关联转化为随机参数系统跳变马尔可夫系统的状态估计，并给出杂波环境下机动目标跟踪的仿真分析。

5.2.1 系统建模

考虑单传感器对目标进行跟踪，在 k 时刻，回波集中目标数为 $i=1,2,\cdots,M$，回波个数为 $j=1,2,\cdots,N_k$，系统描述如下：

$$x_{i,k+1}=F_{i,k}x_{i,k}+\varGamma_{i,k}w_{i,k} \tag{5-1}$$

$$y_{j,k}=H_kx_{i,k}+v_{j,k} \tag{5-2}$$

式中，$x_{i,k+1} \in \mathbb{R}^{n_x}$ 和 $w_{i,k} \in \mathbb{R}^{n_w}$ 为目标 i 的状态和过程噪声，H_k 为量测矩阵，$y_{j,k}$ 和 $v_{j,k}$ 为第 j 个回波及其噪声。这里，$w_{i,k}$ 和 $v_{j,k}$ 为相互独立、协方差分别为 $Q_{i,k}$ 和 $R_{j,k}$ 的零均值向量。

令

$$X_k = (x_{1,k}^{\mathrm{T}}, x_{2,k}^{\mathrm{T}}, \cdots, x_{M,k}^{\mathrm{T}})^{\mathrm{T}}, \quad F_k = \mathrm{diag}(F_{1,k}, F_{2,k}, \cdots, F_{M,k})$$

$$\Gamma_k = \mathrm{diag}(\Gamma_{1,k}, \Gamma_{2,k}, \cdots, \Gamma_{M,k}), w_k = (w_{1,k}^{\mathrm{T}}, w_{2,k}^{\mathrm{T}}, \cdots, w_{M,k}^{\mathrm{T}})^{\mathrm{T}}$$

则式 (5-1) 可转化为

$$X_{k+1} = F_k X_k + \Gamma_k w_k \tag{5-3}$$

同时，对于任意一个回波 j，量测方程可以表示如下：

$$\begin{aligned} y_{j,k} &= H_k x_{1,k} + v_{j,k} && \text{模型概率 } p_{j,k}^1 \\ &= H_k x_{2,k} + v_{j,k} && \text{模型概率 } p_{j,k}^2 \\ &= \cdots \\ &= H_k x_{M,k} + v_{j,k} && \text{模型概率 } p_{j,k}^M \\ &= v_{j,k} && \text{模型概率 } p_{j,k}^0 \end{aligned} \tag{5-4}$$

式中，$p_{j,k}^i (i \neq 0)$ 代表 k 时刻量测 $y_{j,k}$ 来源于目标 i 的归一化概率；$p_{j,k}^0$ 代表 k 时刻量测 $y_{j,k}$ 属于虚假目标的归一化概率，可以采 PDA 或 JPDA 及其次优算法得到。

记

$$\begin{aligned} h_{j,k} &= (H_k, 0, \cdots, 0) && \text{模型概率 } p_{j,k}^1 \\ &= (0, H_k, \cdots, 0) && \text{模型概率 } p_{j,k}^2 \\ &= \cdots \\ &= (0, 0, \cdots, H_k) && \text{模型概率 } p_{j,k}^M \\ &= 0 && \text{模型概率 } p_{j,k}^0 \end{aligned} \tag{5-5}$$

式 (5-4) 可转化为

$$y_{j,k} = h_{j,k} X_k + v_{j,k} \tag{5-6}$$

令 $y_k = (y_{1,k}^{\mathrm{T}}, \cdots, y_{N_k,k}^{\mathrm{T}})^{\mathrm{T}}$，$h_k = (h_{1,k}^{\mathrm{T}}, \cdots, h_{N_k,k}^{\mathrm{T}})^{\mathrm{T}}$，$v_k = (v_{1,k}^{\mathrm{T}}, \cdots, v_{N_k,k}^{\mathrm{T}})^{\mathrm{T}}$，则系统 (5-2) 可写为

$$y_k = h_k X_k + v_k \tag{5-7}$$

在式 (5-1) 和式 (5-2) 转化为式 (5-3)～ 式 (5-7) 时，在采取传统数据关联获取概率权值的基础上，通过随机系数矩阵系统的状态估计，可以获得扩维目标状态的估计值及其协方差，继而分离出各个目标状态估计。对于杂波环境下的机动目标跟

踪，传统的算法直接将多模型方法 (处理多个可能的目标运动模型的状态估计) 与数据关联方法 (决定最可能的回波或加权综合回波作为理想量测) 进行简单扩维组合。事实上，回波决策和状态估计是相互耦合的。换言之，回波决策的风险会导致估计误差，甚至会导致错误的回波 (量测) 被利用。另外，估计偏差会导致无法接受的情况，即量测预测偏离了实际量测使得关联结果出现偏差甚至错误。因此，从耦合角度来看，状态估计和数据关联统一联合处理的滤波框架应该比传统扩维方法更适合解决回波决策和状态估计的耦合问题。

文献 [26] 对具有确定参数的 MJLS 系统的状态估计进行了探讨，并研究了两类不确定性：马尔可夫跳变参数和过程/量测噪声。但其所提出的 LMMSE 估计仅适合于处理不存在杂波下的机动目标跟踪问题 (即不需要数据关联)，而在杂波环境下，LMMSE 估计器需要和数据关联算法组合起来 (包括确定回波和目标之间的对应关系的假设决策)。然而，这种组合是简单的，即状态估计和假设决策是一种序贯式执行方式，而本质上状态估计和假设决策相互耦合，互为因果，如此简单的序贯执行组合显然不符合两者耦合的客观需求，性能不佳。文献 [25] 考虑了具有随机参数的单模型系统的状态估计，并研究了两类不确定性：随机参数和过程/量测噪声。其所推导的 LMMSE 估计器将数据关联结果作为随机参数，适用于杂波环境下非机动或弱机动目标跟踪，然而对于机动目标跟踪，并不适用。因此，本节提出一种广义的具有随机参数的 MJLS 模型，并设计其相应的 LMMSE 估计器，建立了杂波环境下机动目标跟踪的状态估计和数据关联统一框架。

5.2.2　估计框架设计

考虑如下离散时间随机系数矩阵马尔可夫线性跳变系统 (discrete-time Markovian jump linear system with stochastic coefficient matrices, MJLSSCM)：

$$x_{k+1} = F_{\Theta_k} x_k + G_{\Theta_k} w_k \tag{5-8}$$

$$z_k = H_{\Theta_k} x_k + D_{\Theta_k} v_k \tag{5-9}$$

且

$$F_{\Theta_k} = \sum_{j=1}^{M}\left(\left(\sum_{n=1}^{N}\alpha_{n,j,k}^{1}F^{n}\right)1_{\{\Theta_k=j\}}\right),\quad G_{\Theta_k} = \sum_{j=1}^{M}\left(\left(\sum_{n=1}^{N}\alpha_{n,j,k}^{2}G^{n}\right)1_{\{\Theta_k=j\}}\right)$$

$$H_{\Theta_k} = \sum_{j=1}^{M}\left(\left(\sum_{n=1}^{N}\alpha_{n,j,k}^{3}H^{n}\right)1_{\{\Theta_k=j\}}\right),\quad D_{\Theta_k} = \sum_{j=1}^{M}\left(\left(\sum_{n=1}^{N}\alpha_{n,j,k}^{4}D^{n}\right)1_{\{\Theta_k=j\}}\right)$$

式中，$x_k \in \mathbb{R}^{n_x}$ 和 $z_k \in \mathbb{R}^{n_z}$ 分别代表系统的状态和量测；$\{\Theta_k\}$ 是具有有限状态空间 $\{1,\cdots,M\}$ 的离散时间马尔可夫链，转移概率矩阵 $P_t=[p_{ij}]$；若 $\Theta_k=j$，则指

示函数 $1_{\{\Theta_k=j\}}$ 为 1，否则为 0；F^n、G^n、H^n 和 D^n 是恰当维数的基矩阵；$\alpha^l_{n,j,k}$ 为随机参数，且 $E(\alpha^l_{n,j,k})=\bar{\alpha}^l_{n,j,k}$，$E(\alpha^l_{m,j,k}-\bar{\alpha}^l_{m,j,k})(\alpha^l_{n,j,k}-\bar{\alpha}^l_{n,j,k})=c^l_{mn,j,k}(m,n=1,\cdots,N)$，$E(\alpha^{l_1}_{n,j,k}\alpha^{l_2}_{n,j,k})=0(l_1\neq l_2,l,l_1,l_2=1,2,3,4)$；$\{w_k\}$ 和 $\{v_k\}$ 为零均值且协方差为单位阵的白噪声序列，且独立于初始状态 x_0；$\{\alpha^l_{n,j,k}\}$、$\{w_k\}$、$\{v_k\}$ 和 $\{\Theta_k\}$ 相互独立。

定义 $\xi_k:=\mathrm{col}\{x_k1_{\{\Theta_k=i\}},i=1,\cdots,M\}$。$F_k$ 为 $M\times M$ 的块矩阵，且 (i,j) 子块为 $F_{j,k}1_{\{\Theta_{k+1}=i,\Theta_k=j\}}$；$G_k$ 为 $M\times 1$ 的块矩阵，且第 j 个子块为 $\left(\sum\limits_{i=1}^{M}G_{i,k}1_{\{\Theta_k=i\}}\right)1_{\{\Theta_{k+1}=j\}}$；$H_k$ 为 $1\times M$ 块矩阵，且第 j 个子块为 $H_{j,k}$；$D_k=\sum\limits_{i=1}^{M}D_{i,k}1_{\{\Theta_k=i\}}$，其中，$F_{j,k}=\sum\limits_{n=1}^{N}\alpha^1_{n,j,k}F^n$，$G_{j,k}=\sum\limits_{n=1}^{N}\alpha^2_{n,j,k}G^n$，$H_{j,k}=\sum\limits_{n=1}^{N}\alpha^3_{n,j,k}H^n$ 和 $D_{j,k}=\sum\limits_{n=1}^{N}\alpha^4_{n,j,k}D^n$。此时，系统式 (5-8) 和式 (5-9) 可以转化为

$$\xi_{k+1}=F_k\xi_k+G_kw_k \tag{5-10}$$

$$z_k=H_k\xi_k+D_kv_k \tag{5-11}$$

此时，并非对状态 x_k 进行直接估计，恰恰相反，估计随机向量 $x_k1_{\{\Theta_k=i\}}$。则有

$$x_{k+1}=\sum_{i=1}^{M}x_{k+1}1_{\{\Theta_{k+1}=i\}}=\sum_{i=1}^{M}\xi_{i,k+1} \tag{5-12}$$

令 $\bar{F}_{j,k}=\sum\limits_{n=1}^{N}\bar{\alpha}^1_{n,j,k}F^n$，$\Delta F_{j,k}=F_{j,k}-\bar{F}_{j,k}$，$\bar{G}_{j,k}=\sum\limits_{n=1}^{N}\bar{\alpha}^2_{n,j,k}G^n$，$\Delta G_{j,k}=G_{j,k}-\bar{G}_{j,k}$，$\bar{H}_{j,k}=\sum\limits_{n=1}^{N}\bar{\alpha}^3_{n,j,k}H^n$，$\Delta H_{j,k}=H_{j,k}-\bar{H}_{j,k}$，$\bar{D}_{j,k}=\sum\limits_{n=1}^{N}\bar{\alpha}^4_{n,j,k}D^n$，$\Delta D_{j,k}=D_{j,k}-\bar{D}_{j,k}$。$\bar{F}_k$ 和 ΔF_k 为 $M\times M$ 块矩阵，且它们的 (i,j) 子块为 $\bar{F}_{j,k}1_{\{\Theta_{k+1}=i,\Theta_k=j\}}$ 和 $\Delta F_{j,k}1_{\{\Theta_{k+1}=i,\Theta_k=j\}}$。$\bar{G}_k$ 和 ΔG_k 为 $M\times 1$ 块矩阵且它们的第 j 个子块为 $\left(\sum\limits_{i=1}^{M}\bar{G}_{i,k}1_{\{\Theta_k=i\}}\right)1_{\{\Theta_{k+1}=j\}}$ 和 $\left(\sum\limits_{i=1}^{M}\Delta G_{i,k}1_{\{\Theta_k=i\}}\right)1_{\{\Theta_{k+1}=j\}}$。$\bar{H}_k$ 和 ΔH_k 为 $1\times M$ 块矩阵且它们的第 j 个子块为 $\bar{H}_{j,k}$ 和 $\Delta H_{j,k}$；$\bar{D}_k=\sum\limits_{i=1}^{M}\bar{D}_{i,k}1_{\{\Theta_k=i\}}$，$\Delta D_k=$

$\sum_{i=1}^{M}\Delta D_{i,k}1_{\{\Theta_k=i\}}$。此时，上述系统可以重新描述为

$$\xi_{k+1}=\bar{F}_k\xi_k+\Delta F_k\xi_k+\bar{G}_k w_k+\Delta G_k w_k \tag{5-13}$$

$$z_k=\bar{H}_k\xi_k+\Delta H_k\xi_k+\bar{D}_k v_k+\Delta D_k v_k \tag{5-14}$$

令 $\hat{\xi}_{k|l}$，$\hat{\xi}_{j,k|l}$ 和 $\hat{x}_{k|l}$ 为给定量测序列 $Z_{1:l}=\{z_1,z_2,\cdots,z_l\}$ 下 ξ_k，$\xi_{j,k}(x_k 1_{\{\Theta_k=j\}}$，$j=1,\cdots,M)$ 和 x_k 的 LMMSE 估计。令 $\bar{\mathcal{F}}_k$ 为 $M\times M$ 块矩阵，且它的第 (i,j) 个子块为 $p_{ji}\bar{F}_{j,k}$。相关的矩阵定义如下：

$$\begin{aligned}
&\Omega_k:=E(\xi_k\xi_k^{\mathrm{T}})=\operatorname{diag}\{\Omega_{i,k},i=1,\cdots,M\},\Pi_{k|l}:=E(\hat{\xi}_{k|l}\hat{\xi}_{k|l}^{\mathrm{T}}),\Phi_{k|l}:=\left[\Phi_{ij,k|l}\right]_{ij}\\
&\Upsilon_{k|l}:=E(\xi_k-\hat{\xi}_{k|l})(z_k-\hat{z}_{k|l})^{\mathrm{T}},\\
&\Psi_{k|l}:=E(z_k-\hat{z}_{k|l})(\cdot)^{\mathrm{T}}\ \text{和}\ P_{k|l}=E(x_k-\hat{x}_{k|l})(x_k-\hat{x}_{k|l})^{\mathrm{T}}
\end{aligned}$$

式中，$\Phi_{ij,k|l}:=E(\xi_{i,k}-\hat{\xi}_{i,k|l})(\xi_{i,k}-\hat{\xi}_{i,k|l})^{\mathrm{T}}$。四个额外的代表耦合关系的选项被定义如下：

$$\begin{aligned}
&\Im_{j,k}^{F}:=E\left(\Delta F_{j,k}E\left(\xi_{j,k}\xi_{j,k}^{\mathrm{T}}\right)\Delta F_{j,k}^{\mathrm{T}}\right),\Im_{j,k}^{G}:=E\left(\Delta G_{j,k}E\left(w_k w_k^{\mathrm{T}}\right)\Delta G_{j,k}^{\mathrm{T}}\right)\\
&\Im_{j,k}^{H}:=E\left(\Delta H_{j,k}E\left(\xi_{j,k}\xi_{j,k}^{\mathrm{T}}\right)\Delta H_{j,k}^{\mathrm{T}}\right),\Im_{j,k}^{D}:=E\left(\Delta D_{i,k}E\left(v_k v_k^{\mathrm{T}}\right)\Delta D_{i,k}^{\mathrm{T}}\right)
\end{aligned}$$

定理 5.1 根据正交原理，系统式 (5-8) 和式 (5-9) 的 LMMSE(LMSCE) 估计器具有如下的状态估计和协方差：

$$\hat{x}_{k+1|k+1}=\sum_{i=1}^{M}\hat{\xi}_{i,k+1|k+1} \tag{5-15}$$

$$P_{k+1|k+1}=\sum_{i=1}^{M}\sum_{j=1}^{M}\Phi_{ij,k+1|k+1} \tag{5-16}$$

且

$$\hat{\xi}_{k+1|k}=\bar{\mathcal{F}}_k\hat{\xi}_{k|k},\hat{z}_{k+1|k}=\bar{H}_{k+1}\hat{\xi}_{k+1|k},\quad \Upsilon_{k+1|k}=\Phi_{k+1|k}\bar{H}_{k+1}^{\mathrm{T}},\Pi_{k+1|k}=\bar{\mathcal{F}}_k\Pi_{k|k}\bar{\mathcal{F}}_k^{\mathrm{T}}$$

$$\begin{aligned}
\Psi_{k+1|k}=&\bar{H}_{k+1}\Phi_{k+1|k}\bar{H}_{k+1}^{\mathrm{T}}+\sum_{j=1}^{M}\Im_{j,k+1}^{H}\\
&+\sum_{j=1}^{M}\pi_{j,k+1}\bar{D}_{j,k+1}\bar{D}_{j,k+1}^{\mathrm{T}}+\sum_{j=1}^{M}\pi_{j,k+1}\Im_{j,k+1}^{D}
\end{aligned} \tag{5-17}$$

$$\hat{\xi}_{k+1|k+1} = \hat{\xi}_{k+1|k} + \varUpsilon_{k+1|k}\left(\varPsi_{k+1|k}\right)^{-1}\left(z_{k+1} - \hat{z}_{k+1|k}\right) \tag{5-18}$$

$$\varPi_{k+1|k+1} = \varPi_{k+1|k} + \varUpsilon_{k+1|k}\left(\varPsi_{k+1|k}\right)^{-1}\varUpsilon_{k+1|k}^{\mathrm{T}} \tag{5-19}$$

式中，

$$\varPhi_{k+1|k} = \mathrm{diag}\left\{\varOmega_{i,k+1}, i=1,\cdots,M\right\} - \bar{\mathcal{F}}_k\varPi_{k|k}\bar{\mathcal{F}}_k^{\mathrm{T}} \tag{5-20}$$

$$\varPhi_{k+1|k+1} = \varPhi_{k+1|k} - \varUpsilon_{k+1|k}\left(\varPsi_{k+1|k}\right)^{-1}\varUpsilon_{k+1|k}^{\mathrm{T}} \tag{5-21}$$

$$\varOmega_{i,k+1} = \sum_{j=1}^{M} p_{ji}\bar{F}_{j,k}\varOmega_{j,k}\bar{F}_{j,k}^{\mathrm{T}} + \sum_{j=1}^{M} p_{ji}\Im_{j,k}^{F} + \sum_{j=1}^{M} p_{ji}\pi_{j,k}\bar{G}_{j,k}\bar{G}_{j,k}^{\mathrm{T}} + \sum_{j=1}^{M} p_{ji}\pi_{j,k}\Im_{j,k}^{G} \tag{5-22}$$

$$\Im_{j,k}^{F} = \sum_{n=1}^{N}\sum_{m=1}^{N} c_{nm,j,k}^{1}F^{n}\varOmega_{j,k}(F^{m})^{\mathrm{T}}, \quad \Im_{j,k}^{G} = \sum_{n=1}^{N}\sum_{m=1}^{N} c_{nm,j,k}^{2}G^{n}(G^{m})^{\mathrm{T}}$$

$$\Im_{j,k+1}^{H} = \sum_{n=1}^{N}\sum_{m=1}^{N} c_{nm,j,k}^{3}H^{n}\varOmega_{j,k+1}(H^{m})^{\mathrm{T}}, \quad \Im_{j,k+1}^{D} = \sum_{n=1}^{N}\sum_{m=1}^{N} c_{nm,j,k}^{4}D^{n}(D^{m})^{\mathrm{T}} \tag{5-23}$$

证明 见本章附录。

同时，所提出的 MJLSSCM 系统的 LMSCE 初值如下：

$$\hat{\xi}_{0|-1} = \left[\hat{\xi}_{1,0|-1}^{\mathrm{T}},\cdots,\hat{\xi}_{M,0|-1}^{\mathrm{T}}\right]^{\mathrm{T}}, \quad \varOmega_0 = \mathrm{diag}\{\varOmega_{i,0}, i=1,\cdots,M\}, \varPi_{0|0} = \hat{\xi}_{0|-1}\hat{\xi}_{0|-1}^{\mathrm{T}}$$

式中，$\hat{\xi}_{i,0|-1} = E(x_0 1_{\{\varTheta=i\}})$，$\varOmega_{i,0} = E(x_0 x_0^{\mathrm{T}} 1_{\{\varTheta_0=i\}})$。

为了给出固定参数和随机参数下 MJLS 的 LMMSE 估计器的区别，递推的 LMMSE 估计器和 LMSCE 估计器结构分别如图 5.1 和图 5.2 所示。除了类似的处理单元，由于随机参数和其他不确定性的耦合关系影响，在 LMSCE 估计器中，存在四个额外的处理单元 (虚线框模块 “附加计算 1~4”)。这里，模块 “附加计算 1” 为随机参数 $\alpha_{n,j,k}^{1}$ 和扩维状态 (模式不确定性) 的耦合影响，“附加计算 3” 模块为随机参数 $\alpha_{n,j,k}^{2}$ 和过程噪声的耦合影响，“附加计算 2” 为随机参数 $\alpha_{n,j,k}^{3}$ 和扩维状态 (模式不确定性) 的耦合影响，“附加计算 4” 模块为随机参数 $\alpha_{n,j,k}^{4}$ 和量测噪声的耦合影响。此外，“状态更新的 SOM” 和 “信息协方差计算” 模块和 LMMSE 估计器 [26] 由于输入输出上的改变而有所不同。

在所推导的 LMSCE 估计器中，矩阵 $\varOmega_{k+1}$ 和 $\varPi_{k+1|k+1}$ 可以与文献 [26] 类似，进行离线计算。同时，由于 $\Im_{i,k}^{F}$，$\Im_{i,k}^{G}$，$\Im_{i,k+1}^{H}$ 和 $\Im_{i,k+1}^{D}(i=1,\cdots,M)$ 并不依赖于量测值，且若它们相应的随机系数 $\alpha_{n,j,k}^{l}(l=1,2,3,4)$ 的均值和方差已知，则图 5.2 中所有耦合递推计算模块中的矩阵可以利用式 (5-23) 进行离线计算。

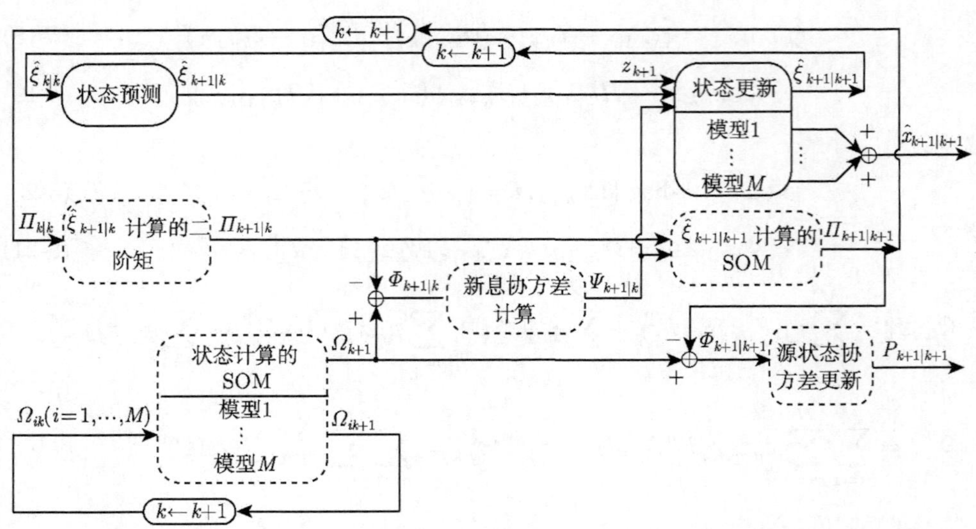

图 5.1　MJLS 系统 LMMSE[26] 估计器递推结构

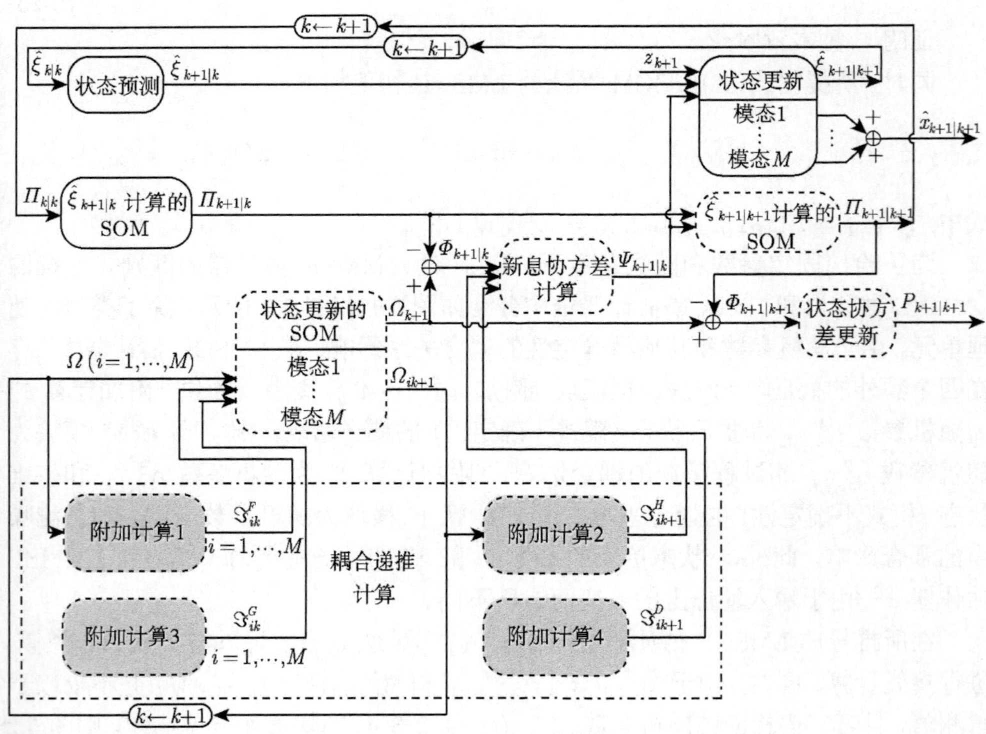

图 5.2　LMSCE 估计器递推结构

如果系数变量已知且固定，即 $c^{l}_{mn,j,k}=0(l=1,2,3,4)$，$\Im^{F}_{i,k}$，$\Im^{G}_{i,k}$，$\Im^{H}_{i,k+1}$ $\Im^{D}_{i,k+1}$

皆为零矩阵，在这种情况下，式 (5-19) 和式 (5-22) 退化为

$$\Pi_{k+1|k+1} = \Pi_{k+1|k} + \Upsilon_{k+1|k}\left(\bar{H}_{k+1}\Phi_{k+1|k}\bar{H}_{k+1}^{\mathrm{T}} + \sum_{j=1}^{M}\pi_{j,k+1}\bar{D}_{j,k+1}\bar{D}_{j,k+1}^{\mathrm{T}}\right)^{-1}\Upsilon_{k+1|k}^{\mathrm{T}} \tag{5-24}$$

$$\Omega_{i,k+1} = \sum_{j=1}^{M} p_{ji}\bar{F}_{j,k}\Omega_{j,k}\bar{F}_{j,k}^{\mathrm{T}} + \sum_{j=1}^{M} p_{ji}\pi_{j,k}\bar{G}_{j,k}\bar{G}_{j,k}^{\mathrm{T}} \tag{5-25}$$

且 $\Psi_{k+1|k} = \bar{H}_{k+1}\Phi_{k+1|k}\bar{H}_{k+1}^{\mathrm{T}} + \sum_{j=1}^{M}\pi_{j,k+1}\bar{D}_{j,k+1}\bar{D}_{j,k+1}^{\mathrm{T}}$，即文献 [26] 的 LMMSE 估计器中的式子。

5.2.3 仿真分析

1. 杂波环境下机动单目标跟踪

考虑杂波环境下机动目标跟踪，目标机动的动态模型为式 (5-8)，其中 F_{Θ_k} 和 G_{Θ_k} 在各个模式中是确定的 [27]。杂波为空间独立均匀同分布，且杂波数目服从期望数目 λ 的泊松分布。目标检测概率为 P_D[24]。

在 k 时刻有 m_k 个回波落入目标量测置信区域。令落入置信区间的量测组成量测向量 $z_k = (z_{k,1}^{\mathrm{T}}, \cdots, z_{k,m_k}^{\mathrm{T}})^{\mathrm{T}}$。对于置信区间内的第 j 个回波，它可能来源于目标也可能来源于杂波，因此 $z_{k,j}$ 可以描述为

$$\begin{aligned} z_{k,j} &= H_{\Theta_k,j}x_k + v_{k,j} \\ &= \begin{cases} \begin{bmatrix} H_{1,k}, & \cdots, & H_{M,k} \end{bmatrix}\xi_k + v_{k,j}, & \text{概率 } p_{k,j} \\ v_{k,j}, & \text{概率 } 1-p_{k,j} \end{cases} \end{aligned} \tag{5-26}$$

式中，$p_{k,j}(j \neq 0)$ 为第 j 个回波来源于目标的概率；$H_{i,k}(i = 1, \cdots, M)$ 为每个模式的量测矩阵，对于某个传感器，在 k 时刻，量测矩阵可能是相同的。量测置信区域以预测量测为中心的超椭圆形如文献 [24] 所示，采用非参数 PDA 算法来计算 $p_{k,j}$，此时有

$$p_{k,j} = \frac{e_{k,j}}{b_k + \sum_{j=1}^{m_k} e_{k,j}}, \quad j = 1, \cdots, m_k \tag{5-27}$$

且

$$e_{k,j} = \exp\left(-\frac{1}{2}\nu_{k,j}^{\mathrm{T}}\Psi_{k|k-1}^{-1}\nu_{k,j}\right) \tag{5-28}$$

$$b_k = \frac{(2\pi)^{n_z/2}m_k(1-P_D P_G)}{c_{n_z}\gamma^{n_z/2}P_D} \tag{5-29}$$

式中，$\nu_{k,j}=z_{k,j}-\hat{z}_{k|k-1}$ 和 $\Psi_{k|k-1}$ 是相应的与 $z_{k,j}$ 相关的新息及新息协方差；c_{n_z} 是 n_z 维单位超椭圆的体积；P_G 为波门概率；γ 是波门阈值。此外，也可以采用 JPDA 的方法来获得回波与目标之间的对应概率 [25]。对于杂波环境下的机动单目标跟踪，基于 PDA 方法的 LMSCE 估计器的计算步骤如下。

(1) 初始化: 设置初始状态 x_0 及其协方差 P_0，初始模型概率 μ_0 和模型转移概率 P_t。

(2) 扩维: 计算初始扩维相关变量 $\hat{\xi}_{0|-1}$、Ω_0 和 $\Pi_{0|0}$。

(3) 预测: ① 计算 $\hat{\xi}_{k+1|k}$、Ω_{k+1} 和 $\Phi_{k+1|k}$；② 计算 $\hat{z}_{k+1|k}$ 和 $\Psi_{k+1|k}$，此时量测矩阵是确定的。

(4) 关联: 基于 PDA 方法，利用式 (5-27) 计算落入置信区间的每个回波的概率。

(5) 重构: 根据计算的概率 $p_{k,j}$，扩维并重构量测方程，重新计算此时的 $\hat{z}_{k+1|k}$ 和 $\Psi_{k+1|k}$。

(6) 更新: 利用式 (5-18) 计算状态估计 $\hat{\xi}_{k+1|k+1}$。基于式 (5-19) 和式 (5-21) 获取相关二阶矩 $\Pi_{k+1|k+1}$ 和 $\Phi_{k+1|k+1}$。

(7) 输出: 利用式 (5-15)，根据估计的 $\hat{\xi}_{k+1|k+1}$ 对每个模式累积计算 $\hat{x}_{k+1|k+1}$，并利用式 (5-16) 计算相应协方差 $P_{k+1|k+1}$。

(8) 令 $k=k+1$ 并返回第 (3) 步继续执行直到程序结束。

目标位于平面直角坐标系中 (10000m, 10000m) 处；相应的速度为 (300m/s, −100m/s)。目标运动轨迹如图 5.3 所示，包括前 20s 采取匀速直线 (constant velocity，CV) 运动，第二个 20s 采取具有加速度 (10m/s^2，10m/s^2) 的匀加速直线 (constant acceleration, CA) 运动，在最后 20s 又转化为 CV 运动。在场景中，杂波的期望均值 λ 设为 1×10^{-7}m，置信区域的波门阈值设为 $\gamma=16$。P_D 为 0.99，P_G 为 0.989。

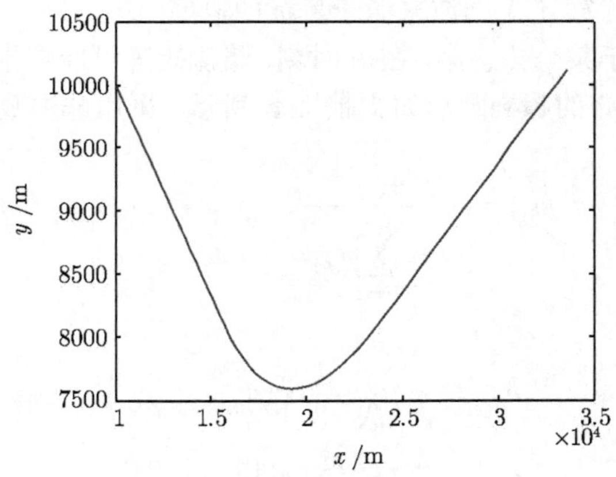

图 5.3　目标运动轨迹图

单传感器对目标进行探测，获得目标的位置信息，量测矩阵为

$$H = \begin{bmatrix} 1 & 0 & 0 & 0 & 0 & 0 \\ 0 & 0 & 0 & 1 & 0 & 0 \end{bmatrix}$$

式中，目标状态为 $(x, \dot{x}, \ddot{x}, y, \dot{y}, \ddot{y})^{\mathrm{T}}$。考虑两种不同的传感器噪声场景，在第一个场景中，量测噪声 v_k 为 Glint 噪声，被建模为高概率的零均值高斯噪声和低概率的拉普拉斯噪声组合 [28]，即 $v = (1 - \omega_v)N(v; 0, R_1) + \omega_v L(v; 0, R_2)$，其中，$R_1 = 10^4 I\mathrm{m}^2$，$\omega_v = 0.3$，$R_2 = (5^2 \times 10^4)I\mathrm{m}^2$；在第二个场景中，量测噪声服从零均值的高斯白噪声分布且协方差矩阵为 $R = 10^4 I\mathrm{m}^2$。后者的设置是为了在系统的过程噪声和量测噪声高斯假设下来与 IMMPDAF(interacting multiple model probabilistic data association, IMMPDA) 算法 [27] 进行比较。

在估计中，CV 和 CA 模型作为模型量测集，其中

$$F_1 = I_2 \otimes \begin{bmatrix} 1 & T & 0 \\ 0 & 1 & 0 \\ 0 & 0 & 0 \end{bmatrix}, \quad G_1 = I_2 \otimes \begin{bmatrix} T^2/2 \\ T \\ 0 \end{bmatrix}$$

$$F_2 = I_2 \otimes \begin{bmatrix} 1 & T & T^2/2 \\ 0 & 1 & T \\ 0 & 0 & 1 \end{bmatrix}, \quad G_2 = I_2 \otimes \begin{bmatrix} T^2/2 \\ T \\ 1 \end{bmatrix}$$

对于 CV 模型和 CA 模型，过程噪声都服从高斯分布，且其相应的标准差为 $5\mathrm{m/s}^2$ 和 $20\mathrm{m/s}^2$。初始模型概率为 $\pi_{1,0} = 0.95$，$\pi_{2,0} = 0.05$。模型转移概率矩阵为 $P_t = \begin{bmatrix} 0.95 & 0.05 \\ 0.05 & 0.95 \end{bmatrix}$。初始状态 $\hat{x}_{0|0}$ 为 $(10000, 300, 0, 10000, -100, 0)^{\mathrm{T}}$、协方差$P_{0|0}$ 为 $10^4 I$。在场景一中量测噪声协方差为 $(2.74 \times 10^4)I$。在场景二中量测噪声协方差为 $10^4 I$，剩余参数对于两个场景皆一致。

通过 1000 次蒙特卡罗仿真，与传统的 IMMPDA 算法进行对比，图 5.4 和图 5.5 给出了两种场景下所估计的位置和速度的均方根误差 (root mean square error，RMSE)。明显地，对于两种场景，LMSCE 估计器相较于 IMMPDA 算法，获得了更高的估计精度，这反映了处理数据关联和状态估计问题 MJLSSCM 统一滤波框架的合理性。

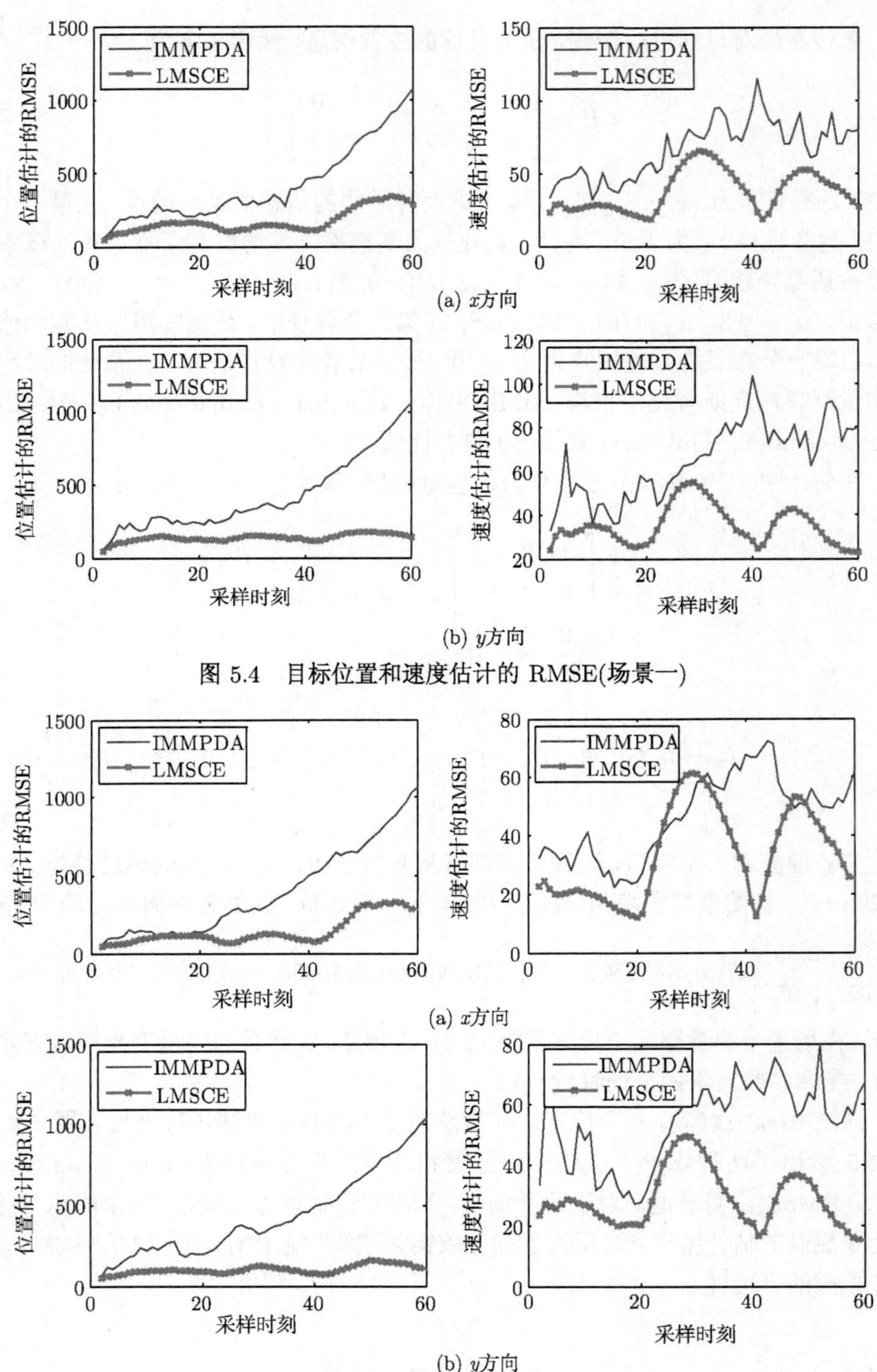

(a) x方向

(b) y方向

图 5.4 目标位置和速度估计的 RMSE(场景一)

(a) x方向

(b) y方向

图 5.5 目标位置和速度估计的 RMSE(场景二)

2. 杂波环境下机动多目标跟踪

考虑两机动目标跟踪，来验证所提出的 LMSCE 估计器的有效性。目标 1 位于平面直角坐标系中 (10200m, 1740m) 处，目标初始速度为 (−45m/s, 309.9m/s)。在前 10s 目标以 313.15m/s 的速度做 CV 运动。在 11∼18s，以 −0.05rad/s 的转弯角速率和 16m/s^2 的加速度做匀转弯运动，并在后续 3s 保持此速度做 CV 运动。随后，在 22∼30s，以 0.05rad/s 的转弯角速率和 16m/s^2 的角速度做匀转弯运动，并最终以 CV 运动持续了 5s。目标 2 位于平面直角坐标系中 (9600m, 2290m) 处，目标初始速度为 (45m/s, 309.9m/s)。在前 10s，目标以 313.15m/s 的速度做 CV 运动。在随后 8s，目标以 0.05rad/s 的转弯角速率和 16m/s^2 的加速度做匀转弯运动，并在后续 3s 保持此速度做 CV 运动。随后，在持续的 8s 中，以 −0.05rad/s 的转弯角速率和 16m/s^2 的角速度做匀转弯运动，并最终以 CV 运动持续了 5s。图 5.6 给出了两目标的运动轨迹。在场景中，杂波的期望均值 λ 设置为 1×10^{-7}m。置信区间的波门阈值设置为 $\gamma=16$，波门概率 P_G 为 0.989。

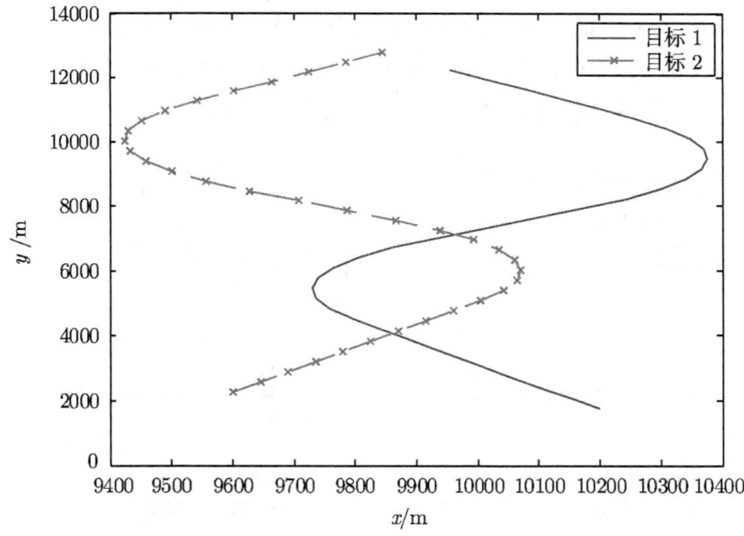

图 5.6　目标运动轨迹图

采取极坐标雷达对目标进行观测，获取径向距和方位角 ($r=\sqrt{x^2+y^2}$，$\varphi=\arctan^{-1}(y/x)$)，线性化雅可比矩阵为

$$\begin{bmatrix} \dfrac{x}{\sqrt{x^2+y^2}} & 0 & 0 & \dfrac{y}{\sqrt{x^2+y^2}} & 0 & 0 \\ -\dfrac{y}{x^2+y^2} & 0 & 0 & \dfrac{x}{x^2+y^2} & 0 & 0 \end{bmatrix}$$

其中，目标的状态为 $(x,\dot{x},\ddot{x},y,\dot{y},\ddot{y})^{\mathrm{T}}$。量测噪声 v_k 为零均值高斯白噪声且协方差

矩阵为 diag($400\text{m}^2, 40\text{mrad}^2$)，雷达位于 o-xy 坐标的原点，检测概率 P_D 为 0.997。

对于两个目标，运动模型相同，选择 CV 和 CA 运动作为模式集。在每个模式中，目标状态为相应方向的位置、速度和加速度。在 CV 运动中，过程噪声标准差假设为 5m/s^2，在 CA 运动中，过程噪声标准差假设为 20m/s^2。两目标的初始模型概率为 $\mu_0^1 = 0.95$，$\mu_0^2 = 0.05$。模型转移概率矩阵也是一致的，为 $\begin{bmatrix} 0.95 & 0.05 \\ 0.05 & 0.95 \end{bmatrix}$。假设航迹起始已经完成，对于目标 1，目标初始估计位置为目标真实初始位置加任意的 $(70, 30, 3, 60, 37, 0)^{\text{T}}$；对于目标 2，目标初始估计位置为目标真实初始位置加任意的 $(70, 30, 3, 100, 37, 0)^{\text{T}}$。对于两目标，初始状态估计协方差均为 $\text{diag}(1, 0.1, 0.1, 1, 0.1, 0.1) \times 10^4$。

图 5.7 给出了 1000 次蒙特卡罗仿真下所提 LMSCE 估计器与交互式多模型联合概率数据关联算法 (interacting multiple model joint probabilistic data association, IMMJPDAF)[27] 和 IMMPDA 算法的估计效果。从图中可以看出，在初始阶段，IMMPDA 算法、IMMJPDA 算法和 LMSCE 估计器效果基本相当，当两目标运动靠近时，相较于所提出的 LMSCE 估计器，IMMPDA 算法的估计误差迅速增大，而 IMMJPDA 算法的估计误差也增大了一些。在状态估计和数据关联中，由于其统一的滤波框架，所提出的 LMSCE 估计器是有效的。

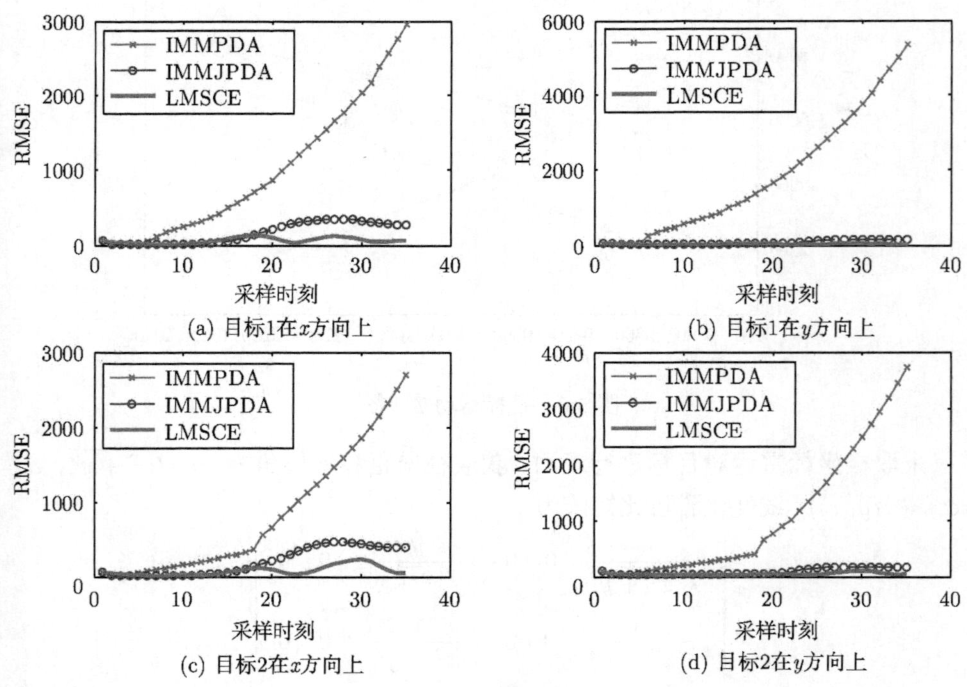

(a) 目标1在x方向上　(b) 目标1在y方向上

(c) 目标2在x方向上　(d) 目标2在y方向上

图 5.7　两目标位置估计的 RMSE

综上，基于状态估计与数据关联一体化框架，提出了离散时间 MJLSSCM 的数学模型。在该系统中，将数据关联后的回波与目标之间的不确定关系采用随机系数矩阵的形式表示。为使系统更具有一般性，状态方程中的系数矩阵也被改写为随机系数矩阵形式。针对该 MJLSSCM，给出了 LMSCE 估计器的设计，并将相应算法运用到了杂波环境下的机动目标跟踪，与 IMMPDAF 的仿真结果表明，LMSCE 估计器更具有效性。

5.3　有色噪声非线性马尔可夫跳变系统的高斯估计

对于机动目标跟踪，传统的基于多模型方法一般假设系统噪声和量测噪声皆为高斯白噪声 [6]。然而，由于建模不准确性，系统噪声中包含着模型误差信息，此时，过程噪声为白噪声的条件并不能完全得到满足，势必存在系统噪声为有色噪声的情况。例如，在高量测采样频率下，外部干扰在两个相邻采样时间间隔内没有发生变化或变化很小，此时这两个相邻时刻下的噪声特性是相关的，即量测噪声在时间方向上是相关的 [29]。

若过程噪声和量测噪声皆为有色噪声，那么基于多模型框架与高斯假设下的传统状态估计器自然估计精度不佳。另外，目标运动模型一般建立在动力学坐标系上，而量测方程一般为雷达坐标系。此时，机动目标跟踪系统往往存在非线性，在多模型框架下结合扩展 Kalman 滤波算法比较适用于系统弱非线性情况。而粒子滤波尽管可以提升估计精度，但选择粒子滤波器作为子滤波器时，粒子滤波采样量大且计算复杂。因此若马尔可夫跳变系统中既存在有色噪声，而系统演化又存在非线性，那么如何设计多模型框架下的兼具精度和计算量的高性能能滤波器，是一个迫切需要研究的问题。

高斯估计可以在计算量和精度之间进行有效折衷。一方面，高斯和分布可以实现对任意后验概率的充分近似 [38]，因此理论上只要高斯分项的数目足够多，高斯估计就能保证对状态的高精度估计；另一方面，构成高斯和估计的每个高斯项可并行独立计算，之间的交互耦合相对较弱，可以采用多个节点并行执行高斯分项，这就大大提高整个系统的计算效率。考虑到高斯估计的上述性能优点刚好可以满足有色噪声非线性跳变马尔可夫系统对精度和计算量的要求，本节基于多模型框架推导了有色噪声非线性跳变马尔可夫系统的状态后验概率密度函数的递推传递。在多模型框架中，通过适当地选择高斯近似，获得高斯分项估计，针对这些高斯分项中非线性积分，利用数值近似方法，递推计算状态后验概率的一、二阶矩，最终得到系统的状态估计。而状态估计是高斯估计分项估计的加权融合，可通过调整高斯数目的删减和合并，实现精度和计算量的折衷。

5.3.1　系统建模

考虑离散时间有色噪声非线性跳变马尔可夫系统 (markovian jump nonlinear system with colored noises, MJNSCN) 如下：

$$x_k = f(x_{k-1}, \Theta_k) + w_{k-1} \tag{5-30}$$

$$y_k = h(x_k, \Theta_k) + v_k \tag{5-31}$$

式中，$x_k \in \mathbb{R}^{n_x}$ 和 $y_k \in \mathbb{R}^{n_z}$ 分别为系统状态向量和量测向量；Θ_k 为离散时间、有线空间 $\{1, \cdots, M\}$ 的马尔可夫链，转移概率矩阵 $P_t = [p_{ij}]$ 且 $p_{ij} = P\{\Theta_{k+1} = i|\Theta_k = j\}$；$w_{k-1} \in \mathbb{R}^{n_x}$ 和 $v_k \in \mathbb{R}^{n_z}$ 分别为系统过程噪声和量测噪声，且皆为有色噪声，满足

$$w_k = \varphi_{k,k-1} w_{k-1} + \xi_{k-1} \tag{5-32}$$

$$v_k = \psi_{k,k-1} v_{k-1} + \varsigma_{k-1} \tag{5-33}$$

式中，ξ_k 与 ς_k 为相互独立、协方差为 Q_k 和 R_k 的高斯白噪声序列；初始状态 x_0 与 w_k、v_k 不相关。

由于相邻两个时刻的过程噪声 w_k 和 w_{k-1} 相关，且有一定的动态衍化形式，此时，无法直接获得状态 x_k 的后验概率密度函数。对状态 x_k 进行扩维，在线估计 w_k。令 $\chi_k = (x_k^{\mathrm{T}}, w_k^{\mathrm{T}})^{\mathrm{T}}$，则式 (5-30) 和式 (5-32) 可化为

$$\begin{bmatrix} x_k \\ w_k \end{bmatrix} = \begin{bmatrix} f(x_{k-1}, \Theta_k) + w_{k-1} \\ \varphi_{k,k-1} w_{k-1} \end{bmatrix} + \begin{bmatrix} O \\ I \end{bmatrix} \xi_{k-1} \tag{5-34}$$

即

$$\chi_k = f'(\chi_{k-1}, \Theta_k) + \Gamma_{k-1} \xi_{k-1} \tag{5-35}$$

式中，

$$f'_{k-1}(\chi_{k-1}, \Theta_k) = \begin{bmatrix} f(x_{k-1}, \Theta_k) + w_{k-1} \\ \varphi_{k,k-1} w_{k-1} \end{bmatrix}, \quad \Gamma_{k-1} = \begin{bmatrix} O \\ I \end{bmatrix}$$

此时，ξ_{k-1} 为相互独立的高斯白噪声，即 $E(\xi_{k-1}) = 0$，$\mathrm{cov}(\xi_k, \xi_l) = Q_k \delta_{kl}$，其中 $\delta_{kl} = 1(k = l)$，否则 $\delta_{kl} = 0(k \neq l)$。

同时，在量测方程中，相邻时刻量测噪声之间有 $v_k = \psi_{k,k-1} v_{k-1} + \varsigma_{k-1}$，则

$$v_k - \psi_{k,k-1} v_{k-1} = \varsigma_{k-1}$$

故

$$y_k - \psi_{k,k-1} y_{k-1} = h(x_k, \Theta_k) - \psi_{k,k-1} h(x_{k-1}, \Theta_{k-1}) + \varsigma_{k-1} \tag{5-36}$$

记 $z_k = y_k - \psi_{k,k-1}y_{k-1}$，$h'_k(\chi_k,\chi_{k-1},\Theta_k,\Theta_{k-1}) = h(x_k,\Theta_k) - \psi_{k,k-1}h(x_{k-1},\Theta_{k-1})$，则式 (5-36) 可化为

$$z_k = h'(\chi_k,\chi_{k-1},\Theta_k,\Theta_{k-1}) + \varsigma_{k-1} \tag{5-37}$$

此时，系统量测噪声 ς_{k-1} 为零均值高斯白噪声。

不同于传统的量测方程，在式 (5-37) 中，存在相邻两个时刻的状态 χ_{k-1} 和 χ_k。同时，不同于传统的多模型系统，在式 (5-37) 中，存在两个马尔可夫跳变参数 Θ_k 和 Θ_{k-1}。为方便起见，对系统式 (5-35) 和式 (5-37) 进行状态扩维，记 $x_k^a = (\chi_{k-1}^{\mathrm{T}},\xi_{k-1}^{\mathrm{T}},\chi_k^{\mathrm{T}})^{\mathrm{T}}$，重构系统如下：

$$x_k^a = f_{k-1}^*(x_{k-1}^a,\Theta_k,\Theta_{k-1}) + \Gamma_{k-1}^*\xi_{k-1} \tag{5-38}$$

$$z_k = h_k^*(x_k^a,\Theta_k,\Theta_{k-1}) + \varsigma_{k-1} \tag{5-39}$$

式中，

$$f_k^*(x_{k-1}^a,\Theta_k,\Theta_{k-1}) = \begin{bmatrix} f(x_{k-2},\Theta_{k-1}) + w_{k-2} \\ \varphi_{k-1,k-2}w_{k-2} + \xi_{k-2} \\ O \\ f(x_{k-1},\Theta_k) + w_{k-1} \\ \phi_{k,k-1}w_{k-1} \end{bmatrix},\quad \Gamma_{k-1}^* = \begin{bmatrix} O \\ O \\ I \\ O \\ I \end{bmatrix}$$

$$h_k^*(x_k^a,\Theta_k,\Theta_{k-1}) = h(x_k,\Theta_k) - \psi_{k,k-1}h(x_{k-1},\Theta_{k-1})$$

此时，系统式 (5-38) 和式 (5-39) 为以双变量 Θ_{k-1} 和 Θ_k 为参数的多模型系统，且转化后的系统过程噪声和量测噪声为相互独立的高斯白噪声序列。

若仅对状态进行扩维，即 $x_k^a = (\chi_{k-1}^{\mathrm{T}},\chi_k^{\mathrm{T}})$，则形成的状态衍化方程在 k 时刻过程噪声为 $(\xi_{k-2}^{\mathrm{T}},\xi_{k-1}^{\mathrm{T}})^{\mathrm{T}}$。由于 $E[((\xi_{k-2}^{\mathrm{T}},\xi_{k-1}^{\mathrm{T}})^{\mathrm{T}})((\xi_{k-1}^{\mathrm{T}},\xi_k^{\mathrm{T}})^{\mathrm{T}})] \neq 0$，故相邻时刻的过程噪声并不独立。为了后续估计方便，扩维状态 $x_k^a = (\chi_{k-1}^{\mathrm{T}},\xi_{k-1}^{\mathrm{T}},\chi_k^{\mathrm{T}})^{\mathrm{T}}$。

5.3.2　估计框架设计

与常见的多模型系统不同，多模型系统中仅含有单变量 Θ_k[6]，而在系统式 (5-38) 和式 (5-39) 中，含有两个马尔可夫变量 Θ_k 和 Θ_{k-1}。

定义 5.1　相邻 k 和 $k-1$ 两时刻可能的马尔可夫变量 Θ_k 和 Θ_{k-1} 构成假设集合：

$$H_k = \{H_{ij,k}|H_{ij,k}:\Theta_k = i,\Theta_{k-1} = j,i,j = 1,\cdots,M\} \tag{5-40}$$

定理 5.2　给定量测序列 $Z_{1:k} = \{z_1,z_2,\cdots,z_k\}$、$k-1$ 时刻假设集合 H_{k-1} 及各假设下的状态后验概率 $p(x_{k-1}^a|H_{ij,k-1},Z_{1:k-1})$ 和 $P(H_{ij,k-1}|Z_{1:k-1})$，则 k 时

刻各假设 $H_{ij,k}$ 下的条件后验概率 $p(x_k^a|H_{ij,k},Z_{1:k})$ 和 $P(H_{ij,k}|Z_{1:k})$，以及相应的状态后验概率 $p(x_k^a|Z_{1:k})$ 如下：

$$p(x_k^a|H_{ij,k},Z_{1:k})=\frac{p(z_k|x_k^a,H_{ij,k})p(x_k^a|H_{ij,k},Z_{1:k-1})}{p(z_k|H_{ij,k},Z_{1:k-1})} \tag{5-41}$$

$$P(H_{ij,k}|Z_{1:k})=\frac{p(z_k|H_{ij,k},Z_{1:k-1})P(H_{ij,k}|Z_{1:k-1})}{\sum_{i=1}^{M}\sum_{j=1}^{M}p(z_k|H_{ij,k},Z_{1:k-1})P(H_{ij,k}|Z_{1:k-1})} \tag{5-42}$$

$$p(x_k^a|Z_{1:k})=\sum_{i=1}^{M}\sum_{i=1}^{M}p(x_k^a|H_{ij,k},Z_{1:k})P(H_{ij,k}|Z_{1:k}) \tag{5-43}$$

式中，

$$p(x_k^a|H_{ij,k},Z_{1:k-1})=\int_{R^{n_{x^a}}}p(x_k^a|x_{k-1}^a,H_{ij,k})p(x_{k-1}^a|H_{ij,k},Z_{1:k-1})dx_{k-1}^a \tag{5-44}$$

$$P(H_{ij,k}|Z_{1:k-1})=\sum_{m=1}^{M}P(\Theta_k=i|\Theta_{k-1}=j)P(H_{jm,k-1}|Z_{1:k-1}) \tag{5-45}$$

且

$$p(x_{k-1}^a|H_{ij,k},Z_{1:k-1})=\sum_{m=1}^{M}p(x_{k-1}^a|H_{jm,k-1},Z_{1:k-1})P(\Theta_{k-2}=m|H_{ij,k},Z_{1:k-1}) \tag{5-46}$$

$$P(H_{jm,k-1}|H_{ij,k},Z_{1:k-1})=\frac{P(\Theta_k=i|\Theta_{k-1}=j)P(H_{jm,k-1}|Z_{1:k-1})}{\sum_{m=1}^{M}P(\Theta_k=i|\Theta_{k-1}=j)P(H_{jm,k-1}|Z_{1:k-1})} \tag{5-47}$$

$$P(H_{ij,k}|Z_{1:k-1})=\sum_{m=1}^{M}P(\Theta_k=i|\Theta_{k-1}=j)P(H_{jm,k-1}|Z_{1:k-1}) \tag{5-48}$$

式中，$p(x_k^a|x_{k-1}^a,H_{ij,k})$ 和 $p(z_k|x_k^a,H_{ij,k})(i,j=1,\cdots,M)$ 可以分别由系统式 (5-38) 和式 (5-39) 以及 ξ_{k-1} 和 ς_{k-1} 的分布获得。

证明 见本章附录。

在假设 $H_{ij,k-1}$ 下，条件后验概率 $p(x_{k-1}^a|Z_{1:k-1})$ 由该时刻的状态后验概率 $p(x_{k-1}^a|H_{jm,k-1},Z_{1:k-1})$ 和后验假设可能性 $p(H_{jm,k-1}|Z_{1:k-1})$ 共同构成。类似地，在 k 时刻，状态的后验概率密度由假设下的状态后验概率密度 $p(x_k^a|H_{ij,k},Z_{1:k})$ 和假设可能性 $P(H_{ij,k}|Z_{1:k})$ 共同构成。因此，全概率下状态后验概率密度的递推转化

为假设下状态后验概率密度的递推和假设可能性的递推。由于多模型系统的特性，在 k 时刻，每一假设可能衍生出 M 种可能性。此时，若 $k-1$ 时刻共存在 N_{k-1} 个可能假设，则经过一个时刻的传递，假设数目 $N_k = MN_{k-1}$；若不进行假设的删减与合并，则假设个数随着时间的推移呈指数形式增长。

由于带有权值的高斯和概率密度函数可以无限逼近其他的密度函数 [30], 对于可能假设下的条件状态后验概率分布，也可以采取高斯 (和) 近似的方法。此时，假设的删减与合并，转化为高斯项的合并与删除。

记假设 $H_{ij,k}$ 的后验可能性为

$$\hat{\mu}_{H_{ij,k|l}} = P(H_{ij,k}|Z_{1:l})$$

且

$$\hat{\mu}_{H_{jm,k-1}|H_{ij,k},k-1} = P(H_{jm,k-1}|H_{ij,k}, Z_{1:k-1})$$

在假设 $H_{ij,k}$ 下 x_k^a 的一、二阶矩定义为

$$\hat{x}^a_{k|H_{ij,k},l} = E(x_k^a|H_{ij,k}, Z_{1:l}), \varPhi_{k|H_{ij,k},l} = \mathrm{cov}(x_k^a|H_{ij,k}, Z_{1:l})$$

此时，有

$$\hat{x}^a_{k-1|H_{ij,k},k-1} = E(x^a_{k-1}|H_{ij,k}, Z_{1:k-1}), \quad \varPhi_{k-1|H_{ij,k},k-1} = \mathrm{cov}(x^a_{k-1}|H_{ij,k}, Z_{1:k-1})$$

在保持假设数目不变，且高斯近似的基础上，给出 MJNSCN 的高斯和滤波 (MJNSCN-Gaussian sum filer, MJNSCN-GSF) 算法如下。

(1) 初始化：根据先验信息设置高斯意义下初始状态估计和协方差以及相应的假设可能性。

$$\{H_{i,0} : \varTheta_0 = i\} : \hat{\mu}_{i,0|0}, \quad p(x_0|H_{i,0}) = N(x_0; \hat{x}_{0,H_{i,0}|0}, \varPhi_{0,H_{i,0}|0}),$$
$$i = 1, \cdots, M \text{ 且 } \sum_{i=1}^{M} \mu_{i,0} = 1$$

在 $k-1$ 时刻，假设 $H_{jm,k-1}$ 下状态后验概率密度函数 $p(x^a_{k-1}|H_{jm,k-1}, Z_{1:k-1})$ 为 $N(x^a_{k-1}; \hat{x}^a_{k-1|H_{jm,k-1},k-1}, \varPhi_{k-1|H_{jm,k-1},k-1})$，假设后验可能性为 $\hat{\mu}_{H_{jm,k-1}|k-1}$。

(2) 假设递推：将 $k-1$ 时刻假设 $H_{ij,k-1}$ 递推到 k 时刻，此时状态后验概率密度函数 $p(x^a_{k-1}|H_{ij,k}, Z_{1:k-1})$ 在高斯假设下为

$$\hat{\mu}_{H_{jm,k-1}|H_{ij,k},k-1} = \frac{p_{ij}\mu_{H_{jm,k-1}|k-1}}{\sum\limits_{m=1}^{M} p_{ij}\mu_{H_{jm,k-1}|k-1}}$$

$$\hat{x}^a_{k-1|H_{ij,k},k-1} = \sum_{m=1}^{M} \hat{\mu}_{H_{jm,k-1}|H_{ij,k},k-1} \hat{x}^a_{k-1|H_{jm,k-1},k-1}$$

$$\begin{aligned}\Phi^a_{k-1|H_{ij,k},k-1} = &\sum_{m=1}^{M} \Phi^a_{k-1|H_{jm,k-1},k-1}\\ &+ \hat{\mu}_{H_{jm,k-1}|H_{ij,k},k-1}(\hat{x}^a_{k-1|H_{jm,k-1},k-1} - \hat{x}^a_{k-1|H_{ij,k},k-1})(\cdot)^{\mathrm{T}}\end{aligned}$$

(3) 假设可能性预测：将 $P(H_{jm,k-1}|Z_{1:k-1})$ 递推到 $P(H_{ij,k}|Z_{1:k-1})$，则有

$$\hat{\mu}_{H_{ij,k}|k-1} = \sum_{m=1}^{M} p_{ij} \hat{\mu}_{H_{jm,k-1}|k-1}$$

(4) 状态预测：

$$\hat{x}^a_{k|H_{ij,k},k-1} = \int_{R^{n_{x^a_{k-1}}}} f^*_k(x^a_{k-1}, H_{ij,k}) p(x^a_{k-1}|H_{ij,k}, Z_{1:k-1}) \mathrm{d}x^a_{k-1}$$

$$\begin{aligned}\Phi_{k|H_{ij,k},k-1} = &\int_{R^n} f^*_k(x^a_{k-1}, H_{ij,k})(f^*_k(x^a_{k-1}, H_{ij,k}))^{\mathrm{T}} p(x^a_{k-1}|H_{ij,k}, Z_{1:k-1}) \mathrm{d}x^a_{k-1}\\ &- \hat{x}^a_{k|H_{ij,k},k-1}(\hat{x}^a_{k|H_{ij,k},k-1})^{\mathrm{T}} + \Gamma^*_{k-1} Q_{k-1} (\Gamma^*_{k-1})^{\mathrm{T}}\end{aligned}$$

(5) 状态更新：

$$\hat{x}^a_{k|H_{ij,k},k} = \hat{x}^a_{k|H_{ij,k},k-1} + K_{H_{ij,k}}(z_k - \hat{z}_{k|H_{ij,k},k-1})$$

$$\Phi_{k|H_{ij,k},k} = \Phi_{k|H_{ij,k},k-1} - K_{H_{ij,k}} P^{zz}_{k|H_{ij,k},k-1} (K_{H_{ij,k}})^{\mathrm{T}}$$

$$\hat{z}_{k|H_{ij,k},k-1} = \int_{R^{n_{x^a_k}}} h^*_k(x^a_k, H_{ij,k}) p(x^a_k|H_{ij,k}, Z_{1:k-1}) \mathrm{d}x^a_k$$

$$K_{H_{ij,k}} = P^{xz}_{k|H_{ij,k},k-1} (P^{zz}_{k|H_{ij,k},k-1})^{-1}$$

$$\begin{aligned}P^{xz}_{k|H_{ij,k},k-1} = &\int_{R^{n_{x^a_k}}} x^a_k h^*_k(x^a_k, H_{ij,k}) p(x^a_k|H_{ij,k}, Z_{1:k-1}) \mathrm{d}x^a_k\\ &- \hat{x}^a_{k|H_{ij,k},k-1}(\hat{z}_{k|H_{ij,k},k-1})^{\mathrm{T}}\end{aligned}$$

$$\begin{aligned}P^{zz}_{k|H_{ij,k},k-1} = &\int_{R^{n_{x^a_k}}} h^*_k(x^a_k, H_{ij,k})(h^*_k(x^a_k, H_{ij,k}))^{\mathrm{T}} p(x^a_k|H_{ij,k}, Z_{1:k-1}) \mathrm{d}x^a_k\\ &- \hat{z}_{k|H_{ij,k},k-1}(\hat{z}_{k|H_{ij,k},k-1})^{\mathrm{T}} + R_{k-1}\end{aligned}$$

(6) 假设更新：

$$\hat{\mu}_{H_{ij,k}|k} = \frac{p(z_k|H_{ij,k}, Z_{1:k-1}) \hat{\mu}_{H_{ij,k}|k-1}}{\displaystyle\sum_{i=1}^{M}\sum_{j=1}^{M} p(z_k|H_{ij,k}, Z_{1:k-1}) \hat{\mu}_{H_{ij,k}|k-1}}$$

(7) 输出：

$$\hat{x}_{k|k}^{a}=\sum_{i=1}^{M}\sum_{j=1}^{M}\hat{\mu}_{H_{ij,k}|k}\hat{x}_{k|H_{ij,k},k}^{a}$$

$$\Phi_{k|k}=\sum_{m=1}^{M}\Phi_{k|H_{jm,k},k}+\hat{\mu}_{H_{ij,k}|k}(\hat{x}_{k|H_{ij,k},k}^{a}-\hat{x}_{k|k}^{a})(\cdot)^{\mathrm{T}}$$

$$\hat{x}_{k|k}=[O_{(n_w+n_x+n_\xi)\times n_x},I_{n_x\times n_x},O_{n_w\times n_x}]\hat{x}_{k|k}^{a}$$

$$P_{k|k}=[O_{(n_w+n_x+n_\xi)\times n_x},I_{n_x\times n_x},O_{n_w\times n_x}]\Phi_{k|k}([O_{(n_w+n_x+n_\xi)\times n_x},I_{n_x\times n_x},O_{n_w\times n_x}])^{\mathrm{T}}$$

(8) 递推: 令 $k-1\leftarrow k$，返回步骤 (2)。

对于该算法中的积分计算，可以采取诸如无迹变换 (unscented transformation, UT) 等数值积分方法，进行近似求取。

5.3.3　仿真分析

考虑基于双模式的离散时间有色噪声下的离散时间非线性跳变马尔可夫系统，模型集中包含下述两个典型的一维非线性系统模型。

模型 1：

$$\begin{cases} x_k=0.5x_{k-1}+\sin(0.04\pi k)+1+w_{k-1} \\ z_k=(x_k)^2/5+v_k \end{cases}$$

模型 2：

$$\begin{cases} x_k=0.5x_{k-1}+\dfrac{25x_{k-1}}{1+(x_{k-1})^2}+8\cos(1.2(k-1))+w_{k-1} \\ z_k=(x_k)^2/20+v_k \end{cases}$$

且

$$w_k=\varphi_{k,k-1}w_{k-1}+\xi_{k-1}$$

$$v_k=\psi_{k,k-1}v_{k-1}+\zeta_{k-1}$$

式中，ξ_{k-1} 和 ζ_{k-1} 分别为零均值且协方差 $Q_k=1$ 和 $R_k=2.5$ 的高斯白噪声。系统仿真时间为 40 个时刻，在前 15 个时刻，状态按照模型 1 进行衍化；在第 16~30 时刻，状态按照模型 2 进行衍化；在剩余 10 个时刻，状态又按照模型 1 进行衍化。初始状态 $x_0\sim N(0,5)$，任意产生。

下面将所提 MJNSCN-GSF 算法与传统的交互式多模型无迹 Kalnan 滤波 (interacting multiple model unscented Kalman filter, IMMUKF) 算法相比。在 MJNSCN-GSF 算法和交互式多模型 (interacting multiple model, IMM) 的子滤波中，皆采

取UT 来计算数值积分。针对两种算法，取模型转移概率 $P_t = \begin{bmatrix} 0.98 & 0.02 \\ 0.02 & 0.98 \end{bmatrix}$，初始模型转移概率皆为 0.5，状态估计初值及其协方差为 $\hat{x}_{0|0} = 0$，$P_{0|0} = 5$。针对不同的 $\varphi_{k,k-1}$ 和 $\psi_{k,k-1}$ 的取值，图 5.8 和图 5.9 给出了 1000 次蒙特卡罗仿真下两种算法的 RMSE 曲线。

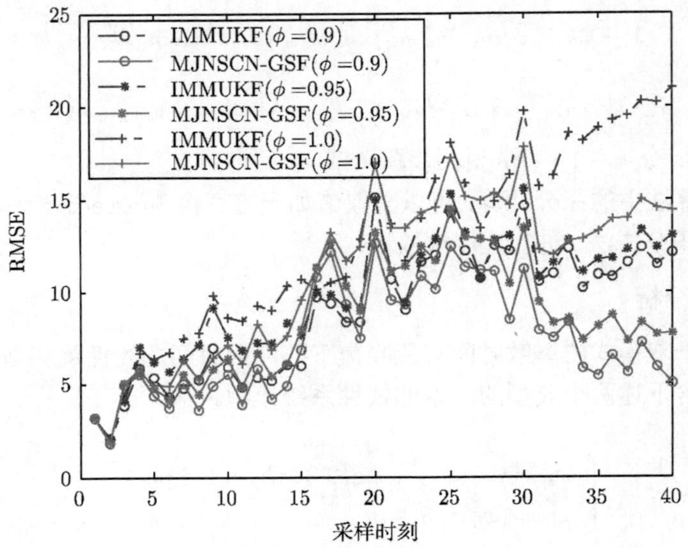

图 5.8　$\phi_{k,k-1}$ 变化下状态估计的 RMSE($\psi_{k,k-1} = 1.05$)

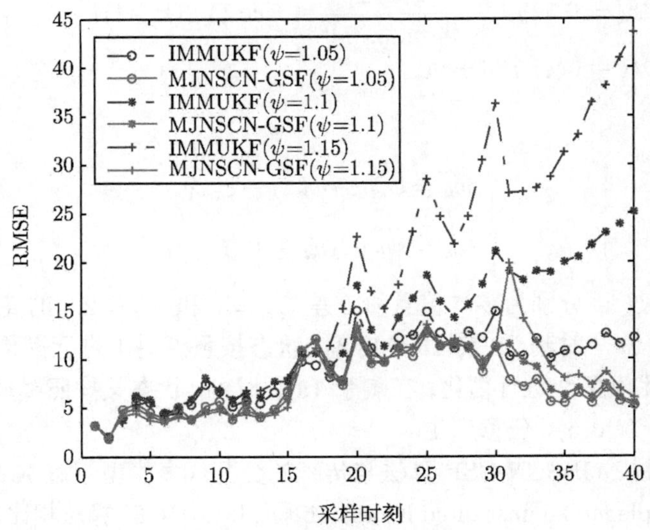

图 5.9　$\psi_{k,k-1}$ 变化下状态估计的 RMSE($\phi_{k,k-1} = 0.9$)

从图 5.8 中可以发现，随着 $\phi_{k,k-1}$ 的增大，无论传统的 IMMUKF 算法还是所提的 MJNSCN-GSF 算法的滤波精度都有所下降，但是所提 MJNSCN-GSF 算法的滤波精度远远优于 IMMUKF 算法 (随着 $\varphi_{k,k-1}$ 的增大，IMMUKF 甚至在多次蒙特卡罗仿真中出现了发散)。同时，从图 5.9 中可以发现，随着 $\psi_{k,k-1}$ 的增大，IMMUKF 算法的滤波精度快速下降，而 MJNSCN-GSF 算法的滤波精度虽然在某些时刻有所下降，但远远优于 IMMUKF 算法 (随着 $\psi_{k,k-1}$ 的增大，IMMUKF 甚至在多次蒙特卡罗仿真中出现了发散)。综上，从仿真结果中可以看出，虽然滤波精度会受到 $\phi_{k,k-1}$ 和 $\psi_{k,k-1}$ 变化的影响，然而所提的 MJNSCN-GSF 算法的滤波精度优于传统的 IMMUKF 算法。

综上，本节针对有色噪声非线性跳变马尔可夫系统，将其推导为含双马尔可夫变量的扩维状态的非线性高斯噪声系统。针对该系统，定义了包含相邻时刻马尔可夫变量的可能假设，给出了状态后验概率的递推衍化过程。利用高斯近似和数值积分方法，设计了 MJNSCN-GSF。仿真结果表明，同样采用 UT 进行数值积分，相比于传统的 IMMUKF 算法，所推导的高斯 (和) 滤波器可以获得更高的滤波精度。

5.4　多步随机延迟马尔可夫跳变系统的 LMMSE 估计

本节针对多步随机延迟马尔可夫跳变系统，将延迟建模为依据不同延迟步数的二值 (0 和 1) 随机变量的组合，同时该二值随机变量服从一阶马尔可夫跳变过程。此时，在实际获得的量测方程中，多个相邻量测噪声相互耦合。由于量测中随机参数的存在，将系统转化为离散时间随机参数系统。在该系统中，包含模型不确定的各模式重构出扩维状态。在此基础上，扩维状态和相应量测噪声构成新的系统状态，针对该系统，设计了线性最小均方误差估计器并在数值仿真中进行了验证。

5.4.1　系统建模

在实际系统中，传感器和估计器往往设置在不同的位置。在这种情况下，由于数据传输，在估计器中来自传感器的量测可能会面临随机延迟。

如图 5.10 所示，考虑具有多时刻随机延迟的离散时间马尔可夫跳变线性系统 (Markovian jump linear system with multi-step randomly delayed measurements, MJLSRDM) 如下：

$$x_{k+1} = F_{\Theta_k} x_k + \Gamma_{\Theta_k} w_k \tag{5-49}$$

$$z_k = H_{\Theta_k} x_k + D_{\Theta_k} v_k \tag{5-50}$$

$$y_k = \sum_{i=0}^{\min(k-1,s)} \gamma_k^i z_{k-i} \tag{5-51}$$

式中，$x_k \in \mathbb{R}^{n_x}$ 和 $z_k \in \mathbb{R}^{n_z}$ 分别代表系统相应的状态和传感器量测，$y_k \in \mathbb{R}^{n_z}$ 为估计器可获得的实际量测；Θ_k 为离散时间具有有线空间 $\{1,\cdots,M\}$ 的马尔可夫链；转移概率矩阵为 $S_t=[s_{ij}]$ 且 $s_{ij}=P\{\Theta_{k+1}=i|\Theta_k=j\}$，同时，$\pi_{j,k}=P(\Theta_k=j)$ 代表 k 时刻模型 j 的模型可能性；过程噪声 $\{w_k\}$ 和量测噪声 $\{v_k\}$ 为零均值序列，相互独立且协方差为 Q_k 和 R_k；$\gamma_k^i \in \{0,1\}(i=0,1,\cdots,s)$ 为二值随机变量，满足 $\sum\limits_{i=0}^{s}\gamma_k^i=1$。同时，延迟变量为离散时间齐次马尔可夫链，即

$$P\{\gamma_{k+1}^i=1|\gamma_k^j=1\}=\lambda_{ij},\quad i,j=0,1,\cdots,\min(k,s)$$

式中，γ_k^i 和 Θ_k 是不相关的。初始状态 x_0、$\{w_k\}$ 和 $\{v_k\}$ 以及 $\{\gamma_k^i\}$ 也是不相关的。

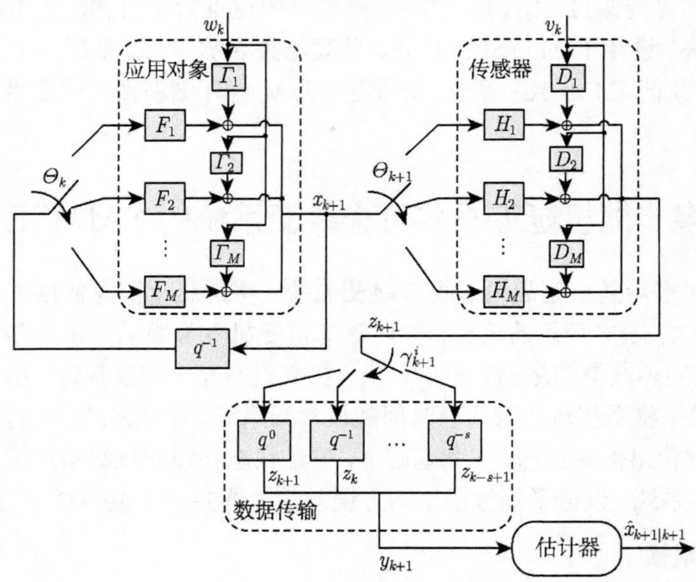

图 5.10　多步随机延迟量测下 MJLS 系统状态估计

目前已有文献研究了一步或两步伯努利随机量测延迟的情况 [31-34]。然而，对于更加广义的具有马尔可夫随机量测延迟的 MJLS 的状态估计问题，相关文献报道甚少。可以明显看到，文中模型在 $P\{\gamma_k^0=1\}=1$ 且 $P\{\gamma_k^i=1\}=0(i=1,\cdots,s)$(即不存在量测延迟) 下等价于文献 [26] 中的模型。同时，本书模型在 $M=1$、γ_k^i 与 $\gamma_l^j(k\neq l,\ i,j=0,\cdots,s)$ 和 $P\{\gamma_k^i=1\}=0(i=2,\cdots,s)$(系统单模型且具有一步伯努利随机量测延迟) 下等价于文献 [31] 中的模型，其中对于非线性系统，需要进行相同的线性化处理。因此，式 (5-49)~ 式 (5-51) 是文献 [26] 和 [31] 中模型的扩展形式。

5.4.2 估计框架设计

在目前研究中，延迟被建模为具有确定参数的伯努利分布，然而这种情况过于理想。在本节所考虑的系统中，多步延迟被建模为离散时间齐次马尔可夫链，其可以退化为伯努利分布。同时，考虑存在多种不确定性，包括马尔可夫转移参数 $\varTheta_k$、零均值白噪声 w_k 和 v_k 以及随机变量 γ_k^i。特别是系统中存在两个马尔可夫过程，一个是状态本身的转移过程，而另一个是每步延迟的切换过程。在文献 [26] 中，仅存在马尔可夫转移参数 $\varTheta_k$ 和零均值噪声 w_k、v_k。同时，在具有随机延迟量测的文献 [31]~[34] 中，这些系统仅仅是单模型的系统，因此仅包含零均值噪声 w_k、v_k 和随机变量 γ_k^i。在 MJLSRDM 中，马尔可夫参数和量测随机延迟变量乘性耦合，而过程/量测噪声加性耦合在系统中。这些共存不确定性使得状态估计变得更加复杂。

令 $\xi_k = \text{col}\{x_k 1_{\{\varTheta_k=i\}}, i=1,\cdots,M\}$ 为扩维状态，明显地，有

$$x_k = \sum_{i=1}^{M} x_k 1_{\{\varTheta_k=i\}} = \sum_{i=1}^{M} \xi_{i,k}$$

此时，式 (5-49)~ 式 (5-51) 可以改写为

$$\xi_{k+1} = F_k \xi_k + \varGamma_k w_k \tag{5-52}$$

$$z_k = H_k \xi_k + D_k v_k \tag{5-53}$$

$$y_k = \sum_{i=0}^{\min(k-1,s)} \gamma_k^i z_{k-i} \tag{5-54}$$

式中，F_k 为 $M\times M$ 块矩阵且它的第 (i,j) 个子块为 $F_j 1_{\{\varTheta_{k+1}=i,\varTheta_k=j\}}$；$\varGamma_k$ 为 $M\times 1$ 块矩阵且它的第 j 个子块为 $\left(\sum_{i=1}^{M}\varGamma_i 1_{\{\varTheta_k=i\}}\right)1_{\{\varTheta_{k+1}=j\}}$；$H_k$ 为 $1\times M$ 块矩阵且它的第 j 个子块为 H_j；$D_k=\sum_{i=1}^{M} D_i 1_{\{\varTheta_k=i\}}$。这里，$F_j$、$\varGamma_j$、$H_j$ 和 D_j 为第 j 个模式的系统矩阵。

令 $\hat{\xi}_{k|l}$、$\hat{\xi}_{j,k|l}$ 和 $\hat{x}_{k|l}$ 为相应的 ξ_k、$\xi_{j,k}(x_k 1_{\{\varTheta_k=i\}})$ 和 x_k 在给定量测序列 $Y_{1:l}$ 下的 LMMSE 估计，其中，$Y_{1:l}$ 代表量测序列 $\{y_1,\cdots,y_l\}$。$\bar{F}_k$ 为 $M\times M$ 的块矩阵且它的第 (i,j) 个子块为 $s_{ij}F_j$，且 $\bar{D}_k=\sum_{j=1}^{M}\pi_{j,k}D_j$。

为了获得该系统的 LMMSE 估计器，需要计算条件统计量 $E(y_k|Y_{1:k-1})$、$\text{cov}(y_k|Y_{1:k-1})$ 和 $\text{cov}(\xi_k, y_k|Y_{1:k-1})$。对于 LMMSE 估计，有

$$E(\xi_k|Y_{1:k}) = E(\xi_{k-1}|Y_{1:k})$$

$$+\operatorname{cov}(\xi_k,y_k|Y_{1:k-1})\operatorname{cov}^{-1}(y_k|Y_{1:k-1})\left(y_k-E(y_k|Y_{1:k-1})\right) \quad (5\text{-}55)$$

$$\begin{aligned}\operatorname{cov}(\xi_k|Y_{1:k}) =&\operatorname{cov}(\xi_k|Y_{1:k-1})\\&-\operatorname{cov}(\xi_k,y_k|Y_{1:k-1})\operatorname{cov}^{-1}(y_k|Y_{1:k-1})\operatorname{cov}^{\mathrm{T}}(\xi_k^a,y_k|Y_{1:k-1})\end{aligned} \quad (5\text{-}56)$$

然而，由于随机量测延迟，y_k 并不独立于 $Y_{1:k-1}$。因此，除了当前有效信息 z_k，前时刻的有效信息 $z_{k-i}(i=1,\cdots,s)$ 也需要在下述的推导中进行考虑。

定义 $\xi_k^a=(\xi_k^{\mathrm{T}},v_k^{\mathrm{T}})^{\mathrm{T}}$，令 k 时刻 $P\{\gamma_k^i=1\}=p_k^i(i=0,1,\cdots,s)$。令 $X_k^a=((\xi_{k-s+1}^a)^{\mathrm{T}},\cdots,(\xi_k^a)^{\mathrm{T}})^{\mathrm{T}}$。在这种方式下，利用式 (5-55) 和式 (5-56) 推导以新扩维的 X_k^a 为状态的 LMMSE 估计器，原状态 x_k 可以从 X_k^a 中估计出来。记

$$\begin{aligned}&\hat{X}_{k|l}^a=E(X_k^a|Y_{1:l})=\operatorname{col}\{(\hat{\xi}_{k-s+1|l}^a)^{\mathrm{T}},\cdots,(\hat{\xi}_{k|l}^a)^{\mathrm{T}}\},\\&W_{k|l}^a=\operatorname{cov}(X_k^a|Y_{1:l}),\varsigma_{k|l}=y_k-\hat{y}_{k|l},\varPsi_{k|l}=\operatorname{cov}(y_k|Y_{1:l}),\\&\varUpsilon_{k|l}^{X^a y}=\operatorname{cov}(X_k^a,y_k|Y_{1:l})=\operatorname{col}\{(\mathrm{T}_{k-s+1,k|l}^{\xi^a y})^{\mathrm{T}},\cdots,(T_{k,k|l}^{\xi^a y})^{\mathrm{T}}\}\end{aligned}$$

式中，

$$\hat{\xi}_{k|l}^a=E(\xi_k^a|Y_{1:l})=\operatorname{col}\{(\hat{\xi}_{k|l})^{\mathrm{T}},(\hat{v}_{k|l})^{\mathrm{T}}\},\quad W_{k|l}^a(i,j)=T_{k-s+i,k-s+j|l}^{\xi^a\xi^a},i,j=1,\cdots,s$$

$$T_{t,k|l}^{\xi^a y}=\operatorname{cov}(\xi_t^a,y_k|Y_{1:l})=\operatorname{col}\{(T_{t,k|l}^{\xi y})^{\mathrm{T}},\quad(T_{t,k|l}^{vy})^{\mathrm{T}}\},\quad\hat{y}_{k|l}=E(y_k|Y_{1:l})$$

且

$$\begin{aligned}\mathrm{T}_{k,t|l}^{\xi^a\xi^a}=\operatorname{cov}(\xi_k^a,\xi_t^a|Y_{1:l})=&\begin{bmatrix}\operatorname{cov}(\xi_k,\xi_t|Y_{1:l})&\operatorname{cov}(\xi_k,v_t|Y_{1:l})\\\operatorname{cov}(v_k,\xi_t|Y_{1:l})&\operatorname{cov}(v_k,v_t|Y_{1:l})\end{bmatrix}\\=&\begin{bmatrix}T_{k,t|l}^{\xi\xi}&T_{k,t|l}^{\xi v}\\T_{k,t|l}^{v\xi}&T_{k,t|l}^{vv}\end{bmatrix},\quad\hat{v}_{k|l}=E(v_k|Y_{1:l}),\end{aligned}$$

$$\begin{aligned}&P_{k|l}=\operatorname{cov}(x_k|Y_{1:l}),\quad\varPi_{k|l}=E(\hat{\xi}_{k|l}\cdot\hat{\xi}_{k|l}^{\mathrm{T}}|Y_{1:l}),\\&\varOmega_k=E(\xi_k\cdot\xi_k^{\mathrm{T}})=\operatorname{diag}\{\varOmega_{i,k},i=1,\cdots,M\}\end{aligned}$$

简便起见，记

$$\begin{aligned}&\varPhi_{k|l}=\operatorname{cov}(\xi_k|Y_{1:l})=T_{k,k|l}^{\xi\xi},\quad\varLambda_{k|l}=\operatorname{cov}(v_k|Y_{1:l})=T_{k,k|l}^{vv},\\&\varUpsilon_{k|l}^{\xi y}=\operatorname{cov}(\xi_k,y_k|Y_{1:l})=T_{k,k|l}^{\xi y}\end{aligned}$$

$$\varUpsilon_{k|l}^{vy}=\operatorname{cov}(v_k,y_k|Y_{1:l})=T_{k,k|l}^{vy},\quad\varUpsilon_{k|l}^{\xi v}=\operatorname{cov}(\xi_k,v_k|Y_{1:l})=(\varUpsilon_{k|l}^{v\xi})^{\mathrm{T}}=T_{k,k|l}^{\xi v}$$

引理 5.1　在量测序列 $Y_{1:k-1}$ 下，ξ_k^a 和 ξ_l^a 的条件协方差如下：

$$T_{k-j,k|k-1}^{\xi^a\xi^a}=\left(T_{k,k-j|k-1}^{\xi^a\xi^a}\right)^{\mathrm{T}}=\begin{bmatrix} T_{k-j,k-1|k-1}^{\xi\xi}\bar{F}_{k-1}^{\mathrm{T}} & O \\ T_{k-1,k-j|k-1}^{v\xi}\bar{F}_{k-1}^{\mathrm{T}} & O \end{bmatrix},\quad j=1,\cdots,s-1,$$

$$T_{k,k|k-1}^{\xi^a\xi^a}=\begin{bmatrix} \Phi_{k|k-1} & O \\ O & R_k \end{bmatrix}$$

证明　由于 w_{k-1} 和 v_k 皆与 ξ_{k-j} 和 $v_{k-j}(j=1,\cdots,s-1)$ 不相关，由此有

$$T_{k-j,k|k-1}^{\xi^a\xi^a}=\begin{bmatrix} \operatorname{cov}(\xi_{k-j},F_{k-1}\xi_{k-1}+D_{k-1}w_{k-1}|Y_{1:k-1}) & \operatorname{cov}(\xi_{k-j},v_k|Y_{1:k-1}) \\ \operatorname{cov}(v_{k-j},F_{k-1}\xi_{k-1}+D_{k-1}w_{k-1}|Y_{1:k-1}) & \operatorname{cov}(v_{k-j},v_k|Y_{1:k-1}) \end{bmatrix}$$

$$=\begin{bmatrix} T_{k-j,k-1|k-1}^{\xi\xi}\bar{F}_{k-1}^{\mathrm{T}} & O \\ T_{k-j,k-1|k-1}^{v\xi}\bar{F}_{k-1}^{\mathrm{T}} & O \end{bmatrix}$$

式中，$T_{k-j,k|k-1}^{\xi^a\xi^a}=\operatorname{cov}(\xi_{k-j}^a,\xi_k^a|Y_{1:k-1})=(T_{k,k-j|k-1}^{\xi^a\xi^a})^{\mathrm{T}}$。且由于 v_k 与 ξ_k 和 $Y_{1:k-1}$ 不相关，且 $\operatorname{cov}(v_k)=R_k$，因此有

$$T_{k,k|k-1}^{\xi^a\xi^a}=\begin{bmatrix} \operatorname{cov}(\xi_k|Y_{1:k-1}) & \operatorname{cov}(\xi_k,v_k|Y_{1:k-1}) \\ \operatorname{cov}(v_k,\xi_k|Y_{1:k-1}) & \operatorname{cov}(v_k|Y_{1:k-1}) \end{bmatrix}=\begin{bmatrix} \Phi_{k|k-1} & O \\ O & R_k \end{bmatrix}$$

综上，引理 5.1 得证。

引理 5.2　在量测序列 $Y_{1:k-1}$ 下，ξ_k^a 和 y_k 的条件协方差如下：

$$T_{k-j,k|k-1}^{\xi^a y}$$

$$=\begin{bmatrix} \sum\limits_{i=0}^{\min(k-1,s)}\sum\limits_{r=0}^{\min(k-2,s)}\lambda_{ir}p_{k-i-1}^{r}(T_{k-j,k-i|k-1}^{\xi\xi}H_{k-i}^{\mathrm{T}}+T_{k-j,k-i|k-1}^{\xi v}\bar{D}_{k-i}^{\mathrm{T}}) \\ \sum\limits_{i=0}^{\min(k-1,s)}\sum\limits_{r=0}^{\min(k-2,s)}\lambda_{ir}p_{k-i-1}^{r}(T_{k-j,k-i|k-1}^{v\xi}H_{k-i}^{\mathrm{T}}+T_{k-j,k-i|k-1}^{vv}\bar{D}_{k-i}^{\mathrm{T}}) \end{bmatrix},$$

$$j=0,\cdots,s-1$$

证明　$T_{k-j,k|k-1}^{\xi^a y}(j=0,\cdots,s-1)$ 可以被写为 $((T_{k-j,k|k-1}^{\xi y})^{\mathrm{T}},(T_{k-j,k|k-1}^{vy})^{\mathrm{T}})^{\mathrm{T}}$，其中，

$$T^{\xi y}_{k-j,k|k-1} = \operatorname{cov}\left(\xi_{k-j}, \sum_{i=0}^{\min(k-1,s)} \gamma_k^i z_{k-i} \middle| Y_{1:k-1}\right),$$

$$T^{vy}_{k-j,k|k-1} = \operatorname{cov}\left(v_{k-j}, \sum_{i=0}^{\min(k-1,s)} \gamma_k^i z_{k-i} \middle| Y_{1:k-1}\right)$$

式中，

$$\begin{aligned}
&\operatorname{cov}\left(\xi_{k-j}, \sum_{i=0}^{\min(k-1,s)} \gamma_k^i z_{k-i} \middle| Y_{1:k-1}\right)\\
=&\sum_{i=0}^{\min(k-1,s)} \operatorname{cov}\left(\xi_{k-j}, \gamma_k^i (H_{k-i}\xi_{k-i} + D_{k-i}v_{k-i}) | Y_{1:k-1}\right)\\
=&\sum_{i=0}^{\min(k-1,s)} \sum_{r=0}^{\min(k-2,s)} \lambda_{ir} p_{k-i-1}^r (T^{\xi\xi}_{k-j,k-i|k-1} H_{k-i}^{\mathrm{T}} + T^{\xi v}_{k-j,k-i|k-1} \bar{D}_{k-i}^{\mathrm{T}})\\
&\operatorname{cov}\left(v_{k-j}, \sum_{i=0}^{\min(k-1,s)} \gamma_k^i z_{k-i} \middle| Y_{1:k-1}\right)\\
=&\sum_{i=0}^{\min(k-1,s)} p_k^i \operatorname{cov}(v_{k-j}, H_{k-i}\xi_{k-i} + D_{k-i}v_{k-i} | Y_{1:k-1})\\
=&\sum_{i=0}^{\min(k-1,s)} \sum_{r=0}^{\min(k-2,s)} \lambda_{ir} p_{k-i-1}^r (T^{v\xi}_{k-j,k-i|k-1} H_{k-i}^{\mathrm{T}} + T^{vv}_{k-j,k-i|k-1} \bar{D}_{k-i}^{\mathrm{T}})
\end{aligned}$$

综上，引理 5.2 得证。

引理 5.3　在量测序列 $Y_{1:k-1}$ 或 $Y_{1:k}$ 下，ξ_k 的相关二阶矩如下：

$$\Omega_k = \operatorname{diag}\left\{\sum_{j=1}^{M} s_{ji} F_j \Omega_{i,k-1} F_j^{\mathrm{T}} + \sum_{j=1}^{M} s_{ji} \pi_{j,k} \Gamma_j Q_{k-1} \Gamma_j^{\mathrm{T}}, i = 1, \cdots, M\right\}$$

$$\begin{aligned}
&\Phi_{k|k-1} = \Omega_k - \bar{F}_{k-1} \Pi_{k-1|k-1} \bar{F}_{k-1}^{\mathrm{T}},\\
&\Phi_{k|k} = \Omega_k - \Pi_{k|k} = \Phi_{k|k-1} - \Upsilon^{\xi y}_{k|k-1} \Psi^{-1}_{k|k-1} (\Upsilon^{\xi y}_{k|k-1})^{\mathrm{T}}
\end{aligned}$$

证明　对于 Ω_k，由于在同一时刻两个不同的模式不能共存，因此有

$$\begin{aligned}
\Omega_k =& E([x_k^{\mathrm{T}} 1_{\{\Theta_k=1\}}, \cdots, x_k^{\mathrm{T}} 1_{\{\Theta_k=M\}}]^{\mathrm{T}} \cdot [x_k^{\mathrm{T}} 1_{\{\Theta_k=1\}}, \cdots, x_k^{\mathrm{T}} 1_{\{\Theta_k=M\}}]^{\mathrm{T}})\\
=&\operatorname{diag}\{\Omega_{i,k}, i = 1, \cdots, M\}
\end{aligned}$$

且

$$\begin{aligned}\Omega_{i,k} =&E(\xi_{i,k}\xi_{i,k}^{\mathrm{T}}) = E((F_{k-1}^i\xi_{k-1} + \Gamma_{k-1}^i w_{k-1})(F_{k-1}^i\xi_{k-1} + \Gamma_{k-1}^i w_{k-1})^{\mathrm{T}}) \\ =&E((F_{k-1}^i\xi_{k-1})(F_{k-1}^i\xi_{k-1})^{\mathrm{T}}) + E((\Gamma_{k-1}^i w_{k-1})(\Gamma_{k-1}^i w_{k-1})^{\mathrm{T}}) \\ =&\sum_{j=1}^{M} s_{ji}F_j\Omega_{i,k-1}F_j^{\mathrm{T}} + \sum_{j=1}^{M} s_{ji}\pi_{j,k}\Gamma_j Q_{k-1}\Gamma_j^{\mathrm{T}}\end{aligned}$$

式中，F_{k-1}^i 和 Γ_{k-1}^i 为 F_{k-1} 和 Γ_{k-1} 相应的第 i 行子矩阵。

由于

$$\Phi_{k|k-1} = E((\xi_k - \hat{\xi}_{k|k-1})(\xi_k - \hat{\xi}_{k|k-1})^{\mathrm{T}}|Y_{1:k-1}) = \Omega_k - \Pi_{k|k-1}$$

$$\Phi_{k|k} = E((\xi_k - \hat{\xi}_{k|k})(\xi_k - \hat{\xi}_{k|k})^{\mathrm{T}}|Y_{1:k}) = \Omega_k - \Pi_{k|k}$$

则有

$$\begin{aligned}\Pi_{k|k-1} =&E\left(\hat{\xi}_{k|k-1}\cdot(\hat{\xi}_{k|k-1})^{\mathrm{T}}|Y_{1:k-1}\right) \\ =&E\left((\bar{F}_{k-1}\hat{\xi}_{k-1|k-1})(\bar{F}_{k-1}\hat{\xi}_{k-1|k-1})^{\mathrm{T}}|Y_{1:k-1}\right) = \bar{F}_{k-1}\Pi_{k-1|k-1}\bar{F}_{k-1}^{\mathrm{T}} \\ \Pi_{k|k} =&E\left(\hat{\xi}_{k|k}\cdot(\hat{\xi}_{k|k})^{\mathrm{T}}|Y_{1:k}\right) \\ =&E\left((\hat{\xi}_{k|k-1} + \Upsilon_{k|k-1}^{\xi y}\Psi_{k|k-1}^{-1}\varsigma_{k|k-1})(\hat{\xi}_{k|k-1} + \Upsilon_{k|k-1}^{\xi y}\Psi_{k|k-1}^{-1}\varsigma_{k|k-1})^{\mathrm{T}}|Y_{1:k}\right) \\ =&\Pi_{k|k-1} + \Upsilon_{k|k-1}^{\xi y}\Psi_{k|k-1}^{-1}(\Upsilon_{k|k-1}^{\xi y})^{\mathrm{T}}\end{aligned}$$

综上，引理 5.3 得证。

定理 5.3 系统式 (5-49)~式 (5-51) 的 LMMSE(LMRDE) 估计器具有如下递推形式：

$$\hat{x}_{k|k} = \sum_{j=1}^{M}\hat{\xi}_{j,k|k} = [O,\cdots,O,\underbrace{I_{n_x},\cdots,I_{n_x}}_{M}]\hat{X}_{k|k}^a \tag{5-57}$$

$$P_{k|k} = \sum_{i=1}^{M}\sum_{j=1}^{M}\Phi_{ij,k|k} \tag{5-58}$$

状态预测：

$$\hat{X}_{k|k-1}^a = \mathrm{col}\{(\hat{\xi}_{k-s+1|k-1}^a)^{\mathrm{T}},\cdots,(\hat{\xi}_{k|k-1}^a)^{\mathrm{T}}\} \tag{5-59}$$

协方差预测：

$$W_{k|k-1}^a(i,j) = T_{k-s+i,k-s+j|k-1}^{\xi^a\xi^a},\quad i,j = 1,\cdots,s \tag{5-60}$$

状态更新:

$$\hat{X}^a_{k|k}=\hat{X}^a_{k|k-1}+\Upsilon^{X^ay}_{k|k-1}\Psi^{-1}_{k|k-1}\varsigma_{k|k-1} \tag{5-61}$$

协方差更新:

$$W^a_{k|k}=W^a_{k|k-1}-\Upsilon^{X^ay}_{k|k-1}\Psi^{-1}_{k|k-1}\left(\Upsilon^{X^ay}_{k|k-1}\right)^{\mathrm{T}} \tag{5-62}$$

式中，$\Upsilon^{X^ay}_{k|k-1}=\mathrm{col}\{(T^{\xi^ay}_{k-s+1,k|k-1})^{\mathrm{T}},\cdots,(T^{\xi^ay}_{k,k|k-1})^{\mathrm{T}}\}$。

$$\begin{aligned}\Psi_{k|k-1}=&\sum_{i=0}^{\min(k-1,s)}\sum_{j=0}^{\min(k-2,s)}\lambda_{ij}p^j_{k-1}(H_{k-i}\Phi_{k-i|k-1}H^{\mathrm{T}}_{k-i}\\&+H_{k-i}Y^{\xi v}_{k-i|k-1}\bar{D}^{\mathrm{T}}_{k-i}+\bar{D}_{k-i}Y^{v\xi}_{k-i|k-1}H^{\mathrm{T}}_{k-i})\\&+\sum_{i=0}^{\min(k-1,s)}\sum_{j=0}^{\min(k-2,s)}\lambda_{ij}p^j_{k-1}\left(\bar{D}_{k-i}\Lambda_{k-i|k-1}\bar{D}^{\mathrm{T}}_{k-i}\right.\\&\left.+\sum_{m=1}^{M}\pi_{m,k-i}D_mR_{k-i}D^{\mathrm{T}}_m-\bar{D}_{k-i}R_{k-i}\bar{D}^{\mathrm{T}}_{k-i}\right)\\&+\sum_{i=0}^{\min(k-1,s)}\sum_{j=0}^{\min(k-2,s)}\lambda_{ij}p^j_{k-1}\hat{z}_{k-i|k-1}(\hat{z}_{k-i|k-1})^{\mathrm{T}}\\&-\left(\sum_{i=0}^{\min(k-1,s)}\sum_{j=0}^{\min(k-2,s)}\lambda_{ij}p^j_{k-1}\hat{z}_{k-i|k-1}\right)\\&\cdot\left(\sum_{i=0}^{\min(k-1,s)}\sum_{j=0}^{\min(k-2,s)}\lambda_{ij}p^j_{k-1}\hat{z}_{k-i|k-1}\right)^{\mathrm{T}}\end{aligned} \tag{5-63}$$

$$\varsigma_{k|k-1}=y_k-\sum_{i=0}^{\min(k-1,s)}\sum_{j=0}^{\min(k-2,s)}\lambda_{ij}p^j_{k-1}\hat{z}_{k-i|k-1} \tag{5-64}$$

且

$$\hat{z}_{k-i|k-1}=H_{k-i}\hat{\xi}_{k-i|k-1}+\bar{D}_{k-i}\hat{v}_{k-i|k-1},\quad i=1,\cdots,s,\hat{z}_{k|k-1}=H_k\hat{\xi}_{k|k-1}$$

证明　见本章附录。

此外，LMRDE 估计器的初值给出如下：$\xi^a_{0|0}=(\hat{\xi}^{\mathrm{T}}_{0|0},O)^{\mathrm{T}}$，$\hat{\xi}_{0|0}=[\hat{\xi}^{\mathrm{T}}_{1,0|0},\cdots,\hat{\xi}^{\mathrm{T}}_{M,0|0}]^{\mathrm{T}}$，$\Pi_{0|0}=\xi_{0|0}\xi^{\mathrm{T}}_{0|0}$，$\Omega_0=\mathrm{diag}\{\Omega_{i,0},i=1,\cdots,M\}$，$\Psi_{1|0}=H_1\Phi_{1|0}H^{\mathrm{T}}_1+$

$\sum_{j=1}^{M}\pi_{j,1}D_jR_1D_j^{\mathrm{T}}$，$\Psi_{1|0}=H_1\Phi_{1|0}H_1^{\mathrm{T}}+\sum_{j=1}^{M}\pi_{j,1}D_jR_1D_j^{\mathrm{T}}$，$\varsigma_{1|0}=y_1-H_1\hat{\xi}_{1|0}$，其中，$\hat{\xi}_{i,0|0}=E(x_0 1_{\{\Theta=i\}})$，$\Omega_{i,0}=E(x_0x_0^{\mathrm{T}}1_{\{\Theta_0=i\}})$。对于具有 s 步随机量测延迟的 LMRDE 估计器，需要从一步延迟情况一直执行到 s 步延迟情况，直到 $k\geqslant s$。对于具有 s 步随机量测延迟的 MJLS 的 LMRDE 估计器，计算步骤如下。

(1) 初始化：设置初值 x_0 及其协方差 P_0、初始模型概率 μ_0 及模型转移概率矩阵 P_t。

(2) 扩维：计算初始值 $\hat{\xi}_{0|0}$，Ω_0 和 $\Pi_{0|0}$。

(3) 激活：若 $k<s$，量测最大延迟步为 k 步，相应的状态估计器应该为 k 步下的 LMRDE 估计器。否则，若 $k\geqslant s$，相应的估计器为 s 步随机延迟下的 LMRDE 估计器。

(4) 预测：① 利用式 (5-59) 和式 (5-60) 分别计算 $X^a_{k|k-1}$ 和 $W^a_{k|k-1}$；② 利用式 (5-64) 计算 $\varsigma_{k|k-1}$，利用式 (5-62) 和式(5-63)计算相应的 $\Upsilon^{X^ay}_{k|k-1}$和 $\Psi_{k|k-1}$。

(5) 更新：利用式 (5-61) 计算 $\hat{X}^a_{k|k}$，并利用式 (5-62) 获得 $W^a_{k|k}$。

(6) 输出：通过累加计算每个模式的状态估计利用式 (5-57) 得到 $\hat{x}_{k|k}$，并利用式 (5-58) 获得 $P_{k|k}$。

(7) 令 $k-1\leftarrow k$ 返回第 (3) 步，直到结束。

图 5.11 和图 5.12 给出了 LMMSE[26] 和 LMRDE 估计器的递推结构。除了类似的处理模块外，由于随机量测延迟与其他不确定性的耦合，在 LMRDE 估计器中出现了一些额外的处理模块 (虚线模块)。

对于式 (5-49)~式 (5-51)，模型可能性$\pi_{j,k}$由实际情况决定(参见文献 [34]~[38])；在实际情况无法决定 $\pi_{j,k}$ 时，可以采取下述方法。若 k 时刻状态与协方差估计 $\hat{x}_{k|k}$ 和 $\hat{P}_{k|k}$ 已知，类似于式 (5-64) 和式 (5-63)，获得每个模式下的 $\varsigma_{j,k+1|k}$ 和 $\Psi_{j,k+1|k}(j=1,\cdots,M)$。此时，在高斯假设 $\mu_{j,k+1}\sim N(\varsigma_{j,k+1|k};O,\Psi_{j,k+1|k})$ 下，模型可能性 $\pi_{i,k+1}=\mu_{j,k+1}\sum_{\tau=1}^{M}s_{\tau j}\pi_{\tau,k}\Big/\sum_{j=1}^{M}\left(\mu_{j,k+1}\sum_{\tau=1}^{M}s_{\tau j}\pi_{\tau,k}\right)$。如果延迟概率 p_k^i 未知，可以采取类似的方法来计算 p_k^i。此时，不同可能的延迟当做不同的模式，而相应的模型可能性可以当做延迟概率。若模型可能性和延迟概率皆未知，在给定某个初值的情况下，可以采取相互迭代的方法，来获取其近似值。

当 $p_k^0=1$ 且 $p_k^i=0(i=1,\cdots,s)$ 时，文献 [26] 中如图 5.11 所示的 LMMSE 估计器仅仅是图 5.12 所示的 LMRDE 估计器的特例。同时，在 p_k^i 和 $p_l^j(k\neq l,\ i,j=0,\cdots,s)$ 不相关，$P\{\gamma_k^i=1\}=0(i=2,\cdots,s)$ 且 $M=1$ 下，所提的 LMRDE 估计器可以退化为文献 [31] 中的扩展滤波算法。从这个角度看，所提的 LMRDE 估计器具有更一般化的框架。

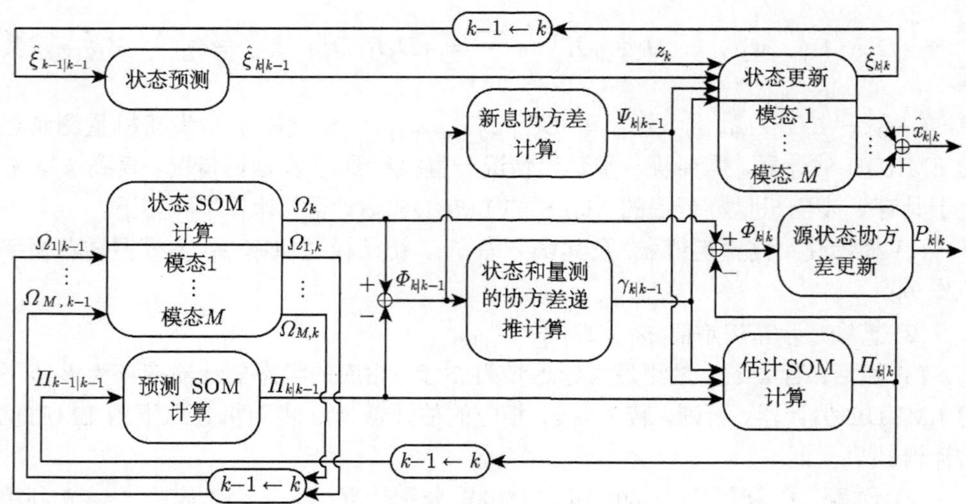

图 5.11 LMMSE 估计器算法模块图

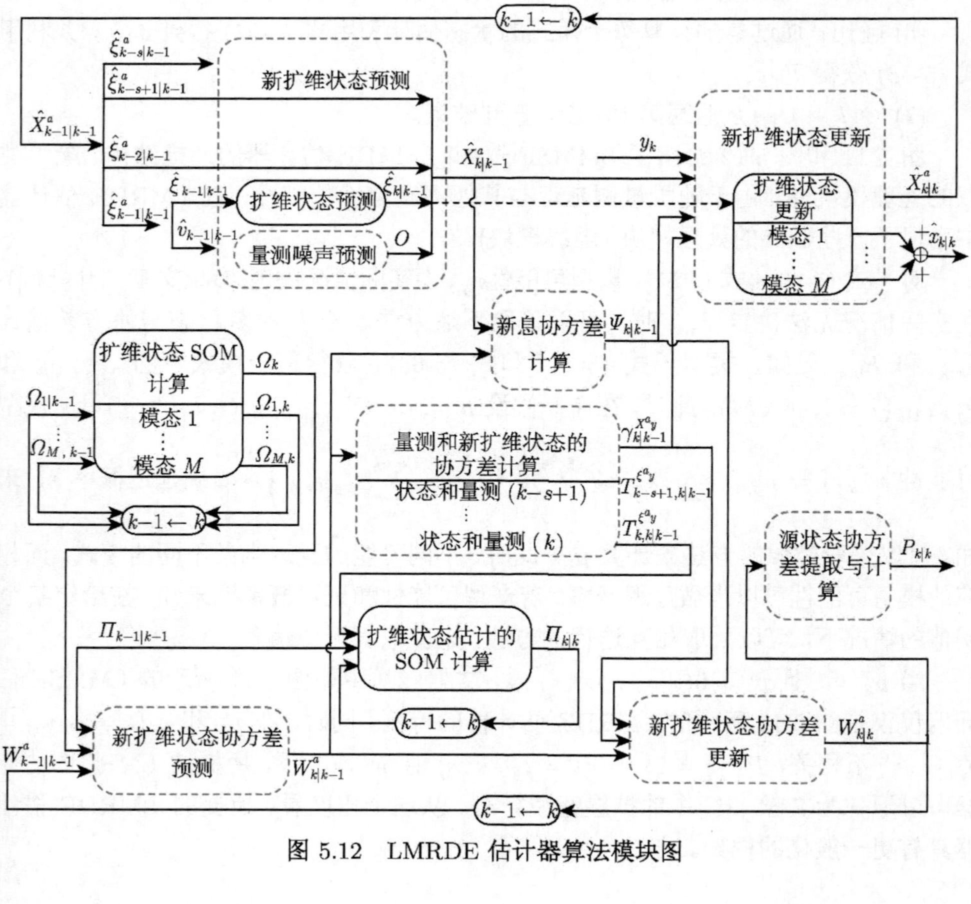

图 5.12 LMRDE 估计器算法模块图

如果延迟是伯努利分布的，且当前时刻延迟与前时刻延迟不相关，有 $P\{\gamma_{k+1}^i = 1|\gamma_k^j = 1\} = P\{\gamma_{k+1}^i = 1\} \cdot P\{\gamma_k^j = 1\}$，$\lambda_{ij,k+1} = P\{\gamma_{k+1}^i = 1|\gamma_k^j = 1\} = p_{k+1}^i/(s+1)(i,j=0,1,\cdots,s)$。在这种情况下，所提的 LMRDE 估计器退化为具有多时刻伯努利分布随机量测延迟 MJLS 的 LMMSE 估计器，而这个问题在以前也并未有人研究。类似地，所提的 LMRDE 估计器可以退化为单模型线性系统下多时刻马尔可夫或伯努利随机量测延迟下的 LMMSE 估计器，而相应的问题也并未有人研究。

5.4.3　仿真分析

仿真 1：考虑量测一步随机伯努利延迟下的机动目标跟踪，在前 20s 目标进行 CV 运动；在下一个 20s，目标进行 CT 运动；在最后 20s，目标回到 CV 运动上。初始目标状态 $x_0 = (10000, 350, 10000, 0)^{\mathrm{T}}$，过程噪声和量测噪声分别为协方差为 $0.01 \times I_2$ 和 $10^4 \times I_2$ 的高斯噪声序列。系统参数如下：

$$F_{\mathrm{CV}} = \begin{bmatrix} 1 & T & 0 & 0 \\ 0 & 1 & 0 & 0 \\ 0 & 0 & 1 & T \\ 0 & 0 & 0 & 1 \end{bmatrix}, \quad F_{\mathrm{CT}} = \begin{bmatrix} 1 & \sin(\omega T)/\omega & 0 & -(1-\cos(\omega T))/\omega \\ 0 & \cos(\omega T) & 0 & -\sin(\omega T) \\ 0 & (1-\cos(\omega T))/\omega & 1 & \sin(\omega T)/\omega \\ 0 & \sin(\omega T) & 0 & \cos(\omega T) \end{bmatrix}$$

$$\Gamma_{\mathrm{CV}} = \Gamma_{\mathrm{CT}} = \begin{bmatrix} T^2/2 & 0 \\ T & 0 \\ 0 & T^2/2 \\ 0 & T \end{bmatrix}, \quad H_1 = H_2 = \begin{bmatrix} 1 & 0 & 0 & 0 \\ 0 & 0 & 1 & 0 \end{bmatrix}, D_1 = D_2 = I_2$$

其中，采样时间 $T = 1\mathrm{s}$，$\omega = 0.2094$。所提算法与 LMMSE 估计器进行比较，系统模型转移概率矩阵为 $[s_{ij}] = \begin{bmatrix} 0.95 & 0.05 \\ 0.05 & 0.95 \end{bmatrix}$，初始转移概率 $\mu_0^1 = 0.9$，$\mu_0^2 = 0.1$。滤波初始状态 $\hat{x}_{0|0} = x_0 + (160, 10, 120, 15)^{\mathrm{T}}$，这里第二项是随机选择的。滤波初始协方差 $P_{0|0} = 10^6 \times \mathrm{diag}\{1, 0.001, 1, 0.001\}$。通过 1000 次蒙特卡罗仿真，图 5.13~图 5.15 给出了伯努利参数 p_k 变化下状态向量估计的 RMSE 曲线。图 5.13 给出了所提 LMRDE 估计器与传统的 LMMSE 估计器在伯努利参数 $p_k^0 = 1$，$p_k^1 = 0$ 下两者结果是一致的，进而验证了所推导算法的正确性。

图 5.14 和图 5.15 分别给出了在 $p_k^0 = 0.8$，$p_k^1 = 0.2$ 和 $p_k^0 = 0.7$，$p_k^1 = 0.3$ 两种情况下所提 LMRDE 估计器和 LMMSE 估计器的估计误差曲线。明显地，虽然随着伯努利参数 p_k^1 的增大，即量测延迟概率的增加，两种算法的 RMSE 曲线都有所增大，但 LMRDE 估计器滤波精度一致优于 LMMSE 估计器估计结果。

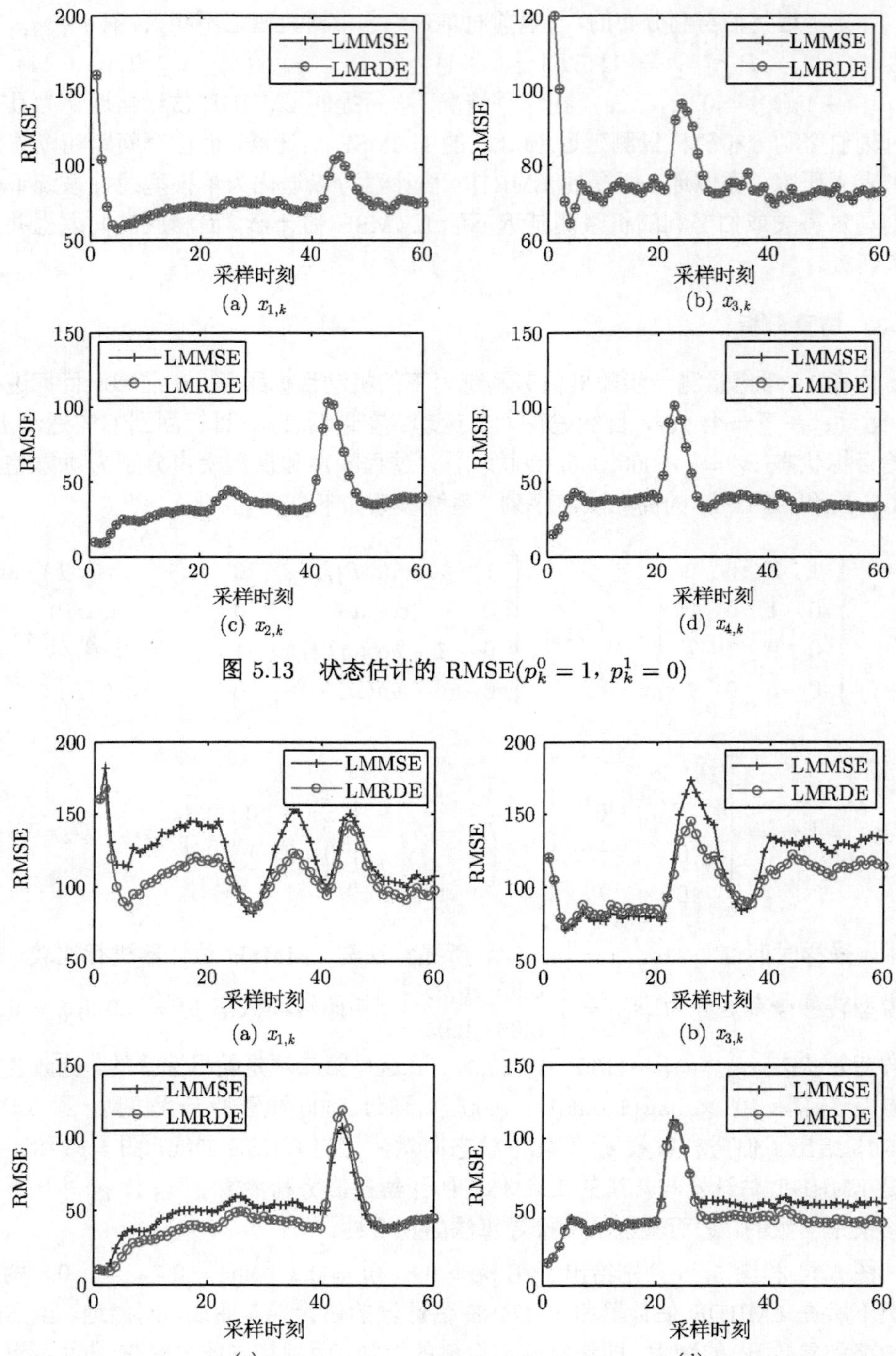

图 5.13　状态估计的 RMSE($p_k^0 = 1$，$p_k^1 = 0$)

图 5.14　状态估计的 RMSE($p_k^0 = 0.8$，$p_k^1 = 0.2$)

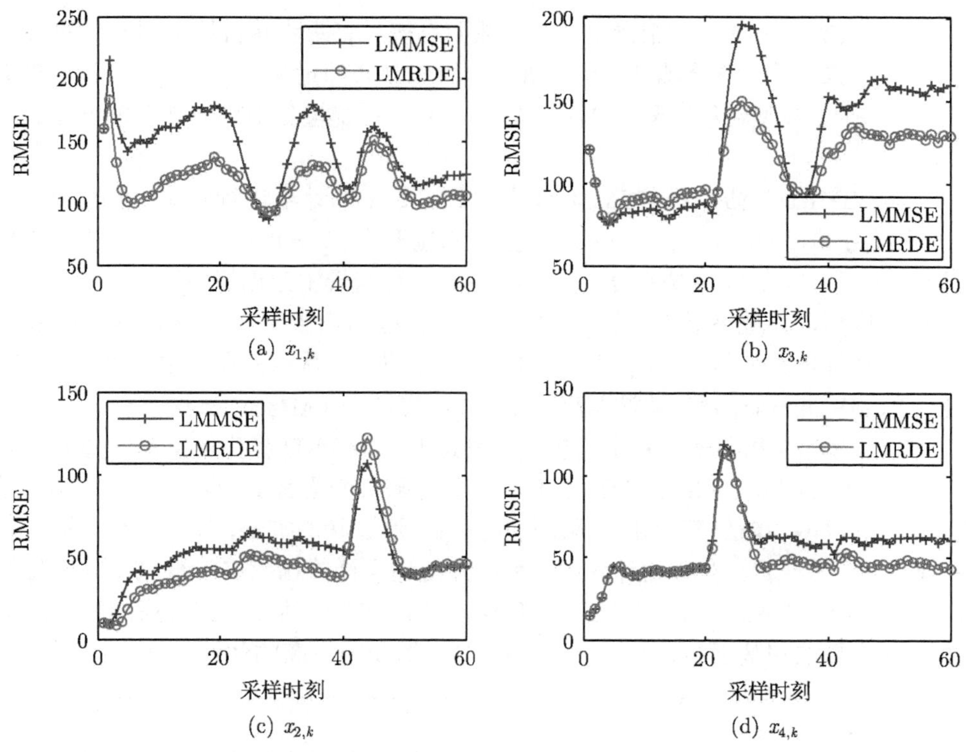

图 5.15　状态估计的 RMSE($p_k^0 = 0.7$，$p_k^1 = 0.3$)

仿真 2：考虑基于双模式的离散时间 MJLSRDM，模型参数如下：

$$F_1 = \begin{bmatrix} -0.95 & 0.05 \\ 0.1 & -0.9 \end{bmatrix}, F_2 = \begin{bmatrix} -0.85 & 0.15 \\ 0.05 & -0.95 \end{bmatrix},$$

$$\Gamma_1 = \Gamma_2 = \begin{bmatrix} 0.3 & 0.3 \\ 0 & 0.3 \end{bmatrix}$$

$$H_1 = \begin{bmatrix} 1 & 0 \\ 0 & 1 \end{bmatrix}, H_2 = \begin{bmatrix} 0 & 1 \\ 1 & 0 \end{bmatrix}, D_1 = D_2 = \begin{bmatrix} 0.5 & 0 \\ 0 & 0.5 \end{bmatrix}$$

在前 25 步采样中，系统按照模型 1 进行演化，在后 25 步采样中，系统按照模式 2 进行衍化。系统初始状态为 $x_0 = (-1, 1)^{\mathrm{T}}$，对于两种模式，过程噪声皆为协方差为单位阵的高斯噪声。

在该仿真中，考虑以下 5 种情景。情景 1 中，系统具有一步随机伯努利分布的量测延迟，且系统量测噪声为具有单位阵的高斯噪声。情景 2 与情景 1 基本类似，然而系统量测噪声为高权值的高斯噪声与低权值的拉普拉斯噪声的混合，即 $v = (1 - \omega_v)N(v; 0, R_1) + \omega_v L(v; 0, R_2)$，且 $\omega_v = 0.3$，$R_1 = I_2$，$R_2 = 25I_2$。情景 3

和情景 4 依次与情景 1 和情景 2 类似，然而系统具有两步随机伯努利分布的量测延迟。在情景 5 中，系统具有一步随机马尔可夫分布的量测延迟，且初始延迟概率为 $(0.2, 0.8)^{\mathrm{T}}$，模型转移矩阵为 $\lambda_{11} = \lambda_{22} = 0.95$，系统量测噪声为具有单位阵的高斯噪声。

所提 LMRDE 估计器与 IMM 算法和 LMMSE 估计器进行对比，模型转移概率矩阵皆为 $s_{11} = 0.95$，$s_{22} = 0.95$，模型初始概率为 $\mu_1^0 = 0.9$，$\mu_2^0 = 0.1$，状态初始估计值 $\hat{x}_{0|0} = (0, 0)^{\mathrm{T}}$，协方差 $P_{0|0} = I_2$。在前 4 种情景中延迟概率已知，在第 5 种情景中，模型转移概率递推计算。图 5.16～ 图 5.20 给出了 1000 次蒙特卡罗仿真下 5 种情景估计出来的状态 $x_{1,k}$ 和 $x_{2,k}$ 的 RMSE 曲线。从仿真曲线中可以看出，所提出的 LMRDE 估计器的滤波精度高于 IMM 算法和 LMMSE 算法。

综上，本节考虑传输过程中的随机量测延迟，将延迟建模为依据不同延迟步数的二值 (0 和 1) 随机变量的组合，同时，该二值随机变量服从一阶马尔可夫跳变过程。针对这种多步随机延迟跳变马尔可夫系统，通过状态扩维，设计了统一框架下的 LMRDE 估计器。在该估计器中，可以方便递推计算相邻多步量测噪声和相关项之间的耦合关系。仿真结果表明，所推导的 LMRDE 估计器比考虑随机量测延迟的 IMM 算法和基于 MJLS 的 LMMSE 估计器获得更高的估计精度。

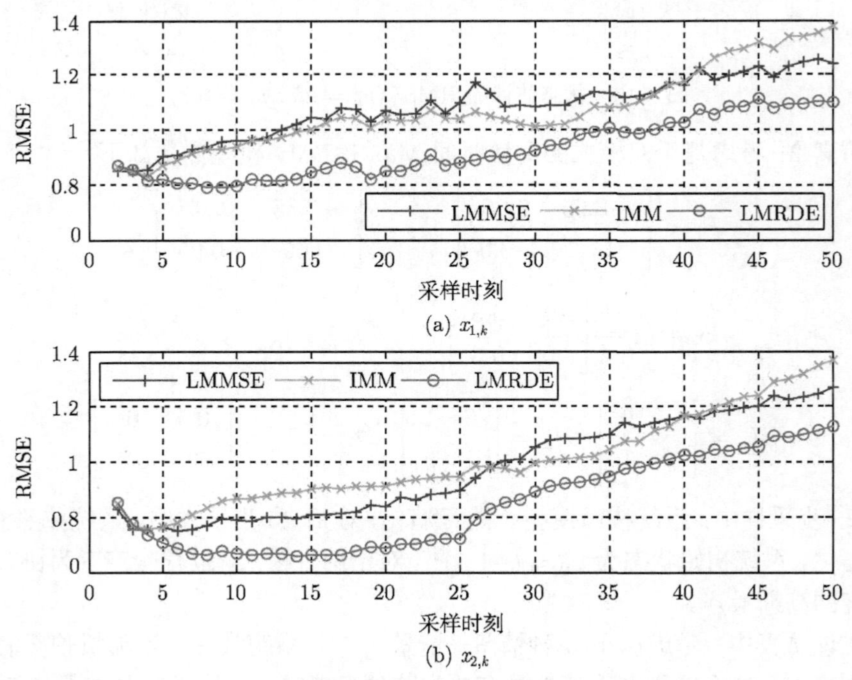

(a) $x_{1,k}$

(b) $x_{2,k}$

图 5.16　状态估计的 RMSE(情景 1)

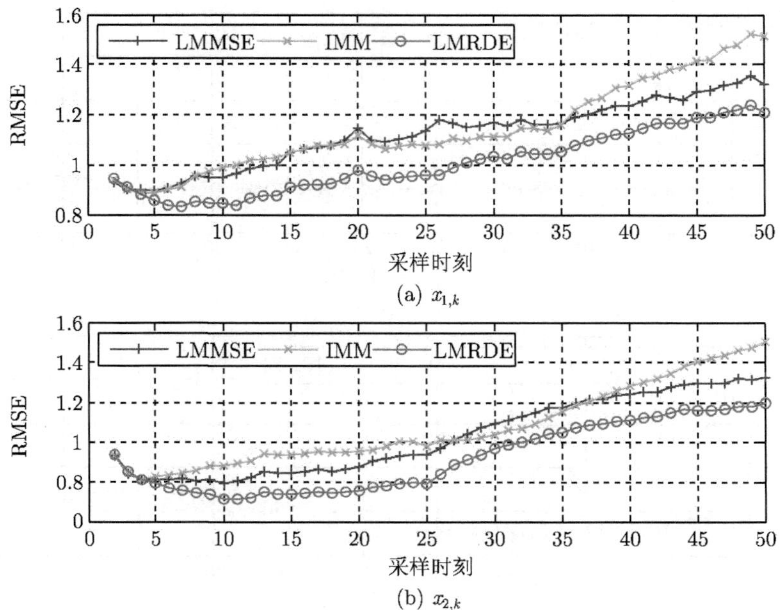

(a) $x_{1,k}$

(b) $x_{2,k}$

图 5.17　状态估计的 RMSE(情景 2)

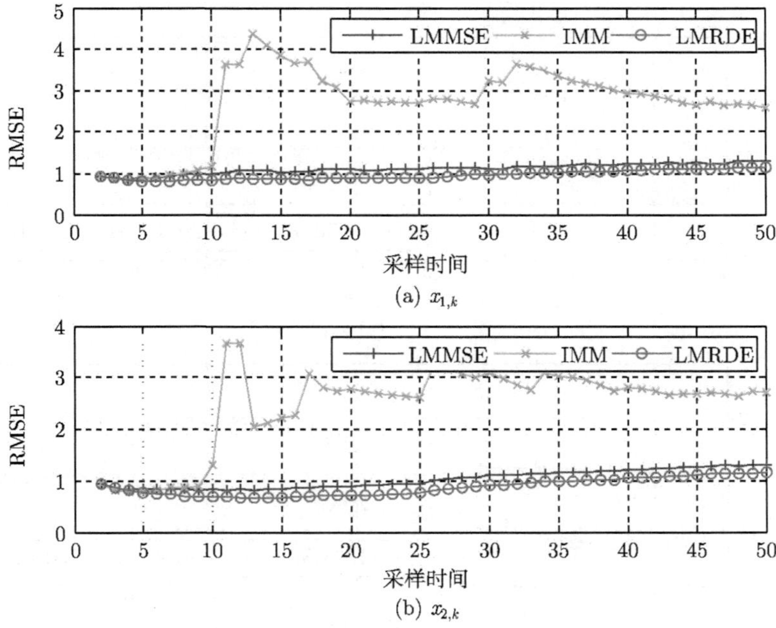

(a) $x_{1,k}$

(b) $x_{2,k}$

图 5.18　状态估计的 RMSE(情景 3)

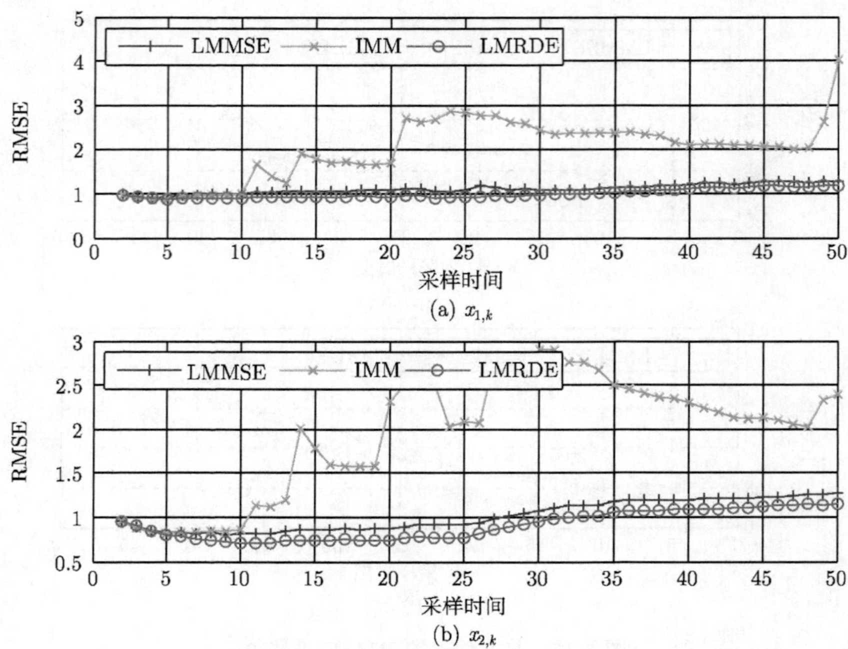

(a) $x_{1,k}$

(b) $x_{2,k}$

图 5.19　状态估计的 RMSE(情景 4)

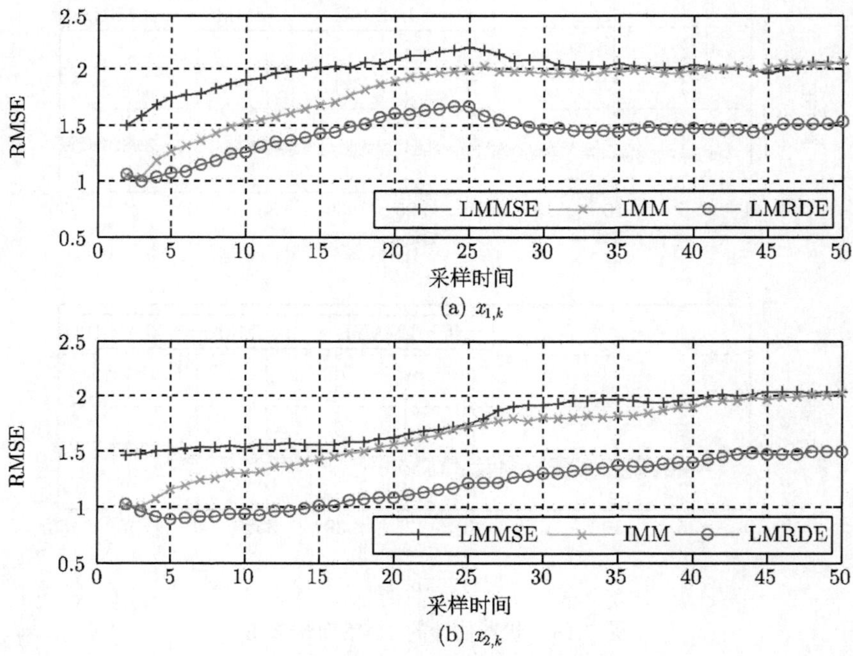

(a) $x_{1,k}$

(b) $x_{2,k}$

图 5.20　状态估计 RMSE(情景 5)

5.5 本章小结

本章针对机动目标跟踪中目标机动与多目标共存、模型非线性与噪声有色、目标机动与量测随机延迟等多种不确定性共存现象，深入研究了这些情况下的状态估计器的设计，主要研究结果如下。

(1) 在传统的跟踪算法中，状态估计的结果取决于数据关联后的综合量测的直接更新。近年来，出现了将状态估计与数据关联建模为随机系数矩阵的状态空间模型，用随机矩阵来描述回波与新的状态向量之间的随机关系。然而，上述这种方法仅考虑了目标非机动或弱机动运动下的跟踪。针对杂波环境下的机动目标跟踪，在量测方程中，利用随机系数矩阵描述目标与回波间的不确定性。同时，将系统推广到随机系数矩阵下的马尔可夫跳变系统。在该系统中，目标模式不确定与构造的系数矩阵随机性相互耦合。由于多目标与多模式的共同作用，转化后的系统具有较高的维数，计算量也随之增加。在模式不确定与模型系数矩阵随机性耦合的情况下，需要合理地设计一种计算量较小而性能相当的滤波算法。在实际目标跟踪中，多数情况下仅需要知道所感兴趣的目标状态的一、二阶矩。因此，针对随机参数跳变马尔可夫系统，设计了系统的 LMSCE 估计器。并且，将状态估计与数据关联转化为随机参数系统跳变马尔可夫系统的状态估计，在已有滤波框架的基础上，给出了杂波环境下机动目标跟踪的仿真。

(2) 在机动目标跟踪中，传统的基于多模型的方法一般假设系统噪声和量测噪声皆为高斯白噪声。然而，在实际系统中，由于建模不准确性等原因，过程噪声为白噪声的条件并不能完全得到满足，此时过程噪声为有色噪声。同时，在高量测采样频率下，外部干扰在两个相邻采样时间间隔内存在联系，相邻时刻下的噪声特性相关，此时量测噪声为有色噪声。另外，目标运动模型一般建立在动力学坐标系上，而量测方程一般为雷达坐标系。此时，机动目标跟踪系统往往存在非线性。对于有色噪声下的机动目标跟踪非线性系统，在传统的多模型框架下很难获取较高的状态估计精度。针对上述系统，通过状态扩维的方法和构造伪量测的方法，将原系统重构为高斯白噪声下的非线性马尔可夫系统，此时该系统含有相邻两时刻的马尔可夫跳变参数。对此，利用相邻两时刻马尔可夫参数的可能模式，构造了新的假设集合。在此基础上，重新推导了状态后验概率的递推衍化过程。对于每个可能的假设，利用高斯项进行近似，设计了 MJNSCN-GSF，在解析形式与数值积分解的混合形式下，给出了该系统的状态一、二阶矩的递推估计。在仿真中，与传统的 IMMUKF 算法进行了对比，验证了所提算法的有效性。

(3) 在实际系统中，由于数据传输的阻塞，可能会导致量测随机延迟。常见的量测随机延迟下的估计算法仅适用于单模型系统情况，且很难扩展到多模型框架。

例如，在机动目标跟踪的实际系统中，系统往往建模为多模型意义下的一阶马尔可夫跳变过程。针对一阶马尔可夫系统，无论多模型估计还是 LMMSE 估计，都假设系统量测实时获得。上述两种情况下的状态估计算法都很难适用于网络化意义下具有随机延迟的离散时间跳变马尔可夫系统。本章针对多步随机延迟跳变马尔可夫系统，将延迟建模为依据不同延迟步数的二值 (0 和 1) 随机变量的组合。同时，该二值随机变量服从一阶马尔可夫切换过程。此时，在实际获得的量测方程中，多个相邻量测噪声相互耦合。针对该系统，首先将状态扩维为包含模式不确定性的各模式状态的集合。然后，将原扩维状态按照可能延迟步数，再次扩维。在此基础上，设计了 LMRDE 估计器并在数值仿真中验证了算法的有效性。

参 考 文 献

[1] 何友, 修建娟, 张晶炜, 等, 雷达数据处理及应用 [M]. 2 版. 北京：电子工业出版社, 2009.

[2] 潘泉, 梁彦, 杨峰, 等. 现代目标跟踪与信息融合 [M]. 北京：国防工业出版社, 2009.

[3] Yang Y B, Liang Y, et al. The LMMSE estimation of Markovian jump linear systems with stochastic coefficient matrices[J]. IET Control Theory & Applications, 2014, 8(12), 1112-1126.

[4] Yang B, Liang Y, Pan Q, et al. The LMMSE estimation of Markovian jump linear systems with randomly delayed measurements[J]. IET Signal Processing, 2014, 8(6), 658-667.

[5] Yang Y B, Pan Q, Pan Q, et al. Adaptive filter for Markovian jump nonlinear systems with colored noises based on gaussian mixture approximation [C]. 第六届中国信息融合大会论文集, 2014, 308-316.

[6] Li X R, Jilkov V P. Survey of maneuvering target tracking. Part V: multiple-model methods [J]. IEEE Transactions. Aerospace Electron. Syst., 2005, 41, (4): 1255-1321.

[7] Li X R. Engineer's guide to variable-structure multiple-model estimation for tracking. Multitarget-Multisensor Tracking: Applications and Advances, Vol. III [C]. Boston: Artech House, 2000: 499-567.

[8] Magill D T. Optimal adaptive estimation of sampled stochastic processes [J]. IEEE Transactions. Autom. Control, 1965, AC-10: 434-439.

[9] Lainiotis D G. Optimal adaptive estimation: Structure and parameter adaptation [J]. IEEE Transactions. Automat. Control, 1971, 16 (2): 160-170.

[10] Lainiotis D G. Partitioning: A unifying framework for adaptive systems, I: Estimation [J]. Proceedings of the IEEE, 1976, 64 (8): 1126-1143.

[11] Maybeck P S. Stochostic Models, Estimation and Control [M]. New York: Academic Press, 1982.

[12] Blom H A P, Bar-Shalom Y. The interacting multiple model algorithm for systems with Markovian switching coefficients [J]. IEEE Transactions. Automat. Control, 1988, 33 (8): 780-783.

[13] Mazor E, Averbuch A, Bar-Shalom Y, et al. Interacting multiple model methods in target Tracking: A survey [J]. IEEE Transactions. Aerospace Electron Syst., 1998, 34 (1): 103-123.

[14] Bar-Shalom Y, Li X R. Estimation and tracking: princples, techniques and software [M]. Boston: Artech House, 1993.

[15] Johnston L A, Krishnamurthy V. An improvement to the interacting multiple model(IMM) algorithm [J]. IEEE Transactions. Signal Process, 2001, 49 (12): 2909-2923.

[16] Li X R. Bar-Shalom Y, Multiple-model estimation with variable structure [J]. IEEE Transactions. Automat. Control, 1996, 41 (4): 478-493.

[17] Li X R. Multiple-model estimation with variable structure—Part II: model-set adaptation [J]. IEEE Transactions. Automat. Control, 2000, 45 (11): 2047-2060.

[18] Li X R, Zhi X R, Zhang Y M. Multiple-model estimation with variance structure—Part III: Model-group switching algorithm [J]. IEEE Transactions. Aerospace. Electron. Syst., 1999, 35: 225-241.

[19] Li X R, Zhi X R, Zhang Y M. Multiple-model estimation with variable structure—Part IV: Design and evaluation of model-group switching algorithm [J]. IEEE Transactions. Aerospace. Electron. Syst., 1999, 35: 242-254.

[20] Li X R, Zhang Y M. Multiple-model estimation with variance structure—Part V: likely-model set algorithm [J]. IEEE Transactions. Aerospace. Electron. Syst., 2000, 36: 448-466.

[21] Lan J, Li X R, Mu C. Best model augmentation for variable-structure multiple-model estimation [J]. IEEE Transactions. Aerospace Electron Syst., 2011, 47 (3): 2008-2025.

[22] Ru J, Li X R. Variable-structure multiple-model approach to fault detection, identification and estimation [J]. IEEE Transactions. Control Syst. Technology, 2008, 16(5): 1029-1038.

[23] 韩崇昭, 朱红艳, 段战胜, 等. 多源信息融合 [M]. 2 版. 北京: 清华大学出版社, 2010.

[24] Bar-shalom Y, Daum F, Huang J. The probabilistic data association filter [J]. IEEE Control Syst. Magazine, 2009: 82-100.

[25] Luo Y, Zhu Y, Shen X, et al. Novel data association algorithm based on integrated random coefficient matrices Kalman filtering [J]. IEEE Transactions. Aerospace Electron Syst., 2012, 48 (1): 144-158.

[26] Costa O L V. Linear minimum mean square error estimation for discrete-time Markovian jump linear system [J]. IEEE Transactions. Autom. Control, 1994, 39 (8): 1685-1689.

[27] Bar-shalom Y, Li X R. Multitarget-Multisnesor Tracking: Principles and Techniques [M]. Storrs: YBS, 1995.

[28] Bilik I, Tabrikian J. Maneuvering target tracking in the presence of glint using the nonlinear Gaussian mixture Kalman filter [J]. IEEE Transactions. Aerospace. Electron. Syst., 2010, 46 (1): 246-262.

[29] 王小旭, 梁彦, 潘泉, 等. 带有色量测噪声的非线性系统 Unscented 卡尔曼滤波器 [J]. 自动化学报, 2012, 38: 986-998.

[30] Alspach D L, Sorenson H W. Nonlinear Bayesian estimation using Gaussian sum approximations [J]. IEEE Transactions. Automat. Control, 1972, (4): 439-448.

[31] Hermoso-Carazo A, Linares-Pérez J. Extended and unscented filtering algorithms using one-step randomly delayed observations [J]. Applied Mathematics and Computation, 2007, 190: 1375-1393.

[32] Wang X, Liang Y, Puan Q, et al. Gaussian filter for nonlinear systems with one-step randomly delayed measurements [J]. Automatica, 2013, 49: 976-986.

[33] Hermoso-Carazo A, Linares-Pérez J. Unscented filtering algorithm using two-step randomly delayed measurements in Nonlinear Systems [J]. Applied Mathematical Modelling, 2009, 33: 3705-3717.

[34] Costa O L V. Linear minimum mean square error estimation for discrete-time Markovian jump linear system [J]. IEEE Transactions. Autom. Control, 1994, 39(8): 1685-1689.

[35] Costa O L V, Guerra S. Stationary filter for linear minimum mean square error estimation for discrete-time Markovian jump linear systems [J]. IEEE Transactions. Autom. Control, 2002, 47(8): 1351-1356.

[36] Terra M H, Ishihara J Y, Junior A P. Array algorithm for filtering of discrete-Time Markovian jump linear systems [J]. IEEE Transactions. Autom. Control, 2007, 52(7): 1293-1296.

[37] Terra M H, Ishihara J Y, Jesus G. Information filtering and array algorithms for discrete-Time Markovian jump linear systems [J]. IEEE Transactions. Autom. Control, 2009, 54(1): 158-162.

[38] Wang X X, Liang Y, Pan Q, et al. Gaussian/Gaussian-mixture filters for nonlinear stochastic systems with delayed states[J]. IET Control Theory & Application, 2014, 8(11), 996-1008.

附　录

1. **定理 5.1 证明**

对于系统式 (5-13) 和式 (5-14)，给定量测序列 $Z_{1:k+1}$，$k+1$ 时刻的状态预测 $\hat{\xi}_{k+1|k}$ 为

$$\begin{aligned}\hat{\xi}_{k+1|k} =& E\left(\bar{F}_k\xi_k + \Delta F_k\xi_k + \bar{G}_k w_k + \Delta G_k w_k \middle| Z_{1:k}\right)\\ =& E\left(\bar{F}_k\xi_k + \Delta F_k\xi_k \middle| Z_{1:k}\right) + E\left(\bar{G}_k w_k + \Delta G_k w_k \middle| Z_{1:k}\right)\\ =& E\left(\bar{F}_k\right)E\left(\xi_k | Z_{1:k}\right) + E\left(\Delta F_k\right)E\left(\xi_k | Z_{1:k}\right) = \bar{\mathcal{F}}_k\hat{\xi}_{k|k}\end{aligned}$$

其中，随机矩阵 $\bar{F}_k$ 和 ΔF_k 与 ξ_k 独立，且 G_k 与 w_k 相互独立。同时，$\bar{F}_k$、ΔF_k 与 G_k 与 $Z_{1:k}$ 不相关，则有

$$\begin{aligned}\hat{z}_{k+1|k} =& E\left(z_{k+1}|Z_{1:k}\right) = E\left(\bar{H}_{k+1}\xi_{k+1} + \Delta H_{k+1}\xi_{k+1} + \bar{D}_{k+1}v_{k+1} + \Delta D_{k+1}v_{k+1} \middle| Z_{1:k}\right)\\ =& \bar{H}_{k+1}\hat{\xi}_{k+1|k}\end{aligned}$$

其中，分解简化后 $E\left(\Delta H_{k+1}\xi_{k+1}|Z_{1:k}\right)$、$E\left(\bar{D}_{k+1}v_{k+1}|Z_{1:k}\right)$ 和 $E\left(\Delta D_{k+1}v_{k+1}|Z_{1:k}\right)$ 皆为零矩阵。

基于 $\hat{\xi}_{k+1|k}$ 和 $\hat{z}_{k+1|k}$，新息及其协方差推导如下：

$$\begin{aligned}\tilde{z}_{k+1|k} =& z_{k+1} - \hat{z}_{k+1|k} = \bar{H}_{k+1}\xi_{k+1} + \Delta H_{k+1}\xi_{k+1} + \bar{D}_{k+1}v_{k+1}\\ &+ \Delta D_{k+1}v_{k+1} - \bar{H}_{k+1}\hat{\xi}_{k+1|k}\\ =& \bar{H}_{k+1}\tilde{\xi}_{k+1|k} + \Delta H_{k+1}\xi_{k+1} + \bar{D}_{k+1}v_{k+1} + \Delta D_{k+1}v_{k+1}\end{aligned}$$

式中，$\tilde{\xi}_{k+1|k} = \xi_{k+1} - \hat{\xi}_{k+1|k}$。

$$
\begin{aligned}
\Psi_{k+1|k} =& E(\tilde{z}_{k+1|k}\tilde{z}_{k+1|k}^{\mathrm{T}}) = E(\bar{H}_{k+1}\tilde{\xi}_{k+1|k} + \Delta H_{k+1}\xi_{k+1} \\
& + \bar{D}_{k+1}v_{k+1} + \Delta D_{k+1}v_{k+1})(\cdot)^{\mathrm{T}} \\
=& E(\bar{H}_{k+1}\tilde{\xi}_{k+1|k}\tilde{\xi}_{k+1}^{\mathrm{T}}\bar{H}_{k+1}^{\mathrm{T}}) + E(\Delta H_{k+1}\xi_{k+1}\xi_{k+1}^{T}\Delta H_{k+1}^{\mathrm{T}}) \\
& + E(\bar{D}_{k+1}v_{k+1}v_{k+1}^{\mathrm{T}}\bar{D}_{k+1}^{\mathrm{T}}) + E(\Delta D_{k+1}v_{k+1}v_{k+1}^{\mathrm{T}}\Delta D_{k+1}^{\mathrm{T}}) \\
=& \bar{H}_{k+1}\Phi_{k+1|k}\bar{H}_{k+1}^{\mathrm{T}} + \sum_{j=1}^{M}\pi_{j,k+1}\bar{D}_{j,k+1}\bar{D}_{j,k+1}^{\mathrm{T}} + \sum_{j=1}^{M}\Im_{j,k+1}^{H} + \sum_{j=1}^{M}\pi_{j,k+1}\Im_{j,k+1}^{D} \\
\Im_{j,k+1}^{H} =& E(H_{j,k+1} - \bar{H}_{j,k+1})\Omega_{j,k+1}(\cdot)^{\mathrm{T}} = E\left(\sum_{n=1}^{N}(\alpha_{n,j,k}^{3} - \bar{\alpha}_{n,j,k}^{3})H^{n}\right)\Omega_{j,k+1}(\cdot)^{\mathrm{T}} \\
=& E\left(\sum_{n=1}^{N}\sum_{m=1}^{N}(\alpha_{n,j,k}^{3} - \bar{\alpha}_{n,j,k}^{3})\cdot(\alpha_{m,j,k}^{3} - \bar{\alpha}_{m,j,k}^{3})H^{n}\Omega_{j,k+1}(H^{m})^{\mathrm{T}}\right) \\
=& \sum_{n=1}^{N}\sum_{m=1}^{N}c_{nm,j,k+1}^{3}H^{n}\Omega_{j,k+1}(H^{m})^{\mathrm{T}} \\
\Im_{j,k+1}^{D} =& E(D_{j,k+1} - \bar{D}_{j,k+1})(\cdot)^{\mathrm{T}} = E\left(\sum_{n=1}^{N}(\alpha_{n,j,k}^{4} - \bar{\alpha}_{n,j,k}^{4})D^{n}\right)(\cdot)^{\mathrm{T}} \\
=& E\left(\sum_{n=1}^{N}\sum_{m=1}^{N}(\alpha_{n,j,k}^{4} - \bar{\alpha}_{n,j,k}^{4})\cdot(\alpha_{m,j,k}^{4} - \bar{\alpha}_{m,j,k}^{4})D^{n}(D^{m})^{\mathrm{T}}\right) \\
=& \sum_{n=1}^{N}\sum_{m=1}^{N}c_{nm,j,k+1}^{4}D^{n}(D^{m})^{\mathrm{T}}
\end{aligned}
$$

式中，$E\left(v_{k+1}v_{k+1}^{\mathrm{T}}\right) = E\left(v_{k+1}\right)\cdot\left(E\left(v_{k+1}\right)\right)^{\mathrm{T}} + \mathrm{cov}\left(v_{k+1}, v_{k+1}\right) = \mathrm{cov}\left(v_{k+1}, v_{k+1}\right)$ 为维数合适的单位矩阵。

同时

$$
\begin{aligned}
\Omega_{k+1} =& E(\xi_{k+1}\cdot\xi_{k+1}^{\mathrm{T}}) = E([x_{k+1}^{\mathrm{T}}1_{\{\Theta_{k+1}=1\}}, \cdots, x_{k+1}^{\mathrm{T}}1_{\{\Theta_{k+1}=M\}}]^{\mathrm{T}} \\
& \cdot[x_{k+1}^{\mathrm{T}}1_{\{\Theta_{k+1}=1\}}, \cdots, x_{k+1}^{\mathrm{T}}1_{\{\Theta_{k+1}=M\}}]) \\
=& \mathrm{diag}\{\Omega_{i,k+1}, i = 1, \cdots, M\} \\
\Omega_{i,k+1} =& E\left(\xi_{i,k+1}\xi_{i,k+1}^{\mathrm{T}}\right) = E\left(\bar{F}_{k}^{i}\xi_{k} + \Delta F_{k}^{i}\xi_{k} + \bar{G}_{k}^{i}w_{k} + \Delta G_{k}^{i}w\right)(\cdot)^{\mathrm{T}} \\
=& E\left(\bar{F}_{k}^{i}\xi_{k}\xi_{k}^{\mathrm{T}}\bar{F}_{k}^{i}\right) + E\left(\Delta F_{k}^{i}\xi_{k}\xi_{k}^{\mathrm{T}}\left(\Delta F_{k}^{i}\right)^{\mathrm{T}}\right)
\end{aligned}
$$

$$+E\left(\bar{G}_k^i w_k w_k^{\mathrm{T}}\left(\bar{G}_k^i\right)^{\mathrm{T}}\right)+E\left(\Delta G_k^i w_k w_k^{\mathrm{T}}\left(\Delta G_k^i\right)^{\mathrm{T}}\right)$$

$$=\sum_{j=1}^{M} p_{ji}\bar{F}_{j,k}\Omega_{j,k}\bar{F}_{j,k}^{\mathrm{T}}+\sum_{j=1}^{M} p_{ji}\pi_{j,k}\bar{G}_{j,k}\bar{G}_{j,k}^{\mathrm{T}}+\sum_{j=1}^{M} p_{ji}\Im_{j,k}^{F}+\sum_{j=1}^{M} p_{ji}\pi_{j,k}\Im_{j,k}^{G}$$

式中，$\bar{F}_k^i$、ΔF_k^i、$\bar{G}_k^i$ 和 ΔG_k^i 分别为 $\bar{F}_k$、ΔF_k、$\bar{G}_k$ 和 ΔG_k 相应的第 i 行子矩阵；$\Im_{j,k}^F$ 和 $\Im_{j,k}^G$ 类似于 $\Im_{j,k+1}^H$ 和 $\Im_{j,k+1}^D$ 的计算，有

$$\Im_{j,k}^{F}=\sum_{n=1}^{N}\sum_{m=1}^{N} c_{nm,j,k}^{1} F^{n}\Omega_{j,k}(F^{m})^{\mathrm{T}},\quad \Im_{j,k}^{G}=\sum_{n=1}^{N}\sum_{m=1}^{N} c_{nm,j,k}^{2} G^{n}(G^{m})^{\mathrm{T}}$$

式中，$E\left(w_k w_k^{\mathrm{T}}\right)=E\left(w_k\right)\left(E\left(w_k\right)\right)^{\mathrm{T}}+\operatorname{cov}\left(w_k,w_k\right)=\operatorname{cov}\left(w_k,w_k\right)$ 为具有恰当维数的单位阵。

$$\begin{aligned}
\Pi_{k+1|k}=&E(\hat{\xi}_{k+1|k}\hat{\xi}_{k+1|k}^{\mathrm{T}})=E(\bar{\mathcal{F}}_k\hat{\xi}_{k|k}\hat{\xi}_{k|k}^{\mathrm{T}}\bar{\mathcal{F}}_k^{\mathrm{T}})=\bar{\mathcal{F}}_k\Pi_{k|k}\bar{\mathcal{F}}_k^{\mathrm{T}}\\
\Upsilon_{k+1|k}=&E(\tilde{\xi}_{k+1|k}\tilde{z}_{k+1|k}^{\mathrm{T}})=E(\tilde{\xi}_{k+1|k}(\bar{H}_{k+1}\tilde{\xi}_{k+1|k}+\Delta H_{k+1}\xi_{k+1}\\
&+\bar{D}_{k+1}v_{k+1}+\Delta D_{k+1}v_{k+1})^{\mathrm{T}})\\
=&\Phi_{k+1|k}\bar{H}_{k+1}^{\mathrm{T}}
\end{aligned}$$

其中，分解简化后 $E(\Delta H_{k+1}\xi_{k+1})$、$E(\bar{D}_{k+1}v_{k+1})$ 和 $E(\Delta D_{k+1}v_{k+1})$ 皆为零矩阵。

$$\begin{aligned}
\Pi_{k+1|k+1}=&E(\hat{\xi}_{k+1|k+1}\hat{\xi}_{k+1|k+1}^{\mathrm{T}})=E(\hat{\xi}_{k+1|k}+\Upsilon_{k+1|k}(\Psi_{k+1|k})^{-1}\tilde{z}_{k+1|k})(\cdot)^{\mathrm{T}}\\
=&E(\hat{\xi}_{k+1|k}\xi_{k+1|k}^{\mathrm{T}})+(\Upsilon_{k+1|k}(\Psi_{k+1|k})^{-1})\Psi_{k+1|k}(\cdot)^{\mathrm{T}}\\
=&\Pi_{k+1|k}+\Upsilon_{k+1|k}(\Psi_{k+1|k})^{-1}\Upsilon_{k+1|k}^{\mathrm{T}}
\end{aligned}$$

最终，$P_{k+1|k+1}$ 可以推导如下：

$$\begin{aligned}
P_{k+1|k+1}=&E(x_{k+1}-\hat{x}_{k+1|k+1})(\cdot)^{\mathrm{T}}=E\left(\sum_{i=1}^{M}(\xi_{i,k+1}-\hat{\xi}_{i,k+1|k+1})\right)\\
&\cdot\left(\sum_{j=1}^{M}(\xi_{j,k+1}-\hat{\xi}_{j,k+1|k+1})\right)^{\mathrm{T}}\\
=&E\left(\sum_{i=1}^{M}\sum_{j=1}^{M}(\xi_{i,k+1}-\hat{\xi}_{i,k+1|k+1})(\xi_{j,k+1}-\hat{\xi}_{j,k+1|k+1})^{\mathrm{T}}\right)\\
=&\sum_{i=1}^{M}\sum_{j=1}^{M}\Phi_{ij,k+1|k+1}
\end{aligned}$$

综上，定理 5.1 得证。

2. 定理 5.2 证明

根据全概率公式，状态后验概率 $p(x_k^a|Z_{1:k})$ 可以化为

$$p(x_k^a|Z_{1:k})=\sum_{i=1}^{M}\sum_{j=1}^{M}p(x_k^a,H_{ij,k}|Z_{1:k})=\sum_{i=1}^{M}\sum_{j=1}^{M}p(x_k^a|H_{ij,k},Z_{1:k})P(H_{ij,k}|Z_{1:k})$$

从上式可以看出，通过递推计算在量测序列 $Z_{1:k}$ 下每个假设 H_{ij} 内部的条件概率 $p(x_k^a|H_{ij,k},Z_{1:k})$ 和假设概率 $P(H_{ij,k}|Z_{1:k})$ 来得到最终当前时刻的状态条件概率 $p(x_k^a|Z_{1:k})$。

由 $k-1$ 到 k 时刻假设 $H_{ij,k}:\Theta_k=i,\Theta_{k-1}=j$ 下状态的后验概率分布有如下递推公式：

$$p(x_k^a|H_{ij,k},Z_{1:k})=\frac{p(x_k^a,z_k|H_{ij,k},Z_{1:k-1})}{p(z_k|H_{ij,k},Z_{1:k-1})}=\frac{p(z_k|x_k^a,H_{ij,k})p(x_k^a|H_{ij,k},Z_{1:k-1})}{p(z_k|H_{ij,k},Z_{1:k-1})}$$

式中，$p(z_k|x_k^a,H_{ij,k},Z_{1:k-1})=p(z_k|x_k^a,H_{ij,k})$。其中，

$$\begin{aligned}p(x_k^a|H_{ij,k},Z_{1:k-1})&=\int_{\mathbb{R}^n}p(x_k^a,x_{k-1}^a|H_{ij,k},Z_{1:k-1})\mathrm{d}x_{k-1}^a\\&=\int_{\mathbb{R}^n}p(x_k^a|x_{k-1}^a,H_{ij,k})p(x_{k-1}^a|H_{ij,k},Z_{1:k-1})\mathrm{d}x_{k-1}^a\end{aligned}$$

式中，$p(x_k^a|x_{k-1}^a,H_{ij,k},Z_{1:k-1})=p(x_k^a|x_{k-1}^a,H_{ij,k})$，$R^{n_{x^a}}$ 为状态 x_k^a 的维数，且

$$\begin{aligned}p(x_{k-1}^a|H_{ij,k},Z_{1:k-1})&=\sum_{m=1}^{M}\sum_{n=1}^{M}p(x_{k-1}^a,H_{nm,k-1}|H_{ij,k},Z_{1:k-1})\\&=\sum_{m=1}^{M}p(x_{k-1}^a,H_{jm,k-1}|H_{ij,k},Z_{1:k-1})\\&=\sum_{m=1}^{M}p(x_{k-1}^a|H_{jm,k-1},H_{ij,k},Z_{1:k-1})P(H_{jm,k-1}|H_{ij,k},Z_{1:k-1})\\&=\sum_{m=1}^{M}p(x_{k-1}^a|H_{jm,k-1},Z_{1:k-1})P(H_{jm,k-1}|H_{ij,k},Z_{1:k-1})\end{aligned}$$

式中，

$$
\begin{aligned}
P(H_{jm,k-1}|H_{ij,k},Z_{1:k-1}) &= \frac{P(H_{ij,k}|H_{jm,k-1},Z_{1:k-1})P(H_{jm,k-1}|Z_{1:k-1})}{P(H_{ij,k}|Z_{1:k-1})} \\
&= \frac{P(\Theta_k=i|\Theta_{k-1}=j)P(H_{jm,k-1}|Z_{1:k-1})}{\sum_{m=1}^{M}P(H_{ij,k},H_{jm,k-1}|Z_{1:k-1})} \\
&= \frac{P(\Theta_k=i|\Theta_{k-1}=j)P(H_{jm,k-1}|Z_{1:k-1})}{\sum_{m=1}^{M}P(\Theta_k=i|H_{jm,k-1},Z_{1:k-1})P(H_{jm,k-1}|Z_{1:k-1})} \\
&= \frac{P(\Theta_k=i|\Theta_{k-1}=j)P(H_{jm,k-1}|Z_{1:k-1})}{\sum_{m=1}^{M}P(\Theta_k=i|\Theta_{k-1}=j)P(H_{jm,k-1}|Z_{1:k-1})}
\end{aligned}
$$

其中，

$$
\begin{aligned}
P(H_{ij,k}|H_{jm,k-1},Z_{1:k-1}) &= P(\Theta_k=i,\Theta_{k-1}=j|\Theta_{k-1}=j,\Theta_{k-2}=m,Z_{1:k-1}) \\
&= P(\Theta_k=i|\Theta_{k-1}=j)
\end{aligned}
$$

由 $k-1$ 时刻到 k 时刻，在量测序列下假设 $H_{ij,k}$ 递推如下：

$$
\begin{aligned}
P(H_{ij,k}|Z_{1:k}) &= \frac{p(H_{ij,k},z_k|Z_{1:k-1})}{p(z_k|Z_{1:k-1})} = \frac{p(z_k|H_{ij,k},Z_{1:k-1})P(H_{ij,k}|Z_{1:k-1})}{\sum_{i=1}^{M}\sum_{j=1}^{M}p(z_k,H_{ij,k}|Z_{1:k-1})} \\
&= \frac{p(z_k|H_{ij,k},Z_{1:k-1})P(H_{ij,k}|Z_{1:k-1})}{\sum_{i=1}^{M}\sum_{j=1}^{M}p(z_k|H_{ij,k},Z_{1:k-1})P(H_{ij,k}|Z_{1:k-1})}
\end{aligned}
$$

式中，

$$
\begin{aligned}
P(H_{ij,k}|Z_{1:k-1}) &= \sum_{m=1}^{M}P(H_{ij,k},H_{jm,k-1}|Z_{1:k-1}) \\
&= \sum_{m=1}^{M}P(\Theta_k=i|H_{jm,k-1},Z_{1:k-1})P(H_{jm,k-1}|Z_{1:k-1}) \\
&= \sum_{m=1}^{M}P(\Theta_k=i|\Theta_{k-1}=j)P(H_{jm,k-1}|Z_{1:k-1})
\end{aligned}
$$

综上，定理 5.2 得证。

3. 定理 5.3 证明

预测：假设 $k-1$ 时刻真实量测序列 $Y_{1:k-1}$ 下状态 X_{k-1}^a 的后验条件期望和协方差为 $\hat{X}_{k-1|k-1}^a = \mathrm{col}\{(\hat{\xi}_{k-s|k-1}^a)^{\mathrm{T}}, \cdots, (\hat{\xi}_{k-1|k-1}^a)^{\mathrm{T}}\}$ 和 $W_{k-1|k-1}^a$，其中 $W_{k-1|k-1}^a(i,j) = T_{k-1-s+i,k-1-s+j|k-1}^{\xi^a\xi^a}(i,j=1,\cdots,s)$。状态 X_k^a 的一步预测 $\hat{X}_{k|k-1}^a$ 及其协方差矩阵 $W_{k|k-1}^a$ 可以直接获得如下：

$$\begin{aligned}
&\hat{X}_{k|k-1}^a = E\left(\mathrm{col}\{(\xi_{k-s+1}^a)^{\mathrm{T}}, \cdots, (\xi_{k-1}^a)^{\mathrm{T}}, (\xi_k^a)^{\mathrm{T}}\}|Y_{1:k-1}\right)\\
=&\mathrm{col}\{(\hat{\xi}_{k-s+1|k-1}^a)^{\mathrm{T}}, \cdots, (\hat{\xi}_{k-1|k-1}^a)^{\mathrm{T}}, (\hat{\xi}_{k|k-1}^a)^{\mathrm{T}}\}W_{k|k-1}^a(i,j)\\
=&T_{k-s+i,k-s+j|k-1}^{\xi^a\xi^a}, \quad i,j=1,\cdots,s
\end{aligned}$$

式中，

$$\hat{\xi}_{k|k-1}^a = E\left(\mathrm{col}\{(F_{k-1}\xi_{k-1} + \Gamma_{k-1}w_{k-1})^{\mathrm{T}}, (v_k)^{\mathrm{T}}\}|Y_{1:k-1}\right) = \mathrm{col}\{\bar{F}_{k-1}\hat{\xi}_{k-1|k-1}, O\}$$

其中，w_{k-1} 和 $Y_{1:k-1}$ 是不相关的。$W_{k|k-1}^a(i,j)$ 可以通过引理 5.1 和引理 5.2 计算获得。

更新：此时，可以通过式 (5-55) 和式 (5-56) 在获得当前量测 y_k 的情况下对 $\hat{X}_{k|k-1}^a$ 及协方差 $W_{k|k-1}^a$ 进行更新。为此，首先获得条件期望 $\hat{y}_{k|k-1}$ 及其协方差 $\Psi_{k|k-1}$。

由于同时刻两延迟参数 $\gamma_{i,k}$ 和 $\gamma_{j,k}(i \neq j，i,j=0,1,\cdots,s)$ 相互独立，且 γ_k^i 和 γ_{k-1}^j 之间为离散时间齐次马尔可夫链，有

$$\begin{aligned}
\hat{y}_{k|k-1} =&E\left(\sum_{i=0}^{\min(k-1,s)} \gamma_k^i z_{k-i}\middle| Y\right) = \sum_{i=0}^{\min(k-1,s)} E(\gamma_k^i z_{k-i}|Y_{1:k-1})\\
=&\sum_{i=0}^{\min(k-1,s)}\sum_{j=0}^{\min(k-2,s)} \lambda_{ij}p_{k-1}^j \hat{z}_{k-i|k-1}
\end{aligned}$$

同时，由于 $E(v_k|Y_{1:k-1}) = O$，有

$$\begin{aligned}
&\hat{z}_{k-i|k-1} = E(z_{k-i}|Y_{1:k-1}) = E(H_{k-i}\xi_{k-i} + D_{k-i}v_{k-i}|Y_{1:k-1})\\
=&H_{k-i}\hat{\xi}_{k-i|k-1} + \bar{D}_{k-i}\hat{v}_{k-i|k-1}\hat{z}_{k|k-1} = E(H_{k-i}\xi_{k-i} + D_{k-i}v_{k-i}|Y_{1:k-1})\\
=&H_k\hat{\xi}_{k|k-1}, ?i=1,\cdots,s
\end{aligned}$$

此时，可计算得

$$\varsigma_{k|k-1} = y_k - \sum_{i=0}^{\min(k-1,s)}\sum_{j=0}^{\min(k-2,s)} \lambda_{ij}p_{k-1}^j z_{k-i|1:k-1}$$

及其协方差：

$$
\begin{aligned}
\Psi_{k|k-1} =& E\left(\left(\sum_{i=0}^{\min(k-1,s)} \gamma_k^i z_{k-i}\right)\left(\sum_{i=0}^{\min(k-1,s)} \gamma_k^i z_{k-i}\right)^{\mathrm{T}} \middle| Y_{1:k-1}\right) \\
& - \left(E\left(\sum_{i=0}^{\min(k-1,s)} \gamma_k^i z_{k-i} \middle| Y_{1:k-1}\right)\right)\left(E\left(\sum_{i=0}^{\min(k-1,s)} \gamma_k^i z_{k-i} \middle| Y_{1:k-1}\right)\right)^{\mathrm{T}} \\
=& E\left(\left(\sum_{i=0}^{\min(k-1,s)} (\gamma_k^i z_{k-i})(\gamma_k^i z_{k-i})^{\mathrm{T}}\right) \middle| Y_{1:k-1}\right) - \hat{y}_{k|k-1}(\hat{y}_{k|k-1})^{\mathrm{T}} \\
=& \sum_{i=0}^{\min(k-1,s)} E\left((\gamma_k^i)^2 (z_{k-i})(z_{k-i})^{\mathrm{T}} | Y_{1:k-1}\right) - \hat{y}_{k|k-1}(\hat{y}_{k|k-1})^{\mathrm{T}} \\
=& \sum_{i=0}^{\min(k-1,s)} \sum_{j=0}^{\min(k-2,s)} \lambda_{ij} p_{k-1}^j \left(\mathrm{cov}(z_{k-i}|Y_{1:k}) + (E(z_{k-i}|Y_{1:k-1}))^2\right) \\
& - \hat{y}_{k|k-1}(\hat{y}_{k|k-1})^{\mathrm{T}} \\
=& \sum_{i=0}^{\min(k-1,s)} \sum_{j=0}^{\min(k-2,s)} \lambda_{ij} p_{k-1}^j \mathrm{cov}(z_{k-i}|Y_{1:k-1}) \\
& + \sum_{i=0}^{\min(k-1,s)} \sum_{j=0}^{\min(k-2,s)} \lambda_{ij} p_{k-1}^j (\hat{z}_{k-i|k-1})(\hat{z}_{k-i|k-1})^{\mathrm{T}} - \hat{y}_{k|k-1}(\hat{y}_{k|k-1})^{\mathrm{T}}
\end{aligned}
$$

式中，

$$
\begin{aligned}
\mathrm{cov}(z_{k-i}|Y_{1:k-1}) =& \mathrm{cov}(H_{k-i}\xi_{k-i} + D_{k-i}v_{k-i}|Y_{1:k-1}) \\
=& H_{k-i}\varPhi_{k-i|k-1}H_{k-i}^{\mathrm{T}} + H_{k-i}\varUpsilon_{k-i|k-1}^{\xi v}\bar{D}_{k-i}^{\mathrm{T}} + \bar{D}_{k-i}\varUpsilon_{k-i|k-1}^{v\xi}H_{k-i}^{\mathrm{T}} \\
& + \bar{D}_{k-i}\varLambda_{k-i|k-1}\bar{D}_{k-i}^{\mathrm{T}} \\
& + \sum_{j=1}^{M} \pi_{j,k-i} D_j R_{k-i} D_j^{\mathrm{T}} - \bar{D}_{k-i} R_{k-i} \bar{D}_{k-i}^{\mathrm{T}}
\end{aligned}
$$

式中，$\varUpsilon_{k|k-1}^{\xi v} = O$，$\varUpsilon_{k|k-1}^{v\xi} = O$，$\varLambda_{k|k-1} = R_k$。

互协方差 $\varUpsilon_{k|k-1}^{X^a y}$ 计算如下：

$$
\varUpsilon_{k|k-1}^{X^a y} = \mathrm{col}\{(T_{k-s+1,k|k-1}^{\xi^a y})^{\mathrm{T}}, \cdots (T_{k,k|l}^{\xi^a y})^{\mathrm{T}}\}
$$

式中，$T_{k-s+i,k|k-1}^{\xi^a y} (i = 1, \cdots, s)$ 可以通过引理 5.2 获得。

最终，LMMSE 估计可以获得如下：

$$\hat{X}_{k|k}^{a} = \hat{X}_{k|k-1}^{a} + \Upsilon_{k|k-1}^{X^a y} \Psi_{k|k-1}^{-1} \varsigma_{k|k-1}$$

$$W_{k|k}^{a} = W_{k|k-1}^{a} - \Upsilon_{k|k-1}^{X^a y} \Psi_{k|k-1}^{-1} \left(\Upsilon_{k|k-1}^{X^a y} \right)^{\mathrm{T}}$$

综上，定理 5.3 得证。

第 6 章　非线性动态系统的确定采样型高斯估计

目标跟踪系统包括两个主要模型: 目标运动模型和传感器观测模型。目标运动模型描述的是目标状态 (位置、速度、加速度和角速度等) 随时间的变化情况，传感器观测模型给出观测信息 (目标方位和距离观测信息) 与目标状态间的关系。目标的机动、转弯、隐身和电磁干扰等会引起目标动态方程的内在非线性，而对目标状态的观测模型也是非线性的。例如，在雷达观测的极坐标下，量测方程是典型的三角函数非线性。量测信息在不同坐标系之间的空间配准转换也会引起量测方程非线性。例如，雷达观测从极坐标向地球坐标系的转化方程就是非线性的。

目标跟踪系统是一个典型的非线性动态系统，核心问题是如何根据观测数据实时准确估计目标的运动状态，即状态滤波问题。解决这一问题的关键就是设计非线性滤波方法。在非线性估计发展的几十年中，出现了许多滤波算法，其中确定采样型滤波受到广泛关注 [1-5]，主要包括扩展 Kalman 滤波、无迹 Kalman 滤波、中心差分 Kalman 滤波、高斯–埃尔米特求积滤波、容积 Kalman 滤波、稀疏网格求积滤波及其各种改进算法。尽管确定采样型滤波种类繁多，但这些方法采用的非线性积分近似方法单一，无法面向实际需求进行自适应选取，且其设计思路在各类滤波之间没有互通互用性。自然地，一个亟待解决的基础研究问题是: 面向如此众多的确定采样型滤波方法，如何设计一般性和通用性的非线性估计框架或平台，以便将这些确定采样型滤波统一归纳在这个非线性估计框架中。

针对上述问题，本章开展了非线性高斯估计框架的一般性和通用性理论研究，发现了高斯估计是更具一般性的框架或平台，可灵活实现从框架平台变化出各类非线性确定采样型滤波，即现有确定采样型滤波都可以看成高斯估计的执行或实现特例，并揭示了高斯估计的设计思路具有通用性，为各类非线性滤波的互通互用搭建了桥梁。

6.1　引　　言

在非线性系统估计框架设计方面，Ito 等 [6] 基于贝叶斯滤波理论和高斯假设推导了非线性系统高斯滤波的统一框架，在该统一框架中，滤波的量测更新过程与线性 Kalman 滤波完全相同 (在状态高斯分布下，基于贝叶斯估计的滤波更新过程与系统模型无关)，所不同的是在线性 Kalman 滤波中状态预测、输出预测、预测协方差和互协方差可以通过线性传递精确地得到其解析解，而在非线性高斯滤波中，求解预测及预测协方差需要计算非线性函数 (即状态和量测方程) 的高斯加权积分，而函数的非线性会导致解析计算上述积分难于实现。为此，可以采用数值近似方法，如一阶线性化、无迹变换、多项式插值、球面径向规则和稀疏网格技术等来近似计算非线性函数的积分，从而可以推导出相应的几种高斯滤波的典型实现方法，包括: ① 扩展 Kalman 滤波 (extended Kalman filter, EKF) [7]；② 高斯–埃尔米特正交 (Gaussian-Hermite quagrature, GHQ) 与高斯–埃尔米特滤波 (Gaussian-Hermite filter, GHF)；③ 无迹变换 (unscented transfromation, UT) 和无迹 Kalman 滤波 (unscented Kalman filter, UKF)[8]；④ 插值方法 (interpolation method, IM) 和分开差分滤波 (divided difference filter, DDF)，或中心差分滤波 (central difference filter, CDF)[6,9]；⑤ 容积规则 (cubature rule, CR) 和容积 Kalmam 滤波 (cubature Kalman filter, CKF)[10]；⑥ 稀疏网格正交 (sparse-grid quadrature，SGQ) 和稀疏网格正交滤波 (sparse-grid quadrature filter, SGQF)[11]。

在这些滤波中，历史最悠久的当属 EKF 及其相关改进算法 [7]，如强跟踪滤波 (strong tracking filter, STF)[12]、二阶截断 EKF 和迭代 EKF 等，但 EKF 存在一阶线性化近似精度偏低，且需要计算雅可比矩阵及要求非线性函数连续可微等自身无法克服的理论局限性，尤其在系统具有强非线性和高维数时，EKF 滤波精度不佳，数值稳定性较差。

为了克服 EKF 的缺点，学者已经提出了许多具有里程碑式意义的经典非线性滤波算法。Ito 等 [6] 基于高斯假设和贝叶斯公式推导了一类非线性离散系统的高斯滤波框架，但因无法求解其中的非线性高斯加权积分，故这个框架只是停留在理论上而实际中毫无操作性可言，于是 Ito 等采用数值积分来近似计算该框架中的非线性高斯加权积分，进而得到 CDF。几乎同时，Nørgaard 等 [9] 基于多项式插值技术来近似该高斯滤波框架中的非线性积分，得到了 DDF。由于基于数值积分近似的 CDF 和基于多项式插值近似的 DDF 本质上都是基于多项式函数拟合的思想来实现的，且它们的滤波递推公式本质上是完全相同的，因此 Merwe 等 [13] 统一将它们称为中心差分 Kalman 滤波 (central difference Kalman filter, CDKF)。另外，Julier 等从 “近似非线性函数的概率密度分布比近似非线性函数本身更容易” 这一思路出发，不仅提出了基于 UT 来逼近高斯滤波框架中非线性高斯加权积分的滤波方法——UKF[8]，而且相继给出了应用于 UT 的采样策略，包括对称采样、单形采样、三阶矩偏度采样和高斯分布、四阶矩对称采样等 [14]，以及为了消除采样的非局部效应及保证协方差阵的正定性，提出了对上述基本采样策略进行比例修正的算法框架 [15,16]。之后，Arasaratnam 等 [10,17] 通过理论分析和仿真验证指出了 UKF 在解决高维数 ($\geqslant 20$) 非线性状态估计问题时滤波性能不佳甚至发散，为此，他们采用球面径向规则来逼近高斯滤波框架中的非线性高斯加权积分，进而提出了 CKF。最近，Jia 等提出了一种精度比 UKF 和 CKF 更高的 SGQF，通过理论分析指出 UKF 仅是 SGQF 的一个特例 [11]，与传统的采样点估计方法相比，SGQF 能够根据实际应用需求，在精度和计算量方面灵活折中。

最近，Jia 等 [18] 通过理论分析指出，尽管 CKF 比 UKF 数值稳定性好，但其精度却低于 GHF，为此，提出了一种能近似非线性积分任意阶的高阶 CKF，新方法能达到 GHF 的估计精度却计算量小于后者，数值积分和目标跟踪的仿真分析验证了上述结论。之后，Jia 等 [19] 进一步揭示了 SGQ 与 CR 在近似策略上的关联性，理论证明了 CR 可视为 SGQ 的映射结果。García-Fernández 等 [20] 提出了一种自适应无迹高斯似然近似滤波 (adaptive unscented Gaussian likelihood approximation filter, AUGLAF)，其能利用 Kullback-Leibler 规则自适应选择对状态后验均值和协方差的近似精度，该算法在精度性能明显优于已有的 UKF 和 UGLAF。文献 [21] 和 [22] 提出几种 UT 变换中比例参数 (即 κ) 的选取策略，数值仿真说明了带 UT 比例参数自适应选取的改进 UKF 精度明显优于标准 UKF。

由于 UKF、CDKF、CKF 和 SGQF 等所采用的 UT 技术、多项式插值拟合思想、球面径向规则和稀疏网格技术在本质上都是基于一组在个数、空间位置分布方式和权值方面确定的加权采样点来逼近非线性高斯加权积分，且三种滤波的采样都是依据确定的数学解析式来完成的。因此，从这个意义上讲，它们可以统一称为确定采样型滤波 [5]，且核心思想可以统一归纳为：首先对状态先验分布抽取一定数量的确定性样本，称为 Sigma 点；然后通过对这些 Sigma 点经非线性函数直接传递之后的结果进行加权综合来逼近非线性状态估计。

理论上已经证明 [7,11,23,24]：无论系统非线性程度如何，UT 变换、多项式插值和球面径向规则稀疏网格技术都能至少以二阶泰勒精度逼近任何非线性系统状态的后验均值和协方差，由此推断，确定采样型滤波精度高于 EKF，特别适用于强非线系统的状态估计问题。同时，确定采样型滤波无需计算非线性函数的雅可比矩阵，比 EKF 更容易实现，且不要求非线性函数必须连续可微，有效克服了 EKF 的理论局限性。与粒子滤波 (particle filter, PF) 相比，确定采样型滤波基于确定解析采样方式来对非线性系统状态的先验分布进行抽样，PF 则基于随机蒙特卡罗仿真来对先验分布进行采样 [25]，确定采样型滤波的采样方式是确定的，而 PF 采样是随机的，因此它们的计算量远远小于 PF，且不会出现 PF 因随机采样而产生的粒子退化和贫化。

鉴于上述优点，确定采样型滤波已成为近年来非线性估计领域一个非常活跃的研究热点，得到了国内外学者的广泛关注和研究，并被广泛应用于目标跟踪、导航、信号处理、工业自动控制、金融、无线通信和化学等不同领域 [26-45]。

除了上述非线性系统估计框架和相关数值近似方法的研究之外，确定采样型高斯估计的研究还主要向以下几方面拓展。

(1) 非线性状态平滑，包括 URTSS 平滑 [46]、容积 Kalmam 平滑 (cubature

Kalman smoother, CKS)[47] 和双通道高斯平滑 [48,49] 等。

(2) 状态约束估计，包括非线性不等式约束下的截断非线性高斯滤波 [50]、状态区间约束 UKF 算法 [51] 和连续时间的规范约束 Kalman 滤波 [38] 等。

(3) 复杂特性下状态估计，包括带一步随机量测延时的高斯滤波 [52]、马尔可夫丢包的异常通信 UKF 算法 [53] 和噪声相关下高斯滤波 [54,55] 等。

(4) 克服系统模型不确定的鲁棒滤波。Cho 等 [56] 在 UKF 基础之上提出基于 Sigma 点的滚动时域有限脉冲响应 Kalman 滤波 (Sigma-point-based receding-horizon Kalman finite-impulse response filter, SPRHKF)，其对系统模型不确定性和瞬时干扰误差具有鲁棒性，有效解决了 UKF 在未知时变噪声下滤波精度下降甚至发散的问题。然而，SPRHKF 相比于 UKF 收敛性不佳，为此 Cho 等 [57] 又设计出一种自适应 IIR/FIR 融合滤波算法，其利用交互式多模型 (interacting multiple models, IMM)[58] 将 UKF 及 SPRHKF 两种滤波有机结合起来，形成优势互补，克服两种滤波单独工作时的缺点，但这种算法计算量较大，实时性较差。Subrahmanya 等 [59] 推导了在状态方程存在模型误差时 CDKF 预测协方差的上界，提出一种自适应 CDKF 算法。该算法计算量小，可以在线辨识发生突变的模型参数，适用于自适应控制和故障诊断等领域，但缺点是要求量测方程必须是线性的。

(5) 滤波收敛性和数值稳定性。针对状态函数为非线性而量测函数为线性的随机系统，Xiong 等 [60] 在借鉴 EKF 的收敛性证明基础上，给出了一个 UKF 误差有界的充分性条件，并指出噪声协方差矩阵在保证滤波稳定性方面起着重要作用，即可以通过增加一个附加的正定矩阵来增强 UKF 的稳定性。之后，Wu 等 [61] 将上述 UKF 收敛性的结论推广到 CDKF 中。同时，Xiong 等 [62] 又给出了在状态和量测函数均为非线性时 UKF 和 CDKF 的收敛性条件，这些理论成果的正确性在地球卫星自主定轨实测数据仿真中得到了验证 [63]。Merwe 等 [13] 将 QR 分解和 Cholesky 因子更新引入滤波预测更新，提出了平方根 UKF 和平方根 CDKF，并将其用于基于无人机平台的 GPS/INS 组合导航系统。实验表明该算法能有效克服因协方差失去正定而引起的滤波计算发散，提高了 UKF 和 CDKF 的数值稳定性和计算效率。

以上系统综述和分析了目前确定采样型估计方法的发展现状，并解释了为什么将这类以 UKF、CKF 和 SGQF 等为代表的非线性滤波方法称为确定采样型滤波。下面将进一步分析和推导高斯估计如何执行贝叶斯估计，并确定采样型滤波与高斯估计之间的关系，为此下面首先介绍贝叶斯估计。

本章符号说明参见表 6.1。

表 6.1　第 6 章符号说明

符号	说明
$\mathbb{N}$	自然数集合
$\mathbb{R}^n$	n 维实数向量集合
$p(\cdot)(p(A\|B))$	概率 (A 在 B 上的条件概率)
$\hat{E}(A\|B)$	A 在 B 上的正交投影
$E(\cdot)/\mathrm{cov}(x,y)/\mathrm{var}(x)$	均值计算/x 与 y 互协方差计算/x 自协方差计算
$\hat{x}/\tilde{x}$	随机变量 x 的估计，其估计误差为 $\tilde{x}=x-\hat{x}$
P/P^{xy}	协方差/x 与 y 的互协方差
$N(x;\mu,\Sigma)$	随机变量 x 服从均值 μ 协方差为 Σ 的高斯分布
$\|\cdot\|$	矩阵的行列式

6.2　贝叶斯估计

通常，一说到随机问题或情况，自然而然，它会与概率形式表示相联系。对于随机动态系统，可以采用如下概率模型来表示系统内部的状态发展演化以及系统输出量测与状态之间的关系：

$$\begin{cases} x_k \sim p(x_k|x_{k-1}) \\ z_k \sim p(z_k|x_k) \end{cases} \tag{6-1}$$

式中，$k\in\mathbb{N}$ 是时间指标；$x_k\in\mathbb{R}^n$ 和 $z_k\in\mathbb{R}^m$ 分别是系统状态向量和量测向量；$p(x_k|x_{k-1})$ 是系统状态的转移概率；$p(z_k|x_k)$ 是系统量测的似然概率。

考虑如下的一般性随机状态空间模型：

$$x_k = f_{k-1}(x_{k-1}) + w_{k-1} \tag{6-2}$$

$$z_k = h_k(x_k) + v_k \tag{6-3}$$

式中，k、x_k 与 z_k 所表示的含义同上；$f(\cdot):\mathbb{R}^n\to\mathbb{R}^n$ 和 $h(\cdot):\mathbb{R}^n\to\mathbb{R}^m$ 分别表示系统的状态转移函数和量测函数，它们可用来统一描述线性的或非线性的函数，但仍可视为式 (6-1) 概率形式的特例；$w_k\in\mathbb{R}^n$ 和 $v_k\in\mathbb{R}^m$ 分别表示系统的随机过程噪声和随机量测噪声。

在阐述贝叶斯估计之前，先来介绍一下贝叶斯定理。假设 z 为可量测的随机变量，根据贝叶斯公式，则未知参数 x 的后验概率密度为

$$p(x|z) = \frac{p(z|x)p(x)}{p(z)} = \frac{p(z|x)p(x)}{\displaystyle\int p(z|x)p(x)\mathrm{d}x} \tag{6-4}$$

式中，$p(z|x)$ 为似然函数，其相对于 x 来说是唯一的；$p(x)$ 是参数 x 的先验概率密度函数，它是根据已有的实践经验和认知在量测之前就已知的。由式 (6-4) 可以看出，分母可以看成与 x 无关的常数，贝叶斯定理可等价描述为

$$p(x|z) \propto p(z|x)p(x)$$

不难发现，贝叶斯定理中未知参数 x 被看成一个随机变量，并引入它的先验分布 $p(x)$。在没有量测信息情况下，只能根据先验信息对 x 作出评估，即先验分布 $p(x)$；当量测信息被获得后，可根据贝叶斯定理对 $p(x)$ 进行校正，即后验分布 $p(x|z)$。后验分布充分利用了先验知识和实际的量测信息，因此其对未知参数的估计较先验分布而言更具合理性，相应地估计误差也较小。换句话说，贝叶斯定理通过量测信息来更新参数值的先验分布，进而得到参数值的后验分布，这是一个将先验知识与量测信息加以综合的过程，也是贝叶斯定理的优越性所在。

所谓贝叶斯估计就是以概率密度函数为载体，基于贝叶斯定理获得被估计对象 (或状态) 的后验概率函数的迭代计算公式。实际上，状态的后验概率密度最能反映动态系统的内在演化特性，因此贝叶斯估计就为状态估计提供了一种最优或最佳的框架，主要包括最优滤波和最优平滑。

6.2.1 最优滤波

最优滤波的关键就是在每个当前时刻 k，利用所获得的直到当前的量测信息 $Z_1^k = \{z_1, z_2, \cdots, z_k\}$ 来构建当前状态 x_k 的滤波后验概率密度函数:

$$p(x_k|Z_1^k), \quad k \in \mathbb{N}$$

上述状态的后验概率密度函数在滤波中起着非常重要的作用，因为它封装了状态向量 x_k 的所有信息，为滤波问题的提供了完全解。一旦获得了 $p(x_k|Z_1^k)$，就可以计算出状态向量的多种统计特性，而且可以依照不同的准则函数，计算出状态变量的最优滤波估计，如最小方差估计和最大后验估计等。

依据最小均方误差 (minimum mean square error, MMSE) 估计可以得到 k 时刻的状态估计及其估计误差的协方差阵，即

$$\hat{x}_k^{\mathrm{MMSE}} = E(x_k|Z_1^k) = \int x_k p(x_k|Z_1^k)\mathrm{d}x_k$$

$$P_k = \int (x_k - \hat{x}_k^{\mathrm{MMSE}})(x_k - \hat{x}_k^{\mathrm{MMSE}})^{\mathrm{T}} p(x_k|Z_1^k)\mathrm{d}x_k$$

同理，根据极大后验估计 (maximum a posterior, MAP) 准则，可得到状态的极大后验估计:

$$\hat{x}_k^{\mathrm{MAP}} = \max p(x_k|Z_1^k)\big|_{x_k=\hat{x}_k}$$

依照贝叶斯公式，状态后验概率分布 $p(x_k|Z_1^k)$ 可表示成

$$p(x_k|Z_1^k) = p(x_k|Z_1^{k-1}, z_k) = \frac{p(x_k, z_k|Z_1^{k-1})}{p(z_k|Z_1^{k-1})} = \frac{p(z_k|x_k, Z_1^{k-1})p(x_k|Z_1^{k-1})}{p(z_k|Z_1^{k-1})} \tag{6-5}$$

考虑式 (6-2) 和式 (6-3) 所示的非线性动态系统，且假设：

(1) 初始状态的概率密度函数 $p(x_0)$ 已知；

(2) w_k 和 v_k 都是独立过程，且二者相互独立，它们与初始状态也相互独立；同时 w_k 和 v_k 的概率密度函数 $\rho(w_k)$ 和 $\sigma(v_k)$ 也已知。

显然，该动态系统的状态服从一阶马尔可夫过程，即 $p(x_k|x_{k-1}, x_{k-2}, \cdots, x_0) = p(x_k|x_{k-1})$；系统量测值仅与当前时刻的状态有关，即 $p(z_k|x_k, A) = p(z_k|x_k)$。于是式 (6-5) 简化成

$$p(x_k|Z_1^k) = \frac{p(z_k|x_k)p(x_k|Z_1^{k-1})}{p(z_k|Z_1^{k-1})} = \frac{p(z_k|x_k)p(x_k|Z_1^{k-1})}{\int p(z_k|x_k)p(x_k|Z_1^{k-1})\mathrm{d}x_k} \tag{6-6}$$

对比式 (6-4) 和式 (6-6) 可以看出，状态后验概率密度函数 $p(x_k|Z_1^k)$ 的计算依赖于三个密度函数：状态一步预测的概率密度函数 $p(x_k|Z_1^{k-1})$，也可以看成先验信息；似然函数 $p(z_k|x_k)$；量测一步预测的概率密度函数 $p(z_k|Z_1^{k-1})$。

综上所述，基于模型式 (6-2) 和式 (6-3)，通过计算这三个概率密度，最优贝叶斯递推滤波的步骤如下。

(1) 假设在 $k-1$ 时刻已经获得了 $p(x_{k-1}|Z_1^{k-1})$，那么根据状态的一阶马尔可夫特性，状态一步预测的概率密度函数可以表示为

$$\begin{aligned} p\left(x_k|Z_1^{k-1}\right) &= \int p\left(x_k, x_{k-1}|Z_1^{k-1}\right)\mathrm{d}x_{k-1} \\ &= \int p\left(x_k|x_{k-1}, Z_1^{k-1}\right)p\left(x_k|Z_1^{k-1}\right)\mathrm{d}x_{k-1} \\ &= \int p\left(x_k|x_{k-1}\right)p\left(x_{k-1}|Z_1^{k-1}\right)\mathrm{d}x_{k-1} \end{aligned} \tag{6-7}$$

式中，$p(x_k|x_{k-1})$ 表示状态转移概率密度：

$$p\left(x_k|x_{k-1}\right) = \rho(x_k - f_{k-1}(x_{k-1}))$$

在最小方差意义下，状态预测估计和协方差为

$$\hat{x}_{k|k-1} = E[x_k|Z_1^{k-1}], \quad P_{k|k-1} = E[\tilde{x}_{k|k-1}\tilde{x}_{k|k-1}^{\mathrm{T}}|Z_1^{k-1}]$$

(2) 在已经获得 $p(x_k|Z^{k-1})$ 基础上，计算得到输出一步预测的概率密度函数：

$$\begin{aligned} p\left(z_k|\,Z_1^{k-1}\right) &= \int p\left(x_k, z_k|\,Z_1^{k-1}\right)\mathrm{d}x_k = \int p\left(z_k|\,x_k, Z_1^{k-1}\right)p\left(x_k|\,Z_1^{k-1}\right)\mathrm{d}x_k \\ &= \int p\left(z_k|\,x_k\right)p\left(x_k|\,Z_1^{k-1}\right)\mathrm{d}x_k \end{aligned} \tag{6-8}$$

式中，$p(z_k|\,x_k)$ 表示输出似然概率密度函数，且

$$p\left(z_k|\,x_k\right) = \sigma(z_k - h_k(x_k))$$

在最小方差意义下，量测输出的预测估计和协方差为

$$\hat{z}_{k|k-1} = E[z_k|Z_1^{k-1}], \quad P_{k|k-1}^{zz} = E[\tilde{z}_{k|k-1}\tilde{z}_{k|k-1}^{\mathrm{T}}|Z_1^{k-1}]$$

状态预测和输出预测的互协方差，即

$$P_{k|k-1}^{xz} = E[\tilde{x}_{k|k-1}\tilde{z}_{k|k-1}^{\mathrm{T}}|Z_1^{k-1}]$$

(3) 在 k 时刻已经获得新的量测信息 z_k，可以利用式 (6-6) 来计算得到系统状态的后验概率密度函数。

迭代执行上述三步，就可以获得递推最优贝叶斯滤波。由上面的滤波过程不难看出，贝叶斯滤波是递推执行的，即通过时间更新 (即状态预测式 (6-7) 和输出预测式 (6-8)) 及量测更新 (即式 (6-6)) 两个步骤迭代计算完成的，且都是以状态后验概率密度函数为载体进行迭代计算的。

6.2.2　最优平滑

最优平滑的关键就是在每个过去时刻 k，利用所获得的直到当前时刻的量测信息 $Z_1^s = \{z_1, z_2, \cdots, z_s\}$ 来构建过去状态 x_k 的平滑后验概率密度函数：

$$p(x_k|Z_1^s), k < s$$

自然地，如果获得了 $p(x_k|Z_1^s)$，就可以依照不同的估计准则，计算出状态变量的最优平滑估计。例如，在最小方差估计意义下，有

$$\hat{x}_{s|k} = E[x_s|Z_1^k], \quad P_{s|k} = E[\tilde{x}_{s|k}\tilde{x}_{s|k}^{\mathrm{T}}|Z_1^k]$$

仍然利用贝叶斯公式，可以得到

$$p(x_k|Z_1^s) = \int p(x_k, x_{k+1}|Z_1^s)\mathrm{d}x_{k+1} = \int p(x_k|x_{k+1}, Z_1^s)p(x_{k+1}|Z_1^s)\mathrm{d}x_{k+1} \tag{6-9}$$

注意到模型式 (6-2) 和式 (6-3) 具有一阶马尔可夫特性，于是

$$\begin{aligned} p(x_k|x_{k+1},Z_1^s) =& p(x_k|x_{k+1},Z_1^k) = \frac{p(x_{k+1},x_k|Z_1^k)}{p(x_{k+1}|Z_1^k)} \\ =& \frac{p(x_{k+1}|x_k)p(x_k|Z_1^k)}{p(x_{k+1}|Z_1^k)} \end{aligned} \tag{6-10}$$

把式 (6-10) 代入式 (6-9)，整理式 (6-9) 可以得到

$$\begin{aligned} p(x_k|Z_1^s) =& \int p(x_k|x_{k+1},Z_1^k)p(x_{k+1}|Z_1^s)\mathrm{d}x_{k+1} \\ =& \int \frac{p(x_k,x_{k+1}|Z_1^k)}{p(x_{k+1}|Z_1^k)}p(x_{k+1}|Z_1^s)\mathrm{d}x_{k+1} \\ =& p(x_k|Z_1^k)\int \frac{p(x_{k+1}|x_k)p(x_{k+1}|Z_1^s)}{p(x_{k+1}|Z_1^k)}\mathrm{d}x_{k+1} \end{aligned}$$

显然，由上式可以看出，平滑依赖于滤波，这是因为 (固定区间) 平滑的迭代时刻是逆向的，即平滑计算是从 $p(x_{k+1}|Z_1^s)$ 到 $p(x_k|Z_1^s)$ 的，而不同于滤波计算中的 $p(x_k|Z_1^k)$ 到 $p(x_{k+1}|Z_1^{k+1})$，因此只有知道最近时刻的状态滤波 $p(x_s|Z_1^s)$，才能逆向迭代计算出所有 $k<s$ 的状态平滑估计。

6.3 线性动态系统的贝叶斯估计解析实现

注意到贝叶斯最优滤波和平滑都是以概率密度函数为载体，通过概率密度函数的演化来进行递推计算的，它并没有要求动态系统是服从线性还是非线性，因此贝叶斯估计理论可以看成适用于线性动态系统和非线性动态系统的一种统一框架。对于线性随机系统，上述贝叶斯估计中所涉及的积分可以通过线性传递或变换被精确或解析地计算出来，这一点可以从本节线性 Kalman 滤波和平滑的推导中直观地看出。然而对于非线性系统，由于状态函数和量测函数的非线性特征，贝叶斯估计中的积分几乎不可能被解析计算，只能通过数值近似的方法近似获得。相应地，从贝叶斯估计发展而来的非线性估计的各种近似解决方案也应运而生，其中，前面介绍的各类确定采样型滤波就是贝叶斯估计的一类典型实现。

这里之所以首先介绍线性系统 Kalman 估计，是因为 Kalman 估计框架结构及递推形式可以作为非线性系统在执行贝叶斯估计时的借鉴。关于贝叶斯估计在非线性系统的执行或实现方法将在 6.4 节中系统介绍。

考虑如下的线性动态系统：

$$x_k = \varPhi_{k|k-1}x_{k-1} + w_{k-1} \tag{6-11}$$

$$z_k = H_kx_k + v_k \tag{6-12}$$

式中，$k \in \mathbb{N}$ 是时间指标；$x_k \in \mathbb{R}^n$ 和 $z_k \in \mathbb{R}^m$ 分别是系统状态向量和量测向量；$\varPhi_{k|k-1}$ 是系统状态转移矩阵；H_k 为量测矩阵；$w_k \in \mathbb{R}^n$ 和 $v_k \in \mathbb{R}^m$ 分别是系统过程噪声和 m 维量测噪声。显然，该线性系统可以看成式 (6-2) 和式 (6-3) 所示模型的一个特例。对该线性系统做以下两个假设。

(1) w_k 和 v_k 是互不相关的零均值高斯白噪声序列，且 $w_k \sim N(w_k; 0, Q_k)$，$v_k \sim N(v_k; 0, R_k)$ 以及 $E(w_k v_j^{\mathrm{T}}) = 0$。

(2) 系统初始状态 x_0 是正态分布的随机向量，即 $x_0 \sim N(x_0; \hat{x}_0, P_0)$，而且初始状态 x_0 与过程噪声 w_k 和量测噪声 v_k 互不相关。

根据文献 [64]，基于线性最小方差估计准则，利用直观推导法和正交投影定理可以推导线性系统式 (6-11) 和式 (6-12) 的 Kalman 滤波基本公式。

状态一步预测：

$$\hat{x}_{k|k-1} = \varPhi_{k|k-1} \hat{x}_{k-1} \tag{6-13}$$

状态估计：

$$\hat{x}_k = \hat{x}_{k|k-1} + K_k \left(z_k - H_k \hat{x}_{k|k-1}\right) \tag{6-14}$$

滤波增益矩阵：

$$K_k = P_{k,k-1} H_k^{\mathrm{T}} \left(H_k P_{k|k-1} H_k^{\mathrm{T}} + R_k\right)^{-1} \tag{6-15}$$

一步预测误差方差阵：

$$P_{k|k-1} = \varPhi_{k|k-1} P_{k-1} \varPhi_{k|k-1}^{\mathrm{T}} + Q_{k-1} \tag{6-16}$$

估计误差方差阵：

$$\begin{aligned} P_k &= \left(I - K_k H_k\right) P_{k|k-1} \left(I - K_k H_k\right)^{\mathrm{T}} + K_k R_k K_k^{\mathrm{T}} \\ &= P_{k|k-1} - K_k (H_k P_{k|k-1} H_k^{\mathrm{T}} + R_k) K_k^{\mathrm{T}} \end{aligned} \tag{6-17}$$

其中，式 (6-15) 可以进一步转化为

$$K_k = P_k H_k^{\mathrm{T}} R_k^{-1} \tag{6-18}$$

式 (6-17) 可以等效为

$$P_k = \left(I - K_k H_k\right) P_{k|k-1} \tag{6-19}$$

只要给定初值 $\hat{x}_0$ 和 P_0，根据 k 时刻的量测值 z_k，可以递推计算出 k 时刻的状态估计 $\hat{x}_k$。

类似地，Kalman 平滑基本公式如下：

$$\begin{cases} \hat{x}_{k|s} = \hat{x}_k + A_k[\hat{x}_{k+1|s} - \hat{x}_{k+1|k}] \\ P_{k|s} = P_k + A_k[P_{k+1|s} - P_{k+1|k}]A_k^{\mathrm{T}} \end{cases}, \quad k < s \tag{6-20}$$

式中，$A_k = P_k \Phi_{k+1|k}^{\mathrm{T}} P_{k+1|k}^{-1}$。

事实上，上述 Kalman 滤波和平滑基本公式可以解析地从贝叶斯估计发展而来，因此它们能看成贝叶斯估计面向线性动态系统的一种解析实现。现有的关于状态估计特别是 Kalman 滤波的相关书籍，都是以状态为载体来获得动态系统的估计递推公式。本质上，以后验概率分布来描述状态的演化特性最能反映动态系统的演化特性，因此不同于现有书籍中采用正交投影法和直观法来推导 Kalman 估计的分析方式，本书将以概率分布为载体，从状态后验概率角度来推导状态的 Kalman 估计递推公式。换句话说，如果能获得状态后验概率密度分布的递推形式，在最小方差意义下，自然能够获得状态的估计递推公式，而且可以证明，对于线性动态系统式 (6-11) 和式 (6-12)，只要满足上述关于噪声和初始分布的两个假设，线性状态后验概率更新形式就是高斯概率的更新，那么高斯概率的均值和协方差就是状态在最小方差意义下的估计和协方差。为此先给出两个有用的引理。

引理 6.1 已知矩阵 F，d，Q，m，P，且 Q 和 P 正定，那么

$$\int N(x, F\zeta + d, Q) N(\zeta, m, P) \mathrm{d}\zeta = N(x, Fm + d, Q + FPF^{\mathrm{T}}) \tag{6-21}$$

上述引理的证明参见文献 [65]。

引理 6.2 对于对称可逆矩阵 $A \in \mathbb{R}^n$, $B \in \mathbb{R}^{n\times m}$ 以及 $C \in \mathbb{R}^m$, 如果 $A - BC^{-1}B^{\mathrm{T}}$ 可逆的，那么

(1) $C - B^{\mathrm{T}}A^{-1}B$ 也是可逆的；

(2) $D = \begin{bmatrix} A & B \\ B^{\mathrm{T}} & C \end{bmatrix}$ 是可逆的；

(3)

$$D^{-1} = \begin{bmatrix} (A - BC^{-1}B^{\mathrm{T}})^{-1} & -A^{-1}B(C - B^{\mathrm{T}}A^{-1}B)^{-1} \\ -C^{-1}B^{\mathrm{T}}(A - BC^{-1}B^{\mathrm{T}})^{-1} & (C - B^{\mathrm{T}}A^{-1}B)^{-1} \end{bmatrix} \tag{6-22}$$

或者

$$D^{-1} = \begin{bmatrix} 0 & 0 \\ 0 & C^{-1} \end{bmatrix} + \begin{bmatrix} I_n & -BC^{-1} \end{bmatrix}^{\mathrm{T}} \left(A - BC^{-1}B^{\mathrm{T}}\right)^{-1} \begin{bmatrix} I_n & -BC^{-1} \end{bmatrix} \tag{6-23}$$

证明 注意到

$$|D| = |A| \left|C - B^{\mathrm{T}}A^{-1}B\right| = |C| \left|A - BC^{-1}B^{\mathrm{T}}\right| \neq 0 \tag{6-24}$$

式中，$|\cdot|$ 表示矩阵行列式；$\left|C - B^{\mathrm{T}}A^{-1}B\right| \neq 0$ 意味着 $C - B^{\mathrm{T}}A^{-1}B$ 和 D 均是可逆的。

根据式 (6-22)，容易得到

$$DD^{-1} = D^{-1}D = I_{n+m} \tag{6-25}$$

因此 D 的逆矩阵就是式 (6-22)。

另外注意到下面两个等式成立，即

$$\begin{aligned}
&A^{-1}B(C - B^{\mathrm{T}}A^{-1}B)^{-1}\\
=&(A - BC^{-1}B^{\mathrm{T}})^{-1}(A - BC^{-1}B^{\mathrm{T}})A^{-1}B(C - B^{\mathrm{T}}A^{-1}B)^{-1}\\
=&(A - BC^{-1}B^{\mathrm{T}})^{-1}BC^{-1}C^{-1}B^{\mathrm{T}}(A - BC^{-1}B^{\mathrm{T}})^{-1}BC^{-1}\\
=&C^{-1}B^{\mathrm{T}}A^{-1}B(C - B^{\mathrm{T}}A^{-1}B)^{-1} && (6\text{-}26)\\
=&(C - B^{\mathrm{T}}A^{-1}B)^{-1} - C^{-1}C(C - B^{\mathrm{T}}A^{-1}B)^{-1}\\
&+ C^{-1}B^{\mathrm{T}}A^{-1}B(C - B^{\mathrm{T}}A^{-1}B)^{-1}\\
=&(C - B^{\mathrm{T}}A^{-1}B)^{-1} - C^{-1} && (6\text{-}27)
\end{aligned}$$

根据式 (6-26) 和式 (6-27)，重新整理式 (6-22) 能够得到式 (6-23)。

6.3.1 Kalman 滤波

面向式 (6-11) 和式 (6-12) 所示的线性动态系统，下面将从贝叶斯最优递推估计来探讨线性状态的后验概率更新规律。由于贝叶斯估计就是以概率为载体进行递推计算的，其中涉及函数的积分运算，因此如何计算线性动态和量测方程在积分运算中的传播规律是亟待突破的难点，为此采用上述引理 6.1 和引理 6.2 来实现。

第一步，时间更新。

假设 $k-1$ 时刻的状态后验密度 $p(x_{k-1}|Z_1^{k-1})$ 服从高斯分布，即

$$p(x_{k-1}|Z_1^{k-1}) = N(x_{k-1}; \hat{x}_{k-1}, P_{k-1}) \tag{6-28}$$

另外，注意到式 (6-11) 中 w_k 是零均值高斯白噪声序列，于是

$$\begin{aligned}
\rho(w_{k-1}) =&\rho(x_k - \Phi_{k|k-1}x_{k-1}) = N(w_k; 0, Q_{k-1})\\
=&\frac{1}{(2\pi)^{n/2}|Q_{k-1}|^{1/2}}\\
&\exp\left\{\left[x_k - \Phi_{k|k-1}x_{k-1}\right]^{\mathrm{T}} Q_{k-1}^{-1}\left[x_k - \Phi_{k|k-1}x_{k-1}\right]\right\}
\end{aligned} \tag{6-29}$$

根据式 (6-29)，不难看出状态的一步转移概率也服从高斯分布，即

$$p\left(x_k|\,x_{k-1}\right)=N(x_k;\varPhi_{k|k-1}x_{k-1},Q_{k-1}) \tag{6-30}$$

将式 (6-21) 和式 (6-30) 代入式 (6-7)，根据引理 6.1 对其进行整理，可知

$$\begin{aligned}p\left(x_k|\,Z_1^{k-1}\right)=&\int N(x_k;\varPhi_{k|k-1}x_{k-1},Q_{k-1})N(x_{k-1};\hat{x}_{k-1},P_{k-1})\mathrm{d}x_{k-1}\\=&N(x_k;\varPhi_{k|k-1}\hat{x}_{k-1},\varPhi_{k|k-1}P_{k-1}\varPhi_{k|k-1}^{\mathrm{T}}+Q_{k-1})\\=&N(x_k;\hat{x}_{k|k-1},P_{k|k-1})\end{aligned} \tag{6-31}$$

这就是说状态的一步预测后验概率服从高斯分布，于是在最小方差估计准则意义下，高斯分布式 (6-31) 的均值和方差刚好就是式 (6-13) 和式 (6-16) 中的状态一步预测和误差协方差，即

$$\hat{x}_{k|k-1}=E[x_k|Z_1^{k-1}]=\int x_kp(x_k|Z_1^{k-1})\mathrm{d}x_k=\varPhi_{k|k-1}\hat{x}_{k-1} \tag{6-32}$$

$$\begin{aligned}P_{k|k-1}=&E[\tilde{x}_{k|k-1}\tilde{x}_{k|k-1}^{\mathrm{T}}|Z_1^{k-1}]\\=&\int\tilde{x}_{k|k-1}\tilde{x}_{k|k-1}^{\mathrm{T}}p(x_k|Z_1^{k-1})\mathrm{d}x_k=\varPhi_{k|k-1}P_{k-1}\varPhi_{k|k-1}^{\mathrm{T}}+Q_{k-1}\end{aligned} \tag{6-33}$$

同理，式 (6-12) 中 v_k 也是零均值高斯白噪声序列，很容易得到

$$p(z_k|x_k)=N(z_k;H_kx_k,R_k) \tag{6-34}$$

将式 (6-34) 和式 (6-31) 代入式 (6-8)，并根据引理 6.1 对其进行整理，可知输出预测的后验概率密度函数也服从高斯分布，即

$$p\left(z_k|\,Z_1^{k-1}\right)=N(z_k;H_k\hat{x}_{k|k-1},H_kP_{k|k-1}H_k^{\mathrm{T}}+R_k) \tag{6-35}$$

自然地，上述高斯分布的均值和方差就是输出预测及误差协方差，即

$$\hat{z}_{k|k-1}=E[z_k|Z_1^{k-1}]=H_k\hat{x}_{k|k-1} \tag{6-36}$$

$$P_{k|k-1}^{zz}=E[\tilde{z}_{k|k-1}\tilde{z}_{k|k-1}^{\mathrm{T}}|Z_1^{k-1}]=H_kP_{k|k-1}H_k^{\mathrm{T}}+R_k \tag{6-37}$$

根据式 (6-32) 和式 (6-36)，可以很容易获得状态预测和输出预测的互协方差，即

$$P_{k|k-1}^{xz}=E[\tilde{x}_{k|k-1}\tilde{z}_{k|k-1}^{\mathrm{T}}|Z_1^{k-1}]=P_{k|k-1}H_k^{\mathrm{T}}$$

第二步，量测更新。

定理 6.1　定义一个算子 $D(x,P)=x^{\mathrm{T}}Px$，则下面联合后验概率密度为高斯分布，即

$$
\begin{aligned}
p(x_k,z_k|Z_1^{k-1}) =&p(z_k|x_k)p(x_k|Z_1^{k-1}) \qquad (6\text{-}38)\\
=&N\left(\begin{pmatrix} x_k \\ z_k \end{pmatrix};\begin{pmatrix} \hat{x}_{k|k-1} \\ \hat{z}_{k|k-1} \end{pmatrix},S_{k|k-1}\right)\\
=&\frac{1}{(2\pi)^{(m+n)/2}|S_{k|k-1}|^{1/2}}\exp\left[-\frac{1}{2}D\left(\begin{pmatrix} \tilde{x}_{k|k-1} \\ \tilde{z}_{k|k-1} \end{pmatrix},S_{k|k-1}^{-1}\right)\right] \qquad (6\text{-}39)
\end{aligned}
$$

式中，$S_{k|k-1}=\begin{pmatrix} P_{k|k-1} & P_{k|k-1}^{xz} \\ \left(P_{k|k-1}^{xz}\right)^{\mathrm{T}} & P_{k|k-1}^{zz} \end{pmatrix}=\begin{pmatrix} P_{k|k-1} & P_{k|k-1}H_k^{\mathrm{T}} \\ H_kP_{k|k-1} & H_kP_{k|k-1}H_k^{\mathrm{T}}+R_k \end{pmatrix}$

证明　根据式 (6-34) 和式 (6-31)，可知

$$
\begin{aligned}
&p\left(z_k|\,x_k\right)\\
=&\frac{1}{(2\pi)^{n/2}|R_k|^{1/2}}\exp\left[-\frac{1}{2}D(z_k-H_kx_k,R_k^{-1})\right]\\
=&\frac{1}{(2\pi)^{m/2}|R_k|^{1/2}}\exp\left[-\frac{1}{2}D\left(\begin{pmatrix} \tilde{x}_{k|k-1} \\ \tilde{z}_{k|k-1} \end{pmatrix},\begin{bmatrix} -H_k^{\mathrm{T}} \\ I \end{bmatrix}R_k^{-1}\begin{bmatrix} -H_k & I \end{bmatrix}\right)\right] \qquad (6\text{-}40)
\end{aligned}
$$

$$
\begin{aligned}
&p\left(x_k|\,Z_1^{k-1}\right)=\frac{1}{(2\pi)^{n/2}|P_{k|k-1}|^{1/2}}\exp\left[-\frac{1}{2}D(\tilde{x}_{k|k-1},P_{k|k-1}^{-1})\right]\\
=&\frac{1}{(2\pi)^{n/2}|P_{k|k-1}|^{1/2}}\exp\left[-\frac{1}{2}D\left(\begin{pmatrix} \tilde{x}_{k|k-1} \\ \tilde{z}_{k|k-1} \end{pmatrix},\begin{bmatrix} P_{k|k-1}^{-1} & 0 \\ 0 & 0 \end{bmatrix}\right)\right] \qquad (6\text{-}41)
\end{aligned}
$$

把式 (6-40) 和式 (6-41) 代入式 (6-38)，整理可得

$$
p(x_k,z_k|Z_1^{k-1})=\frac{1}{(2\pi)^{(m+n)/2}|P_{k|k-1}|^{1/2}|R_k|^{1/2}}\exp\left[\frac{1}{2}D\left(\begin{pmatrix} \tilde{x}_{k|k-1} \\ \tilde{z}_{k|k-1} \end{pmatrix},\Lambda_{k|k-1}\right)\right] \qquad (6\text{-}42)
$$

式中，

$$
\Lambda_{k|k-1}=\begin{bmatrix} H_k^{\mathrm{T}}R_k^{-1}H_k+P_{k|k-1}^{-1} & -H_k^{\mathrm{T}}R_k^{-1} \\ -R_k^{-1}H_k & R_k^{-1} \end{bmatrix}
$$

而且很容易证明 $\Lambda_{k|k-1}S_{k|k-1}=S_{k|k-1}\Lambda_{k|k-1}=I_{n+m}$ 和 $|S_{k|k-1}|=|P_{k|k-1}|\times|R_k|$。换句话说，$\Lambda_{k|k-1}$ 就是 $S_{k|k-1}$ 的可逆矩阵，即 $S_{k|k-1}^{-1}=\Lambda_{k|k-1}$，结果是式 (6-42) 与式 (6-39) 完全等价，这就证明了 $p(x_k,z_k|Z_1^{k-1})$ 服从高斯分布。

基于定理 6.1 的结果，将式 (6-39) 和式 (6-35) 代入式 (6-6)，并进行整理可得状态滤波的后验概率密度函数：

$$p(x_k|Z_1^k)=\frac{|P_{k|k-1}^{zz}|^{1/2}}{(2\pi)^{n/2}|S_{k|k-1}|^{1/2}}\exp\left[-\frac{1}{2}D\left(\begin{pmatrix}\tilde{x}_{k|k-1}\\ \tilde{z}_{k|k-1}\end{pmatrix},S_{k|k-1}^{-1}\right.\right.\\ \left.\left.-\begin{bmatrix}0 & 0\\ 0 & (P_{k|k-1}^{zz})^{-1}\end{bmatrix}\right)\right] \tag{6-43}$$

注意到，除了 $|S_{k|k-1}|=|P_{k|k-1}|\times|R_k|$，$S_{k|k-1}$ 的行列式还可以表示成

$$|S_{k|k-1}|=|P_{k|k-1}^{zz}|\times|P_{k|k-1}-P_{k|k-1}^{xz}(P_{k|k-1}^{zz})^{-1}(P_{k|k-1}^{xz})^{\mathrm{T}}|$$

同时利用引理 6.2 中式 (6-23) 对式 (6-43) 进行整理，可知

$$\begin{aligned}p(x_k|Z_1^k)=&\frac{1}{(2\pi)^{n/2}|P_{k|k-1}-P_{k|k-1}^{xz}(P_{k|k-1}^{zz})^{-1}(P_{k|k-1}^{xz})^{\mathrm{T}}|^{1/2}}\\ &\cdot\exp\left[-\frac{1}{2}D\left(\begin{pmatrix}\tilde{x}_{k|k-1}\\ \tilde{z}_{k|k-1}\end{pmatrix},I^{*\mathrm{T}}\cdot\Big(P_{k|k-1}\right.\right.\\ &\left.\left.-P_{k|k-1}^{xz}(P_{k|k-1}^{zz})^{-1}(P_{k|k-1}^{xz})^{\mathrm{T}}\Big)^{-1}I^*\right)\right]\\ =&\frac{1}{(2\pi)^{n/2}|P_{k|k-1}-P_{k|k-1}^{xz}(P_{k|k-1}^{zz})^{-1}(P_{k|k-1}^{xz})^{\mathrm{T}}|^{1/2}}\\ &\cdot\exp\left[-\frac{1}{2}D\left(\left(\tilde{x}_{k|k-1}-P_{k|k-1}^{xz}(P_{k|k-1}^{zz})^{-1}\tilde{z}_{k|k-1}\right),\Big(P_{k|k-1}\right.\right.\\ &\left.\left.-P_{k|k-1}^{xz}(P_{k|k-1}^{zz})^{-1}(P_{k|k-1}^{xz})^{\mathrm{T}}\Big)^{-1}\right)\right]\\ =&N\Big(x_k;\hat{x}_{k|k-1}+P_{k|k-1}^{xz}(P_{k|k-1}^{zz})^{-1}\tilde{z}_{k|k-1},P_{k|k-1}\\ &-P_{k|k-1}^{xz}(P_{k|k-1}^{zz})^{-1}(P_{k|k-1}^{xz})^{\mathrm{T}}\Big)\end{aligned} \tag{6-44}$$

式中，$I^*=\begin{bmatrix}I & -P_{k|k-1}^{xz}(P_{k|k-1}^{zz})^{-1}\end{bmatrix}$。上述结果说明了 k 时刻状态后验密度 $p(x_k|Z_1^k)$ 仍然为高斯分布，如果定义滤波增益为式 (6-15)，那么高斯分布 (6-44) 的均值和方差就是式 (6-14) 和式 (6-17) 所示的状态滤波估计和误差协方差。

注 6.1 对于线性动态系统式 (6-11) 和式 (6-12)，Kalman 滤波完全可以从贝叶斯最优滤波框架发展而来，也就是说，它可以看成贝叶斯滤波在线性动态系统中的一种解析实现，因此也可以理解为 Kalman 滤波就是贝叶斯滤波的一个特

例。特别地，如果利用直观法和正交投影定理来推导 Kalman 滤波，那么 Kalman 滤波所基于的估计准则是线性最小方差估计 [64]，而从贝叶斯最优滤波发展而来的 Kalman 滤波则是基于最小方差估计准则。尽管这两种方法所用到的估计准则不同，但获得的 Kalman 滤波基本公式却完全相同，这充分验证了在线性高斯系统或高斯分布情况下，线性最小方差估计准则和最小方差估计准则是完全等价的。

注 6.2　从式 (6-21)∼ 式 (6-44) 的推导过程中不难看出，只要满足线性动态系统式 (6-11) 和式 (6-12) 关于噪声和初始状态的两个假设，在 Kalman 滤波中，状态一步预测、输出预测和状态滤波等的后验概率密度函数均为高斯分布，而且这些高斯分布可以递推计算，这也就是为什么在众多关于最优估计理论或 Kalman 估计理论等相关文献和书籍中又将系统式 (6-11) 和式 (6-12) 称为线性高斯系统的根本原因。

注 6.3　在推导 kalman 滤波的第一步中，假设了 $k-1$ 时刻的状态滤波后验密度 $p(x_{k-1}|Z_1^{k-1})$ 服从高斯分布，当 $k-1$ 趋于零时，可以认为该状态后验概率密度函数就是 $p(x_0)=N(x_0;\hat{x}_0,P_0)$，从这个角度来说，假设 $p(x_{k-1}|Z_1^{k-1})$ 高斯分布也就变合理了。换句话说，这里假设 $p(x_{k-1}|Z_1^{k-1})$ 高斯分布只是为推导上述以概率概率分布为载体的 Kalman 滤波所做的一个技巧处理，而状态后验概率的高斯分布更新式 (6-44) 也验证了这个假设是合理的。

6.3.2　Kalman 平滑

类似于上述推导线性动态系统 Kalman 滤波，同样可以从贝叶斯估计来解析地计算出线性动态系统的 Kalman 平滑，具体推导如下。

第一步，计算贝叶斯平滑式 (6-10) 的后验概率 $p(x_k|x_{k+1},Z_1^k)$。

定理 6.2　定义 $P_{k,k+1|k}=E[\tilde{x}_k\tilde{x}_{k+1|k}^{\mathrm{T}}|Z_1^k]$，则联合后验概率 $p(x_{k+1},x_k|Z_1^k)$ 为高斯分布，即

$$p(x_{k+1},x_k|Z_1^k)=p(x_{k+1}|x_k)p(x_k|Z_1^k) \tag{6-45}$$

$$=N\left(\begin{pmatrix} x_k \\ x_{k+1}\end{pmatrix};\begin{pmatrix}\hat{x}_k \\ \hat{x}_{k+1|k}\end{pmatrix},T_{k|k-1}\right)$$

$$=\frac{1}{(2\pi)^{(m+n)/2}|T_{k|k-1}|^{1/2}}\exp\left[-\frac{1}{2}D\left(\begin{pmatrix}\tilde{x}_k \\ \tilde{x}_{k+1|k}\end{pmatrix},T_{k|k-1}^{-1}\right)\right] \tag{6-46}$$

式中，$T_{k|k-1}=\begin{pmatrix} P_k & P_{k,k+1|k} \\ P_{k,k+1|k}^{\mathrm{T}} & P_{k+1|k}\end{pmatrix}=\begin{pmatrix} P_k & P_k\Phi_{k+1|k}^{\mathrm{T}} \\ \Phi_{k+1|k}P_k & P_{k+1|k}\end{pmatrix}$。

证明　根据 $P_{k,k+1|k}$ 的定义，很容易得到 $P_{k,k+1|k}=P_k\Phi_{k|k-1}^{\mathrm{T}}$。在 Kalman 滤波推导中，注意到状态滤波后验概率密度和状态一步转移概率均为高斯分布，即

$$p(x_{k+1}|x_k)=N(x_{k+1};\Phi_{k+1|k}x_k,Q_k) \tag{6-47}$$

$$p\left(x_k \middle| Z_1^k\right) = N(x_k; \hat{x}_k, P_k) \tag{6-48}$$

将以上两式代入式 (6-45)，并采用类似于证明定理 6.1 的方法，对其进行整理即可得到定理 6.2 中的结论，本章为避免重复，在此不再赘述。

注意到 Kalman 滤波中状态一步预测后验概率密度是高斯分布，即

$$\begin{aligned} p\left(x_{k+1} \middle| Z_1^k\right) =& N(x_{k+1}; \hat{x}_{k+1|k}, P_{k+1|k}) \\ =& \frac{1}{(2\pi)^{n/2}|P_{k+1|k}|^{1/2}} \exp\left[-\frac{1}{2}D\left(\tilde{x}_{k+1|k}, P_{k|k-1}^{-1}\right)\right] \end{aligned} \tag{6-49}$$

根据式 (6-46) 和式 (6-49)，利用引理 6.2 或采用类似于推导式 (6-44) 的整理方法，可以计算得到后验概率 $p(x_k|x_{k+1}, Z_1^k)$ 也为高斯分布，即

$$\begin{aligned} p(x_k|x_{k+1}, Z_1^k) =& N\left(x_k; \hat{x}_k + P_k \Phi_{k+1|k}^{\mathrm{T}} P_{k+1|k}^{-1}(x_{k+1} - \hat{x}_{k+1|k}),\right. \\ & \left. P_k - P_k \Phi_{k+1|k}^{\mathrm{T}} P_{k+1|k}^{-1} \Phi_{k+1|k} P_k\right) \end{aligned} \tag{6-50}$$

第二步，假设 $k+1$ 时刻状态平滑概率密度函数 $p(x_{k+1}|Z_1^s)$ 服从高斯分布：

$$p(x_{k+1}|Z_1^s) = N(x_{k+1}; \hat{x}_{k+1|s}, P_{k+1|s}) \tag{6-51}$$

将式 (6-50) 和式 (6-51) 代入贝叶斯最优平滑 (6-10) 中，并利用引理 6-1，能够很容易得到 $k+1$ 时刻状态平滑概率密度函数 $p(x_k|Z_1^s)$ 仍为高斯分布：

$$p(x_k|Z_1^s) = \int p(x_k|x_{k+1}, Z_1^k) p(x_{k+1}|Z_1^s) \mathrm{d}x_{k+1} = N(x_k; \hat{x}_{k|s}, P_{k|s})$$

式中，$\hat{x}_{k|s}$ 和 $P_{k|s}$ 的表达式就是式 (6-20)。

注 6.4 由 kalman 滤波推导可知，状态滤波的后验概率密度 (6-44) 是高斯的。而在 Kalman 平滑中第二步，这种假设状态平滑概率密度为高斯分布的做法就变得合理了。由于滤波是平滑的基础，故平滑起始于状态滤波估计概率密度 $p(x_s|Z_1^s)$，进而由上述推导可以得到 $p(x_{s-1}|Z_1^s)$ 也是高斯的。以此类推，对于任意 $k < s$ 时刻，状态平滑概率密度 $p(x_k|Z_1^s)$ 都是高斯的。

注 6.5 从上述推导不难看出，线性动态系统 Kalman 滤波和平滑本质上是贝叶斯估计的一种解析实现，而且只要满足关于高斯白噪声不相关和初始状态高斯分布的两个假设，线性动态系统的状态后验概率就是精确的高斯分布。同理，借鉴定理 6.1 和定理 6.2 的相关推导，不难证明噪声相关和有色情况下的线性动态系统状态后验概率也是高斯分布的，为了避免重复，这里不做过多赘述。

6.4　非线性动态系统的贝叶斯估计近似实现

尽管贝叶斯估计为动态系统的状态估计问题提供了理论上的最优解决方案，但它在面对非线性系统时，其缺点也是显而易见的，即贝叶斯估计仅仅是形式上，根本无法被实际执行，因为状态和量测方程的非线性会导致贝叶斯估计中的积分无法被解析计算。在这种情况下，只能采用假设近似方法来执行贝叶斯估计。例如，假设高斯或高斯混合分布来逼近状态的后验概率密度函数，在这种假设下由贝叶斯估计发展而来的估计就是高斯估计或高斯混合估计。目前，高斯估计是广泛被采用和接受的一种非线性动态系统估计方法，主要是基于下面几个方面的考虑。

(1) 如果采用高斯分布来逼近系统状态的各类 (预测、滤波和平滑) 后验概率密度，那么由于高斯分布概率完全可由均值和方差来表示，因此状态的预测、滤波和平滑等估计以及相应的误差协方差就是高斯分布的均值和方差。更重要的是，高斯分布有一套简便易行的计算方法，即使在面对非线性系统情况下，贝叶斯估计依然能够得到某些解析解 (如高斯估计中的状态更新)，这就等于推动了形式上的贝叶斯估计向非线性系统估计的实际执行上迈进了一步，为非线性动态系统估计提供了一种可执行的解决方案。

(2) 高斯估计可以在计算量和精度之间进行有效折中。一方面，高斯混合分布可以实现对任意后验概率的充分近似 [6]，因此理论上只要高斯分项的数目足够多，高斯估计就能保证对状态的高精度估计；另一方面，构成高斯混合分布的每个高斯项可并行独立计算，之间的交互耦合相对较弱，可以采用多个节点并行执行高斯分项，这就大大提高整个系统的计算效率。

(3) 非线性与噪声相关或有色等复杂特性耦合势必会引起贝叶斯估计的执行差异性，如何统一化描述这种执行差异性？研究发现 [1-4]，高斯估计具有解析计算和非线性积分迭代计算的框架结构，非线性与复杂特性的耦合所引起的贝叶斯估计执行差异性可被统一描述为高斯密度下的非线性函数积分，而非线性积分中被积函数的结构形态就完全描述贝叶斯估计的执行差异性。

(4) 高斯估计在执行贝叶斯估计时具有一般性和通用性的特点。具体来说，高斯估计为现有各类非线性确定采样型滤波提供了一种一般性的可执行框架。换句话说，现有确定采样型滤波本质上都可以视为高斯估计的执行特例，即采用不同数值策略来近似高斯估计框架中的非线性积分，可自由发展出相应的确定采样型滤波，如基于 UT 变换来逼近非线性函数积分，就可从高斯估计框架中发展出相应的 UKF。另外，高斯估计也为不同确定采样型滤波思想之间的互通互用提供了公共平台，这有助于在实际工程应用中根据精度和计算量之间有效折中标准来自适应选择最合适的滤波。

关于上述关注点，本章将会在下面进行理论分析和解释。

6.4.1 高斯滤波

从 6.3 节分析可以看出，贝叶斯最优递推估计的时间更新和量测更新都涉及函数的积分，对于线性高斯系统式 (6-11) 和式 (6-12)，这些积分可以被解析地计算。相应地，贝叶斯估计在面向线性高斯系统的最优解就是线性 kalman 滤波和平滑。然而对于非线性系统来说，由于状态传递函数和量测函数的非线性，这些函数的积分几乎不可能被解析地获得，它们只能通过一些数值方法被近似计算。但是，一个直观的思路是，是否可以借鉴线性系统 Kalman 滤波和平滑执行贝叶斯估计的方法来解决非线性估计问题，而高斯估计刚好为解决此问题提供了一个很好的思路：如果采用高斯分布来逼近系统状态的各类 (预测、滤波和平滑) 后验概率密度，那么由于高斯分布概率完全可由均值和方差来表示，因此状态的预测、滤波和平滑等估计以及相应的误差协方差就是高斯分布的均值和方差。但实际上，非线性系统状态的演化本质上是非高斯的，因此高斯估计只是贝叶斯估计在面向非线性系统时的一种近似执行。

考虑如下的非线性动态系统：

$$x_k = f_{k-1}(x_{k-1}) + w_{k-1} \tag{6-52}$$

$$z_k = h_k(x_k) + v_k \tag{6-53}$$

式中，$k \in \mathbb{N}$ 是时间指标；$x_k \in \mathbb{R}^n$ 和 $z_k \in \mathbb{R}^m$ 分别是系统状态向量和量测向量；$f(\cdot)$ 和 $h(\cdot)$ 分别表示非线性系统的状态转移函数和量测函数；$w_k \in \mathbb{R}^n$ 和 $v_k \in \mathbb{R}^m$ 分别表示系统的过程噪声和量测噪声。同样对该非线性系统作如下两个假设：

(1) w_k 和 v_k 是互不相关的零均值高斯白噪声序列，且 $w_k \sim N(w_k;0,Q_k)$，$v_k \sim N(v_k;0,R_k)$ 以及 $E(w_k v_j^{\mathrm{T}}) = 0$；

(2) 系统初始状态 x_0 是正态分布的随机向量，即 $x_0 \sim N(x_0;\hat{x}_0,P_0)$，而且初始状态 x_0 与过程噪声 w_k 和量测噪声 v_k 互不相关。

本节的目的是基于最小方差估计准则，利用量测值 $Z_1^k = \{z_1, z_2, \cdots, z_k\}$ 来推导非线性动态系统式 (6-52) 和式 (6-53) 的高斯滤波估计。换句话说，高斯滤波的推导就是获得状态概率密度函数 $p(x_k|Z_k)$ 的高斯分布特性及相应的状态滤波估计迭代公式，达到这个目的主要取决于如何选择合适的高斯分布。为此首先假设状态和量测的联合后验概率服从高斯分布 [6]，即

$$p(x_k, z_k|\, Z_1^{k-1}) = N\left(\left(\begin{array}{c} x_k \\ z_k \end{array}\right); \left(\begin{array}{c} \hat{x}_{k|k-1} \\ \hat{z}_{k|k-1} \end{array}\right), \left(\begin{array}{cc} P_{k|k-1} & P_{k|k-1}^{xz} \\ \left(P_{k|k-1}^{xz}\right)^{\mathrm{T}} & P_{k|k-1}^{zz} \end{array}\right)\right) \tag{6-54}$$

显然，边缘密度函数也服从高斯分布，

$$p(x_k|\,Z_1^{k-1}) = N(x_k;\hat{x}_{k|k-1},P_{k|k-1}) \tag{6-55}$$

$$p(z_k|\,Z_1^{k-1}) = N(x_k;\hat{z}_{k|k-1},P_{k|k-1}^{zz}) \tag{6-56}$$

注意到 w_k 和 v_k 是互不相关的零均值高斯白噪声序列，因此在最小方差估计准则下，可以得到以下结论。

时间更新：

$$\begin{cases}\hat{x}_{k|k-1}=\int f_{k-1}(x_{k-1})N(x_{k-1};\hat{x}_{k-1},P_{k-1})\mathrm{d}x_{k-1}\\ P_{k|k-1}=\int f_{k-1}(x_{k-1})f_{k-1}^{\mathrm{T}}(x_{k-1})N(x_{k-1};\hat{x}_{k-1},P_{k-1})\mathrm{d}x_{k-1}-\hat{x}_{k|k-1}\hat{x}_{k|k-1}^{\mathrm{T}}+Q_{k-1}\end{cases} \tag{6-57}$$

量测更新：

$$\begin{cases}\hat{z}_{k|k-1}=\int h_k(x_k)N(x_k;\hat{x}_{k|k-1},P_{k|k-1})\mathrm{d}x_k\\ P_{k|k-1}^{zz}=\int h_k(x_k)h_k^{\mathrm{T}}(x_k)N(x_k;\hat{x}_{k|k-1},P_{k|k-1})dx_k-\hat{z}_{k|k-1}\hat{z}_{k|k-1}^{\mathrm{T}}+R_k\end{cases} \tag{6-58}$$

$$P_{k|k-1}^{xz}=\int x_k h_k^{\mathrm{T}}(x_k)N(x_k;\hat{x}_{k|k-1},P_{k|k-1})dx_k-\hat{x}_{k|k-1}\hat{z}_{k|k-1}^{\mathrm{T}} \tag{6-59}$$

在获得量测信息 z_k 后，进行滤波更新。根据贝叶斯估计理论，可知

$$p\left(x_k|\,Z_1^k\right)=\frac{p\left(x_k,z_k|\,Z_1^{k-1}\right)}{p\left(z_k|\,Z_1^{k-1}\right)} \tag{6-60}$$

将式 (6-54) 和式 (6-56) 代入式 (6-60)，根据本章中的引理 6.2，计算整理可得状态滤波后验密度也服从高斯分布，即

$$p(x_k|Z_1^k)=N(x_k;\hat{x}_k,P_k) \tag{6-61}$$

在最小方差意义下，有

$$\hat{x}_k=\hat{x}_{k|k-1}+P_{k|k-1}^{xz}\left(P_{k|k-1}^{zz}\right)^{-1}\tilde{z}_{k|k-1} \tag{6-62}$$

$$P_k=P_{k|k-1}-P_{k|k-1}^{xz}\left(P_{k|k-1}^{zz}\right)^{-1}\left(P_{k|k-1}^{xz}\right)^{\mathrm{T}} \tag{6-63}$$

定义滤波增益矩阵 $K_k=P_{k|k-1}^{xz}(P_{k|k-1}^{zz})^{-1}$，则式 (6-62) 和式 (6-63) 变为

$$\begin{cases}\hat{x}_k=\hat{x}_{k|k-1}+K_k(z_k-\hat{z}_{k|k-1})\\ P_k=P_{k|k-1}-K_kP_{k|k-1}^{zz}K_k^{\mathrm{T}}\end{cases} \tag{6-64}$$

以上即为非线性动态系统的高斯估计，可以发现，其状态滤波方程式 (6-64) 不仅是解析的，而且与线性系统 Kalman 滤波的更新公式完全相同，这是高斯估计的优势所在，可以大大简化计算，而状态和输出的预测及误差协方差涉及非线性函数的积分形式。值得注意的是，不同于线性系统 Kalman 估计中状态后验概率密度函数是精确的高斯分布，非线性系统中高斯估计对状态后验概率的计算是一种强行的逼近，实际上绝大多数非线性系统的状态演化不是高斯分布的。尽管这种高斯假设只是一种近似的计算，但却推动了贝叶斯估计在非线性动态系统估计中的执行和应用。

综上，高斯假设的合理选取是实现高斯估计的基础和前提，如标准模型下高斯估计中的式 (6-54)。这一点也适用于各类复杂特性与非线性耦合的情况，如后面即将介绍的噪声时空相关高斯估计。以下是高斯滤波的设计流程。

(1) 选择合理的高斯假设。

(2) 基于贝叶斯公式，更新计算状态滤波的后验概率密度函数。

(3) 计算最小方差意义下的状态估计。

6.4.2 高斯平滑

仍然考虑系统式 (6-52) 和式 (6-53)，利用量测值 $Z_1^s=\{z_1,z_2,\cdots,z_s\}$ 来推导非线性动态系统式 (6-52) 和式 (6-53) 的高斯平滑估计 $\hat{x}_{k|s}(k<s)$。下面将基于两种策略来推导高斯平滑，一种是以概率密度为载体，通过合理选择的高斯假设，推导状态平滑的高斯后验概率密度函数 $p(x_k|Z_1^s)$，进而在最小方差估计准则下获得状态估计的计算公式；另一种是直接以状态为载体，在线性最小方差估计准则意义下计算状态估计。实际上，两种策略下的状态估计公式是等价的，因为在概率密度为高斯分布的情况下，最小方差估计准则和线性最小方差估计 (linear MMSE, LMMSE) 准则是等价的。

1. *在最小方差估计准则下*

定理 6.3 在假设 $p(x_k,x_{k+1}|Z_1^k)$ 和 $p(x_{k+1}|Z_1^s)$ 均服从高斯分布的情况下，状态平滑后验概率密度 $p(x_k,x_{k+1}|Z_1^s)(k<s)$ 也服从高斯分布，即

$$p(x_k|Z_1^s)=N(x_k;\hat{x}_{k|s},P_{k|s})$$

其中，如果定义 $A_k=C_{k+1}P_{k+1|k}^{-1}$ 为平滑增益，那么在最小估计准则下，

$$\left\{\begin{aligned}\hat{x}_{k|s}&=E[x_k|Z_1^s]=\hat{x}_k+A_k[\hat{x}_{k+1|s}-\hat{x}_{k+1|k}]\\P_{k|s}&=E[\tilde{x}_{k|s}\tilde{x}_{k|s}^{\mathrm{T}}|Z_1^s]=P_k+A_k[P_{k+1|s}-P_{k+1|k}]A_k^{\mathrm{T}}\end{aligned}\right.\tag{6-65}$$

$$C_{k+1}=E[\tilde{x}_k\tilde{x}_{k+1|k}^{\mathrm{T}}|Z_1^k]=\int x_kf_k^{\mathrm{T}}(x_k)N(x_k;\hat{x}_k,P_k)\mathrm{d}x_k-\hat{x}_k\hat{x}_{k+1|k}^{\mathrm{T}}\tag{6-66}$$

证明　首先，假设相邻时刻状态的联合后验概率服从高斯分布，即

$$p(x_k, x_{k+1}|\, Z_1^k) = N\left(\left(\begin{array}{c} x_k \\ x_{k+1} \end{array}\right); \left(\begin{array}{c} \hat{x}_k \\ \hat{x}_{k+1|k} \end{array}\right), \left(\begin{array}{cc} P_k & C_{k+1} \\ C_{k+1}^{\mathrm{T}} & P_{k+1|k} \end{array}\right)\right) \tag{6-67}$$

其中，x_k 和 x_{k+1} 的互协方差 C_{k+1} 可以通过式 (6-66) 计算得到。显然，边缘密度函数也服从高斯分布：

$$p(x_{k+1}|\, Z_1^k) = N(x_{k+1}; \hat{x}_{k+1|k}, P_{k+1|k}) \tag{6-68}$$

根据贝叶斯公式：

$$p\left(x_k|x_{k+1}, Z_1^k\right) = \frac{p\left(x_k, x_{k+1}|\, Z_1^k\right)}{p\left(x_{k+1}|\, Z_1^k\right)} \tag{6-69}$$

将式 (6-67) 和式 (6-68) 代入式 (6-69)，根据本章中的引理 6.2，计算整理可得

$$p\left(x_k|x_{k+1}, Z_1^k\right) = N(x_k; \hat{x}_{k|k+1,k}, P_{k|k+1,k}) \tag{6-70}$$

其中在最小方差估计准则意义下

$$\hat{x}_{k|k+1,k} = E[x_k|x_{k+1}, Z_1^k] = \hat{x}_k + C_{k+1}P_{k+1|k}^{-1}\tilde{x}_{k+1|k} \tag{6-71}$$

$$P_{k|k+1,k} = E[\tilde{x}_{k|k+1,k}\tilde{x}_{k|k+1,k}^{\mathrm{T}}|Z_1^k] = P_k - C_{k+1}P_{k+1|k}^{-1}C_{k+1}^{\mathrm{T}} \tag{6-72}$$

根据 $A_k = C_{k+1}P_{k+1|k}^{-1}$ 对式 (6-71) 和式 (6-72) 进行整理，可得

$$\left\{\begin{array}{l} \hat{x}_{k|k+1,k} = \hat{x}_k + A_k(x_{k+1} - \hat{x}_{k+1|k}) \\ P_{k|k+1,k} = P_k - A_kP_{k+1|k}A_k^{\mathrm{T}} \end{array}\right. \tag{6-73}$$

接着，假设 $k+1$ 时刻状态平滑概率密度函数 $p(x_{k+1}|Z_1^s)$ 服从高斯分布：

$$p(x_{k+1}|Z_1^s) = N(x_{k+1}; \hat{x}_{k+1|s}, P_{k+1|s}) \tag{6-74}$$

将式 (6-70) 和式 (6-74) 代入下式所示的贝叶斯最优平滑中，即

$$p(x_k|Z_1^s) = \int p(x_k|x_{k+1}, Z_1^k)p(x_{k+1}|Z_1^s)\mathrm{d}x_{k+1}$$

并利用引理 6.1 进行整理，很容易得到 k 时刻状态平滑概率密度函数 $p(x_k|Z_1^s)$ 仍为高斯分布：

$$p(x_k|Z_1^s) = \int p(x_k|x_{k+1}, Z_1^k)p(x_{k+1}|Z_1^s)\mathrm{d}x_{k+1} = N(x_k; \hat{x}_{k|s}, P_{k|s})$$

这里，平滑估计 $\hat{x}_{k|s}$ 和误差协方差 $P_{k|s}$ 就是式 (6-65)。

显然，上述非线性动态系统的平滑估计公式与线性系统 Kalman 平滑完全相同，而不同之处体现在计算平滑增益 A_k 时，Kalman 平滑中互协方差 C_{k+1} 可以被解析计算，而它在非线性系统高斯平滑中只能由式 (6-66) 所示的非线性积分形式给出。由于平滑依赖于滤波，因此平滑起始于 $p(x_s|Z_1^s)$，从这个角度来说假设 $p(x_{k+1}|Z_1^s)$ 高斯分布就变得合理了。

需要注意的是，对于线性动态系统，定理 6.2 已经证明 $p(x_k, x_{k+1}|Z_1^k)$ 是解析地服从高斯分布的，然而对于非线性动态系统，该联合后验密度只能被近似地假设服从高斯分布，这是为了便于贝叶斯最优平滑在非线性系统中的执行和应用。另外，平滑依赖于滤波，因此平滑除了要求高斯近似 $p(x_k, z_k|Z_1^{k-1})$ 外，也额外要求 $p(x_k, x_{k+1}|Z_1^k)$ 为高斯分布，也就是说平滑的高斯假设要比滤波复杂，这就暗示了越复杂的问题要求越复杂的高斯假设。

2. *在线性最小方差估计准则下*

早已证明，在高斯分布情况下，线性最小方差估计准则等价于最小方差估计准则。因此，下面将基于线性最小方差估计准则来给出高斯平滑估计的另一种推导方式，即基于正交投影定理的结论 [64] 来推导定理 6.3 中的状态平滑公式 (6-65)。

在假设 $p(x_k, x_{k+1}|Z_1^k)$ 为高斯分布情况下，直接应用正交投影 (参见本章附录)，易得

$$\begin{aligned}\hat{x}_{k|k+1,k} =& E(x_k|x_{k+1}, Z_1^k) = \int x_k p(x_k|x_{k+1}, Z_1^k)\mathrm{d}x_k \\ =& \hat{E}(x_k|x_{k+1}, Z_1^k) = \hat{E}(x_k|Z_1^k) + \hat{E}(\tilde{x}_k|\tilde{x}_{k+1|k}) \\ =& \hat{x}_k + E[\tilde{x}_k\tilde{x}_{k+1|k}^{\mathrm{T}}|Z_1^k]\left\{E[\tilde{x}_{k+1|k}\tilde{x}_{k+1|k}^{\mathrm{T}}|Z_1^k]\right\}^{-1}\tilde{x}_{k+1|k} \\ =& \hat{x}_k + C_{k+1}P_{k+1|k}^{-1}(x_{k+1} - \hat{x}_{k+1|k}) \\ =& \hat{x}_k + A_k(x_{k+1} - \hat{x}_{k+1|k})\end{aligned} \tag{6-75}$$

注意到系统式 (6-52) 和式 (6-53) 具有一阶马尔可夫特性，即

$$p(x_k|x_{k+1}, Z_1^k) = p(x_k|x_{k+1}, Z_1^s) \tag{6-76}$$

因此，类似定理 6.3 中式 (6-69)~ 式 (6-72) 中推导，容易获得 $p(x_k|x_{k+1}, Z_1^s)$ 也服从高斯分布，于是直接应用正交投影，可知

$$\begin{aligned}\hat{x}_{k|k+1,s} =& E(x_k|x_{k+1}, Z_1^s) = \int x_k p(x_k|x_{k+1}, Z_1^s)\mathrm{d}x_k \\ =& \hat{E}(x_k|x_{k+1}, Z_1^s) = \hat{E}(x_k|Z_1^s) + \hat{E}(\tilde{x}_{k|s}|\tilde{x}_{k+1|s})\end{aligned}$$

$$
\begin{aligned}
&=\hat{x}_{k|s} + E[\tilde{x}_{k|s}\tilde{x}_{k+1|s}^{\mathrm{T}}|Z_1^s]\left\{E[\tilde{x}_{k+1|s}\tilde{x}_{k+1|s}^{\mathrm{T}}|Z_1^s]\right\}^{-1}\tilde{x}_{k+1|s}\\
&=\hat{x}_{k|s} + E[\tilde{x}_{k|s}\tilde{x}_{k+1|s}^{\mathrm{T}}|Z_1^s]P_{k+1|s}^{-1}(x_{k+1}-\hat{x}_{k+1|s})
\end{aligned}\tag{6-77}
$$

定义互协方差 $P_{k,k+1|s}=E[\tilde{x}_{k|s}\tilde{x}_{k+1|s}^{\mathrm{T}}|Z_1^s]$，则式 (6-77) 变为

$$
\hat{x}_{k|k+1,s}=\hat{x}_{k|s}+P_{k,k+1|s}P_{k+1|s}^{-1}(x_{k+1}-\hat{x}_{k+1|s})\tag{6-78}
$$

利用系统的一阶马尔可夫特性 (6-76)，来计算式 (6-78) 中的互协方差 $P_{k,k+1|s}$，即

$$
\begin{aligned}
P_{k,k+1|s}=&E[\tilde{x}_{k|s}\tilde{x}_{k+1|s}^{\mathrm{T}}|Z_1^s]=\iint \tilde{x}_{k|s}\tilde{x}_{k+1|s}^{\mathrm{T}}p(x_k,x_{k+1}|Z_1^s)\mathrm{d}x_k\mathrm{d}x_{k+1}\\
=&\iint \tilde{x}_{k|s}\tilde{x}_{k+1|s}^{\mathrm{T}}p(x_k|x_{k+1},Z_1^s)p(x_{k+1}|Z_1^s)\mathrm{d}x_k\mathrm{d}x_{k+1}\\
=&\int\left[\int \tilde{x}_{k|s}p(x_k|x_{k+1},Z_1^s)\mathrm{d}x_k\right]\tilde{x}_{k+1|s}^{\mathrm{T}}p(x_{k+1}|Z_1^s)\mathrm{d}x_{k+1}\\
=&\int\left[\int (x_k-\hat{x}_{k|s})p(x_k|x_{k+1},Z_1^k)\mathrm{d}x_k\right]\left[x_{k+1}-\hat{x}_{k+1|N}\right]^{\mathrm{T}}p(x_{k+1}|Z_1^s)\mathrm{d}x_{k+1}\\
=&\int\left\{\left[E(x_k|x_{k+1},Z_1^k)-\hat{x}_{k|s}\right]\left[x_{k+1}-\hat{x}_{k+1|s}\right]^{\mathrm{T}}\right\}p(x_{k+1}|Z_1^s)\mathrm{d}x_{k+1}
\end{aligned}\tag{6-79}
$$

将式 (6-75) 代入式 (6-79)，可得

$$
\begin{aligned}
P_{k,k+1|s}=&\int\left\{\left[\hat{x}_k+A_k(x_{k+1}-\hat{x}_{k+1|k})-\hat{x}_{k|s}\right]\left[x_{k+1}-\hat{x}_{k+1|s}\right]^{\mathrm{T}}\right\}p(x_{k+1}|Z_1^s)\mathrm{d}x_{k+1}\\
=&\int\left\{\left[\hat{x}_k-\hat{x}_{k|s}+A_k(x_{k+1}-\hat{x}_{k+1|s}+\hat{x}_{k+1|s}-\hat{x}_{k+1|k})\right]\right.\\
&\left.\left[x_{k+1}-\hat{x}_{k+1|s}\right]^{\mathrm{T}}\right\}p(x_{k+1}|Z_1^s)\mathrm{d}x_{k+1}\\
=&E\left[A_k(x_{k+1}-\hat{x}_{k+1|s})(x_{k+1}-\hat{x}_{k+1|s})^{\mathrm{T}}\right]=A_kP_{k+1|s}
\end{aligned}\tag{6-80}
$$

将式 (6-80) 代入式 (6-78)，可知

$$
\hat{x}_{k|k+1,s}=\hat{x}_{k|s}+A_k(x_{k+1}-\hat{x}_{k+1|s})\tag{6-81}
$$

注意到系统的一阶马尔可夫特性 (6-76) 成立，于是有

$$
\begin{aligned}
E(x_k|x_{k+1},Z_1^k)=&\int x_kp(x_k|x_{k+1},Z_1^k)\mathrm{d}x_k\\
=&\int x_kp(x_k|x_{k+1},Z_1^s)\mathrm{d}x_k=E(x_k|x_{k+1},Z_1^s)
\end{aligned}\tag{6-82}
$$

那么将式 (6-81) 与式 (6-75) 相减，整理即可得状态固定区间最优平滑为

$$
\hat{x}_{k|s}=\hat{x}_k+A_k[\hat{x}_{k+1|s}-\hat{x}_{k+1|k}]\tag{6-83}
$$

下面来推导平滑协方差的递推公式。由式 (6-83) 可得

$$
\begin{aligned}
\tilde{x}_{k|s} =& x_k - \hat{x}_{k|s} = x_k - \hat{x}_k - A_k[\hat{x}_{k+1|s} - \hat{x}_{k+1|k}] \\
=& \tilde{x}_k - A_k\tilde{x}_{k+1|k} + A_k\tilde{x}_{k+1|s}
\end{aligned} \tag{6-84}
$$

于是

$$
\begin{aligned}
P_{k,k+1|s} =& E\left[\tilde{x}_{k|s}\tilde{x}_{k+1|s}^{\mathrm{T}}\right] = E\left[(\tilde{x}_k - A_k\tilde{x}_{k+1|k} + A_k\tilde{x}_{k+1|s})\tilde{x}_{k+1|s}^{\mathrm{T}}\right] \\
=& E\left[(\tilde{x}_k - A_k\tilde{x}_{k+1|k})\tilde{x}_{k+1|s}^{\mathrm{T}}\right] + A_k P_{k+1|s}
\end{aligned} \tag{6-85}
$$

比较式 (6-85) 和式 (6-80)，显然可以得到

$$
E\left[(\tilde{x}_k - A_k\tilde{x}_{k+1|k})\tilde{x}_{k+1|s}^{\mathrm{T}}\right] = 0 \tag{6-86}
$$

根据式 (6-84) 和式 (6-86) 可得

$$
\begin{aligned}
P_{k|s} =& E\left[\tilde{x}_{k|s}\tilde{x}_{k|s}^{\mathrm{T}}\right] = E\left[(\tilde{x}_k - A_k\tilde{x}_{k+1|k} + A_k\tilde{x}_{k+1|s})(\tilde{x}_k - A_k\tilde{x}_{k+1|k} + A_k\tilde{x}_{k+1|s})^{\mathrm{T}}\right] \\
=& E\left[(\tilde{x}_k - A_k\tilde{x}_{k+1|k})(\tilde{x}_k - A_k\tilde{x}_{k+1|k})^{\mathrm{T}}\right] + A_k P_{k+1|s} A_k^{\mathrm{T}} \\
=& P_k - C_{k+1}A_k^{\mathrm{T}} - A_k C_{k+1}^{\mathrm{T}} + A_k P_{k+1|k} A_k^{\mathrm{T}} + A_k P_{k+1|N} A_k^{\mathrm{T}}
\end{aligned} \tag{6-87}
$$

注意到 $A_k P_{k+1|k} A_k^{\mathrm{T}} = C_{k+1} A_k^{\mathrm{T}} = A_k C_{k+1}^{\mathrm{T}}$，于是式 (6-87) 变成

$$
P_{k|s} = P_k + A_k[P_{k+1|s} - P_{k+1|k}]A_k^{\mathrm{T}} \tag{6-88}
$$

上述所获得的平滑公式即式 (6-83) 和式 (6-88) 与定理 6.3 中结论完全相同，这进一步验证了在高斯分布情况下，线性最小方差估计与最小方差估计是等价的。另外，基于上述固定区间高斯平滑，利用归纳法可以推导出固定点和固定滞后高斯平滑递推公式，具体思路可参见文献 [1]，这里不再赘述。

6.4.3 高斯混合估计

尽管平滑由于可以使用更多的量测信息而估计精度要高于滤波，但上述高斯平滑也仅仅是采用单一高斯密度来对后验概率进行近似。对于非线性系统，即使状态在初始时是高斯分布的，但经过一个长时间的非线性传播之后，状态的后验概率必然会呈现出非高斯演化特征，此时仍然采用单一高斯分布来对状态后验概率进行近似，显然是不合理的并会引起较大的状态估计误差。为此，可以采用高斯和分布来对状态后验概率进行近似，相应的估计称为高斯混合近似 (Gaussian mixture approximation, GMA) 估计或高斯和估计，本章统一采用高斯混合估计这个概念。早已证明 [6]，高斯混合密度函数可以近似任意分布的概率密度，从而保证了状态

的估计精度。采用高斯混合分布的形式来进一步逼近状态的后验概率密度，可以看成对高斯分布在近似计算贝叶斯估计上所造成精度有损的一种补偿措施。

众所周知，平滑精度高于滤波，但也依赖于滤波，在推导高斯混合平滑之前，必须先给出高斯混合滤波。

1. 高斯混合滤波

假设状态和量测的联合后验预测概率服从高斯混合分布，即

$$p_{\mathrm{GMA}}(x_k, z_k|\, Z_1^{k-1}) \approx \sum_{i=1}^{M} \alpha_k^i p_{\mathrm{GA}}^i(x_k, z_k|Z_1^{k-1}), \quad \sum_{i=1}^{M} \alpha_k^i = 1 \tag{6-89}$$

上述高斯混合分布由多个高斯近似 (Gaussian approximation, GA) 分项加权求和来表示：

$$p_{\mathrm{GA}}^i(x_k, z_k|Z_1^{k-1}) = N\left(\begin{pmatrix} x_k \\ z_k \end{pmatrix}; \begin{pmatrix} \hat{x}_{k|k-1}^i \\ \hat{z}_{k|k-1}^i \end{pmatrix}, \begin{pmatrix} P_{k|k-1}^i & P_{k|k-1}^{xz,i} \\ \left(P_{k|k-1}^{xz,i}\right)^{\mathrm{T}} & P_{k|k-1}^{zz,i} \end{pmatrix}\right)$$

其中，初始权值 α_0^i 可以通过先验知识或在线辨识获得。显然，状态和量测的边缘密度函数也服从高斯分布：

$$p_{\mathrm{GMA}}(x_k|Z_1^{k-1}) = \sum_{i=1}^{M} \alpha_k^i p_{\mathrm{GA}}^i(x_k|Z_1^{k-1}) = \sum_{i=1}^{M} \alpha_k^i N(x_k; \hat{x}_{k|k-1}^i, P_{k|k-1}^i) \tag{6-90}$$

$$p_{\mathrm{GMA}}(z_k|Z_1^{k-1}) = \sum_{i=1}^{M} \alpha_k^i p_{\mathrm{GA}}^i(z_k|Z_1^{k-1}) = \sum_{i=1}^{M} \alpha_k^i N(z_k; \hat{z}_{k|k-1}^i, P_{k|k-1}^{zz,i}) \tag{6-91}$$

式中，$p_{\mathrm{GMA}}(\cdot)$ 和 $p_{\mathrm{GA}}(\cdot)$ 分别表示高斯混合分布和高斯分布。于是，k 时刻的状态高斯混合概率密度可通过下式计算得到

$$\begin{aligned}
p_{\mathrm{GMA}}(x_k|Z_1^k) &= \frac{p_{\mathrm{GMA}}(x_k, z_k|Z_1^{k-1})}{p_{\mathrm{GMA}}(x_k|Z_1^{k-1})} = \frac{\sum_{i=1}^{M} \alpha_k^i p_{\mathrm{GA}}^i(x_k, z_k|Z_1^{k-1})}{\sum_{i=1}^{M} \alpha_k^i p_{\mathrm{GA}}^i(z_k|Z_1^{k-1})} \\
&= \frac{\sum_{i=1}^{M} p_{\mathrm{GA}}^i(z_k|Z_1^{k-1}) \dfrac{\alpha_k^i p_{\mathrm{GA}}^i(x_k, z_k|Z_1^{k-1})}{p_{\mathrm{GA}}^i(z_k|Z_1^{k-1})}}{\sum_{i=1}^{M} \alpha_k^i p_{\mathrm{GA}}^i(z_k|Z_1^{k-1})} \\
&= \sum_{i=1}^{M} \frac{\alpha_k^i p_{\mathrm{GA}}^i(z_k|Z_1^{k-1})}{\sum_{i=1}^{M} \alpha_k^i p_{\mathrm{GA}}^i(z_k|Z_1^{k-1})} \frac{p_{\mathrm{GA}}^i(x_k, z_k|Z_1^{k-1})}{p_{\mathrm{GA}}^i(z_k|Z_1^{k-1})}
\end{aligned} \tag{6-92}$$

借鉴引理 6.2，或者根据正交投影定理 (在高斯分布意义下，线性最小方差估计与正交投影完全等价，正交投影的结论可以用来直接计算状态估计和误差协方差) 来计算上式中第二项比值，显然结果仍然服从高斯分布，即

$$\frac{p_{\mathrm{GA}}^{i}(x_k, z_k|Z_1^{k-1})}{p_{\mathrm{GA}}^{i}(z_k|Z_1^{k-1})} = N(x_k; \hat{x}_k^i, P_k^i)$$

其中，$\hat{x}_k^i$ 和 P_k^i 的计算公式与 6.2.1 节中式 (6-64) 完全相同，为简便起见，这里不再详述。因此式 (6-92) 变成

$$p_{\mathrm{GMA}}(x_k|Z_1^k) = \sum_{i=1}^{M} \alpha_{k+1}^i p_{\mathrm{GA}}^i(x_k|Z_1^k) = \sum_{i=1}^{M} \alpha_{k+1}^i N(x_k; \hat{x}_k^i, P_k^i) \tag{6-93}$$

其中，$k+1$ 时刻的权值更新可以表示成

$$\alpha_{k+1}^i = \frac{\alpha_k^i p_{\mathrm{GA}}^i(z_k|Z_1^{k-1})}{\sum\limits_{i=1}^{M} \alpha_k^i p_{\mathrm{GA}}^i(z_k|Z_1^{k-1})} = \frac{\alpha_k^i N(z_{k+1}; \hat{z}_{k+1|k}^i, P_{k+1|k}^{zz,i})}{\sum\limits_{i=1}^{M} \alpha_k^i N(z_{k+1}; \hat{z}_{k+1|k}^i, P_{k+1|k}^{zz,i})} \tag{6-94}$$

根据式 (6-93) 所示的高斯混合密度函数，可得 k 时刻的状态融合估计为

$$\begin{cases} \hat{x}_{k|k}^{\mathrm{GMA}} = \sum\limits_{i=1}^{M} \alpha_{k+1}^i \hat{x}_{k|k}^i \\ P_{k|k}^{\mathrm{GMA}} = \sum\limits_{i=1}^{M} \alpha_{k+1}^i \left[P_{k|k}^i + \left(\hat{x}_{k|k}^i - \hat{x}_{k|k}^{\mathrm{GMA}} \right) \left(\hat{x}_{k|k}^i - \hat{x}_{k|k}^{\mathrm{GMA}} \right)^{\mathrm{T}} \right] \end{cases}$$

在获得更新高斯分项的新权值 α_{k+1}^i 和状态估计后，将其反馈回式 (6-89)，迭代执行即可得到高斯混合滤波，每个高斯滤波分项就是 6.4.1 节中高斯滤波。

2. 高斯混合平滑

采用如下高斯混合分布来近似逼近状态联合后验概率密度，即

$$\begin{aligned} p_{\mathrm{GMA}}(x_k, x_{k+1}|\, Z_1^k) &= p(x_{k+1}|x_k) p_{\mathrm{GMA}}(x_k|\, Z_1^k) \\ &= \sum_{i=1}^{M} \alpha_{k+1}^i p(x_{k+1}|x_k) p_{\mathrm{GA}}^i(x_k|Z_k) \\ &= \sum_{i=1}^{M} \alpha_{k+1}^i p_{\mathrm{GA}}^i(x_k, x_{k+1}|\, Z_1^k) \end{aligned} \tag{6-95}$$

其中，$p_{\mathrm{GMA}}(x_k, x_{k+1}|\, Z_1^k)$ 仍然采用高斯分布来近似：

$$p_{\mathrm{GA}}^i(x_k, x_{k+1}|\, Z_1^k) \approx N\left(\begin{pmatrix} x_k \\ x_{k+1} \end{pmatrix}; \begin{pmatrix} \hat{x}_{k|k+1}^i \\ \hat{x}_{k+1|k+1}^i \end{pmatrix}, \begin{pmatrix} P_{k|k+1}^i & P_{k,k+1|k+1}^i \\ P_{k,k+1|k+1}^{i,T} & P_{k+1|k+1}^i \end{pmatrix} \right)$$

特别地，$P^i_{k,k+1|k+1}$ 已由式 (6-66) 计算获得。自然地，借鉴式 (6-92) 的推导原理，可容易获得

$$p_{\mathrm{GMA}}\left(x_k|x_{k+1},Z_1^k\right)=\frac{p_{\mathrm{GMA}}(x_k,x_{k+1}|\,Z_1^k)}{p_{\mathrm{GMA}}(x_{k+1}|\,Z_1^k)}=\frac{\sum\limits_{i=1}^{M}\alpha^i_{k+1}p^i_{\mathrm{GA}}(x_k,x_{k+1}|\,Z_1^k)}{\sum\limits_{i=1}^{M}\alpha^i_{k+1}p^i_{\mathrm{GA}}(x_{k+1}|\,Z_1^k)}$$
$$=\sum_{i=1}^{M}\beta^i_{k+1}p^i_{\mathrm{GA}}(x_k|\,x_{k+1},Z_1^k) \tag{6-96}$$

其中，高斯分项的计算可根据正交投影定理精确 (非近似) 计算获得

$$p^i_{\mathrm{GA}}(x_k|\,x_{k+1},Z_1^k)=\frac{p^i_{\mathrm{GA}}(x_k,x_{k+1}|\,Z_1^k)}{p^i_{\mathrm{GA}}(x_{k+1}|\,Z_1^k)}=N(x_k;\hat{x}^i_{k|k+1,k},P^i_{k|k+1,k}) \tag{6-97}$$

相应的高斯分项权值如下：

$$\beta^i_{k+1}=\frac{\alpha^i_{k+1}N(x_{k+1};\hat{x}^i_{k+1|k},P^i_{k+1|k})}{\sum\limits_{i=1}^{M}\alpha^i_{k+1}N(x_{k+1};\hat{x}^i_{k+1|k},P^i_{k+1|k})} \tag{6-98}$$

其中，式 (6-97) 中的 $\hat{x}^i_{k|k+1,k}$ 和 $P^i_{k|k+1,k}$ 可由式 (6-73) 所示的线性解析表达获得。由于式 (6-52)~ 式 (6-53) 所示模型具有马尔可夫特性，因此

$$p_{\mathrm{GA}}(x_k|x_{k+1},Z_1^N)=p_{\mathrm{GA}}(x_k|x_{k+1},Z_1^k),\quad k<N$$

假设 $k+1$ 时刻的状态平滑可用如下高斯混合形式来表示，即

$$p_{\mathrm{GMA}}(x_{k+1}|Z_N)=\sum_{j=1}^{L}\varphi^j_{k+1}p^j_{\mathrm{GA}}(x_{k+1}|Z_N)$$
$$=\sum_{j=1}^{L}\varphi^j_{k+1}N(x_{k+1};\hat{x}^j_{k+1|N},P^j_{k+1|N}),\quad \sum_{j=1}^{L}\varphi^j_{k+1}=1 \tag{6-99}$$

那么，根据引理 6.3 可推导 k 时刻的状态平滑高斯混合形式为

$$p_{\mathrm{GMA}}(x_k|Z_1^N)=\int p_{\mathrm{GMA}}(x_k,x_{k+1}|Z_1^N)\mathrm{d}x_{k+1}$$
$$=\int p_{\mathrm{GMA}}(x_{k+1}|Z_1^N)p_{\mathrm{GMA}}(x_k|x_{k+1},Z_1^k)\mathrm{d}x_{k+1}$$
$$=\sum_{i=1}^{M}\sum_{j=1}^{L}\beta^i_{k+1}\varphi^j_{k+1}N\{x_k;\hat{x}^i_{k|k}+A^i_k[\hat{x}^j_{k+1|N}-\hat{x}^i_{k+1|k}],$$

$$
\begin{aligned}
&P_{k|k}^i + A_k^i[P_{k+1|N}^j - P_{k+1|k}^i](A_k^i)^{\mathrm{T}}\} \\
&= \sum_{s=1}^{ML} \varphi_k^s p_{\mathrm{GA}}^s(x_k|Z_1^N) = \sum_{s=1}^{ML} \varphi_k^s N(x_k; \hat{x}_{k|N}^s, P_{k|N}^s)
\end{aligned} \tag{6-100}
$$

其中，$\hat{x}_{k|N}^s$ 和 $P_{k|N}^s$ 的计算公式已由式 (6-65) 给出，这里不再详述。于是，k 时刻的状态平滑融合估计为

$$
\begin{cases}
\hat{x}_{k|N}^{\mathrm{GMA}} = \displaystyle\sum_{s=1}^{ML} \varphi_k^s \hat{x}_{k|N}^s \\
P_{k|N}^{\mathrm{GMA}} = \displaystyle\sum_{s=1}^{ML} \varphi_k^s \left[P_{k|N}^s + \left(\hat{x}_{k|N}^s - \hat{x}_{k|N}^{\mathrm{GMA}} \right) \left(\hat{x}_{k|N}^s - \hat{x}_{k|N}^{\mathrm{GMA}} \right)^{\mathrm{T}} \right]
\end{cases}
$$

特别地，式 (6-99) 的假设是合理的，因为如果令 $k+1=N$，那么此时式 (6-99) 所示的高斯混合平滑就是式 (6-93) 所示的高斯和滤波。换句话说，高斯平滑的初值就是 $k=N$ 时刻的状态估计值 $p(x_N|Z_N) = N(x_N; \hat{x}_{N|N}, P_{N|N})$。由于高斯混合平滑是基于高斯平滑来推导的，因此高斯混合平滑的初始化如下：

$$
p_{\mathrm{GMA}}(x_N|Z_N) = \sum_{j=1}^{L} \varphi_N^j p_{\mathrm{GA}}^j(x_N|Z_N) = \sum_{j=1}^{L} \varphi_N^j N(x_N; \hat{x}_{N|N}^j, P_{N|N}^j) \tag{6-101}
$$

其中，$1 \leqslant i = j \leqslant L = M$ 和 $\varphi_N^j = \alpha_N^i$。

从式 (6-100) 可以看出，进行一次递推运算，高斯混合的项数会成倍地增加，因此为了降低计算量，就必须在每一次递推运算完成后对高斯和项数进行裁剪。最简单的一种方法就是保留高斯和中权值较大某些高斯项 [65]，如 $\{\varphi_k^j, j=1,\cdots,L\}$ 表示 $\{\varphi_k^s, s=1,\cdots,ML\}$ 中权值较大的 L 个高斯项，那么式 (6-100) 所示的高斯混合概率可以简化成

$$
p_{\mathrm{GMA}}(x_k|Z_N) = \sum_{j=1}^{L} \varphi_k^j N(x_k; \hat{x}_{k|N}^j, P_{k|N}^j), \varphi_k^j = \frac{\varphi_k^j}{\displaystyle\sum_{j=1}^{L} \varphi_k^j} \tag{6-102}
$$

然而，上述方法可能会造成信息的损失，降低平滑的精度，为了克服上述方法缺点，文献 [66] 提出另一种有效的高斯混合项数的裁剪方法，即将某些权值较小的高斯项数进行合并。首先定义一个 Mahalonobis 距离：

$$
d_{ij} = \frac{\mu_i \mu_j}{\mu_i + \mu_j} (\bar{x}_i - \bar{x}_j)^{\mathrm{T}} \Sigma^{-1} (\bar{x}_i - \bar{x}_j) \tag{6-103}
$$

式中，μ_i,μ_j 和 $\bar{x}_i$, $\bar{x}_j$ 分别表示第 i 和 j 个高斯项的权值和均值；Σ 表示合并后的协方差。接着合并距离 d_{ij} 较小的第 i 和 j 个高斯项，直到满足最终的高斯和项数

为 L。合并后的权值、均值及协方差为

$$\begin{cases} \mu = \mu_i + \mu_j, \bar{x} = \dfrac{1}{\mu_i + \mu_j}(\mu_i \bar{x}_i + \mu_j \bar{x}_j) \\ \Sigma = \dfrac{1}{\mu_i + \mu_j}\left[\mu_i \Sigma_i + \mu_j \Sigma_j + \dfrac{\mu_i \mu_j}{\mu_i + \mu_j}(\bar{x}_i - \bar{x}_j)(\bar{x}_i - \bar{x}_j)^{\mathrm{T}}\right] \end{cases} \tag{6-104}$$

综上所述，高斯混合估计可以在计算量和精度之间进行有效折中。一方面，高斯混合分布可以实现对任意后验概率的充分近似 [6]，因此理论上只要高斯分项的数目足够多，高斯估计就能保证对状态的高精度估计；另一方面，构成高斯混合估计的每个高斯项可并行独立计算，之间的交互耦合相对较弱，可以采用多个节点并行执行高斯分项，这就大大提高了整个系统的计算效率。但也必须指出，由于高斯混合估计在非线性系统中的执行基础仍是高斯估计，而高斯估计本质上是对贝叶斯估计在非线性系统中的一种近似实现。因此，理论上高斯混合估计尽管具有比单个高斯估计更好的精度性能，但它也只是非线性系统估计的一种近似方法。

6.5　高斯估计的一般性及确定采样实现

高斯滤波和平滑框架都有一个共同的特点，即框架是由线性解析和非线性积分两部分组成的，通过这两部分的交替运行实现框架的递推运算 [6-9]，如图 6.1 所示。

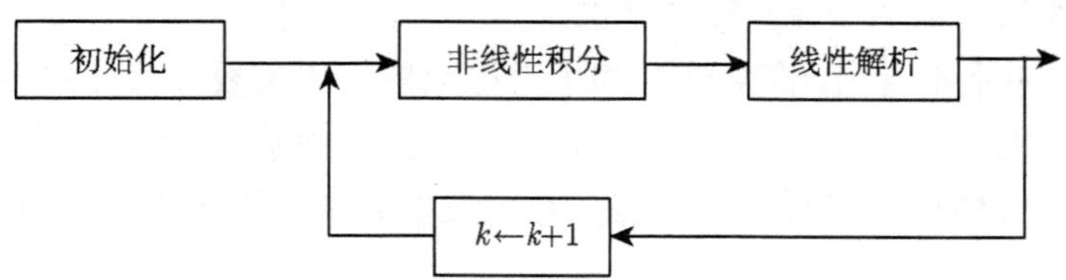

图 6.1　高斯滤波或平滑框架递推运行图

以本章中的高斯滤波为例，线性解析部分即量测更新方程，而非线性部分则包括状态一步预测和误差协方差，输出预测和误差协方差及状态与输出的互协方差。

线性解析部分：

$$\begin{cases} \hat{x}_k = \hat{x}_{k|k-1} + K_k(z_k - \hat{z}_{k|k-1}) \\ P_k = P_{k|k-1} - K_k P^{zz}_{k|k-1} K_k^{\mathrm{T}} \\ K_k = P^{xz}_{k|k-1}(P^{zz}_{k|k-1})^{-1} \end{cases} \tag{6-105}$$

非线性积分部分：

$$\begin{cases}\hat{x}_{k|k-1}=\int f_{k-1}(x_{k-1})N(x_{k-1};\hat{x}_{k-1},P_{k-1})\mathrm{d}x_{k-1}\\ P_{k|k-1}=\int f_{k-1}(x_{k-1})f_{k-1}^{\mathrm{T}}(x_{k-1})N(x_{k-1};\hat{x}_{k-1},P_{k-1})\mathrm{d}x_{k-1}-\hat{x}_{k|k-1}\hat{x}_{k|k-1}^{\mathrm{T}}+Q_{k-1}\end{cases} \tag{6-106}$$

$$\begin{cases}\hat{z}_{k|k-1}=\int h_k(x_k)N(x_k;\hat{x}_{k|k-1},P_{k|k-1})\mathrm{d}x_k\\ P_{k|k-1}^{zz}=\int h_k(x_k)h_k^{\mathrm{T}}(x_k)N(x_k;\hat{x}_{k|k-1},P_{k|k-1})\mathrm{d}x_k-\hat{z}_{k|k-1}\hat{z}_{k|k-1}^{\mathrm{T}}+R_k\end{cases} \tag{6-107}$$

$$P_{k|k-1}^{xz}=\int x_k h_k^{\mathrm{T}}(x_k)N(x_k;\hat{x}_{k|k-1},P_{k|k-1})\mathrm{d}x_k-\hat{x}_{k|k-1}\hat{z}_{k|k-1}^{\mathrm{T}} \tag{6-108}$$

对比图 6.1，在高斯估计中，首先选取初始值 $\hat{x}_0$ 和 P_0。然后执行式 (6-106) 所示的非线性积分部分获得状态预测，用状态预测结果进一步计算输出预测式 (6-107) 和误差协方差式 (6-108)，将结果代入式 (6-105) 所示的线性解析部分，式 (6-105) 的输出结果作为下一步进行状态预测和输出预测计算的输入；两部分交替进行，可实现高斯滤波的递推循环运行。同理，高斯平滑也可以采用图 6.1 来进行抽象表示。事实上，高斯估计就为解决非线性动态系统估计问题提供了一种一般性的框架或平台，在这个公共或公用的框架之上，可以应用各种确定采样型数值方法来对框架中非线性积分进行近似，进而发展出高斯估计框架的各种确定采样型实现方法。

鉴于上述分析，本书统一将这类从高斯估计框架发展而来的确定采样型估计称为确定采样型高斯估计或高斯估计的确定采样型实现。

从图 6.1 中不难看出，高斯滤波和平滑框架的实现需要计算非线性积分，由于状态和量测函数的非线性，这个积分值几乎不可能解析求得，为此必须采用一些数值技术来对非线性积分进行近似。这些非线性积分都可以采用如下统一形式来表示，即

$$I=\int g(x)\omega(x)\mathrm{d}x \tag{6-109}$$

式中，x 是一个多维随机变量；$g(\cdot)$ 是 x 的一个非线性单维或多维函数；$\omega(\cdot)$ 是一个均值和方差分别为 $\bar{x}$ 和 P 的高斯分布。状态预测和输出预测的不同仅仅体现在非线性函数 $g(\cdot)$ 和高斯概率密度 $\omega(\cdot)$ 上。

目前，对非线性积分式 (6-109) 的确定采样近似方案大致可以分为如下两类。

第一类是函数拟合方案。顾名思义，该方案的基本思想就是使用一个函数序列来近似被积函数，且函数序列中的每个函数积分都有解析解，此时，近似函数的积分就可以看作对原被积函数积分的近似。属于这类的近似方案典型包括：基于泰勒级数展开的扩展 Kalman 滤波 (EKF)、基于 Sterling 插值技术的分开差分滤波 (DDF) 和中心差分滤波 (CDF)。

第二类是乘积公式方案。该方案把多维积分看作单冲积分的嵌套序列，然后依次对每个变量应用单重积分形式，这样得到的所谓积分公式称为乘积公式。如果应用高斯–埃尔米特正交规则来计算高斯估计中的非线性积分，所获得的滤波就是 GHF。之后为了克服 GHF 易陷入非常严重的“维数灾难”的缺点，一种新的稀疏网格正交规则被提出来计算非线性积分，基于该正交规则发展的高斯滤波就是 SQGF[18]。另外，基于 UT 的 UKF 和基于容积规则的 CKF 都可以看成 GHF 的一个特例实现 [19]。

关于上述确定采样积分近似方法的详细介绍和性能分析可以参见文献 [6]~[24]，这里只是简要地作一归类，为读者提供一个宏观的概念。

综上，高斯估计的一般性主要体现在如下两点：① 高斯估计具有解析计算和非线性积分的迭代计算框架结构；② 高斯估计的执行或实现需要计算式 (6-109) 所示的通用非线性积分。现在一个直观的问题是：在非线性与不同复杂特性耦合情况下，高斯估计是否仍然具有上述两种一般性特征。答案是肯定的，研究发现：只要通过选择合适的状态后验概率高斯分布，那么复杂非线性系统的高斯估计仍然具有上述两种一般性特征。下面就以噪声时空相关为例来论证上述结论。

6.6　噪声时空相关的确定采样高斯估计

实际上，确定采样型估计的实现关键是基于各种数值近似策略来逼近高斯估计框架中的非线性积分。对于带互不相关高斯白噪声的标准非线性系统，6.4 节和 6.5 节详细推导了高斯估计的递推公式和分析了高斯估计的两个一般性特征。但当噪声非高斯，且在时间和空间不同尺度上相关时，典型地包括噪声相关 (空间尺度) 和噪声有色 (时间尺度) 等，本节将进一步论证复杂非线性系统高斯估计仍然具有图 6.1 所示的一般性框架结构和式 (6-109) 所示的一般性非线性积分形式。

6.6.1　噪声相关

考虑如下的非线性动态系统：

$$x_k = f_{k-1}(x_{k-1}) + w_{k-1} \tag{6-110}$$

$$z_k = h_k(x_k) + v_k \tag{6-111}$$

式中，$k\in\mathbb{N}$ 是时间指标；$x_k\in\mathbb{R}^n$ 和 $z_k\in\mathbb{R}^m$ 分别是系统状态向量和量测向量；$f(\cdot)$ 和 $h(\cdot)$ 分别表示非线性系统的状态转移函数和量测函数；$w_k\in\mathbb{R}^n$ 和 $v_k\in\mathbb{R}^m$ 分别表示系统的过程噪声和量测噪声。同样对该非线性系统做如下两个假设：

(1) w_k 和 v_k 是相关的零均值高斯白噪声序列，且 $w_k \sim N(w_k;0,Q_k)$，$v_k \sim N(v_k;0,R_k)$ 以及 $E(w_k v_j^{\mathrm{T}}) = S_k(k=j)$；

(2) 系统初始状态 x_0 是正态分布的随机向量，即 $x_0 \sim N(x_0;\hat{x}_0,P_0)$，而且初始状态 x_0 与过程噪声 w_k 和量测噪声 v_k 互不相关。

本节所指的噪声相关是指空间尺度上系统噪声和量测噪声的相关性，不同于 6.6.2 小节讨论的时间尺度上相关的有色噪声。噪声相关性本质上会引起系统噪声 w_k 与量测 z_k 的相关性，进而导致状态一步预测的计算复杂化，即 $\hat{x}_{k+1|k} = E[f_k(x_k)|Z_k] + E[w_k|Z_k]$，其中 $E[w_k|Z_k]$ 项在噪声相关时不再等于零，这与标准高斯估计中 $E[w_k|Z_k]=0$ 完全不同。因此，为了设计噪声相关下高斯估计，就不得不首先对噪声的相关性进行解耦或解相关。下面将采用两种策略实现噪声的解相关：一种是构建正交矩阵；另一种是引入两步状态预测的高斯假设。

1. 基于正交矩阵的相关性解耦策略

如果 R_k 为正定对称阵，那么引入正交变换矩阵：

$$U_k = \begin{bmatrix} I & -S_k R_k^{-1} \\ 0 & I \end{bmatrix} \tag{6-112}$$

使得

$$U_k \begin{bmatrix} w_k \\ v_k \end{bmatrix} = \begin{bmatrix} I & -S_k R_k^{-1} \\ 0 & I \end{bmatrix} \begin{bmatrix} w_k \\ v_k \end{bmatrix} = \begin{bmatrix} w_k - S_k R_k^{-1} v_k \\ v_k \end{bmatrix} = \begin{bmatrix} \bar{w}_k \\ v_k \end{bmatrix}$$

显然，$\bar{w}_k$ 的统计特性如下：

$$E(\bar{w}_k) = E(w_k - S_k R_k^{-1} v_k) = 0 \tag{6-113}$$

$$\mathrm{cov}(\bar{w}_k, \bar{w}_j^{\mathrm{T}}) = (Q_k - S_k R_k^{-1} S_k^{\mathrm{T}})\delta_{kj} \tag{6-114}$$

而且

$$\mathrm{cov}(\bar{w}_k, v_j^{\mathrm{T}}) = \mathrm{cov}(w_k, v_j^{\mathrm{T}}) - S_k R_k^{-1}\mathrm{cov}(v_k, v_j^{\mathrm{T}}) = 0$$

即 $\bar{w}_k$ 与 v_k 互不相关。于是将式 $w_k = \bar{w}_k + S_k R_k^{-1} v_k$ 代入式 (6-110) 非线性状态方程中，同时根据非线性量测方程，可得

$$\begin{aligned} x_{k+1} =& f_k(x_k) + \bar{w}_k + S_k R_k^{-1} v_k \\ =& f_k(x_k) + \bar{w}_k + S_k R_k^{-1}[z_k - h_k(x_k)] \end{aligned} \tag{6-115}$$

如果令

$$J_k = S_k R_k^{-1} \tag{6-116}$$

$$F_k(x_k) = f_k(x_k) + J_k[z_k - h_k(x_k)] \tag{6-117}$$

则非线性系统式 (6-110) 和式 (6-53) 就等价地转化为

$$\begin{cases} x_{k+1} = F_k(x_k) + \bar{w}_k \\ z_k = h_k(x_k) + v_k \end{cases} \tag{6-118}$$

式中，$\bar{w}_k$ 是与 v_k 为互不相关的高斯白噪声，且 $\bar{w}_k \sim N(\bar{w}_k; 0, Q_k - S_k R_k^{-1} S_k^{\mathrm{T}})$；初始状态 x_0 与 $\bar{w}_k$，v_k 也互不相关。

综上所述，通过引入正交变换矩阵 U_k，就巧妙实现了对系统和量测噪声的相关性解耦，于是基于噪声相关下非线性系统式 (6-110) 和式 (6-111) 的状态估计问题就转化为标准噪声下非线性系统式 (6-118) 的估计问题。根据前面 6.4 节的标准高斯滤波推导原理，下面不加证明地给出噪声相关条件下非线性系统的一般性高斯估计框架。特别地，状态估计的相关定义已在前面给出，这里不再赘述。

定理 6.4 面向非线性系统式 (6-118)，如果假设状态和量测的联合后验概率服从高斯分布，即

$$p(x_k, z_k | Z_1^{k-1}) = N\left(\begin{pmatrix} x_k \\ z_k \end{pmatrix}; \begin{pmatrix} \hat{x}_{k|k-1} \\ \hat{z}_{k|k-1} \end{pmatrix}, \begin{pmatrix} P_{k|k-1} & P_{k|k-1}^{xz} \\ \left(P_{k|k-1}^{xz}\right)^{\mathrm{T}} & P_{k|k-1}^{zz} \end{pmatrix}\right) \tag{6-119}$$

其中，在最小方差意义下，后验均值和协方差计算公式如下：

$$\begin{cases} \hat{x}_{k|k-1} = \int F_{k-1}(x_{k-1}) N(x_{k-1}; \hat{x}_{k-1}, P_{k-1}) \mathrm{d}x_{k-1} \\ P_{k|k-1} = \int F_{k-1}(x_{k-1}) F_{k-1}^{\mathrm{T}}(x_{k-1}) N(x_{k-1}; \hat{x}_{k-1}, P_{k-1}) \mathrm{d}x_{k-1} - \hat{x}_{k|k-1} \hat{x}_{k|k-1}^{\mathrm{T}} + Q_{k-1} \end{cases} \tag{6-120}$$

$$\begin{cases} \hat{z}_{k|k-1} = \int h_k(x_k) N(x_k; \hat{x}_{k|k-1}, P_{k|k-1}) \mathrm{d}x_k \\ P_{k|k-1}^{zz} = \int h_k(x_k) h_k^{\mathrm{T}}(x_k) N(x_k; \hat{x}_{k|k-1}, P_{k|k-1}) \mathrm{d}x_k - \hat{z}_{k|k-1} \hat{z}_{k|k-1}^{\mathrm{T}} + R_k \end{cases} \tag{6-121}$$

$$P_{k|k-1}^{xz} = \int x_k h_k^{\mathrm{T}}(x_k) N(x_k; \hat{x}_{k|k-1}, P_{k|k-1}) \mathrm{d}x_k - \hat{x}_{k|k-1} \hat{z}_{k|k-1}^{\mathrm{T}} \tag{6-122}$$

那么，在获得量测信息 z_k 后，进行滤波更新，根据本章引理 6.2，计算整理可得状态滤波后验密度也服从高斯分布，即

$$p(x_k | Z_1^k) = \frac{p\left(x_k, z_k | Z_1^{k-1}\right)}{p\left(z_k | Z_1^{k-1}\right)} = N(x_k; \hat{x}_k, P_k) \tag{6-123}$$

服从高斯分布，且在最小方差意义下：

$$\begin{cases} \hat{x}_k = \hat{x}_{k|k-1} + K_k(z_k - \hat{z}_{k|k-1}) \\ P_k = P_{k|k-1} - K_k P^{zz}_{k|k-1} K_k^{\mathrm{T}} \\ K_k = P^{xz}_{k|k-1}(P^{zz}_{k|k-1})^{-1} \end{cases} \tag{6-124}$$

不难看出，与标准高斯滤波相比，噪声相关的高斯估计滤波仅在状态预测估计和协方差的计算公式上有所不同，量测预测及状态更新的解析计算部分则完全相同。同样，计算公式 (6-120)～式 (6-122) 仍然可统一表述为高斯密度下的非线性函数积分形式，如果采用前面的各种确定采样数值方式来逼近这个非线性积分，就可以从定理 6.4 高斯滤波框架发展得到各种噪声相关的确定采样型滤波实现。

2. 状态两步预测的高斯假设策略

如前所述，w_k 和 v_k 的噪声相关性本质上会引起 w_k 与量测 Z_1^k 的相关性，而上述相关性解耦策略通过引入通过引入正交变换矩阵 U_k，使得转换后的噪声 $\bar{w}_k$ 与量测 Z_1^k 相互独立，从而将噪声相关下状态估计问题转化为标准的状态估计问题。下面将给出另一种对 w_k 与量测 Z_1^k 相关性进行解耦的方法，其基本思路是：尽管 w_k 与量测 Z_1^k 相关，但它与 Z_1^{k-1} 却不相关，因此巧妙地假设如下状态两步的后验概率服从高斯分布 [4]，即

$$p(x_{k+1}, z_k | Z_1^{k-1}) = N\left(\begin{pmatrix} x_{k+1} \\ z_k \end{pmatrix}; \begin{pmatrix} \hat{x}_{k+1|k-1} \\ \hat{z}_{k|k-1} \end{pmatrix}, \begin{pmatrix} P_{k+1|k-1} & P^{xz}_{k+1,k|k-1} \\ \left(P^{xz}_{k+1,k|k-1}\right)^{\mathrm{T}} & P^{zz}_{k|k-1} \end{pmatrix}\right) \tag{6-125}$$

其中，在最小方差意义下，上述后验均值和协方差的定义如下：

$$\hat{x}_{k+1|k-1} = E[x_{k+1}|Z_1^{k-1}] \tag{6-126}$$

$$P_{k+1|k-1} = E[\tilde{x}_{k+1|k-1}\tilde{x}^{\mathrm{T}}_{k+1|k-1}|Z_1^{k-1}]$$

$$\hat{z}_{k|k-1} = E[z_k|Z_1^{k-1}]$$

$$P^{zz}_{k|k-1} = E[\tilde{z}_{k|k-1}\tilde{z}^{\mathrm{T}}_{k|k-1}|Z_1^{k-1}]$$

$$P^{xz}_{k+1,k|k-1} = E[\tilde{x}_{k+1|k-1}\tilde{z}^{\mathrm{T}}_{k|k-1}|Z_1^{k-1}]$$

$$P^{xz}_{k+1,k+1|k} = E[\tilde{x}_{k+1|k}\tilde{z}^{\mathrm{T}}_{k+1|k}|Z_1^{k-1}]$$

自然地，边缘密度也服从高斯分布，即

$$p(z_k|Z_1^{k-1}) = N(z_k; \hat{z}_{k|k-1}, P^{zz}_{k|k-1}), \quad k \geqslant 1 \tag{6-127}$$

定理 6.5 考虑系统式 (6-110) 和式 (6-111)，在假设 (6-125) 成立的条件下，状态一步预测的后验概率密度也服从高斯分布，且

$$\hat{x}_{k+1|k} = \hat{x}_{k+1|k-1} + M_k(z_k - \hat{z}_{k|k-1}) \tag{6-128}$$

$$P_{k+1|k} = P_{k+1|k-1} - M_k P^{zz}_{k|k-1} M^{\mathrm{T}}_k \tag{6-129}$$

$$M_k = P^{xz}_{k+1,k|k-1}(P^{zz}_{k|k-1})^{-1}$$

其中，M_k 是预测增益，相应的后验统计特性计算如下：

$$\hat{x}_{k+1|k-1} = \int f_k(x_k) N(x_k; \hat{x}_{k|k-1}, P_{k|k-1}) \mathrm{d}x_k \tag{6-130}$$

$$\begin{aligned} P_{k+1|k-1} = & \int f_k(x_k) f^{\mathrm{T}}_k(x_k) N(x_k; \hat{x}_{k|k-1}, P_{k|k-1}) \mathrm{d}x_k \\ & - \hat{x}_{k+1|k-1}\hat{x}^{\mathrm{T}}_{k+1|k-1} + Q_k \end{aligned} \tag{6-131}$$

$$\hat{z}_{k|k-1} = \int h_k(x_k) N(x_k; \hat{x}_{k|k-1}, P_{k|k-1}) \mathrm{d}x_k \tag{6-132}$$

$$\begin{aligned} P^{zz}_{k|k-1} = & \int h_k(x_k) h^{\mathrm{T}}_k(x_k) N(x_k; \hat{x}_{k|k-1}, P_{k|k-1}) \mathrm{d}x_k \\ & - \hat{z}_{k|k-1}\hat{z}^{\mathrm{T}}_{k|k-1} + R_k \end{aligned} \tag{6-133}$$

$$\begin{aligned} P^{xz}_{k+1,k|k-1} = & \int f_k(x_k) h^{\mathrm{T}}_k(x_k) N(x_k; \hat{x}_{k|k-1}, P_{k|k-1}) \mathrm{d}x_k \\ & - \hat{x}_{k+1|k-1}\hat{z}^{\mathrm{T}}_{k|k-1} + S_k \end{aligned} \tag{6-134}$$

证明 如果已经知道 k 时刻的状态预测服从高斯分布，即

$$p(x_k|Z^{k-1}_1) = N(x_k; \hat{x}_{k|k-1}, P_{k|k-1}) \tag{6-135}$$

于是根据定义式 (6-126)，有

$$\hat{x}_{k+1|k-1} = E[(f_k(x_k) + w_k)|Z^{k-1}_1] \tag{6-136}$$

由于 w_k 的高斯白噪声特性，尽管 w_k 与量测 Z^k_1 相关，但它与 Z^{k-1}_1 却不相关，因此可以容易得到式 (6-130) 和式 (6-131)。同理，根据定义，注意到 v_k 与量测 Z^{k-1}_1 也不相关，以及 w_k 和 v_k 的噪声相关性，也能够容易获得式 (6-132)~ 式 (6-134)。

根据式 (6-125) 和式 (6-127) 的高斯分布特性，利用第 1 章中引理 6.2 可以获得 $k+1$ 时刻的状态预测仍然服从高斯分布，即

$$p\left(x_{k+1}\middle| Z^k_1\right) = \frac{p\left(x_{k+1}, z_k\middle| Z^{k-1}_1\right)}{p\left(z_k\middle| Z^{k-1}_1\right)} = N(x_{k+1}; \hat{x}_{k+1|k}, P_{k+1|k}) \tag{6-137}$$

式中，

$$\hat{x}_{k+1|k} = \hat{x}_{k+1|k-1} + P^{xz}_{k+1,k|k-1}\left(P^{z}_{k|k-1}\right)^{-1}\tilde{z}_{k|k-1} \tag{6-138}$$

$$P_{k+1|k} = P_{k+1|k-1} - P^{xz}_{k+1,k|k-1}\left(P^{zz}_{k|k-1}\right)^{-1}\left(P^{xz}_{k+1,k|k-1}\right)^{\mathrm{T}} \tag{6-139}$$

最后，用预测增益 M_k 的定义来整理上述两式，自然可以得到定理 6.5 中的结论。

可以看出，上述状态一步预测递推计算公式符合高斯估计的一般性框架性结构，即由解析计算和非线性积分两部分组成。特别地，状态一步预测起始于 $\hat{x}_{0|-1}$ 和 $P_{0|-1}$，在初始时刻可以认为量测信息还没有达到，此时 $\hat{x}_{0|-1}$ 和 $P_{0|-1}$ 就是相应的 $\hat{x}_0$ 和 P_0。由初始状态 $x_0 \sim N(x_0; \hat{x}_0, P_0)$ 出发，在高斯假设式 (6-125) 成立的条件下，定理 6.5 证明了状态一步预测是服从高斯分布的，这也使得在证明定理 6.5 过程中式 (6-135) 的高斯分布变得合理了。

在获得状态一步预测高斯分布的递推公式之后，就可以利用 6.4.1 小节所示的标准高斯滤波来执行状态更新，这里为了简便，不再赘述。

6.6.2　有色量测噪声

仍然考虑如下的非线性随机动态系统：

$$x_k = f_{k-1}(x_{k-1}) + w_{k-1} \tag{6-140}$$

$$z_k = h_k(x_k) + v_k \tag{6-141}$$

式中，$k \in \mathbb{N}$ 是时间指标；$x_k \in \mathbb{R}^n$ 和 $z_k \in \mathbb{R}^m$ 分别是系统状态向量和量测向量；$f(\cdot)$ 和 $h(\cdot)$ 分别表示非线性系统的状态转移函数和量测函数；$w_k \in \mathbb{R}^n$ 和 $v_k \in \mathbb{R}^m$ 分别表示系统的过程噪声和量测噪声。同样对该非线性系统作如下两个假设：

(1) w_k 是零均值高斯白噪声序列，统计特性 $w_k \sim N(w_k; 0, Q_k)$，v_k 是具有一阶自回归模型的有色量测噪声，即

$$v_k = \psi_{k-1} v_{k-1} + \zeta_{k-1}$$

式中，ψ_{k-1} 表示时间序列上的相关系数；ζ_{k-1} 是与 w_k 不相关的零均值高斯白噪声，且 $v_k \sim N(v_k; 0, R_k)$ 和 $E(w_k \zeta_j^{\mathrm{T}}) = 0$；

(2) 系统初始状态 x_0 是正态分布的随机向量，即 $x_0 \sim N(x_0; \hat{x}_0, P_0)$，而且初始状态 x_0 与过程噪声 w_k 和量测噪声 ζ_k 互不相关。

上述有色噪声模型中，相邻时刻的噪声具有时间尺度上的相关性，其普遍存在于信号处理、目标跟踪和语音增强等非线性系统中，原因是：① 在高量测采样频率下，外部干扰在两个相邻采样时间间隔内没有发生变化，此时这两个相邻

时刻下的噪声特性是相关的，即量测噪声在时间方向上是相关的，其可以被表示为 AR 模型所示的数学关系；② 反馈环节也可能引起噪声有色，如 GPS 多径延时 [67]。

1. 扩维策略

解决上述有色量测噪声下高斯估计器设计问题的一个直接方法就是状态扩维策略，即将系统状态与量测噪声组成一个新的扩维向量：

$$x_k^b = [\ x_k^{\mathrm{T}} \quad v_k^{\mathrm{T}}\ ]^{\mathrm{T}}$$

于是，动态模型式 (6-140) 就变成

$$x_k = F_{k-1}(x_{k-1}^b) + \bar{w}_{k-1} \tag{6-142}$$

式中，

$$F_{k-1}(x_{k-1}^b) = \begin{bmatrix} f_{k-1}(x_{k-1}) \\ \psi_{k-1} v_{k-1} \end{bmatrix}, \quad \bar{w}_{k-1} = \begin{bmatrix} w_{k-1} \\ \zeta_{k-1} \end{bmatrix}$$

其中，$\bar{w}_{k-1}$ 显然也是零均值的高斯白噪声，且它的统计特性为 $Q_{k-1}^* = \mathrm{diag}[Q_{k-1}, R_{k-1}]$。

于是，基于系统式 (6-140) 和式 (6-141) 的有色量测噪声高斯估计器设计问题就转化为基于系统式 (6-142) 的标准噪声下高斯估计设计问题了，而标准高斯估计已在 6.3 节中给出，这里直接给出扩维策略的有色噪声高斯估计递推公式，而不再赘述推导过程。

以下是高斯滤波框架。

(1) 非线性积分部分：

$$\begin{cases} \hat{x}_{k|k-1}^b = \displaystyle\int F_{k-1}(x_{k-1}^b) N(x_{k-1}^b; \hat{x}_{k-1}^b, P_{k-1}^b) \mathrm{d}x_{k-1}^b \\ P_{k|k-1}^b = \displaystyle\int F_{k-1}(x_{k-1}^b) F_{k-1}^{\mathrm{T}}(x_{k-1}^b) N(x_{k-1}^b; \hat{x}_{k-1}^b, P_{k-1}^b) \mathrm{d}x_{k-1}^b - \hat{x}_{k|k-1}^b (\hat{x}_{k|k-1}^b)^{\mathrm{T}} + Q_{k-1}^* \end{cases} \tag{6-143}$$

$$\begin{cases} \hat{z}_{k|k-1}^b = \displaystyle\int [h_k(x_k) + v_k]\, N(x_k^b; \hat{x}_{k|k-1}^b, P_{k|k-1}^b) \mathrm{d}x_k^b \\ P_{k|k-1}^{zz,b} = \displaystyle\int [h_k(x_k) + v_k]\, [h_k(x_k) + v_k]^{\mathrm{T}}\, N(x_k^b; \hat{x}_{k|k-1}^b, P_{k|k-1}^b) \mathrm{d}x_k^b - \hat{z}_{k|k-1}^b (\hat{z}_{k|k-1}^b)^{\mathrm{T}} \end{cases} \tag{6-144}$$

$$P_{k|k-1}^{xz,b} = \int x_k^b\, [h_k(x_k) + v_k]^{\mathrm{T}}\, N(x_k^b; \hat{x}_{k|k-1}^b, P_{k|k-1}^b) \mathrm{d}x_k^b - \hat{x}_{k|k-1}^b (\hat{z}_{k|k-1}^b)^{\mathrm{T}} \tag{6-145}$$

(2) 解析计算部分：

$$\begin{cases} \hat{x}_k^b = \hat{x}_{k|k-1}^b + W_k(z_k - \hat{z}_{k|k-1}^b) \\ P_k^b = P_{k|k-1}^b - W_k P_{k|k-1}^{zz,b} W_k^{\mathrm{T}} \end{cases}$$

以下是高斯平滑框架。

(1) 非线性积分部分：

$$C_{k+1}^b = \int x_k^b F_k^{\mathrm{T}}(x_k^b) N(x_k^b; \hat{x}_k^b, P_k^b) \mathrm{d}x_k^b - \hat{x}_k^b (\hat{x}_{k+1|k}^b)^{\mathrm{T}} \tag{6-146}$$

(2) 解析计算部分：

$$\begin{cases} \hat{x}_{k|s}^b = \hat{x}_k^b + G_k^b[\hat{x}_{k+1|s}^b - \hat{x}_{k+1|k}^b] \\ P_{k|s}^b = P_k^b + G_k^b[P_{k+1|s}^b - P_{k+1|k}^b](G_k^b)^{\mathrm{T}} \end{cases} \tag{6-147}$$

对于扩维策略下的有色噪声高斯滤波，在开始时刻，量测噪声可以认为是白噪声 ζ_k，因此扩维状态的初始值选取如下：

$$x_0^b \sim N\left(x_0^b; \begin{bmatrix} \hat{x}_0 \\ 0 \end{bmatrix}, \begin{bmatrix} P_0 & 0 \\ 0 & R_0 \end{bmatrix}\right)$$

显然，扩维策略因状态维数增加而计算复杂度增强，同时经扩维后，量测方程中无噪声，意味着量测噪声方差阵为零，这可能会引起增益矩阵中量测协方差阵求逆运算的不可行性，导致滤波计算中断甚至发散。为此下面采用量测差分策略，代替传统扩维策略来执行有色量测噪声的白化处理，以避免上述缺点。

2. 量测差分策略

量测差分策略通过对相邻时刻的量测信息进行差运算，在没有增加状态维数的情况下，实现了有色噪声的白化处理。构造下面新的量测向量 [1,68]：

$$z_k^* = \begin{cases} z_k - \psi_{k-1} z_{k-1} = h_k(x_k) - \psi_{k-1} h_{k-1}(x_{k-1}) + \zeta_{k-1}, & k > 1 \\ z_1 = h_1(x_1) + \zeta_0, & k = 1 \end{cases} \tag{6-148}$$

这样做的优点是在不改变状态维数的情况下，实现了有色量测噪声的白化处理，且量测差分等式中的 ζ_{k-1} 与 w_k 是不相关的，这样就使有色噪声的高斯估计器设计问题转为标准高斯估计器设计问题。但与标准高斯估计器设计不同，量测差分等式 (6-148) 不仅依赖于当前状态 x_k，而且也与前一时刻状态 x_{k-1} 有关，如果继续利用动态模型来代替 x_k，则有

$$z_k^* = h_k\left(f_{k-1}(x_{k-1}) + w_{k-1}\right) - \psi_{k-1} h_{k-1}(x_{k-1}) + \zeta_{k-1} \tag{6-149}$$

尽管上述量测差分方程不再依赖于 x_k，但一个致命的缺点是系统噪声被耦合在非线性量测函数中，已不再是加性噪声了，特别地，式 (6-149) 的噪声特性必然与系统噪声相关，这样就导致噪声相关与非线性高度耦合问题。由于系统噪声耦合在非线性函数中，采用本章前面推导的相关性解耦和状态两步预测策略都无法解决上述问题，这就使得噪声相关性与非线性耦合问题反而比加性有色量测噪声问题更加复杂化，得不偿失。因此，不能沿着式 (6-149) 所示的量测差分策略，而将重点集中于探讨面向式 (6-148) 的高斯估计设计上。自然地，有色噪声高斯估计设计问题可以简化为基于式 (6-148) 和式 (6-140) 的噪声互不相关的高斯估计设计问题上。

高斯估计的设计关键是如何选取适当的高斯假设。由于量测差分方程式(6-148) 中同时包含当前状态 x_k 和前一时刻状态 x_{k-1}，因此，不同于推导标准高斯估计，本书提出如下新的高斯分布假设。

假设 6.1 联合高斯密度 $p(x_{k-1}, x_k, z_k^*|Z_1^{*k-1})(k \geqslant 1)$ 服从高斯分布。

显然上述假设的边缘化密度也服从高斯分布，即

$$p(x_k|Z_1^{*k-1}) = N(x_k; \hat{x}_{k|k-1}, P_{k|k-1})$$

$$p(z_k^*|Z_1^{*k-1}) = N(z_k^*; \hat{z}_{k|k-1}^*, P_{k|k-1}^{zz*})$$

在最小方差意义下，定义

$$\hat{x}_{k|k-1} = E[x_k|Z_1^{*k-1}], \quad P_{k|k-1} = E[\tilde{x}_{k|k-1}\tilde{x}_{k|k-1}^{\mathrm{T}}|Z_1^{*k-1}] \tag{6-150}$$

$$\begin{gathered}
\hat{z}_{k|k-1}^* = E[z_k^*|Z_1^{*k-1}], \quad P_{k|k-1}^{zz*} = E[\tilde{z}_{k|k-1}^*(\tilde{z}_{k|k-1}^*)^{\mathrm{T}}|Z_1^{*k-1}] \\
P_{k|k-1}^{xz*} = E[\tilde{x}_{k|k-1}(\tilde{z}_{k|k-1}^*)^{\mathrm{T}}|Z_1^{*k-1}] \\
P_{k-1,k|k-1} = E[\tilde{x}_{k-1}\tilde{x}_{k|k-1}^{\mathrm{T}}|Z_1^{*k-1}] \\
\hat{x}_k = E[x_k|Z_1^{*k}], \quad P_k = E[\tilde{x}_k\tilde{x}_k^{\mathrm{T}}|Z_1^{*k}]
\end{gathered} \tag{6-151}$$

考虑系统式 (6-148) 和式 (6-140)，在假设 6.1 下，下面联合概率密度也服从高斯分布，即

$$\begin{aligned}
p(x_k, z_k|Z_1^{*k-1}) =& N\left(\begin{pmatrix} x_k \\ z_k \end{pmatrix}; \begin{pmatrix} \hat{x}_{k|k-1} \\ \hat{z}_{k|k-1}^* \end{pmatrix}, M_{k|k-1}\right) \\
=& \frac{1}{\left((2\pi)^n \left|P_{k|k-1} - P_{k|k-1}^{xz*}(P_{k|k-1}^{zz*})^{-1}(P_{k|k-1}^{xz*})^{\mathrm{T}}\right|\right)^{1/2}} \\
& \cdot \exp\left[-\frac{1}{2}\begin{pmatrix} \tilde{x}_{k|k-1} \\ \tilde{z}_{k|k-1}^* \end{pmatrix}^{\mathrm{T}} \left(M_{k|k-1}^{-1} - \begin{pmatrix} 0 & 0 \\ 0 & (P_{k|k-1}^{zz*})^{-1} \end{pmatrix}\right)\right.
\end{aligned}$$

$$\left.\begin{pmatrix} \tilde{x}_{k|k-1} \\ \tilde{z}^*_{k|k-1} \end{pmatrix}\right] p\left(z^*_k \middle| Z_1^{*k-1}\right) \tag{6-152}$$

式中，$M_{k|k-1} = \begin{pmatrix} P_{k|k-1} & P^{xz*}_{k|k-1} \\ (P^{xz*}_{k|k-1})^{\mathrm{T}} & P^{zz*}_{k|k-1} \end{pmatrix}$。

根据贝叶斯公式和引理 6.1 与 6.2 的高斯分布计算法则，很容易推导出

$$p(x_k|Z_1^{*k}) = \frac{p(x_k, z^*_k|Z_1^{*k-1})}{p(z^*_k|Z_1^{*k-1})} = N(x_k; \hat{x}_k, P_k) \tag{6-153}$$

这里，状态更新依然具有与标准高斯滤波相同的迭代公式，即

$$\hat{x}_k = \hat{x}_{k|k-1} + K_k(z^*_k - \hat{z}^*_{k|k-1}) \tag{6-154}$$

$$P_k = P_{k|k-1} - K_k P^{zz*}_{k|k-1} K_k^{\mathrm{T}} \tag{6-155}$$

$$K_k = P^{xz*}_{k|k-1}(P^{zz*}_{k|k-1})^{-1}$$

下面来推导状态预测和量测预测的计算公式。定义扩维状态：

$$x^a_k = \begin{bmatrix} x_k^{\mathrm{T}} & x_{k-1}^{\mathrm{T}} \end{bmatrix}^{\mathrm{T}}$$

根据假设 6.1，扩维状态的后验概率密度也是高斯的，即

$$p(x^a_k|Z^*_{k-1}) = N(x^a_k; \hat{x}^a_{k|k-1}, P^a_{k|k-1}), \quad k \geqslant 1 \tag{6-156}$$

式中，

$$\hat{x}^a_{k|k-1} = E[x^a_k|Z_1^{*k-1}] = \begin{bmatrix} \hat{x}_{k|k-1} \\ \hat{x}_{k-1} \end{bmatrix}$$

$$P^a_{k|k-1} = E[\tilde{x}^a_{k|k-1}(\tilde{x}^a_{k|k-1})^{\mathrm{T}}|Z_1^{*k-1}] = \begin{bmatrix} P_{k|k-1} & P^{\mathrm{T}}_{k-1,k|k-1} \\ P_{k-1,k|k-1} & P_{k-1} \end{bmatrix}$$

根据式 (6-150) 和式 (6-151) 的后验均值和协方差定义，很容易计算得到

$$\begin{aligned}
\hat{x}_{k|k-1} &= \int f_{k-1}(x_{k-1}) N(x_{k-1}; \hat{x}_{k-1}, P_{k-1}) \mathrm{d}x_{k-1} \\
P_{k|k-1} &= \int f_{k-1}(x_{k-1}) f^{\mathrm{T}}_{k-1}(x_{k-1}) N(x_{k-1}; \hat{x}_{k-1}, P_{k-1}) \mathrm{d}x_{k-1} \\
&\quad - \hat{x}_{k|k-1}\hat{x}^{\mathrm{T}}_{k|k-1} + Q_{k-1} \\
\hat{z}^*_{k|k-1} &= \int h^*_k(x^a_k) N(x^a_k; \hat{x}^a_{k|k-1}, P^a_{k|k-1}) \mathrm{d}x^a_k \\
&= \int h_k(x_k) N(x_k; \hat{x}_{k|k-1}, P_{k|k-1}) \mathrm{d}x_k - \psi_{k,k-1}
\end{aligned}$$

$$\int h_{k-1}(x_{k-1})N(x_{k-1};\hat{x}_{k-1},P_{k-1})\mathrm{d}x_{k-1} \tag{6-157}$$

$$\begin{aligned}P_{k|k-1}^{zz*}=&\int h_k^*(x_k^a)[h_k^*(x_k^a)]^{\mathrm{T}}N(x_k^a;\hat{x}_{k|k-1}^a,P_{k|k-1}^a)\mathrm{d}x_k^a\\&-\hat{z}_{k|k-1}^*(\hat{z}_{k|k-1}^*)^{\mathrm{T}}+R_{k-1}\end{aligned} \tag{6-158}$$

$$P_{k|k-1}^{xz*}=\int x_k[h_k^*(x_k^a)]^{\mathrm{T}}N(x_k^a;\hat{x}_{k|k-1}^a,P_{k|k-1}^a)\mathrm{d}x_k^a-\hat{x}_{k|k-1}(\hat{z}_{k|k-1}^*)^{\mathrm{T}}$$

$$\begin{aligned}P_{k-1,k|k-1}=&\int x_{k-1}f_{k-1}^{\mathrm{T}}(x_{k-1})N(x_{k-1};\hat{x}_{k-1},P_{k-1})\mathrm{d}x_{k-1}\\&-\hat{x}_{k-1}\hat{x}_{k|k-1}^{\mathrm{T}}\end{aligned} \tag{6-159}$$

式中，$h_k^*(x_k^a)=h_k(x_k)-\psi_{k,k-1}h_{k-1}(x_{k-1})$。

对于标准高斯滤波，量测预测和协方差的非线性积分，参见式 (6-58)，只需要计算状态一步预测 $(x_k;\hat{x}_{k|k-1},P_{k|k-1})$ 经非线性量测函数 $h_k(x_k)$ 传播之后的后验分布，如图 6.2 所示。然而当量测噪声是时间尺度上相关的 AR 有色噪声时，对于量测差分策略下的有色噪声高斯滤波，参见式 (6-157) 和式 (6-158)，量测预测和协方差的计算不仅依赖于状态一步预测 $(x_k;\hat{x}_{k|k-1},P_{k|k-1})$ 经非线性量测函数 $h_k(x_k)$ 传播之后的后验分布，而且涉及状态估计 $(x_{k-1};\hat{x}_{k-1},P_{k-1})$ 经非线性量测函数 $h_{k-1}(x_{k-1})$ 传播之后的后验分布，如图 6.3 所示。

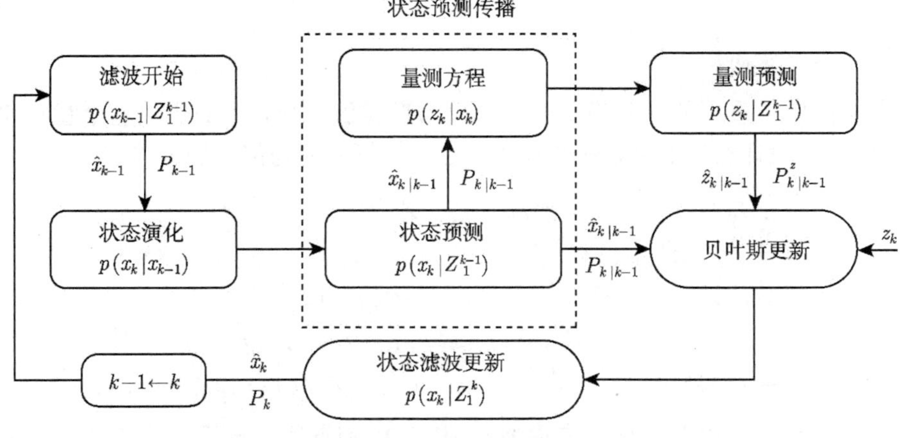

图 6.2　标准高斯滤波框架

除量测预测和协方差计算的不同之外，状态预测与协方差的计算以及状态更新公式，都与标准高斯滤波完全相同，引起上述结构不同的根本原因是量测差分方程与标准量测方程的不同。

注 6.6　高斯估计的实现关键在于高斯假设的合理选择，在量测噪声有色条件下，高斯假设 6.1 的选择合理性，已经被上述成功推导出的高斯滤波所证明，也

将进一步被下面高斯平滑的成功推导所证明。因此一个直观的疑问是：如何选择高斯假设才是合理的。这里本书总结性地给出一个原则：高斯假设与量测方程密切相关，如在标准量测中，量测输出只与当前状态有关，那么选择 $p(x_k, z_k|Z_1^{k-1})$ 为高斯分布就是合理的；而在有色量测噪声下，差分量测与当前状态和延时状态同时有关，就应选择高斯假设 6.1。上述高斯假设的选择原则也可通过文献 [3] 中量测随机时滞下非线性高斯估计的成功设计进一步所证明。

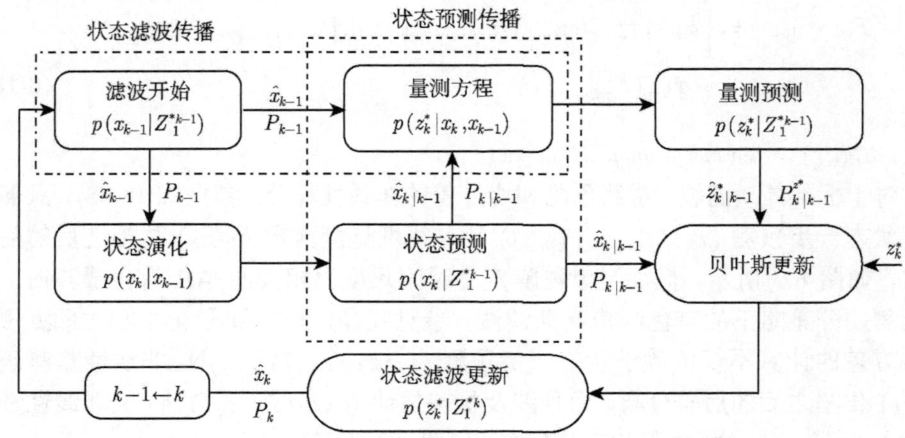

图 6.3 量测差分策略下有色噪声高斯滤波框架

3. 状态一步高斯平滑

上面推导了量测差分差略下有色噪声高斯滤波框架，下面仍然基于量测差分等式 (6-148) 设计相应的高斯平滑框架。定义如下后验均值和协方差：

$$\begin{cases} \hat{x}_{k|N} = E[x_k|Z_1^{*N}], \quad P_{k|N} = E[\tilde{x}_{k|N}\tilde{x}_{k|N}^{\mathrm{T}}|Z_1^{*N}] \\ P_{k,k+1|N} = E[\tilde{x}_{k|N}\tilde{x}_{k+1|N}^{\mathrm{T}}|Z_1^{*N}] \\ \hat{x}_{k|k+1} = E[x_k|Z_1^{*k+1}], \quad P_{k|k+1} = E[\tilde{x}_{k|k+1}\tilde{x}_{k|k+1}^{\mathrm{T}}|Z_1^{*k+1}] \\ P_{k,k+1|k}^{xz*} = E[\tilde{x}_k(\tilde{z}_{k+1|k}^*)^{\mathrm{T}}|Z_1^{*k}], \quad P_{k,k+1|k+1} = E[\tilde{x}_{k|k+1}\tilde{x}_{k+1}^{\mathrm{T}}|Z_1^{*k+1}] \\ \hat{x}_{k|k+1,k+1} = E[x_k|x_{k+1}, Z_1^{*k+1}], \quad P_{k|k+1,k+1} = E[\tilde{x}_{k|k+1,k+1}\tilde{x}_{k|k+1,k+1}^{\mathrm{T}}|Z_1^{*k+1}] \end{cases}$$

定理 6.6 考虑非线性动态模型式 (6-140) 和量测差分模型式 (6-148)，在假设 6.1 成立的条件下，状态一步平滑后验概率密度服从高斯分布：

$$p_{\hat{\theta}_t}(x_k|Z_1^{*k+1}) = N(x_k; \hat{x}_{k|k+1}, P_{k|k+1}), \quad k \geqslant 0$$

其中状态一步平滑估计和协方差递推公式为

$$\begin{cases} \hat{x}_{k|k+1} = \hat{x}_k + K_k^s(z_{k+1}^* - \hat{z}_{k+1|k}^*) \\ P_{k|k+1} = P_k - K_k^s P_{k+1|k}^{zz*}(K_k^s)^{\mathrm{T}}, \quad K_k^s = P_{k,k+1|k}^{xz*}(P_{k+1|k}^{zz*})^{-1} \end{cases} \tag{6-160}$$

这里，K_k^s 为一步平滑增益，互协方差计算公式如下：

$$P_{k,k+1|k}^{xz*} = \int x_k [h_{k+1}^*(x_{k+1}^a)]^{\mathrm{T}} N(x_{k+1}^a; \hat{x}_{k+1|k}^a, P_{k+1|k}^a) \mathrm{d}x_{k+1}^a - \hat{x}_k (\hat{z}_{k+1|k}^*)^{\mathrm{T}} \quad (6\text{-}161)$$

证明 根据假设 6.1，如下边缘化联合概率也服从高斯分布：

$$p(x_k, z_{k+1}^* | Z_1^{*k}) = N\left[\begin{pmatrix} x_k \\ z_{k+1}^* \end{pmatrix}; \begin{pmatrix} \hat{x}_k \\ \hat{z}_{k+1|k}^* \end{pmatrix}, \begin{pmatrix} P_k & P_{k,k+1|k}^{xz*} \\ (P_{k,k+1|k}^{xz*})^{\mathrm{T}} & P_{k+1|k}^{zz*} \end{pmatrix}\right] \quad (6\text{-}162)$$

其中，如果已知前面扩维状态 x_{k+1}^a 的高斯分布特性式 (6-156)，那么通过代入量测差分等式 (6-148) 到 $P_{k,k+1|k}^{xz*}$ 的定义，即可获得互协方差式 (6-161)。

接着，根据贝叶斯公式和高斯分布计算法则，状态一步平滑更新为

$$p(x_k | Z_1^{*k+1}) = \frac{p(x_k, z_{k+1}^* | Z_1^{*k})}{p(z_{k+1}^* | Z_1^{*k})} = N(x_k; \hat{x}_{k|k+1}, P_{k|k+1}) \quad (6\text{-}163)$$

式中，

$$\begin{cases} \hat{x}_{k|k+1} = \hat{x}_k + P_{k,k+1|k}^{xz*} (P_{k+1|k}^{zz*})^{-1} (z_{k+1}^* - \hat{z}_{k+1|k}^*) \\ P_{k|k+1} = P_k - P_{k,k+1|k}^{xz*} P_{k+1|k}^{zz*} (P_{k,k+1|k}^{xz*})^{\mathrm{T}} \end{cases}$$

根据 K_k^s 的定义整理上式即可得式 (6-160) 中结论。

4. 多步固定区间高斯平滑

之所以推导上述状态一步平滑的高斯后验概率分布及相应递推公式，是因为在状态多步平滑中需要状态一步平滑，这是由量测差分方程的内在结构特征所引起的。

定理 6.7 考虑非线性动态模型式 (6-140) 和量测差分模型式 (6-148)，在假设 6.1 成立的条件下，状态多步平滑后验概率密度 $p_{\hat{\theta}_t}(x_k | Z_1^{*N}) (k < N)$ 服从高斯分布，即

$$p_{\hat{\theta}_t}(x_k | Z_1^{*N}) = N(x_k; \hat{x}_{k|N}, P_{k|N}) \quad (6\text{-}164)$$

其中，状态多步平滑 $\hat{x}_{k|N}$ 及协方差递推公式 $P_{k|N}$ 计算如下：

$$\begin{cases} \hat{x}_{k|N} = \hat{x}_{k|k+1} + A_k [\hat{x}_{k+1|N} - \hat{x}_{k+1}], \quad A_k = P_{k,k+1|k+1} P_{k+1}^{-1} \\ P_{k|N} = P_{k|k+1} + A_k [P_{k+1|N} - P_{k+1}] A_k^{\mathrm{T}} \end{cases} \quad (6\text{-}165)$$

这里，A_k 代表多步平滑增益，且已知 $P_{k,k+1|k}$ 已由式 (6-159) 给出，于是

$$P_{k,k+1|k+1} = P_{k,k+1|k} - K_k^s P_{k+1|k}^{zz*} K_{k+1}^{\mathrm{T}} \quad (6\text{-}166)$$

证明 根据假设 6.1，联合概率分布 $p(x_k, x_{k+1}|\, Z_1^{*k+1})$ 服从高斯分布，这是由于

$$
\begin{aligned}
&p(x_k, x_{k+1}|\, Z_1^{*k+1})\\
=&\frac{p(x_k, x_{k+1}, z_{k+1}^{*}|Z_1^{*k})}{p(z_{k+1}^{*}|Z_1^{*k})}\\
=&N\left(\begin{pmatrix} x_k \\ x_{k+1}\end{pmatrix};\begin{pmatrix} \hat{x}_{k|k+1} \\ \hat{x}_{k+1}\end{pmatrix},\begin{pmatrix} P_{k|k+1} & P_{k,k+1|k+1} \\ P_{k,k+1|k+1}^{\mathrm{T}} & P_{k+1}\end{pmatrix}\right)
\end{aligned}
\tag{6-167}
$$

前面已经证明状态滤波后验概率服从高斯分布，即式 (6-153) 成立，于是

$$
p(x_k|\, x_{k+1}, Z_1^{*k+1}) = \frac{p(x_k, x_{k+1}|\, Z_1^{*k+1})}{p\left(x_{k+1}|\, Z_1^{*k+1}\right)} = N(x_k; \hat{x}_{k|k+1,k+1}, P_{k|k+1,k+1}) \tag{6-168}
$$

式中，

$$
\begin{cases}
\hat{x}_{k|k+1,k+1} = \hat{x}_{k|k+1} + A_k(x_{k+1} - \hat{x}_{k+1}) \\
P_{k|k+1,k+1} = P_{k|k+1} - A_k P_{k+1} A_k^{\mathrm{T}}
\end{cases}
\tag{6-169}
$$

量测差分方程 (6-148) 的二阶马尔可夫特征暗示了 x_k 独立于量测信息 $\{z_{k+2}^{*}, \cdots, z_N^{*}\}$，因此

$$
p(x_k|x_{k+1}, Z_1^{*N}) = p(x_k|x_{k+1}, Z_1^{*k+1}) \tag{6-170}
$$

根据式 (6-170)，状态多步平滑概率分布计算 $p(x_k|Z_N^{*})$ 如下：

$$
\begin{aligned}
p(x_k|Z_1^{*N}) &= \int p(x_k, x_{k+1}|Z_1^{*N})\mathrm{d}x_{k+1}\\
&= \int p(x_{k+1}|Z_1^{*N})p(x_k|x_{k+1}, Z_1^{*N})\mathrm{d}x_{k+1}\\
&= \int p(x_{k+1}|Z_1^{*N})p(x_k|x_{k+1}, Z_1^{*k+1})\mathrm{d}x_{k+1}
\end{aligned}
\tag{6-171}
$$

如果初始化 $k = N-2$，那么式 (6-171) 右边的 $p(x_{k+1}|Z_1^{*N})$ 项就相应地变成了 $p(x_{N-1}|Z_1^{*N})$，前面已经证明了状态一步平滑后验概率的高斯分布特性，于是 $p(x_{N-1}|Z_1^{*N})$ 也服从高斯分布，那么联合式 (6-167)，根据引理 6.1，可以迭代推导出状态多步平滑概率式 (6-164) 成立。相应地，状态多步平滑递推公式如式 (6-165) 所示。

由式 (6-154) 和式 (6-160) 得到

$$
\tilde{x}_{k+1} = \tilde{x}_{k+1|k} - K_{k+1}\tilde{z}_{k+1|k}^{*}, \tilde{x}_{k|k+1} = \tilde{x}_k - K_k^s \tilde{z}_{k+1|k}^{*} \tag{6-172}
$$

注意到

$$
K_k^s P_{k+1|k}^{zz*} K_{k+1}^{\mathrm{T}} = P_{k,k+1|k}^{xz*} K_{k+1}^{\mathrm{T}} = K_k^s (P_{k+1|k}^{xz*})^{\mathrm{T}} \tag{6-173}
$$

将式 (6-172) 代入 $P_{k,k+1|k+1}$ 的定义，很容易得到式 (6-166)。

另外，根据上述结论，状态平滑的的互协方差 $P_{k,k+1|N}$ 递推公式如下：

$$\begin{aligned}
P_{k,k+1|N} =&\iint \tilde{x}_{k|N}\tilde{x}_{k+1|N}^{\mathrm{T}}p(x_k,x_{k+1}|Z_1^{*N})\mathrm{d}x_k\mathrm{d}x_{k+1}\\
=&\iint \tilde{x}_{k|N}\tilde{x}_{k+1|N}^{\mathrm{T}}p(x_k|x_{k+1},Z_1^{*N})p(x_{k+1}|Z_1^{*N})\mathrm{d}x_k\mathrm{d}x_{k+1}\\
=&\int\left[\int \tilde{x}_{k|N}p(x_k|x_{k+1},Z_1^{*N})\mathrm{d}x_k\right]\tilde{x}_{k+1|N}^{\mathrm{T}}p(x_{k+1}|Z_1^{*N})\mathrm{d}x_{k+1}\\
=&\int\left[\int (x_k-\hat{x}_{k|N})p(x_k|x_{k+1},Z_1^{*k+1})\mathrm{d}x_k\right]\tilde{x}_{k+1|N}^{\mathrm{T}}p(x_{k+1}|Z_1^{*N})\mathrm{d}x_{k+1}\\
=&\int\left\{\left[\hat{x}_{k|k+1}+A_k(x_{k+1}-\hat{x}_{k+1})-\hat{x}_{k|N}\right]\ \tilde{x}_{k+1|N}^{\mathrm{T}}\right\}p(x_{k+1}|Z_1^{*N})\mathrm{d}x_{k+1}\\
=&\int\left\{\left[\tilde{x}_{k|k+1}-\hat{x}_{k|N}+A_k(\hat{x}_{k+1|N}-\hat{x}_{k+1})\right]\right.\\
&\left.+A_k\tilde{x}_{k+1|N}\ \tilde{x}_{k+1|N}^{\mathrm{T}}\right\}p(x_{k+1}|Z_1^{*N})\mathrm{d}x_{k+1}\\
=&E[A_k\tilde{x}_{k+1|N}\tilde{x}_{k+1|N}^{\mathrm{T}}|Z_1^{*N}]=A_kP_{k+1|N}
\end{aligned}\tag{6-174}$$

定理 6.8　考虑非线性动态模型式 (6-140) 和量测差分模型式 (6-148)，在假设 6.1 成立的条件下，状态多步平滑的联合后验概率密度 $p(x_k,x_{k+1}|Z_1^{*N})(k\leqslant N-1)$ 服从高斯分布：

$$p(x_k,x_{k+1}|Z_1^{*N})=N\left(\begin{pmatrix}x_k\\x_{k+1}\end{pmatrix};\begin{pmatrix}\hat{x}_{k|N}\\\hat{x}_{k+1|N}\end{pmatrix},\begin{pmatrix}P_{k|N}&P_{k,k+1|N}\\P_{k,k+1|N}^{\mathrm{T}}&P_{k+1|N}\end{pmatrix}\right)\tag{6-175}$$

式中，$\hat{x}_{k|N}$，$\hat{x}_{k+1|N}$，$P_{k|N}$，$P_{k+1|N}$ 和 $P_{k,k+1|N}$ 的计算公式已由定理 6.4 和定理 6.5 给出。

证明　根据式 (6-170) 和贝叶斯公式分解联合密度 $p_{\hat{\theta}_t}(x_k,x_{k+1}|Z_1^{*N})$，可得

$$\begin{aligned}
p(x_k,x_{k+1}|Z_1^{*N})=&p(x_{k+1}|Z_1^{*N})p(x_k|x_{k+1},Z_1^{*N})\\
=&p(x_{k+1}|Z_1^{*N})p(x_k|x_{k+1},Z_1^{*k+1})
\end{aligned}\tag{6-176}$$

由定理 6.7 可知

$$p(x_{k+1}|Z_1^{*N})=N(x_{k+1};\hat{x}_{k+1|N},P_{k+1|N}),\quad k+1\leqslant N\tag{6-177}$$

代入式 (6-177) 和式 (6-168)~ 式 (6-175) 得到

$$p(x_k,x_{k+1}|Z_1^{*N})$$

$$
\begin{aligned}
=&\frac{1}{\left(\sqrt{2\pi}\right)^{2n}\left|P_{k+1|N}\right|^{\frac{1}{2}}}\exp\left[-\frac{1}{2}D\left(\tilde{x}_{k+1|N},P_{k+1|N}^{-1}\right)\right]\\
&+\frac{1}{\left(\sqrt{2\pi}\right)^{2n}\left|P_{k|k+1,k+1}\right|^{\frac{1}{2}}}\exp\left[-\frac{1}{2}D\left(\tilde{x}_{k|k+1,k+1},P_{k|k+1,k+1}^{-1}\right)\right]
\end{aligned}
\tag{6-178}
$$

从式 (6-169) 出发，不难得到

$$
\begin{aligned}
\tilde{x}_{k|k+1,k+1}=&\tilde{x}_{k|N}-A_k\tilde{x}_{k+1|N}=\begin{bmatrix} I_n & -A_k \end{bmatrix}\begin{bmatrix} \tilde{x}_{k|N} \\ \tilde{x}_{k+1|N} \end{bmatrix}\\
&D\left(\tilde{x}_{k|k+1,k+1},P_{k|k+1,k+1}^{-1}\right)\\
=&D\left(\begin{pmatrix} \tilde{x}_{k|N} \\ \tilde{x}_{k+1|N} \end{pmatrix},\begin{bmatrix} I_n \\ -A_k^{\mathrm{T}} \end{bmatrix}P_{k|k+1,k+1}^{-1}\begin{bmatrix} I_n & -A_k \end{bmatrix}\right)\\
=&D\left(\begin{pmatrix} \tilde{x}_{k|N} \\ \tilde{x}_{k+1|N} \end{pmatrix},\begin{bmatrix} P_{k|k+1,k+1}^{-1} & -P_{k|k+1,k+1}^{-1}A_k \\ -A_k^{\mathrm{T}}P_{k|k+1,k+1}^{-1} & A_k^{\mathrm{T}}P_{k|k+1,k+1}^{-1}A_k \end{bmatrix}\right)
\end{aligned}
\tag{6-179}
$$

重新整理式 (6-179)，则有

$$
D\left(\tilde{x}_{k+1|N},P_{k+1|N}^{-1}\right)+D\left(\tilde{x}_{k|k+1,k+1},P_{k|k+1,k+1}^{-1}\right)=D\left(\begin{pmatrix} \tilde{x}_{k|N} \\ \tilde{x}_{k+1|N} \end{pmatrix},\Lambda_k\right)
\tag{6-180}
$$

式中，$\Lambda_k=\begin{bmatrix} P_{k|k+1,k+1}^{-1} & -P_{k|k+1,k+1}^{-1}A_k \\ -A_k^{\mathrm{T}}P_{k|k+1,k+1}^{-1} & A_k^{\mathrm{T}}P_{k|k+1,k+1}^{-1}A_k+P_{k+1|N}^{-1} \end{bmatrix}$。

接着，根据式 (6-165) 和式 (6-174)，可以证明

$$
\Lambda_k\begin{bmatrix} P_{k|N} & P_{k,k+1|N} \\ P_{k,k+1|N}^{\mathrm{T}} & P_{k+1|N} \end{bmatrix}=I_{2n}
$$

换句话说，Λ_k 就是 $\begin{bmatrix} P_{k|N} & P_{k,k+1|N} \\ P_{k,k+1|N}^{\mathrm{T}} & P_{k+1|N} \end{bmatrix}$ 的逆矩阵，进而式 (6-180) 就简化为

$$
\begin{aligned}
&D\left(\tilde{x}_{k+1|N},P_{k+1|N}^{-1}\right)+D\left(\tilde{x}_{k|k+1,k+1},P_{k|k+1,k+1}^{-1}\right)\\
=&D\left(\begin{pmatrix} \tilde{x}_{k|N} \\ \tilde{x}_{k+1|N} \end{pmatrix},\begin{bmatrix} P_{k|N} & P_{k,k+1|N} \\ P_{k,k+1|N}^{\mathrm{T}} & P_{k+1|N} \end{bmatrix}^{-1}\right)
\end{aligned}
\tag{6-181}
$$

再者，下列矩阵行列式成立，即

$$
\begin{vmatrix} P_{k|N} & P_{k,k+1|N} \\ P_{k,k+1|N}^{\mathrm{T}} & P_{k+1|N} \end{vmatrix}=\left|P_{k+1|N}\right|\left|P_{k|N}-P_{k,k+1|N}P_{k+1|N}^{-1}P_{k,k+1|N}^{\mathrm{T}}\right|
$$

$$
\begin{aligned}
&= \left|P_{k+1|N}\right| \left|P_{k|N} - A_k P_{k+1|N} A_k^{\mathrm{T}}\right| \\
&= \left|P_{k+1|N}\right| \left|P_{k|k+1} - A_k P_{k+1} A_k^{\mathrm{T}}\right| \\
&= \left|P_{k+1|N}\right| \left|P_{k|k+1,k+1}\right|
\end{aligned} \tag{6-182}
$$

最后，将式 (6-182) 和式 (6-181) 代入式 (6-178)，整理即可得到

$$
\begin{aligned}
p(x_k, x_{k+1}|Z_1^{*N}) = &\frac{1}{\left(\sqrt{2\pi}\right)^{4n} \begin{vmatrix} P_{k|N} & P_{k,k+1|N} \\ P_{k,k+1|N}^{\mathrm{T}} & P_{k+1|N} \end{vmatrix}^{\frac{1}{2}}} \\
&\exp\left[-\frac{1}{2}D\left(\begin{pmatrix} \tilde{x}_{k|N} \\ \tilde{x}_{k+1|N} \end{pmatrix}, \begin{bmatrix} P_{k|N} & P_{k,k+1|N} \\ P_{k,k+1|N}^{\mathrm{T}} & P_{k+1|N} \end{bmatrix}^{-1}\right)\right] \\
=&N\left(\begin{pmatrix} x_k \\ x_{k+1} \end{pmatrix}; \begin{pmatrix} \hat{x}_{k|N} \\ \hat{x}_{k+1|N} \end{pmatrix}, \begin{pmatrix} P_{k|N} & P_{k,k+1|N} \\ P_{k,k+1|N}^{\mathrm{T}} & P_{k+1|N} \end{pmatrix}\right)
\end{aligned}
$$

这就证明了定理 6.8 成立。

注 6.7　与标准高斯平滑类似，上述推导的量测差分策略下有色噪声高斯平滑也属于前–后两通道平滑。但是，它们的平滑框架不同之处也是显而易见的。在前向通道，标准高斯平滑依赖高斯滤波获得状态滤波更新 $p(x_k|Z_1^k)$，而有色噪声平滑执行状态一步平滑更新 $p(x_k|Z_1^{*k+1})(k \in \{0,1,\cdots,N-1\})$。前向通道的不同本质是由量测差分方程的二阶马尔可夫特征与标准量测方程的一阶马尔可夫特征的不同所引起的；在后向通道，标准高斯平滑开始于 $k=N$，利用前面所推到的迭代计算公式，从 $p(x_N|Z_1^N)$ 反推到 $p(x_0|Z_1^N)$，而有色噪声高斯平滑开始于 $k=N-1$，利用式 (6-165)，从 $p(x_{N-1}|Z_1^{*N})$ 反推到 $p(x_0|Z_1^{*N})$。事实上，前向通道的计算是为后向通道的执行提供前提，两者后向通道的不同主要在于逆向平滑起始时刻的不同，本质上还是由两者量测方程的马尔可夫特性不同导致的。

综上，不难发现，噪声时空相关下非线性系统高斯估计仍然具有图 6.1 所示的一般性框架结构和式 (6-109) 所示的一般性非线性积分。以此类推，只要合理选择状态后验概率为高斯分布，典型复杂特性 (如量测和状态时滞等 [2,3]) 下非线性高斯估计都具有上述两个一般性特征。

6.7　高斯估计的通用性

非线性与各类复杂特性耦合必然会引起贝叶斯估计的执行差异性，而通过上述推导不难发现，高斯估计除了具有一般性外，还具有描述贝叶斯估计执行差异的通用性。具体来说，无论非线性与复杂特性耦合情况如何，高斯估计都具有解析计

算和非线性计算的统一框架结构，其中的解析计算公式结构基本相同，如上面所推导的噪声时空相关高斯估计中的式 (6-124)、式 (6-128)、式 (6-129) 和式 (6-154)、式 (6-155) 及式 (6-165)。另外非线性积分形式也都一致，即可被统一描述为高斯密度下的非线性函数积分，而非线性积分中被积函数的结构形态就完全描述贝叶斯估计的执行差异性。

上述高斯估计的特点非常有助于构建目前不同确定采样型滤波之间的公共框架平台，为实现不同滤波之间的互通互用搭建了桥梁。具体来说，如图 6.4 所示，各类确定采样型滤波本质上都是基于不同的数值近似策略来逼近高斯估计中的非线性积分，在高斯估计框架下，它们不需要直接面向实际工程应用需求中的客观对象特点。而在实际工程应用中，只需要将客观对象的相关参数，包括动态和量测方程、维数和先验信息等，直接输入到非线性积分这个公共平台下，就可以根据精度和计算量自适应调用或选择与实际对象相匹配的确定采样型滤波。因此，这个非线性积分就在滤波理论方法与工程需求之间搭建了一个快速通道，不仅实现了不同滤波之间的互通互用，而且非常有助于工程模块化设计。

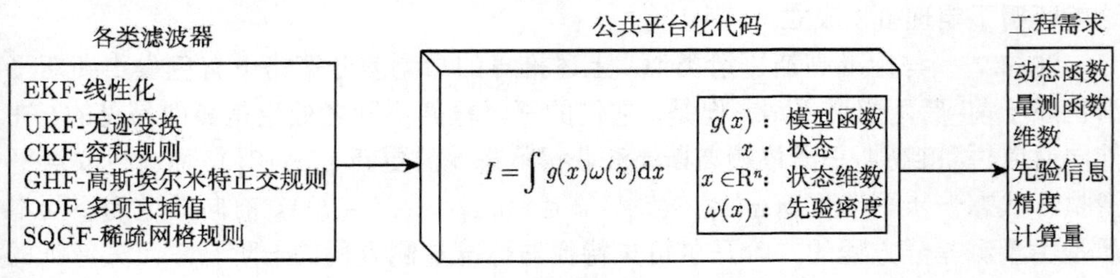

图 6.4 高斯估计的通用性

6.8 仿 真 分 析

考虑一个多传感器目标跟踪的例子来验证有色噪声高斯估计：目标以未知的转动角速度在平面做机动转弯，其动态模型参见文献 [10]，采用 9 个角度传感器来联合估计目标状态，每个角度传感器量测模型如下：

$$\theta_k^i = \arctan\left(\frac{\eta_k - s_\eta^i}{\xi_k - s_\xi^i}\right) + v_k^i \tag{6-183}$$

式中，(s_ξ^i, s_η^i) 表示第 i 个传感器自身位置；v_k^i 为有色噪声 $v_k^i = \psi_{k-1}^i v_{k-1}^i + \zeta_{k-1}^i$；$\zeta_k^i$ 是零均值协方差为 $E[\zeta_k^i(\zeta_k^i)^{\mathrm{T}}] = (\sigma_\theta^i)^2$ 和 $E[\zeta_k^i(\zeta_k^j)^{\mathrm{T}}] = 0$ $(i \neq j)$ 的高斯白噪声。9 个传感器的放置位置为：(0, 0), (−4km, 0), (4km, 0), (0, −8km), (−4km, −8km), (4km, −8km), (−4km, −8km), (0, −16km) 和 (−4km, −16km)。噪声协方差 $\sigma_\theta^i =$

$\sqrt{10}$mrad，初始状态为

$$x_0 = [\ 1\text{km} \quad 0.3\text{kms}^{-1} \quad 1\text{km} \quad 0 \quad -3^\circ\text{s}^{-1}\ ]^\text{T}$$

假设采样间隔为 $T = 0.1$, 噪声相关系数 $\psi_{k-1}^i = 0.5$，初始状态估计为

$$\hat{x}_0 = [\ 1\text{km} \quad 0.3\text{kms}^{-1} \quad 1\text{km} \quad 0 \quad -2^\circ\text{s}^{-1}\ ]^\text{T}$$

$$P_0 = \text{diag}\{\ 10\text{m}^2 \quad 1\text{m}^2\text{s}^{-2} \quad 10\text{m}^2 \quad 1\text{m}^2\text{s}^{-2} \quad 10\text{mrad}^2\text{s}^{-2}\ \}$$

而其他仿真设置与文献 [10] 完全相同。50 次蒙特卡罗仿真的均方根误差 (root mean square error，RMSE) 如图 6.5 所示。

仿真分析发现，高斯估计的确是更具一般性和通用性的框架和平台，可灵活实现从框架平台变化出各类非线性确定采样型滤波，即基于高斯估计，可以自适应选择采样策略来满足实际工程中对精度和计算量的折中需求。如图 6.5 所示，EKF、CKF、EKS 和 CKS 均从有色噪声高斯估计框架发展而来，不同估计精度是由于算法本身采用的不同数值逼近方法所导致的，且平滑精度高于滤波。

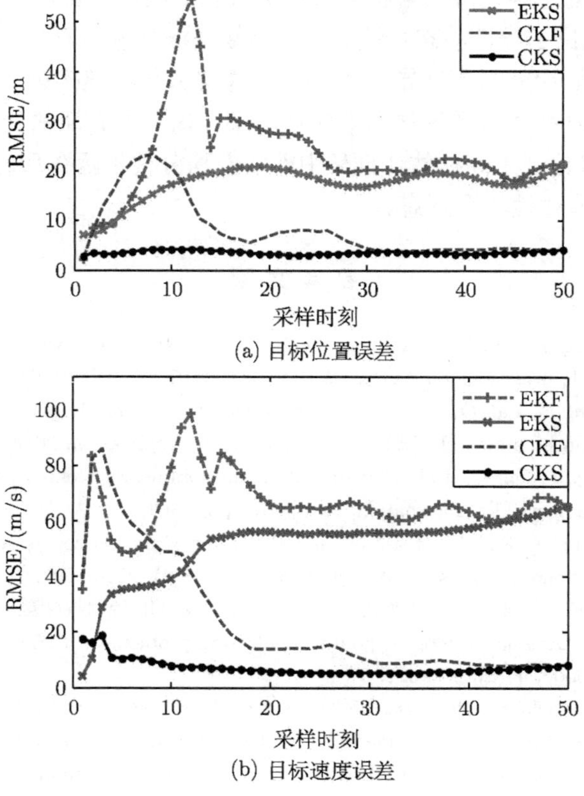

(a) 目标位置误差

(b) 目标速度误差

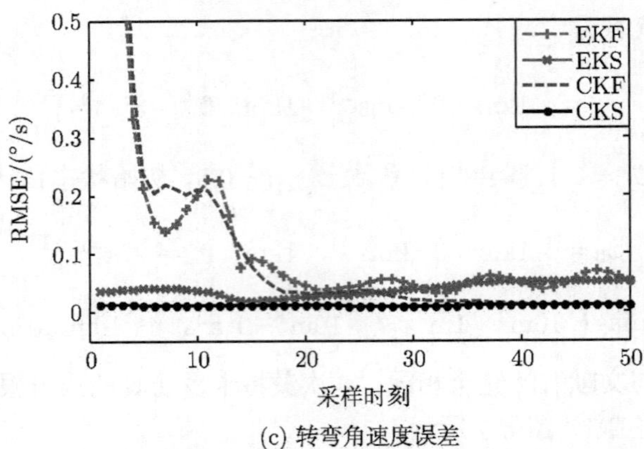

(c) 转弯角速度误差

图 6.5　多传感器目标跟踪仿真分析

6.9 本章小结

本章首先从贝叶斯最优递推估计入手，系统论证了 Kalman 估计是贝叶斯估计在面向线性动态系统时的解析实现，从状态后验概率密度演化角度重新表述 Kalman 估计，提出了线性动态系统状态后验概率演化服从高斯分布的结论，进而在最小均方误差估计准则下推导了 Kalman 滤波和平滑递推公式。然后提出了贝叶斯估计面向非线性动态系统的高斯估计框架，揭示了高斯估计具有一般性和通用性的特征，系统论证了高斯估计框架中非线性积分被积函数形态，可描述和刻画不同复杂特征与非线性耦合形态。

参考文献

[1] Wang X X, Liang Y, Pan Q, et al. Nonlinear Gaussian smoothers with colored measurement noise [J]. IEEE Transactions on Automatic Control, 2015, 60(3): 870-876.

[2] Wang X X, Liang Y, Pan Q, et al. Gaussian/Gaussian-mixture filters for nonlinear stochastic systems with delayed states [J]. IET Control Theory & Application, 2014, 8(11), 996-1008.

[3] Wang X X, Liang Y, Pan Q, et al. Gaussian filters for nonlinear systems with one-step randomly delayed measurements [J]. Automatica, 2013, 49(4), 976-986.

[4] Wang X X, Liang Y, Pan Q, et al. A Gaussian approximation recursive filter for nonlinear systems with correlated noises [J]. Automatica, 2012, 48(9), 2290-2297.

[5] 王小旭, 潘泉, 黄鹤, 等. 非线性系统确定采样型滤波算法综述 [J], 控制与决策, 2012, 27(6): 801-812.

[6] Ito K, Xiong K. Gaussian filters for nonlinear filtering problems [J]. IEEE Transactions Automatic Control, 2000, 45(5): 910-927.

[7] Jazwinski A H. Stochastic Processes and Filtering Theory [M]. New York: Academic, 1970.

[8] Julier S J, Uhlmann J K. A new method for the nonlinear transformation of means and covariances in filters and estimators [J]. IEEE Transactions on Automatic Control, 2000, 45(3):

477-482.

[9] Nørgaard M, Poulsen N K, Ravn O. New developments in state estimation for nonlinear systems [J]. Automatica, 2000, 36(11), 1627-1638.

[10] Arasaratnam I, Haykin S. Cubature Kalman filters [J]. IEEE Transactions on Automatic Control, 2009, 54(6): 1254-1269.

[11] Jia B, Xin M, Cheng Y. Sparse-grid quadrature nonlinear filtering [J]. Automatica, 2012, 48(1): 327-341.

[12] Zhou D H, Xi Y G, Zhang Z J. A Suboptimal multiple extended Kalman filter [J]. Chinese Journal of Automation, 1992, 4(2): 145-152.

[13] Merwe R V, Wan E A. Sigma-point Kalman filters for integrated navigation [C]. Proceedings of the 60th Annual Meeting of the Institute of Navigation (ION), 2004: 641-654.

[14] 潘泉, 杨峰, 叶亮, 等. 一类非线性滤波 ——UKF 综述 [J]. 控制与决策, 2005, 20(5): 481-489.

[15] Julier S J. The scaled unscented transformation [C]. Proceedings of American Control Conference, 2002: 4555-4559.

[16] Merwe R V. Sigma-point Kalman filters for probabilistic inference in dynamic state-space models [D]. Boston: Oregon Health & Science University, 2004.

[17] Arasaratnam I, Haykin S. Cubature Kalman filtering for continuous-discrete systems: Theory and simulations [J]. IEEE Transactions on Signal Processing, 2010, 58(10): 1254-1269.

[18] Jia B, Xin M, Cheng Y. High-degree cubature Kalman filter [J]. Automatica, 2013, 49(2): 510-518.

[19] Jia B, Xin M, Cheng Y. Relations between sparse-grid quadrature rule and spherical-radial cubature rule in nonlinear Gaussian estimation [J]. IEEE Transactions on Automatic Control, 2015, 60(1): 199-204.

[20] García-Fernández F, Morelande M R, Grajal J, et al. Adaptive unscented Gaussian likelihood approximation filter[J]. Automatica, 2015, 54(1): 166-175.

[21] Straka O, Duník J, Šimandl M. Unscented Kalman filter with advanced adaptation of scaling parameter [J]. Automatica, 2014, 50(10): 2657-2664.

[22] Duník J, Simandl M, Straka Q. Unscented Kalman filter: Aspects and adaptive setting of scaling parameter [J]. IEEE Transactions on Automatic Control, 2012, 57(9):2411-2416.

[23] Julier S J, Uhlmann J K. A general method for approximating nonlinear transformation of probability distributions [EB/OL]. http://www.eng.ox.ac.uk/1996.

[24] Nørqaard M, Poulsen N K, Ravn O. Advances in Derivative-free State Estimation for Nonlinear Systems [R]. Copenhagen: Department of Mathematical Modelling, Technical University of Denmark, 2000.

[25] 胡士强, 敬忠良. 粒子滤波算法综述 [J]. 控制与决策, 2005, 20(4): 361-371.

[26] William F L, Aaron D L. Unscented Kalman filters for multiple target tracking with symmetric measurement equations [J]. IEEE Transactions on Automatic Control, 2009, 54(2): 370-375.

[27] Michail N P, Emmanouil G A, Nikolaos K U. Solving the association problem for a multistatic range-only radar target tracker [J]. Signal Processing, 2008, 88(9): 2254-2277.

[28] Katkuri J R, Jilkov V P, Li X R. A comparative study of nonlinear filters for target tracking in mixed coordinates [C]. Proceedings of the 42nd South Eastern Symposium on System Theory, 2010: 202-207.

[29] Hu H, Jing Z, Hu S. Unscented fuzzy-controlled current statistic model and adaptive filtering for tracking maneuvering targets [J]. Communications in Nonlinear Science and Numerical Simulation, 2006, 11(3): 961-972.

[30] Cui N, Hong L, Layne J R. A comparison of nonlinear filtering approaches with an application to ground target tracking [J]. Signal Processing, 2005, 85(8): 1469-1492.

[31] Razali S, Watanabe K, Maeyama S, et al. An unscented rauch-tung-striebel smoother for a bearing only tracking problem [C]. Proceedings of 2010International Conference on Control Automation and Systems (ICCAS), 2010: 1281-1286.

[32] Tang X, Yan J, Zhong D. Square-root sigma-point Kalman filtering for spacecraft relative navigation [J]. Acta Astronautica, 2010, 66(5): 704-713.

[33] Kim C K, Chung W K. Unscented fastSLAM: A robust and efficient solution to the SLAM problem [J]. IEEE Transactions on Robotics, 2008, 24(4): 808-820.

[34] Soken H E, Hajiyev C. Pico satellite attitude estimation via robust unscented Kalman filter in the presence of measurement faults [J]. ISA Transactions, 2010, 49(3): 249-256.

[35] Patrick S, Lasse K, Christian P. Design, geometry evaluation, and calibration of a gyroscope-free inertial measurement unit [J]. Sensors and Actuators A: Physical, 2010, 162(2): 379-387.

[36] Ning X, Fang J. A new autonomous celestial navigation method for the lunar rover [J]. Robotics and Autonomous and Systems, 2009, 57(1): 48-54.

[37] Rezaie J, Moshiri B, Araabi B N, et al. GPS/INS integration using nonlinear blending filters[C]. Proceedings of SICE Annual Conference, 2007: 1674-1680.

[38] Lachapelle G. Sigma-point Kalman filtering for integrated GPS and inertial navigation [J]. IEEE Transactions on Aerospace and Electronic Systems, 2006, 42(2): 750-756.

[39] Murshed A M, Huang B, Nandakumar K. Estimation and control of solid oxide fuel cell system [J]. Computers and Chemical Engineering, 2010, 34(1): 96-111.

[40] Wang J, Feng X, Zhao L, et al. Unscented transformation based robust Kalman filter and its applications in fermentation process [J]. Chinese Journal of Chemical Engineering, 2010, 18(3): 412-418.

[41] Kim J S, Shin D R, Serpedin E. Adaptive multiuser receiver with joint channel and time delay estimation of CDMA signals based on the square-root unscented filter [J]. Digital Signal Processing, 2009, 19(2): 504-520.

[42] Tripathy P, Sighn S N. A divide-by-difference-filter based algorithm for estimation of generator rotor angle utilizing synchrophasor measurements [J]. IEEE Transactions on Instruemention and Measurement, 2010, 59(6): 1562-1570.

[43] Simon D. A comparison of filtering approaches for aircraft engine health estimation [J]. Aerospace Science and Technology, 2008, 12(1): 276-284.

[44] Chen R R, Liu B, Cheng X. Pricing the term structure of inflation risk premia: Theory and evidence from TIPS [J]. Journal of Empirical Finance, 2010, 17(4): 704-721.

[45] Wang K, Wang W, Zhuang Y. A MAP approach for vision-based self-localization of mobile robot [J]. ACTA Automatica Sinica, 2008, 34(2): 159-166.

[46] Simo S. Unscented rauch–tung–striebel smoother [J]. IEEE Transactions on Automatic Control, 2008, 53(3): 845-849.

[47] Arasaratnam I, Haykin S. Cubature Kalman smoother [J]. Automatica, 2011, 47(10): 2245-2250.

[48] Wang X X, Liang Y, Pan Q, et al. Nonlinear Gaussian smoothers with colored measurement noise [J]. IEEE Transactions on Automatic Control, 2015, 60(3): 870-876.

[49] Wang X X, Pan Q, Liang Y, et al. Gaussian smoothers for nonlinear systems with one-step randomly delayed measurements [J]. IEEE Transactions on Automatic Control, 2013, 58(7): 1828-1835.

[50] Straka O, Duník J, Šimandl M. Truncation nonlinear filters for state estimation with nonlinear inequality constraints [J]. Automatica, 2012, 48(1): 273-286.

[51] Bruno O S T, Leonardo A B T, Luis A A, et al. On unscented Kalman filtering with state interval constraints [J]. Journal of Process Control, 2010, 20(1): 45-57.

[52] Wang X X, Liang Y, Pan Q, et al. Gaussian filters for nonlinear systems with one-step randomly delayed measurements [J]. Automatica, 2013, 49(4): 976-986.

[53] Li L, Xia Y Q.Unscented Kalman filter over unreliable communication networks with Markovian packet dropouts [J]. IEEE Transactions on Automatic Control, 2013, 58(12): 3224-3230.

[54] Wang X X, Liang Y, Pan Q, et al. General equivalence between two kinds of noise-correlation filters [J]. Automatica, 2014, 50(12): 3316-3318.

[55] Wang X X, Liang Y, Pan Q, et al. A Gaussian approximation recursive filter for nonlinear systems with correlated noises [J]. Automatica, 2012, 48(9): 2290-2297.

[56] Cho S Y, Choi W S. Robust positioning technique in Low-Cost DR/GPS for land navigation [J]. IEEE Transactions on Instrumentation and Measurement, 2006, 55(4): 1132-1142.

[57] Cho S Y, Kim B D. Adaptive IIR/FIR fusion filter and its application to the INS/GPS integrated system [J]. Automatica, 2008, 44(8): 2040-2047.

[58] Blom H A P, Bar-Shalom Y. The interacting multiple model algorithm for system with Markovian switching coefficients [J]. IEEE Transactions on Automatic Control, 1988, 33(8): 780-783.

[59] Subrahmanya N, Shin Y C. Adaptive divided difference filtering for simultaneous state and parameter estimation [J]. Automatica, 2009, 45(7): 1686-1693.

[60] Xiong K, Zhang H Y, Chan C W. Performance evaluation of UKF-based nonlinear filtering [J]. Automatica, 2006, 42(2): 261-270.

[61] Wu Y X, Hu D W, Hu X P. Comments on “performance evaluation of UKF-based nonlinear filtering” [J]. Automatica, 2007, 43(3): 567-568.

[62] Xiong K, Zhang H Y, Chan C W. Author's reply to “comments on ‘performance evaluation of UKF-based nonlinear filtering’ ” [J]. Automatica, 2007, 43(3): 569-570.

[63] Xiong K, Liu L D, Zhang H Y. Modified unscented Kalman filtering and its application in autonomous satellite navigation[J]. Aerospace Science and Technology, 2009, 13(5): 238-246.

[64] 付梦印, 邓志红, 闫莉萍. Kalman 滤波理论及其在导航系统中的应用 [M]. 2 版. 北京：科学出版社, 2009.

[65] Vo B N, Ma W K. The Gaussian mixture probability hypothesis density filter [J]. IEEE Transactions on Signal Processing, 2006, 54(11): 1-13.

[66] Astrom K J. Introduction to Stochastic Control Theory [M]. New York: Academic Press, 1970.

[67] Yuan G N, Xie Y J, Song Y, et al. Multipath parameters estimation of weak GPS signal based on new colored noise unscented Kalman filter [C]. Proceedings of IEEE International Conference on Information and Automation，Harbin, 2010: 1852-1856.

[68] Wang X X, Pan Q. Nonlinear Gaussian filter with the colored measurement noise [C]. Proceedings of the 17th International Conference on Information Fusion (FUSION), 2014: 1-7.

附　录

正交投影定义　设 x 和 z 分别为具有二阶矩的 n 维和 m 维随机向量，如果存在一个与 x 同维的随机变量 $\hat{x}$，满足下列三个条件：

(1) $\hat{x}$ 可以由 z 线性表示，即存在非随机的 n 维向量 a 和 $n\times m$ 维矩阵 B，使得

$$\hat{x}=a+Bz$$

(2) 无偏性，即 $E(\hat{x})=E(x)$；

(3) $x-\hat{x}$ 与 z 正交，即 $E[(x-\hat{x})z^{\mathrm{T}}]=0$。

则称 $\hat{x}$ 是 x 在 z 上的正交投影，记为 $\hat{x}=\hat{E}(x|z)$。

从对线性最小方差的讨论可知 [64]，基于量测量 z 的 x 的线性最小方差估计 $\hat{x}_{\mathrm{LMMSE}}$ 恰好是 x 在 z 上的正交投影，可记为 $\hat{x}=\hat{E}(x|z)$。下面不加证明地给出正交投影的相关结论。正交投影与线性最小方差估计的关系如图 6.6 所示。

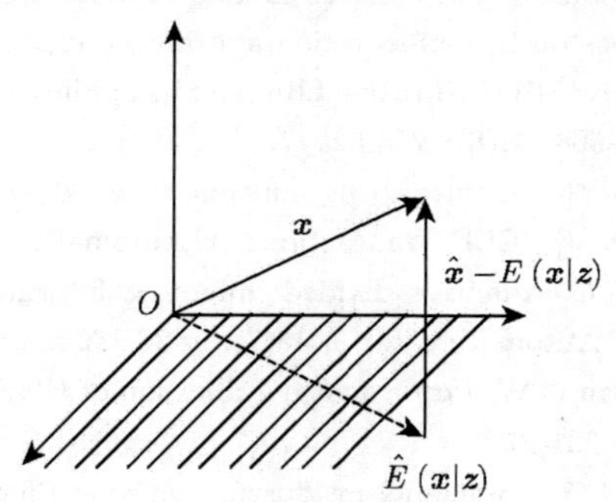

图 6.6　正交投影的几何示意图

结论 1　设 x 和 z 分别为具有二阶矩的随机向量，则 x 在 z 上的正交投影 $\hat{x}$ 唯一地等于基于 z 的线性最小方差估计，即

$$\hat{E}\left(x\,|z\right)=E\left(x\right)+\operatorname{cov}\left(x,z\right)\left[\operatorname{var}\left(z\right)\right]^{-1}\left[z-E\left(z\right)\right]$$

结论 2　设 x 和 z 分别为具有二阶矩的随机向量，A 为非随机矩阵，其列数等于 x 的维数，则

$$\hat{E}\left(Ax\,|z\right)=A\hat{E}\left(x\,|z\right)$$

结论 3　设 x、y 和 z 为具有二阶矩的随机向量，A 和 B 为具有相应维数的非随机矩阵，则有

$$\hat{E}\left[\left(Ax+By\right)|z\right]=A\hat{E}\left(x\,|z\right)+B\hat{E}\left(y\,|z\right)$$

结论 4　设 x、z_1 和 z_2 为具有二阶矩的随机向量，且 $z=[\ z_1 \quad z_2\ ]^{\mathrm{T}}$，则有

$$\begin{aligned}\hat{E}(x|z)=&\hat{E}(x|z_1)+\hat{E}(x|z_2)\\=&\hat{E}(x|z_1)+E\left(\tilde{x}\tilde{z}_2^{\mathrm{T}}\right)\left[E\left(\tilde{z}_2\tilde{z}_2^{\mathrm{T}}\right)\right]^{-1}\tilde{z}_2\end{aligned}$$

式中，

$$\tilde{x}=x-E(x|z_1),\quad \tilde{z}_2=z_2-E(z_2|z)$$

特别地，在 x 和 z 的联合概率服从高斯分布的情况下，根据引理 6.1 和引理 6.2 不难从最小方差估计准则推导出结论 1。同理，如果 x、z_1 在 z_2 下的条件概率服从高斯分布，那么就可以从最小方差估计准则推导出结论 4。换句话说，在高斯分布意义下，线性最小方差估计与线性最小方差是等价的。

第 7 章　基于期望最大化的联合估计与辨识

本章以目标跟踪系统为例，详细论述基于期望最大化 (expectation maximization, EM) 算法的联合估计与辨识理论。通常来说，潜在的目标状态仅能通过其与隐变量 (模型参数、运动模态和数据关联等) 的关系得到，因此目标跟踪问题可以认为是联合状态估计与隐变量辨识问题。在当前量测与隐变量都不确定时，目标跟踪被概括为一个变分问题，EM 算法提供了一个在贝叶斯推理框架下的迭代方法来联合估计目标状态与辨识隐变量，从而减小隐变量的不确定性。在 EM 算法统一框架下处理联合跟踪与辨识问题，本章对其必要性、益处和挑战性进行整体分析，提出了各种 EM 算法在联合跟踪领域的整体概述，并给出了基于 EM 算法的目标跟踪应用实例，且对 EM 算法在联合跟踪领域的未来研究方向进行了展望。本章统一将目标联合估计与辨识问题称为目标联合跟踪问题。

7.1　引　　言

目标跟踪是一个信息处理过程，能提供一个或多个基于传感器数据和目标状态先验信息的运动目标轨迹，在国防、医学科学、交通控制和导航等领域有广泛应用 [1,2]。根据传感器数量，目标跟踪可以分为单传感器跟踪问题和多传感器跟踪问题，对于后者，考虑集中式或分布式结构。在两种情况下，跟踪问题又可进一步分为单目标跟踪问题和多目标跟踪问题，除了量测噪声，目标跟踪算法通常要考虑虚警、低检测概率以及目标和量测间的数据关联不确定性问题。基于最优估计理论的同时，当前先进的目标跟踪技术是多学科交叉的，涉及信号处理、信息理论、统计估计与推理及人工智能，且常需要同时解决多种不确定性问题，如未知扰动输入、多模式、非线性和高维等问题。

(1) 未知扰动输入 (不确定连续变量) 包括被看作标称模型未知输入的系统建模误差，如目标机动和传感器偏差。

(2) 多模式 (不确定离散变量) 被用来建模跟踪系统的多种选择的可能，它包括了杂波环境或多目标跟踪情况中量测与目标的关联 (数据关联)，多检测系统中量测与模式的关联，多传感器融合中航迹与航迹的关联。

(3) 非线性问题在实际目标跟踪系统中是普遍存在的，就最优性而言，涉及的系统非线性和量测非线性的估计问题通常很难对付，原因是最优贝叶斯估计要求计算全概率密度函数，再加上非线性与系统复杂特性 (多峰性、不对称性和不连续性等) 相互耦合，贝叶斯估计仅能通过近似方法来实现。

(4) 高维问题是在多传感器数据融合中出现的，其结合多传感器数据和相关信息来获得多个目标更具体的推理，增加了系统的复杂性。例如，网络中心战 (network central war, NCW)[3] 由多平台和多传感器组成以在杂波环境中进行多目标跟踪。

上述问题必须在跟踪的同时解决，故联合跟踪框架处理方法被广泛应用。机动目标跟踪中常用交互式多模型 (interacting multiple model, IMM) 算法 [4]，运动目标用跳变马尔可夫系统近似。无迹 Kalman 滤波 (unscented Kalman filter, UKF)[5]、粒子滤波 (particel filter, PF)[6] 以及高斯和滤波 (Guassian sum filter, GSF)[7] 等先进算法，常用来解决联合跟踪问题中的非线性问题。多目标跟踪时需要解决数据关联问题，常见算法有多假设跟踪算法 (multiple hypothesis tracking, MHT)[8,9]、概率多假设跟踪算法 (probability multiple hypothesis tracking,PMHT)[10]、联合概率数据关联算法 (joint probabilistic data association,JPDA)[11] 和基于马尔科夫–蒙特卡罗 (Markov chain Monte Carlo，MCMC) 的数据关联算法 [12,13]。此外，基于有限集统计 (finite set statistics, FISST) 的概率密度假设 (probability hypothesis density, PHD) 滤波法 [14] 可估计目标强度，避免传统的数据关联问题，尽管存在辅助标记数据关联方案 [19]，但是传统 PHD 方法并不能对完整航迹建模。在文献 [15] ~ [20] 中可以找到关于机动目标跟踪、数据关联和非线性滤波的综述，这些算法或其中几个的联合算法，是为了某个特定应用而发展出来的。例如，在交互多模型算法中使用联合概率数据关联算法和扩展 Kalman 滤波 (extended Kalman filter, EKF) 形成了雷达数据处理领域中多机动目标跟踪的 JPDA-IMM-EKF 跟踪算法。通常来说，联合跟踪应用包含一个在待估计状态和量测间的随机结构，这个结构一般不能直接通过量测得到，如量测与航迹的关联及多目标跟踪中一组机动模式与多个目标的关联等。EM 算法 [21] 则提供了一种数据缺失下的联合目标状态估计与未知参数辨识处理框架。

一般而言，联合目标跟踪主要解决两类问题：潜在目标 “是什么” 和 “在哪里”。这两个问题分别对应估计与辨识。在目标跟踪中，估计问题包括目标运动状态估计，而辨识问题在于解决多假设下与目标状态有关的系统模式、量测与航迹关联等。例如，对于杂波环境下机动目标跟踪问题，目标状态包括位置和速度，是待估计参数，而辨识指的是量测与航迹关联及目标机动模式。总体来说，在多目标跟踪问题中，联合估计与辨识是非常必要的，就像 “鸡和蛋” 的关系。如图 7.1 所示，数据关联中辨识风险会恶化状态估计，而参数估计误差又会导致辨识风险。因此，相比单独的辨识和估计，联合估计与辨识更加有效 [22,23]。在最优理论中，这种联合方法可能能够得到全局最优解，而这个解通常是通过迭代算法得到的 [24]。因此，在联合估计与辨识中问题描述是非常重要的，它决定这个问题是否能够通过迭代的方式解决。在目前研究中 [25-29]，目标跟踪问题被描述为联合跟踪问题，潜在目标状态仅能通过它与隐变量的关系被观测到。目标跟踪的目的是使用隐变量条件下的量测来估计目标状态，状态和隐变量分别与目标的估计和辨识有关，可以使用期望最大法来处理这类问题。

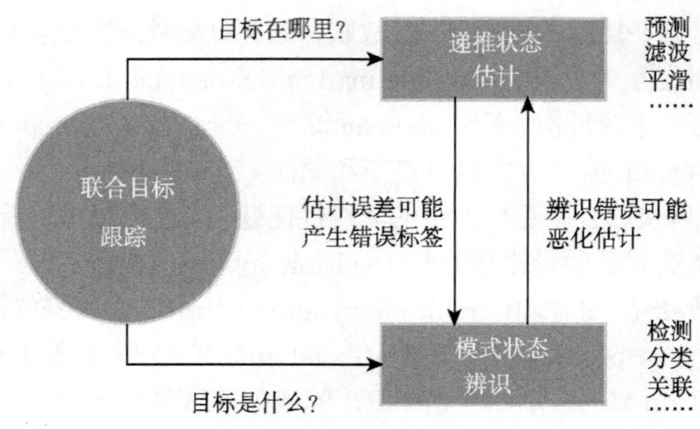

图 7.1　联合目标跟踪

Dempster 等在文献 [21] 中提出的 EM 算法是一种迭代推理方法。更确切地说，它是一种离线的迭代最大似然方法，在通常情况下，能够保证收敛到观测数据似然函数的局部最大。最大化完备数据似然函数通常比最大化观测数据似然函数容易，EM 算法的实现就是建立于此基础的。隐变量是未知的，而当前信息是通过隐变量的后验分布给出的，由于隐变量的后验信息依赖于目标状态参数，完备数据似然函数最大化需要隐变量，这实际就是一个“鸡和蛋”的问题。EM 算法使用迭代方法来解决这个问题：在给定潜在目标状态的一个初值后，期望步 (E-Step) 和最大化步 (M-Step) 交替执行，目标状态与隐变量在迭代循环中分别被估计与辨识。但如果隐变量的维数太高，E-Step 和 M-Step 的实现仍然是一个问题 [30]。EM 算法的一个严重缺点是它不能在复杂贝叶斯模型下求解，而现在非常流行的迭代方法——变分贝叶斯方法可以改善这个缺点，这种方法能够在复杂图模型下进行推理，相比 EM 算法，在某些情况下有很大改善。

本章将目标跟踪问题归纳为联合估计与辨识问题，潜在目标状态仅能通过与隐变量的关系被观测到。由于未知扰动输入、多模式、非线性和高维数等情况的出现，这个问题难以解决，本章将在统一的贝叶斯估计框架下描述并解决这个问题。联合跟踪方法中给出基于 EM 的贝叶斯推理方法，提供一种在跟踪的同时解决隐变量不确定性的迭代方法。本章还给出一些联合估计与辨识方面的应用例子，并在结论中指出了未来的工作方向。为了方便读者阅读，本章使用的符号在表 7.1 中给出。

表 7.1　第 7 章符号说明

符号	说明
$i \in \{1, 2, \cdots, t\}$	目标索引
$r \in \{1, 2, \cdots, \iota\}$	运作模式索引
$j \in \{1, 2, \cdots, s\}$	传感器索引
$\mu \in \{1, 2, \cdots, m_j\}$	量测索引
$\tau \in \{1, 2, \cdots, l_\mu\}$	传播模式索引
t	目标数量
ι	运作模式数量
s	传感器数量
m_j	量测数量
l_μ	传播模式数量
$\alpha_k \triangleq \{i, j\}$	跟踪–跟踪关联
$\beta_k \triangleq \{i, r\}$	跟踪–运作模式关联
$\gamma_k \triangleq \{i, \mu\}$	跟踪–量测关联
$\delta_k \triangleq \{i, \tau\}$	量测–传播模式关联
x_k^i	第 i 个目标状态
$\mathcal{X}_k \triangleq \{x_k^1, \cdots, x_k^t\}$	所有目标状态
$Y_k^j \triangleq \{y_k^{j,1}, \cdots, y_k^{j,m_j}\}$	第 j 个传感器量测集
$\mathcal{Y}_k \triangleq \{Y_k^1, \cdots, Y_k^s\}$	所有传感器量测
$\vartheta_k \triangleq \{f_k, h_k, R_k, Q_k, \bar{x}_0, \Sigma_0\}$	系统模型参数
$\Theta_k \triangleq \{\vartheta_k, \theta_k\}$	全部状态相关参数
$\theta_k \triangleq \{\alpha_k, \beta_k, \gamma_k \delta_k, a_k, b_k\}$	系统外部参数
k	时刻

7.2　贝叶斯联合跟踪问题

通过以下两个等式描述一个包含 t 个目标和 s 个传感器的多传感器多目标跟踪系统：

$$x_k^i = f_{k-1}^{i,r}(x_{k-1}^i, a_{k-1}^i) + \Gamma_{k-1}^i v_{k-1}^i, \quad i = 1, \cdots, t \tag{7-1}$$

$$y_k^{j,\mu,\tau} = h_k^{j,\tau}(x_k^i, b_k^{j,\tau}) + w_k^{j,\tau}, \quad j = 1, \cdots, s \tag{7-2}$$

式中，x_k 和 y_k 分别代表系统的状态和量测；f_k、h_k 和 Γ_k 分别代表状态转移函数、量测函数和控制矩阵；连续变量 a_k 和 b_k 分别是动态模型和量测模型的未知扰动输入。过程噪声 v_k^i 和量测噪声 w_k^j 是零均值高斯白噪声，其噪声协方差 Q_k^i 和 $R_k^j > 0$。初始状态 x_0^j 是已知均值为 $\bar{x}_0^i$，方差为 Σ_0^i 的高斯分布。同时，为表示简洁起见，引入角标 i, j, τ, μ。采用 Θ_k 代表式 (7-1) 和式 (7-2) 中全部模型相关参数，对给定量测 $\mathcal{Y}_k \triangleq \{Y_k^1, \cdots, Y_k^s\}$，其中，$Y_k^j \triangleq \{y_k^{j,1}, \cdots, y_k^{j,m_j}\}$，目标状态 $\mathcal{X}_k \triangleq \{x_k^1, \cdots, x_k^t\}$，贝叶斯推理下的联合目标跟踪问题就是寻找后验分布 $p(\mathcal{X}_k|\mathcal{Y}_k)$[31]。一般来说，由

于需要参数 Θ_k 的信息，这个问题难以计算 [32]。然而，正如 Tukey 所说，“一个正确问题的近似解比一个近似问题的确定解更有意义”。假定参数 Θ_k 确切已知，给定量测 $\mathcal{Y}_k$，跟踪目标就是寻找 $\mathcal{Y}_k$ 和 Θ_k 条件下 $\mathcal{X}_k$ 的概率密度函数，即

$$p(\mathcal{X}_k|\mathcal{Y}_k) = p(\mathcal{X}_k|\mathcal{Y}_k, \Theta_k) \tag{7-3}$$

当 Θ_k 仅部分已知时，即关联假设参数 α_k、β_k、γ_k、δ_k 以及扰动输入 a_k 和 b_k 是通过一个部分观测隐马尔可夫过程量测时，后验密度式 (7-3) 通过一个混合高维积分给出：

$$\begin{aligned} p(\mathcal{X}_k|\mathcal{Y}_k) &= \int_{\Theta_k} p(\mathcal{X}_k, \Theta_k|\mathcal{Y}_k)\mathrm{d}\Theta_k \\ &= \sum_{\alpha_k}\sum_{\beta_k}\sum_{\gamma_k}\sum_{\delta_k}\int_{a_k}\int_{b_k} p(\mathcal{X}_k, \alpha_k, \beta_k, \gamma_k, \delta_k, a_k, b_k|\mathcal{Y}_k)\mathrm{d}a_k\mathrm{d}b_k \end{aligned} \tag{7-4}$$

注 7.1 联合目标跟踪问题就是解决一个混合系统式 (7-4) 的问题，包括未知扰动输入 (连续变量 a_k 和 b_k) 的积分，以及在隐空间 Θ_k 下多模式 (离散变量 α_k、β_k、γ_k 和 δ_k) 的总和，本质上，这是一个 NP-hard 问题。在连续变量情况下，所需积分可能没有封闭解析解，同时由于被积函数的复杂性，可能难以进行数值积分。在离散变量情况下，边缘化包括对隐变量所有可能的排列求和，可能导致隐状态以指数形式增长，以至难以在实际中准确计算。

注 7.2 这种多传感器多目标跟踪问题可以被看作一个不完备数据问题。即为了从量测 $\mathcal{Y}_k$ 中估计目标状态 $\mathcal{X}_k$，需要参数 Θ_k 的信息，然而参数 Θ_k 在实际问题中，常常是未知的，无法事先获得。

注 7.3 式 (7-4) 包括 $\mathcal{X}_k$ 状态估计和 Θ_k 的参数辨识。为了得到需要的目标状态 $\mathcal{X}_k$，参数 Θ_k 必须被准确辨识。鉴于辨识风险与估计误差是耦合的，必须联合考虑状态估计值 $\mathcal{X}_k$ 和参数辨识值 Θ_k。

EM 算法是一种迭代优化方法，能够从量测中恢复缺失数据，可以用于解决多种不确定性下的联合估计与辨识问题。本章提供 EM 算法在联合估计与辨识问题中的技术概述，并推导和发展 EM 算法在目标跟踪领域的一些应用。

7.3 联合跟踪的期望最大化解决框架

7.3.1 EM 算法

在工程学与统计学文献中，EM 算法有着广泛的应用，它是一种迭代优化方法，用于解决最大似然估计 (maximum likelihood, ML) 或最大后验估计 (maximum a posterior, MAP) 中存在缺失数据或隐变量情况下的参数估计问题 [21]。自从 Dempster 等正式提出 EM 算法，不同学科的研究者对它产生了极大的关注。EM 算法得到广泛应用主要在于它能够为许多常用静态模型找到最大似然估计或最大后验估计，并且简单易于实现 [33]。文献 [34] 是一个 EM 算法综述。EM 算法的常见推导基于 Jensen 不等式，本章将在最大似然估计的标准框架下简述 EM 算法。

考虑一个概率模型，$\mathcal{Y}$ 表示全体观测量，Θ 表示全体隐变量，联合分布 $p(\mathcal{Y},\Theta|\mathcal{X})$ 由一组参数 $\mathcal{X}$ 控制，优化的目标是最大化对数似然函数，其定义如下：

$$L(\mathcal{X})=\lg p(\mathcal{Y}|\mathcal{X})=\lg\sum_{\Theta}p(\mathcal{Y},\Theta|\mathcal{X}) \tag{7-5}$$

假定隐变量 Θ 是离散的，由于无论 Θ 是连续变量，还是离散变量和连续变量的结合，在求解对数似然函数上是一样的，只需要将积分公式替代为求和。

EM 算法是一个使 $L(\mathcal{X})$ 最大化的迭代处理方法，假设第 n 次迭代后 $\mathcal{X}$ 的当前估计为 $\mathcal{X}^{(n)}$，由于目标是最大化 $L(\mathcal{X})$，因此需要计算更新估计值 $\mathcal{X}$ 使得

$$L(\mathcal{X})>L(\mathcal{X}^{(n)}) \tag{7-6}$$

分析发现式中包含一个求和的对数，使最大似然解的表示非常复杂。EM 算法可以由 Jensen 不等式导出，即

$$\lg\sum_{i=1}^{m}\lambda_i x_i\geqslant\sum_{i=1}^{m}\lambda_i\lg x_i \tag{7-7}$$

式中，常数 $\lambda_i\geqslant 0$ 且 $\sum_{i=1}^{m}\lambda_i=1$。

根据 Jensen 不等式，$L(\mathcal{X})-L(\mathcal{X}^{(n)})$ 可以变形成如下形式：

$$\begin{aligned}
L(\mathcal{X})-L(\mathcal{X}^{(n)})&=\lg\left(\sum_{\Theta}p(\mathcal{Y}|\Theta,\mathcal{X})p(\Theta|\mathcal{X})\right)-\lg p(\mathcal{Y}|\mathcal{X}^{(n)})\\
&=\lg\left(\sum_{\Theta}p(\mathcal{Y}|\Theta,\mathcal{X})p(\Theta|\mathcal{X})\cdot\frac{p(\Theta|\mathcal{Y},\mathcal{X}^{(n)})}{p(\Theta|\mathcal{Y},\mathcal{X}^{(n)})}\right)-\lg p(\mathcal{Y}|\mathcal{X}^{(n)})\\
&=\lg\left(\sum_{\Theta}p(\Theta|\mathcal{Y},\mathcal{X}^{(n)})\cdot\frac{p(\mathcal{Y}|\Theta,\mathcal{X})p(\Theta|\mathcal{X})}{p(\Theta|\mathcal{Y},\mathcal{X}^{(n)})}\right)-\lg p(\mathcal{Y}|\mathcal{X}^{(n)})\\
&\geqslant\sum_{\Theta}p(\Theta|\mathcal{Y},\mathcal{X}^{(n)})\lg\left(\frac{p(\mathcal{Y}|\Theta,\mathcal{X})p(\Theta|\mathcal{X})}{p(\Theta|\mathcal{Y},\mathcal{X}^{(n)})}\right)-\lg p(\mathcal{Y}|\mathcal{X}^{(n)})\\
&=\sum_{\Theta}p(\Theta|\mathcal{Y},\mathcal{X}^{(n)})\lg\left(\frac{p(\mathcal{Y}|\Theta,\mathcal{X})p(\Theta|\mathcal{X})}{p(\Theta|\mathcal{Y},\mathcal{X}^{(n)})p(\mathcal{Y}|\mathcal{X}^{(n)})}\right)\\
&\triangleq\Delta(\mathcal{X}|\mathcal{X}^{(n)})
\end{aligned} \tag{7-8}$$

定义 $l(\mathcal{X}|\mathcal{X}^{(n)}) \triangleq L(\mathcal{X}^{(n)}) + \Delta(\mathcal{X}|\mathcal{X}^{(n)})$，则式 (7-8) 表示为 $L(\mathcal{X}|\mathcal{X}^{(n)}) \geqslant l(\mathcal{X}|\mathcal{X}^{(n)})$。EM 算法单次迭代示意图如图 7.2 所示。EM 算法使用当前参数值计算对数似然函数下界，继而通过最大化此界限更新参数新值。这个过程重复迭代直到当前值与更新值的差别足够小。

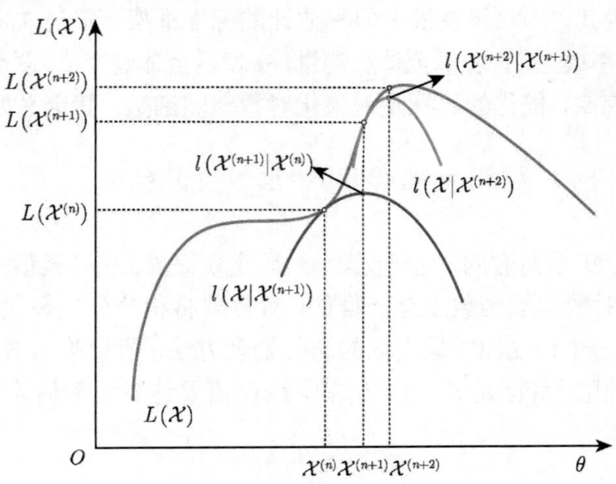

图 7.2　EM 算法迭代过程的图形化解释

目标是选择一个参数 $\mathcal{X}$ 使似然函数 $L(\mathcal{X})$ 最大，而直接找到 $L(\mathcal{X})$ 的最优解是非常困难的，逐渐优化下确界函数 $l(\mathcal{X}|\mathcal{X}^{(n)})$ 常常比较简单。因此，EM 算法需要找到一个参数 $\mathcal{X}$ 使 $l(\mathcal{X}|\mathcal{X}^{(n)})$ 最大化，即

$$\begin{aligned}
\mathcal{X}^{(n+1)} &= \arg\max_{\mathcal{X}} l(\mathcal{X}|\mathcal{X}^{(n)}) \\
&= \arg\max_{\mathcal{X}} \left\{ L(\mathcal{X}^{(n)}) + \sum_{\Theta} p(\Theta|\mathcal{Y},\mathcal{X}^{(n)}) \lg \frac{p(\mathcal{Y}|\Theta,\mathcal{X})p(\Theta|\mathcal{X})}{p(\mathcal{Y}|\mathcal{X}^{(n)})p(\Theta|\mathcal{Y},\mathcal{X}^{(n)})} \right\} \\
&= \arg\max_{\mathcal{X}} \left\{ \sum_{\Theta} p(\Theta|\mathcal{Y},\mathcal{X}^{(n)}) \lg p(\mathcal{Y}|\Theta,\mathcal{X})p(\Theta|\mathcal{X}) \right\} \\
&= \arg\max_{\mathcal{X}} \left\{ \sum_{\Theta} p(\Theta|\mathcal{Y},\mathcal{X}^{(n)}) \lg \frac{p(\mathcal{Y},\Theta,\mathcal{X})p(\Theta,\mathcal{X})}{p(\Theta,\mathcal{X})p(\mathcal{X})} \right\} \\
&= \arg\max_{\mathcal{X}} \left\{ \sum_{\Theta} p(\Theta|\mathcal{Y},\mathcal{X}^{(n)}) \lg p(\mathcal{Y},\Theta|\mathcal{X}) \right\} \\
&= \arg\max_{\mathcal{X}} \left\{ E_{\Theta|\mathcal{Y},\mathcal{X}^{(n)}}(\lg p(\mathcal{Y},\Theta|\mathcal{X})) \right\}
\end{aligned} \tag{7-9}$$

条件期望 $E_{\Theta|\mathcal{Y},\mathcal{X}^{(n)}}(\lg p(\mathcal{Y},\Theta|\mathcal{X}))$ 也被称为 Q 函数，记为 $Q(\mathcal{X}|\mathcal{X}^{(n)})$，表示隐变量 Θ 下完整数据对数似然函数 $\lg p(\mathcal{Y},\Theta|\mathcal{X})$ 的期望。至此，EM 算法通过以下两

步迭代计算，最终得到最大似然估计。

(1) E-Step：求条件期望 $E_{\Theta|\mathcal{Y},\mathcal{X}^{(n)}}(\lg p(\mathcal{Y},\Theta|\mathcal{X}))$。

(2) M-Step：求参数 X 使得条件期望最大化。

注 7.4　一般来说，先验信息 $p(\mathcal{X})$ 需要被合并，EM 算法最大化后验概率密度而不是似然函数：

$$\mathcal{X}^{\mathrm{MAP}}=\arg\max_{\mathcal{X}}\lg p(\mathcal{X}|\mathcal{Y})p(\mathcal{X})=\arg\max_{\mathcal{X}}\lg p(\mathcal{X},\mathcal{Y}) \tag{7-10}$$

因此，EM 算法改变 E-Step 得到 MAP 估计。

E-Step：用联合概率密度函数 $p(\mathcal{X},\mathcal{Y},\Theta)$ 代替完整数据似然函数 $l(\mathcal{X}|\mathcal{X}^{(n)})$，计算 Θ 下 $p(\mathcal{X},\mathcal{Y},\Theta)$ 的条件期望来定义 Q 函数 $Q(\mathcal{X}|\mathcal{X}^{(n)})$。

注 7.5　EM 算法的两步也可以通过变分贝叶斯方法推导，在变分贝叶斯推理中，式 (7-5) 中的对数似然函数可以写为

$$\lg p(\mathcal{Y}|\mathcal{X})=F(q,\mathcal{X})+KL(q||p) \tag{7-11}$$

式中，

$$F(q,\mathcal{X})=\sum_{\Theta}q(\Theta)\lg\left(\frac{p(\mathcal{Y},\Theta|\mathcal{X})}{q(\Theta)}\right) \tag{7-12}$$

$$KL(q||p)=-\sum_{\Theta}q(\Theta)\lg\left(\frac{p(\Theta|\mathcal{X},\mathcal{Y})}{q(\Theta)}\right) \tag{7-13}$$

式中，$q(\Theta)$ 是任意概率密度函数；$KL(q||p)$ 是 $p(\Theta|\mathcal{X},\mathcal{Y})$ 和 $q(\Theta)$ 的 KL 散度，由于 KL 散度不对称且非负，所以 $\lg p(\mathcal{Y}|\mathcal{X})\geqslant F(q,\mathcal{X})$。换句话说，$F(q,\mathcal{X})$ 是对数似然函数的下界，等式仅在 Kullback-Leibler 散度为零，即 $q(\Theta)=p(\Theta|\mathcal{X},\mathcal{Y})$ 时成立。EM 算法和贝叶斯推理中确定性近似的前沿算法可以看作根据式 (7-11) 的分解得到的，即求密度 q 和参数 $\mathcal{X}$ 来最大化下界 $F(q,\mathcal{X})$。从这个角度来看，EM 算法是一种下界最大化方法。

值得注意的是，EM 算法是一个两步迭代算法以最大化下界 $F(q,\mathcal{X})$，进而最大化似然函数。假定当前参数值是 $\mathcal{X}^{\mathrm{old}}$，E-Step 中下界已经最大，求解 $q(\Theta)$，可以看出此时 $KL(q||p)=0$，即 $q(\Theta)=p(\Theta|\mathcal{X},\mathcal{Y})$，在这种情况下，下界与对数似然函数相等。在相应的 M-Step 中，$q(\Theta)$ 保持不变，求 $\mathcal{X}$ 使下界 $F(q,\mathcal{X})$ 最大以获得新的参数值 $\mathcal{X}^{\mathrm{new}}$。这会导致下界不断增大，继而相应的对数似然函数也会不断增大。

注 7.6　EM 算法包括两个迭代步 E-Step 和 M-Step，在 E-Step 给定 $\mathcal{X}$ 估计值计算隐变量 Θ 的条件期望，M-Step 使用 E-Step 辨识得到的 Θ 估计 $\mathcal{X}$，EM 算法的这个迭代处理框架恰好与目标跟踪中的估计与辨识问题相对应。由于 EM 算

法固有的迭代收敛特性，可以在状态估计 $\mathcal{X}$ 与参数辨识 Θ 间建立闭环反馈回路，以便解决估计与辨识间的耦合问题。

注 7.7　EM 算法需要明确已知 $p(\Theta|\mathcal{X},\mathcal{Y})$，或者至少可以计算条件期望 Q 函数的充分统计量。相比 $P(\mathcal{Y}|\mathcal{X})$，$p(\Theta|\mathcal{X},\mathcal{Y})$ 更容易得到，但某些情况下，尤其是隐变量高维情况下，$p(\Theta|\mathcal{X},\mathcal{Y})$ 也无法计算，导致 EM 算法无法应用。

在 Dempster 等提出并规范 EM 算法后，它在各个研究领域得到广泛关注，研究者还提出了不同情况下 EM 算法的简化实现 (见 7.3.4 小节)，尤其是无法在 E-Step 计算 $Q(\mathcal{X}|\mathcal{X}^{(n)})$ 或无法在 M-Step 最大化的情况下。在了解 EM 算法的基本理论后，下面简要概述 EM 算法中的如下几方面发展现状，包括收敛性、初始化、扩展算法和特性。

7.3.2　EM 算法的收敛性

EM 算法最大的特性在于得到局部最优解前，似然函数随迭代次数的增加而单调增大。不论何种情况，其单调性可保证随着 EM 不断迭代，似然估计不会变差，但是仅单调性无法保证 n 次迭代的序列$\{\mathcal{X}^{(n)}\}$收敛。文献 [33] 指出，EM 算法并没有一般收敛定理：序列$\{\mathcal{X}^{(n)}\}$的收敛性取决于似然函数、Q 函数以及初始值 $\mathcal{X}^{(0)}$。而在特定情况中，Dempster 等 [21] 证明了$\{\mathcal{X}^{(n)}\}$以线性收敛率收敛到一个固定值。Wu[35] 在随后的工作中发现了 EM 算法的一般性收敛结果，表明在似然函数单峰且其规律确定时，EM 算法能够收敛到独一无二的全局最优点。此外，如果无法得到完整数据，但它能够由紧参数空间 (compact parameter space) 的曲指数族描述，则任一 EM 序列的极限点都是似然函数的固定点，见文献 [36]~[39]。而在约束参数空间估计问题中，使似然函数最大的参数值通常在参数空间的边界上，这些后验约束可以很大程度上改善标准基下的性能，甚至可以应用在非常复杂难以解决的模型中，如果约束条件是凸的，还可以保证其收敛性 [40,41]。另外，由于数据不完备，EM 算法的收敛率取决于缺失信息分数矩阵的最大特征值，当参数向量分量缺失信息分数不同时，收敛的离散率可以互不相同 [42]。

7.3.3　EM 算法的初始化

EM 算法与初始参数值的选择密切相关，为了保证求似然函数最优局部最大时其收敛性，合适的初始值选择是至关重要的 [43]。所有的初始化策略可以被概括分为确定性初值选取和随机性初值选取。常见的确定性初值选取方法基于分层聚类分析结果、基于模型的高斯分层聚类结果 [44] 或基于寻找局部最佳模态的多级方法。这些确定性初始化策略的缺点在于它们只能找到算法的单一起始值，这可能导致错解甚至在当似然函数无界时无解。而随机性初始化策略允许算法从参数空间的另一个点重新开始，因此通常没有这个缺点，这种方法一般尝试多个参数初始值，并选择使局部最大值最大的那一个。由于需要重复初始化步骤多次，这种初始化方法更常被使用。随机性初始化策略中最常见的初始算法包括 emEM[45] 和 RndEM[46]，它们都是随机选择多个初始参数值进行 EM 算法迭代，最后在所有可能解中选择一个最优解。

7.3.4 EM 算法的扩展

EM 算法将似然函数最大化这个复杂问题分解为两步，即 E-Step 和 M-Step，这两步的求解越来越简单。然而，对于复杂模型，不论 E-Step、M-Step 还是两步综合求解都很困难，故有如下的几种 EM 扩展算法，更多细节见文献 [47]。

通用 EM(general EM, GEM) 算法 [48] 解决了 M-Step 求解困难的问题。这种方法不再求 $\mathcal{X}$ 使 Q 函数 $Q(\mathcal{X}|\mathcal{X}^{(n)})$ 最大，而是寻找能使 Q 函数不断增大的参数。由于 $Q(\mathcal{X}|\mathcal{X}^{(n)})$ 是对数似然函数的下界，GEM 算法中的一次完整 EM 循环可以保证增大对数似然函数的值。

期望条件最大化 (expectation conditional maximization，ECM) 算法 [49] 在 Q 函数无法在整个参数空间得到最优解时，将 EM 算法的 M-Step 替换为一组计算更简单的条件最大化步 (CM-steps)。ECM 算法是基于 GEM 算法的，在似然函数单调递增的同时保证收敛性。

期望条件最大化分解 (expectation conditional maximization either，ECME) 算法 [50] 是 ECM 算法的扩展算法，将 CM-steps 进一步分解为两组参数空间 ψ_Q 和 ψ_L，$\psi_Q \bigcup \psi_L = \{1, \cdots, S\}$。当 $s \in \psi_Q$ 时，则 CM-steps 的处理过程与 ECM 一致；当 $s \in \psi_L$(对应 ML 步)，则 CM-steps 直接在子空间最大化不完整数据似然函数。理论和实际经验都表明 ECME 算法比 ECM 算法收敛速度更快，且在与 EM 算法稳定性相同时更高效。

动态期望条件最大化分解 (dynamic expectation conditional maximization either，DECME) 算法在文献 [51] 中提出，通过动态构建参数空间的分区来扩展 ECME 算法，这个参数空间分区含有可进行 ML 步的低维子空间。添加一个动态 CM-Step，在子空间中通过最大化 $L(\Theta|\mathcal{Y})$ 计算参数 Θ, 子空间由 CM-Steps 和之前迭代所获得信息决定。动态构建 ECME 算法中 ML 步的子空间能够改进 EM 算法。DECME 算法的实现是一种共轭方向法，这就为其快速收敛性提供了理论依据。

蒙特卡罗 EM(Monte Carlo EM，MCEM) 算法 [52] 可以处理 E-Step 中出现的问题。这种算法不再计算复杂的 $Q(\mathcal{X}|\mathcal{X}^{(n)})$，而是通过蒙特卡罗方法近似 Q 函数。在 MCEM 算法的实现中，通过 E-Step 样本量的有效选择平衡计算效率和精度。总的来说，根据大数定律，对于任意函数形式，MCEM 算法几乎收敛到标准 EM 的稳定点。

参数拓展 EM(parameter expanded EM，PX-EM) 算法 [53] 使用一种协方差改进估计方法来修正 M-Step 估计结果，将完备数据模型 $p(\mathcal{Y},\Theta|\mathcal{X})$ 扩展为一个更大的模型 $p(\mathcal{Y},\Theta|\mathcal{X},\kappa)$，其中，$\kappa$ 是一个辅助参数，其值在原始模型中是一个常数 κ_0，这种扩展为 M-Step 的估计提供了一种改进算法。PX-EM 算法与原始标准 EM 算法在简易性和稳定性方面相同，但由于 M-Step 的分析更加有效，算法收敛速度更快。

加速 EM(accelerated EM，AEM) 算法 [54] 对每次 EM 迭代附加线性搜索。具体来说，给定初始值 $\mathcal{X}_0$，在第 $n+1$ 步迭代中，计算新的估计值 $\mathcal{X}^{(n+1)} = \mathcal{X}^{(n)} + \alpha^{(n)}d^{(n)}$，其中，$d^{(n)}$ 由当前梯度和过去梯度组成,$\alpha^{(n)}$ 是在完整数据似然函数线性最大中计算得到的步长。AEM 算法通常比 EM 算法收敛快，因为在综合考虑稳定性和效率时，共轭方向法是最好的优化方法之一。

增量 EM(incremental EM，IEM) 算法 [55] 在假设量测独立且同一分布时，将数据分为几个块，块之间以增量式方法更新完整数据的对数似然函数和参数并循环。与标准 EM 算法相比，IEM 算法将完整数据似然函数变为条件密度函数的乘积。此外，由于 IEM 算法的增量形式，其更适合于传感器网络中的分布式估计。

分布传播 EM(newscast EM，NEM) 算法 [56] 是一种基于 gossip 的分布式算法，适合于各节点观测同一局部量的网络拓扑结构，节点之间可以用任意点对点方式通信。NEM 算法与标准 EM 算法的主要区别在于 M-Step 用分散化的方式实现：成对节点重复交换其局部参数估计值并通过平均 (加权) 的方式整合数据。在这种协议下，EM 算法的每个 M-Step 中，节点都能以指数形式快速收敛到正确估计。IEM 算法中，每一步都需要逐点计算，而 NEM 算法中，所有节点在同一协议下同时进行，相对于相同节点数，一个批处理 M-Step 有最长的运行时间，

7.3.5 EM 算法的其他方面

Cappé等 [57] 提出了一种 EM 算法的在线转化方法，为在不存储数据时估计潜在数据模型参数提供了可能。特别的是，算法的每次迭代被分解为两步：第一步是 E-Step 中的随机近似，目标是合并新可观测量带来的信息；第二步是标准 EM 算法 M-Step 中出现的最大化问题。在线 EM 算法简便且可以收敛到固定点。Denoeux 提出模糊 EM(fuzzy EM, FEM) 算法 [58] 和证据 EM(evidential EM, E2M) 算法 [59]。Jiang 等 [60] 提出 E-MS 算法，针对缺失数据情况下模型选择问题，并证明了 E-MS 算法的数值收敛性。

7.3.6 EM 算法的性能特点

相比其他迭代算法如 Newton-Raphson 算法和 Fisher 算方法，EM 算法在计算最大似然估计时具有几项特性。与这些算法相比，EM 算法有以下优点。

(1) 一般情况下，EM 算法收敛性在初始化时具有鲁棒性，即从参数空间的任意点开始，EM 算法均可收敛到局部最大值。

(2) 程序中实现 EM 算法一般比较简单，只需要少量存储空间，可在小型计算机上运行。

(3) 文中提到的很多 EM 算法扩展方法都可解决没有闭式解析式的复杂问题，这些扩展算法与 EM 算法一样，具有稳定的单调收敛性。

(4) EM 算法数值稳定，每次 EM 迭代都会增大似然函数。实际上，在收敛率和程序计算误差方面，EM 算法的效果体现在迭代中似然函数的单调增加上。

EM 算法有以下缺点。

(1) EM 迭代不能自动给出参数估计值协方差矩阵的估计，但是采用与 EM 算法相关的适当算法可轻易改善此缺点。

(2) 对于一些有大量不完备不确定性的非线性系统，EM 算法收敛速度慢，可能难以获得解析解，尤其在缺失数据高维时。

(3) 在具有多个最大值时，EM 算法无法保证收敛到全局最大，可以使用附加方法如模拟退火法来解决这类问题，这个附加的计算复杂性是有意义的。

7.4　联合跟踪的期望最大化算法研究概况

众所周知，Kalman 滤波可以对有独立高斯白噪声的线性动态系统进行最优递归估计，即

$$x_k = F_{k-1}x_{k-1} + \Gamma_{k-1}v_{k-1} \tag{7-14}$$

$$y_k = H_k x_k + w_k \tag{7-15}$$

式中，x_k、v_k 和 w_k 都是高斯型的且相互独立。

将式 (7-1) 和式 (7-2) 描述的多传感器多目标跟踪系统与式 (7-14) 和式 (7-15) 描述的相比较，其差异在于多传感器多目标跟踪中参数 Θ 部分已知，没有杂波的单传感器单目标跟踪是一种特殊情况，参数 Θ 完全已知。跟踪系统可以通过标准 Kalman 滤波实现，在这种情况下，Kalman 滤波被认为是完整数据估计问题。对于一般的跟踪问题，参数 Θ 不是完整已知的，如机动目标跟踪问题中 Θ 的不确定性和杂波环境多目标跟踪的数据关联等。可以看出，面对一个典型的联合跟踪问题，即需要从量测同时估计目标状态和参数 Θ。下面将在 EM 框架下描述解决这类联合跟踪问题的方法。

(1) 在 EM 框架下对变量建模：不完整数据是传感器量测值 $\mathcal{Y}_{1:k}$，待估计参数是目标状态 $\mathcal{X}_{1:k}$，缺失数据是待辨识未知参数 $\Theta_{1:k}$。这种情况下，EM 算法用来获

得状态估计的最大后验估计，不同的变量模型会导致 E-Step 和 M-Step 的实现不同，继而获得适合不同应用的不同算法。

(2) 计算完整数据对数似然函数或联合概率密度函数：在获得最大后验估计的情况下，联合完整数据 $\mathcal{Y}$，Θ 和待估计参数 $\mathcal{X}$ 的密度函数可以构造如下：

$$\begin{aligned}\lg p\left(\mathcal{X}_{1:k},\mathcal{Y}_{1:k},\Theta_{1:k}\right)&=\lg p\left(\mathcal{Y}_{1:k}|\mathcal{X}_{1:k},\Theta_{1:k}\right)p\left(\mathcal{X}_{1:k}|\mathcal{Y}_{1:k},\Theta_{1:k}\right)\\&=\lg\left\{\prod_{k=1}^{k}p\left(\mathcal{Y}_k|\mathcal{X}_k,\Theta_k\right)\prod_{k=1}^{k}p\left(\mathcal{X}_k|\mathcal{X}_{k-1},\Theta_k\right)\right.\\&\quad\left.\times p\left(\mathcal{X}_0|\Theta_{1:k}\right)p\left(\Theta_{1:k}\right)\right\}\end{aligned}\tag{7-16}$$

实际跟踪情况中，概率密度函数 $p\left(\mathcal{Y}_k|\mathcal{X}_k,\Theta_k\right)$，$p\left(\mathcal{X}_k|\mathcal{X}_{k-1},\Theta_k\right)$ 和 $p\left(\mathcal{X}_0|\Theta_{1:k}\right)$ 通常假定为高斯型的。

(3) (E-Step) 计算 Q 函数：求参数为 $\Theta_{1:k}$ 时，$\lg p\left(\mathcal{X}_{1:k},\mathcal{Y}_{1:k},\Theta_{1:k}\right)$ 的期望，可得到 Q 函数：

$$Q\left(\mathcal{X}_{1:k}|\mathcal{X}_{1:k}^{(n)}\right)=E_{p\left(\Theta_{1:k}|\mathcal{X}_{1:k}^{(n)},\mathcal{Y}_{1:k}\right)}L\left(\mathcal{X}_{1:k},\mathcal{Y}_{1:k},\Theta_{1:k}\right)\tag{7-17}$$

在第 n 步迭代中，通过计算缺失数据的后验估计，辨识未知参数 $\Theta_{1:k}^{(n)}$，这依赖于第 n 步迭代的状态估计 $\mathcal{X}_{1:k}^{(n)}$ 和其相关量测 $\mathcal{Y}_{1:k}$。

$$\Theta_{1:k}^{(n)}=\mathcal{F}(\mathcal{X}_{1:k}^{(n)},\mathcal{Y}_{1:k})\tag{7-18}$$

这一步对于复杂模式结构系统来说是比较困难的，尤其在缺失数据高维时，因为需要计算缺失数据条件概率密度函数 $p(\Theta_{1:k}|\mathcal{X}_{1:K}^{(n)},\mathcal{X}_{1:k})$。

(4) (M-Step) 最大化 Q 函数：在 E-Step 之后，Q 函数仅与目标状态 $\mathcal{X}_{1:k}$ 有关，第 $(n+1)$ 步目标状态估计 $\mathcal{X}_{1:k}^{(n+1)}$ 通过最大化目标状态的 Q 函数得到

$$\mathcal{X}_{1:k}^{(n+1)}=\arg\max_{\mathcal{X}_{1:k}}Q(\mathcal{X}_{1:k}|\mathcal{X}_{1:k}^{(n)})\tag{7-19}$$

在线性或非线性情况下通常使用 Kalman 平滑器或非线性平滑器来计算式 (7-19)。

(5) 迭代进行 E-Step 和 M-Step：E-Step 和 M-Step 一定要迭代进行，因为式 (7-18) 和式 (7-19) 相互关联。给目标状态一个初始猜测值 $\mathcal{X}_{1:k}^{(0)}$，第 n 次迭代时，未知参数 $\Theta_{1:k}^{(n)}$ 在 E-Step 通过式 (7-18) 估计，继而在 M-Step 中使用，通过式 (7-19) 估计第 $n+1$ 次迭代目标状态 $\mathcal{X}_{1:k}^{(n+1)}$。EM 步重复进行直到两次连续迭代的最大似然函数值足够近，或迭代次数达到预先设定的上限。

(6) 联合给出目标状态 $\mathcal{X}$ 和未知参数 Θ。

本节重点关注一些含有多形式缺失数据 ($\phi \in \Theta$) 的 EM 技术在目标联合跟踪领域的应用。实际上，EM 算法在目标跟踪方面有广泛应用，包括单传感器目标跟踪、多传感器目标跟踪和传感器网络分布式目标跟踪等。这些应用中的缺失数据 $\phi \in \Theta$ 的类型概括在表 7.2 中。

表 7.2 目标跟踪中 EM 算法的分类

分类	问题	缺失数据 θ	参考文献
信号传感器目标跟踪	线性动态系统参数估计	$\theta \triangleq \{F, H, R, Q\}$	[61],[62]
	非线性动态系统参数估计	$\theta \triangleq \{f, h, R, Q\}$	[63]~[65]
	跳变马尔可夫联合估计	$\theta \triangleq \{\beta\}$	[66]~[69]
	未知扰动线性系统联合估计	$\theta \triangleq \{a, b\}$	[26]
	数据关联不确定的机动目标跟踪	$\theta \triangleq \{\beta, \gamma\}$	[70]~[72]
	多目标跟踪	$\theta \triangleq \{\gamma\}$	[10],[73]~[75]
	多检测系统目标跟踪	$\theta \triangleq \{\gamma, \delta\}$	[25],[27],[29],[76]
多传感器目标跟踪	多传感器多目标跟踪	$\theta \triangleq \{\alpha, \gamma\}$	[77]~[79]
	有传感器偏差的多传感器多目标跟踪	$\theta \triangleq \{\bar{x}_0, \Sigma, \gamma, b\}$	[80]~[82]
	跳变马尔可夫非线性系统多传感器融合	$\theta \triangleq \{\bar{x}_0, \Sigma, Q, R, \beta, b\}$	[83]
传感器网络目标跟踪	混合高斯聚类的分布式 EM 算法	$\theta \triangleq \{\gamma\}$	[84]~[87]
	分布式跟踪的联合关联、配准和融合	$\theta \triangleq \{\bar{x}_0, \Sigma, \gamma, b\}$	[88]
其他联合跟踪	联合辨识与分类	—	[89]
	联合跟踪与定位	—	[90]
	联合检测与跟踪	—	[91]

7.4.1 单传感器目标跟踪

线性动态系统参数估计，由理论分析可知，在模型与实际系统完美匹配的情况中，Kalman 滤波法是最佳的，输入噪声是白噪声且协方差准确已知，即参数 ϕ 完整已知。Shumway 等 [61] 首先提出线性动态系统的 EM 算法，其中参数 ϕ 部分已

知 (量测函数 H 已知)，这项工作被 Ghahramani 等 [62] 深入完善，提出了 H 函数未知时 EM 算法的基本形式。

非线性动态系统参数估计：对于非线性状态估计问题，其在某类量测模型不确定情况下有非高斯型的过程噪声，Zia 等 [63] 对此提出了 EM-PF 算法，将问题放在联合状态估计与模型参数辨识框架中处理。E-Step 通过粒子滤波实现，采用蒙特卡罗–马尔可夫链算法初始化；M-Step 通过估计混合高斯的参数来近似非线性观测等式。EM-PF 算法用来解决高非线性纯方位跟踪问题和多传感器联合配准问题。Karimi 等 [64] 提出了完整拉普拉斯近似 EM(fully-Laplace approximation EM, FLAEM) 算法，对模型参数、过程扰动强度以及由随机微分等式描述的非线性动态系统量测噪声方差进行仿真估计。Lei 等 [65] 处理时变非线性状态空间系统下的跟踪问题，其中 EM 算法假设状态演变和量测数据似然函数是高斯分布的，在线辨识状态转移矩阵 F 和过程噪声协方差 Q。

跳变马尔可夫系统联合估计：对于跳变马尔可夫系统中的联合状态估计问题，Özkan 等 [66] 提出了一种新的 RB 粒子滤波法来估计非线性跳变马尔可夫系统的内在结构。连同在线 EM 算法，这个算法将包括转移概率矩阵在内的未知模型参数递归辨识变为可能。Logothetis 等 [67] 针对线性跳变马尔可夫系统，提出了三种 EM 型算法：第一种 EM 算法得到有限状态马尔可夫链完整子空间最大后验估计；第二种 EM 算法得到跳变线性系统状态最大后验估计；第三种 EM 算法计算离散和连续系统的联合最大后验估计，这些算法的收敛性证明都已给出。针对于机动目标跟踪，Johnston 等 [68] 提出了一种基于 ECM 算法的重新加权 IMM(re-weighted IMM，RIMM) 算法来修正每种模式的后验概率。Pulford 等 [69] 提出了两种 EM 型算法，目标的机动性被建模为未知扰动项分别线性加入系统和马尔可夫状态子空间。

未知扰动的随机动态系统：对于在被控对象和传感器中同时存在未知输入的离散时间随机系统联合估计与辨识问题，Lan 等 [26] 提出了一种基于 EM 算法的迭代最优方法。在 E-Step 使用 Kalman 平滑器估计系统状态，在 M-Step 最大化 Q 函数来获得未知扰动的解析解，上述方法用于解决电子对抗环境下的机动目标跟踪问题。

数据关联不确定的机动目标跟踪：Logothetis 等 [70] 针对杂波环境下单机动目标跟踪问题，其中量测起点和目标方式都是不确定的，提出了隐马尔可夫模型平滑器 (hidden Markov model smoother, HMMS) 和 Kalman 平滑器，E-Step 通过 HMMS 计算关联和控制输入的联合后验概率密度，M-Step 通过 KS 方法获得基于已改状态空间模型目标状态的最大后验估计序列。Run 等 [71] 将多模式与概率多假设跟踪 (probability multiple-hypothesis tracker, PMHT) 算法结合来处理多机动目标跟踪问题，其性能表现在跟踪精度以及 IMM /PDAF 和 IMM/MHT 间的计算量，Zaveri 等 [72] 针对多机动目标跟踪问题提出了结合 IMM 滤波器的神经网络算法，通过 EM 算法和 Hopfield 网络计算权重分配。

多目标跟踪：众所周知的 PMHT[10,73-75] 是多目标跟踪与关联问题的首选算法，由 EM 算法的应用发展而来。其他标准跟踪算法的基本区别在于，PMHT 假定量测之间是相互独立的。PMHT 算法在一系列不确定起点的状态观测值基础上进行未知模型状态估计，通过最大化量测分配模型对数似然函数的条件期望来估计模型状态，对于时间步长、量测和目标的数量，PMHT 的计算量是线性的。

多检测系统目标跟踪：多检测系统中同一目标通过不同量测模式同时产生多个量测，目标、量测和量测模式的关联假设是未知的。Pulford[76] 提出期望最大数据关联算法 (EM data association, EMDA)，在 EM 算法的框架下，将量测–目标–模式三元关联序列假设看作未知参数，将目标状态看作隐变量，基于固定区间 Kalman 平滑器对关联序列进行 MAP 估计，然而 EMDA 适合离线的批处理计算。Lan 等 [25] 提出基于 EM 算法的联合多路径数据关联和状态估计 (joint multi-path data-association and state estimation, JMAE) 算法来获得近似解，在 E-Step 进行电离层模式辨识和量测关联，在 M-Step 更新状态估计，条件路径状态估计和多路径状态融合也是在这一步实现的。最近，Lan 等 [27] 提出基于感知滤波的分布式 EM(distributed EM based on consensus filtering, DCEM) 算法来解决 JMAE 算法中出现的近似问题，其在文献 [29] 中提出了一种分布式 ECM(distributed ECM, DECM) 算法，采用电离层虚高未知的超视距雷达 (over the horizon radar, OTHR) 量测扩展目标跟踪问题。

7.4.2　多传感器多目标跟踪

考虑基于集中式量测级融合的多传感器多目标跟踪问题，Molnar 等 [77] 针对时域递归多目标多传感器跟踪问题提出了一种基于 EM 算法的迭代方法。特别的是，在近似运动模型的假设下，每次目标更新采用基于 EM 的算法计算目标状态最大后验估计。这种方法对于量测与目标的关联采用马尔可夫随机场 (Markov random field, MRF) 模型，允许没有显式枚举情况下的联合关联概率估计。Frenkel 等 [78] 研究 EM 算法在已知目标数量的经典多目标跟踪问题中的应用，并提出了三种基于不同优化准则的方案，包括 EM-牛顿算法、EM-Kalman 算法和 EM-HMM 算法。EM-牛顿算法基于最大似然准则，是递归 EM 算法的二次近似；EM-Kalman 算法基于均方误差 (mean square error, MSE) 准则，在 Kalman 跟踪时采用 EM 定位；而 EM-HMM 算法基于 MAP 准则，对参数采用离散模型，对最优参数序列进行 Viterbi 搜索。这些算法综合考虑定位阶段和跟踪阶段。对于基于 EM 算法的多目标联合检测与跟踪问题，Deming 等在文献 [79] 中提出使用多雷达平台的探测距离和多普勒数据来处理。

传感器配准和数据关联是多传感器多目标跟踪系统的两类基本问题，它们之间相互影响。即配准需要正确的关联数据，而有传感器偏差的数据将导致错误关联。Li 等 [80] 针对多传感器多目标跟踪问题，提出了基于 EM 框架的联合数据关联、配准和融合算法，确切来说，将目标状态被看作缺失数据并在 E-Step 通过 Kalman 平滑估计，再通过多维分配算法选择最优的目标与量测关联，最终通过最大化 Q 函数获得配准参数的解析解。此外，在航迹级实现的联合配准和跟踪融合则是基于批处理和递归 EM 算法 [81]。基于 EM 算法的扩展 Kalman 平滑器 (EM-extended Klaman smoother, EM-EKS) 在执行系统状态融合的同时，同类地估计雷达和电子支援措施等异构传感器之间的偏差 [82]。文献 [83] 中提出了名为 EM-IMM-EKF 算法的类似算法，解决了智能交通系统协同驱动中联合传感器配准和融合问题。

7.4.3 传感器网络分布式目标跟踪

微机电系统 (micro-electro mechanical system, MEMS)、微处理器以及特定网络协议发展趋向于传感器节点低功耗和低成本，具有整合感知和处理能力，能够协同实现大型任务 [92]。分布式估计和跟踪是传感器网络中最基本的协同信息处理问题之一 [93]，由于其分布式的特性、节点冗余度和融合失败的低危险性，在集中式结构的大规模传感器网络中，有鲁棒性和可扩展性方面的诸多优势。

传感器网络中分布式处理取决于节点间的允许合作强度，以及增量策略、共识策略、扩散策略和流言策略等。Nowak[84] 提出一种针对联合密度估计和传感器网络聚类的分布式 EM 算法。其中，增量方法表明在网络中的每个节点的信息周期恰好是一个周期 (哈密顿周期)，这是这种算法的缺点，因为找到哈密顿周期是一个 NP 完全问题，使算法依赖于网络中信息的单向流动而缺少鲁棒性。Gu[85] 提出了一种基于共识滤波的分布式 EM 算法，通过本地信息和邻近节点信息估计全局充分统计量，以解决这个难题。通过这种共识滤波方法，每个节点都能够将本地信息在整个网络中共享，从而逐渐收敛到全局充分统计量。然而，在大规模传感器网络中，每次迭代所有传感器节点的共识是通过大通信量获得的，如果节点信息交互量与其总量比值低，共识算法的收敛率将随传感器节点的增加而降低。Yang 等 [86] 为无线传感器网络 (wireless sensor networks,WSNs) 混合高斯模型提出了一种 EM 算法扩展方案，在每次迭代中，时变通信网络建模为一个随机图模型，扩散步 (diffusion-step,D-Step) 在 E-Step 和 M-Step 间实现。基于扩散的 EM 算法仅需通过简单的时间尺度更新每个节点的估计值，由此获得低通信量下的高性能。gossip 策略允许网络中的传感器忽视路径，仅与其近邻进行数据交换，由于其在不可靠的无线网络情况中表现出的鲁棒性而广受关注 [94]。文献 [87] 针对无线传感器网络中混合高斯模型，提出基于 gossip 的在线分布式 EM 算法。

不同于在量测级进行多传感器融合的集中式联合配准与融合 [80]，文献 [88]

真正处理了分布式传感器网络联合配准与融合，其中 EM 算法在航迹级同时进行跟踪配准、数据关联和融合。此外，Lan 等 [28] 针对未知扰动传感器网络联合状态估计与辨识，提出并比较了两种集中式 EM 算法和三种基于共识理论的分布式 EM 算法。Pereira 等 [95] 提出了基于扩散理论的分布式 EM 算法 (diffusion-based distributed EM,DB-DEM)，针对不可靠传感器网络的分布式估计，其中传感器可能出现数据故障且仅检测噪声。文献 [96] 处理了系统偏差情况下的无线传感器网络中传感器偏差协同定位的问题，通过近似高斯混合模型量测误差分布，提出一种集中式和两种分布式 ECM 算法来近似未知参数最大似然估计。

7.4.4 其他联合跟踪方法

除了未知参数联合状态估计与辨识 EM 算法，其他联合跟踪方法，包括联合辨识与分类 (joint identification and classification,JIC)、联合估计和定位 (joint estimation and localization,JEL)、联合检测与跟踪 (或检测前跟踪 (track-before-detect,TBD)) 也受益于 EM 算法。目标分类信息有助于数据关联，以获得更好的跟踪纯度和跟踪连续性，从而提高目标性能。基于传统 HMM 的分类算法，假定训练集特征序列可用于每个 HMM，与此不同，He 等 [89] 提出了一种基于一般 EM 算法的联合类辨识与目标分类算法，来处理在未知目标类型序列信息情况下的目标分类问题。通过将传感器自定位问题看作隐马尔可夫模型参数估计问题，Kantas 等 [90] 提出了一种在线 EM 算法，在传感器网络定位的同时进行目标跟踪，通过分布式 Kalman 滤波和一种新的信息传递算法实现。检测前跟踪算法使用非阈值数据同时进行检测和跟踪，可检测和跟踪低信噪比目标。Xia 等 [91] 提出一种基于 EM 的起伏目标贝叶斯 TBD 算法，其中波动模型被纳入似然函数，平均目标回波幅度通过 EM 算法估计。

最终，希望指出基于 EM 算法的联合环境参数辨识和目标状态估计在目标跟踪领域以外也有应用，如即时定位与地图构建 (simultaneous localization and mapping, SLAM)[97] 和认知雷达 [98] 等。在机器人学中，SLAM 是一个构建或更新未知环境地图的计算问题，同时需保持对目标的定位，目标定位是一个估计问题，环境地图构建是一个辨识问题。认知雷达构成一个动态闭环反馈环路，包括发射机、环路和接收机，来辨识环境模型参数，同时估计目标状态。

注 7.8　联合跟踪的 EM 算法有许多好的性能，它提供了一个统一的贝叶斯框架来处理系统不确定性 (其被建模为带未知参数的隐马尔可夫过程)，如未知扰动、数据关联和非线性近似等引起的不确定性。此外，EM 算法的扩展算法已经应用在多种相关不确定性共存的情况中。另外，基于共识的分布式 EM 算法已被证明对传感器网络分布式估计是有效的。EM 算法固有的收敛性和线性的计算复杂度使其适用于许多实际目标应用。不过，有时 EM 算法难以被初始化，估计结果依赖于初值的选取，可能只收敛到较差的局部最优解，而且终止条件的设置一般是特定的。

7.5 OTHR 多路径目标跟踪

本节将采用 EM 算法分别解决多路径环境 (单目标跟踪) 高频超视距雷达 (OTHR) 目标跟踪问题，以及量测偏差 (多传感器数据融合) 的分布式传感器网络中的目标协同跟踪问题，以展示其在联合跟踪领域的应用。

7.5.1 问题描述

OTHR 探测大气中具有高离子密度的那一部分，将其称为电离层，由于来自同一目标的雷达信号，可以经过多个不同的电离层传播路径到达雷达接收机，从而产生多个回波点。OTHR 具有多路径传播效应，可能路径数通过电离层数量的平方给出。

k 时刻目标状态在大地坐标系 $\mathcal{G}$ 中定义为 $x_k = \left[R_k, \dot{R}_k, \vartheta_k, \dot{\vartheta}_k\right]^{\mathrm{T}}$，其中径向距离为 R，径向速度为 $\dot{R}$，方位角为 ϑ ，方位角速度为 $\dot{\vartheta}$。离散时间的状态方程为

$$x_k = f\left(x_{k-1}\right) + v_k \tag{7-20}$$

式中，状态转移函数 f 是给定的；过程噪声 v_k 为零均值的高斯白噪声，其协方差为 Q_k。

OTHR 接收的量测可能经过某一特定传播模式来源于潜在目标，也可能由于虚警来源于杂波，换句话说，任一量测都属于目标回波和杂波虚警回波构成的集合，定义为 $Y_k = \cup_{\tau=1}^{l} y_k^{\tau} \cup C_k$，这里 C_k 代表虚警量测，其杂波相互独立且同分布而个数满足泊松分布，量测 $y_k = [r_k, \dot{r}_k, \zeta_k]^{\mathrm{T}}$ 定义在斜坐标系 $\mathcal{R}$ 中，由射线距离 r_k、多普勒速度 $\dot{r}_k$ 以及方位角 ζ_k 组成，目标回波 y_k 通过第 τ 个传播模式的检测概率为 P_d^{τ}，相应 k 时刻被检测到的目标回波的量测方程为

$$y_k = h_k^{\tau}\left(x_k\right) + w_k^{\tau}, \quad \tau = 1, \cdots, \iota \tag{7-21}$$

式中，h_k^{τ} 为量测函数；w_k^{τ} 是零均值高斯白噪声，其噪声协方差 R_k^{τ} 是已知的；ι 为可能电离层模式数，初始状态 x_0 是已知参数的高斯分布。其中，v_k、w_k^{τ} 和 x_0 假设是相互独立的。

问题是如何在目标–量测关联 a_k 和量测–模式关联 b_k 多种不确定情况下，获得目标状态 x_k 的最优估计 $\hat{x}_k$。每一时刻 K 给定量测集 $Y_{1:K}$，在贝叶斯推理下，$Y_{1:K}$ 条件下 x_k 的后验密度为

$$p\left(x_k|Y_{1:K}\right)=\sum_{a_k}\sum_{b_k}p\left(x_k|a_k,b_k,Y_{1:K}\right)p\left(a_k,b_k\right) \tag{7-22}$$

贝叶斯推理计算隐变量 a_k 和 b_k 所有可能关联假设之和，求和项数目随假设数目增长呈指数增长。在实际 OTHR 跟踪应用中，精确计算代价极大，在之前的研究中，本章提出 EM 框架下的 JMAE 算法来联合进行状态估计与多路径数据关联辨识。

注 7.9　OTHR 数据目标跟踪的难点在于多路径传播模式带来的量测来源不确定性，包括状态估计 x_k 和参数辨识 $\Theta_k \triangleq \{a_k, b_k\}$。因此，在得到目标状态 x_k 的同时，参数 Θ_k 也需要准确辨识，而基于 EM 的迭代算法正好能够保证估计与辨识间的一致性。

7.5.2　目标－量测关联与量测－模式关联的辨识

JMAE 算法在 E-Step 进行电离层模式与量测关联的辨识，其中伪量测和各传播模式的后验概率是推导出的。同时，JMAE 算法在 M-Step 更新状态估计，实现各条件路径状态估计与多路径状态融合。由于其具有迭代最优性，能够在估计与辨识间建立闭环，用于解决估计与辨识间的耦合问题。更重要的是，JMAE 算法的计算复杂度为 $O\left(\Sigma_{k=1}^{K}\left(\Sigma_{\tau=1}^{\iota}m_k^{\tau}\right)^2\right)+O\left(Kp^3\right)$，是线性的，其中 m_k^{τ} 是 k 时刻经过第 τ 个传播模式得到的量测数，p 是目标状态维数。OTHR 联合跟踪 EM 框架如图 7.3 所示。

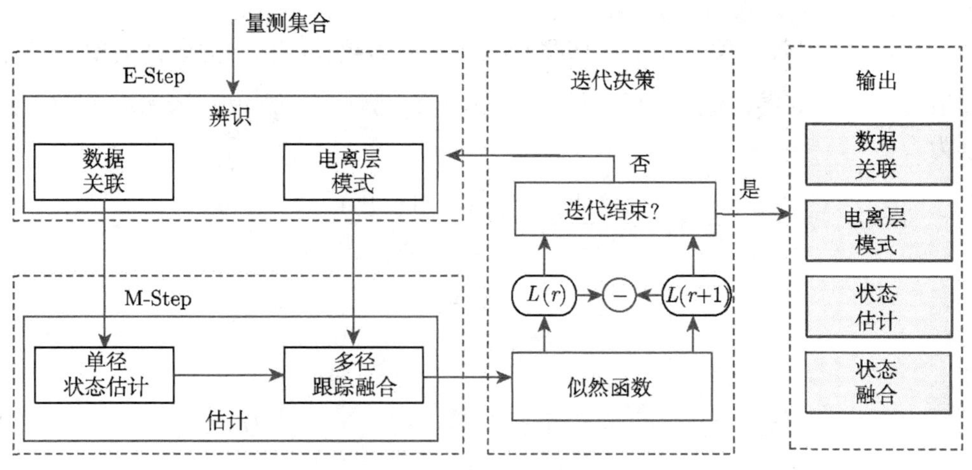

图 7.3　OTHR 联合跟踪 EM 框架

具体按以下步骤实现。

(1) (建模)在基于 EM 的 JMAE 算法中，不完备数据是 OTHR 多路径量测 $Y_{1:K}$，缺失数据是多路径数据关联假设 $\Theta_{1:K}$，待估计参数是目标状态 $X_{1:K}$。

(2) (联合概率密度函数)JMAE 算法能够得到最大后验估计，联合概率密度函数 $p\left(X_{1:K}, Y_{1:K}, \Theta_{1:K}\right)$ 为

$$\begin{aligned}\lg p\left(X_{1:K}, Y_{1:K}, \Theta_{1:K}\right) = & \sum_{k=1}^{K} \lg p\left(y_k | x_k, a_k, b_k\right) + \sum_{k=1}^{K} \lg p\left(x_k | x_{k-1}\right) + \lg p\left(x_0\right) \\ & + \sum_{k=1}^{K} \lg p\left(a_k | b_k\right) + \sum_{k=1}^{K} \lg p\left(b_{k-1}^u, b_k^v\right) + \lg p\left(b_0\right)\end{aligned} \tag{7-23}$$

其中，量测–模式关联 b_k 服从离散时间 s 状态马尔可夫链，并已知转移概率 $p(b_{k-1}^u, b_k^v) \triangleq p\left(b_k = v | b_{k-1} = u\right)$ 和初始概率 $p\left(b_0\right)$。

(3) (E-Step)在第 r 次迭代计算 Q 函数 $Q\left(X_{1:K} | X_{1:K}^{(r)}\right)$，辨识多路径数据关联 $\gamma_k^{(r)}\left(n, \tau\right)$：

$$\begin{aligned}Q\left(X_{1:K} | X_{1:K}^{(r)}\right) = & -\frac{1}{2} \sum_{k=1}^{K} \sum_{\tau=1}^{\iota} \sum_{n=1}^{m_k^\tau} \mathcal{D}\left(y_k\left(n\right) - h^\tau\left(x_k\right), R_k^\tau\right) \gamma_k^{(r)}\left(n, \tau\right) \\ & - \frac{1}{2} \sum_{k=1}^{K} \mathcal{D}\left(x_k - f\left(x_{k-1}, Q_k\right)\right) \\ & - \frac{1}{2} \mathcal{D}\left(x_0 - \hat{x}_{0|1:K}, \Sigma_{0,0|1:K}\right) + \mathcal{C}\end{aligned} \tag{7-24}$$

式中，$\mathcal{D}\left(x, P\right) \triangleq x^T P^{-1} x$，$\gamma_k^{(r)}\left(n, \tau\right) \triangleq p\left(a_k = n, b_k = \tau | Y_{1:K}, \hat{X}_{1:K}^{(r)}\right)$ 是 a_k 和 b_k 的联合概率密度函数，$\mathcal{C}$ 与 $X_{1:K}$ 独立。

获得 Q 函数的关键在于计算联合概率密度函数$\gamma_k^{(r)}\left(n, \tau\right)$的条件期望，其可以通过 HMM 获得，在此之后，各个模式τ的伪量测$\left\{\tilde{y}_k^\tau, \tilde{R}_k^\tau\right\}$和后验概率$\gamma_{(k)}^{(r)}\left(\tau\right)$分别为

$$\begin{aligned}\tilde{y}_k^\tau &= \frac{\Sigma_{n=1}^{m_k^\tau} \gamma_k^{(r)}\left(n, \tau\right) y_k\left(n\right)}{1 - \gamma_k^{(r)}\left(-1, \tau\right) - \gamma_k^{(r)}\left(0, \tau\right)} \\ \tilde{R}_k^\tau &= \frac{R_k^\tau}{1 - \gamma_k^{(r)}\left(-1, \tau\right) - \gamma_k^{(r)}\left(0, \tau\right)}\end{aligned} \tag{7-25}$$

$$\gamma_k^{(r)}\left(\tau\right) \triangleq p\left(a_k = \tau | Y_{1:K}, X_{1:K}^{(r)}\right) = \sum_{n=-1}^{m_k^\tau} \gamma_k^{(r)}\left(n, \tau\right) \tag{7-26}$$

(4) (M-Step)最大化 Q 函数并估计目标状态 $\hat{X}_{1:K}$ 如下：

$$\hat{X}_{k|1:K}^{(r+1)} = \frac{\Sigma_{\tau=1}^{\iota} \gamma_k^{(r)}\left(\tau\right) \left(\Sigma_{k|1:K}^\tau\right)^{-1} \hat{X}_{k|1:K}^{(\tau)}}{\Sigma_{\tau=1}^{\iota} \gamma_k^{(r)}\left(\tau\right) \left(\Sigma_{k|1:K}^\tau\right)^{-1}}$$

$$P_{k|1:K}^{(-1)(r+1)} = \Sigma_{\tau=1}^{\iota}\gamma_k^{(r)}(\tau)\left(\Sigma_{k|1:K}^{\tau}\right)^{-1} \tag{7-27}$$

式中，$\hat{X}_{k|1:K}^{(\tau)}$ 和 $\Sigma_{k|1:K}^{\tau}$ 是 τ 模式在 k 时刻的状态平滑。对于线性或非线性动态系统，可以通过固定区间平滑器获得。

(5) (迭代)E-Step 和 M-Step 迭代进行，直到两次相邻迭代似然函数值相近或达到设定的迭代次数。

(6) (输出)输出条件路径状态估计结果 $\hat{X}_{1:K}^{\tau}$，多路径跟踪融合结果 $\hat{X}_{1:K}$，数据关联辨识结果 $\left\{\tilde{y}_k^{\tau}, \tilde{R}_k^{\tau}\right\}$ 以及电离层模式辨识结果 $\gamma_{1:K}(\tau)$。

7.5.3　仿真分析

考虑杂波环境下 OTHR 单目标跟踪，平均杂波虚警密度为每时刻 400 个，可能模式个数 $\iota = 4$，各模式 τ 的目标检测概率为 $P_d^{\tau} = 0.4$，采样周期为 20s，仿真时刻数为 20 个，更多仿真场景细节见文献 [25]，比较 JMAE 算法与 MPDA 算法的性能。

图 7.4 显示的是杂波环境中四种模式的 OTHR 多路径检测结果。图 7.5 显示的是计算量随窗长的线性增长。图 7.6 显示的是 JMAE 算法估计误差随着不同迭代次数的影响，随着迭代次数的增加，估计误差减小，这也验证了 JMAE 算法的收敛性。同时，当 $r = 0$ 时，JMAE 退化成开环的滤波器，否则是闭环的处理结构。可以看出，闭环反馈的处理结构更适合处理估计与辨识的耦合问题。

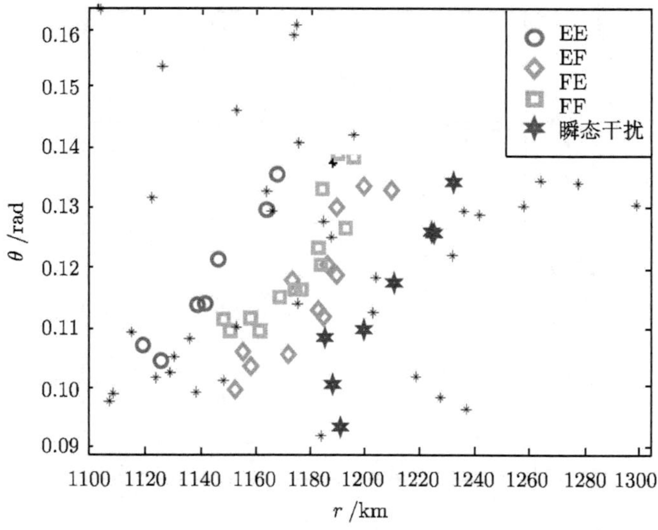

图 7.4　OTHR 多路径检测

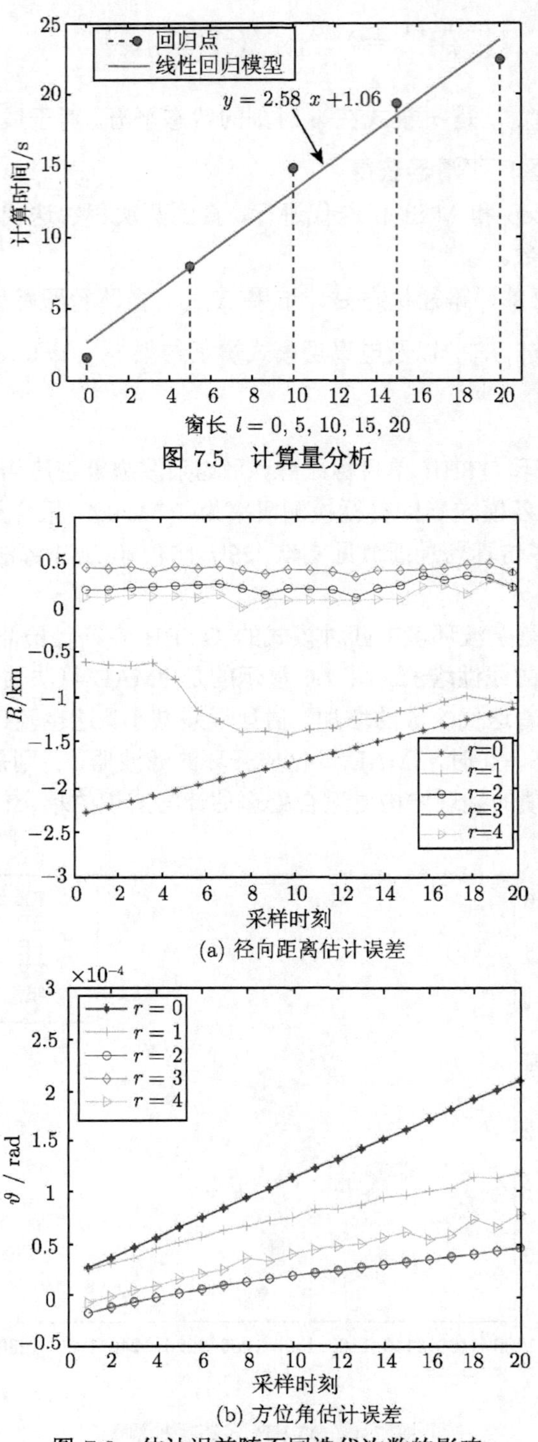

图 7.5 计算量分析

(a) 径向距离估计误差

(b) 方位角估计误差

图 7.6 估计误差随不同迭代次数的影响

图 7.7 是估计性能对比图，表明 JMAE 算法比 MPDA 算法性能好。这种结果是可预见的，因为所提出的 JMAE 是一个估计与辨识联合优化算法，具有闭环迭代批处理的处理结构，且均用了平滑器，即在估计与辨识的阶段分别采用 Kalman 平滑器和隐马尔可夫平滑器，而 MPDA 算法只是一个递归的滤波器。此外，MPDA 在更新状态时结合多路径量测，是一种“先辨识后估计”的结构，当估计误差与辨识风险相关联时效果变差。

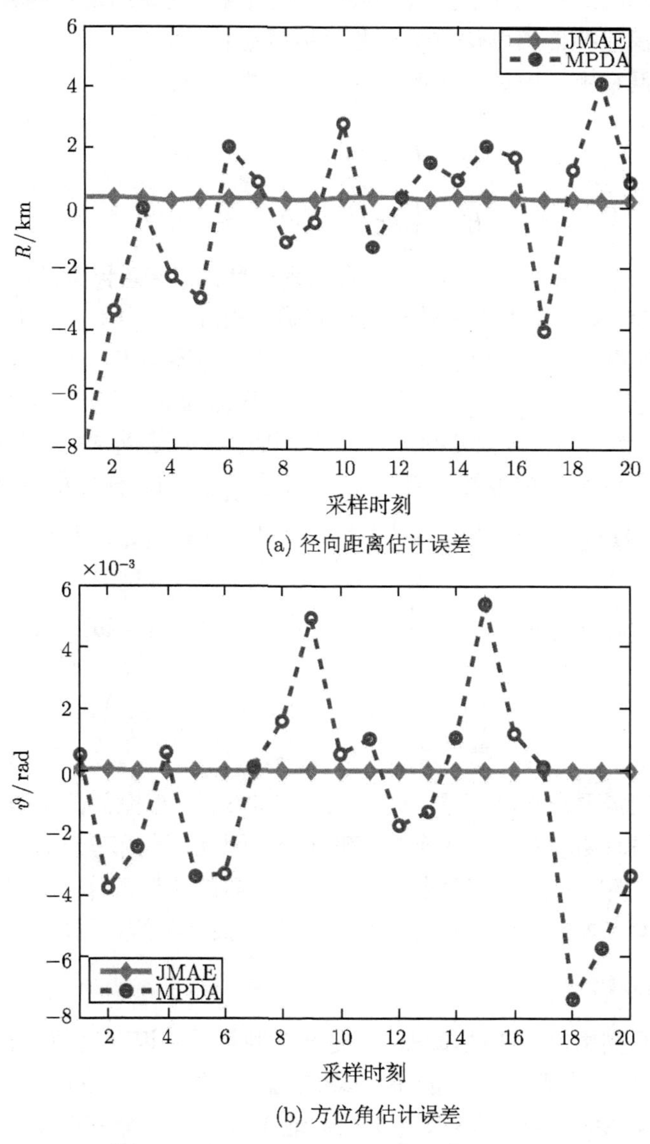

(a) 径向距离估计误差

(b) 方位角估计误差

图 7.7　JMAE 与 MPDA 估计性能比较

7.6 量测偏差下的目标跟踪

7.6.1 问题描述

传感器网络的基本问题在于怎样将单个目标在多个传感器节点的估计结果融合成一个更准确的结果。融合前，需要配准传感器以避免出现量测偏差，因此传感器网络协同跟踪包括传感器偏差辨识和目标状态估计。

在传感器网络中考虑如下离散时间线性随机系统：

$$x_k = F_{k-1}x_{k-1} + \Gamma_{k-1}v_{k-1} \tag{7-28}$$

$$y_k^j = H_k^j x_k + w_k^j + N_k^j b_k^j, \quad j = 1, \cdots, s \tag{7-29}$$

式中，$x_k \in R^n, y_k^j \in R^m$，$b_k^j \in R^r$ 分别表示系统状态、传感器量测和第 j 个节点传感器节点的偏差；s 表示网络中传感器节点数；矩阵 F_k、Γ_k、H_k^j 和 N_k^j 已知且维数合适；过程噪声 $v_k \in R^p$ 和量测噪声 $w_k^j \in R^m$ 是零均值高斯白噪声，其协方差已知，分别为 $Q_k > 0$，$R_k^j > 0$。初始状态 x_0 是均值为 $\bar{x}_0$ 且协方差为 Σ_0 的高斯分布。其中，v_k、w_k^τ 和 x_0 假设是相互独立的，传感器偏差 b_k^j 相互独立。

问题是在给定所有传感器量测 $Y_{1:K}^{1:s} = \bigcup_{k=1:K}^{J=1:s} y_k^j$ 时，联合获得目标状态 x_k 的最优估计 $\hat{x}_k$ 和量测偏差估计 $\Theta = \left\{b_k^j\right\}_{j=1}^{s}$。贝叶斯解就是获得后验密度函数：

$$\begin{aligned} p\left(x_k|Y_{1:K}^{1:s}\right) &= \int_{b_k^1} \cdots \int_{b_k^s} p\left(x_k, b_k^1, \cdots, b_k^s|Y_{1:K}^{1:s}\right) \mathrm{d}b_k^1 \cdots \mathrm{d}b_k^s \\ &= \prod_{j=1}^{s} \int_{b_k^j} p\left(x_k|b_k^j, Y_{1:K}^j\right) p\left(b_k^j|Y_{1:K}^j\right) \mathrm{d}b_k^j \end{aligned} \tag{7-30}$$

贝叶斯推理需要求连续变量 $\{b_k^1, \cdots, b_k^s\}$ 的积分，但空间的维数和被积函数复杂性使其无法进行数值积分，从而没有解析解。因此，采用基于 EM 的算法来解决复杂积分，分为集中式方法和分布式方法。在之前的研究工作中，本章将包括集中式和分布式结构在内的不同 EM 策略应用于联合估计与辨识问题，并比较其性能。

7.6.2 量测偏差辨识

本节实现两类集中式 EM 算法，并提出三种基于共识理论的分布式 EM 算法。图 7.8(a) 说明了一种基于 EM 的集中式航迹级融合系统 (centralized track fusion based EM，CT-EM)，各传感器节点执行本地 EM 算法，分别在 E-Step 和 M-Step 对本地目标状态和传感器偏差进行估计与辨识，然后在融合中心将来自个传感器的航迹信息进行融合处理，从而得到全局状态估计结果。图 7.8(b) 说明了一种基于 EM 的集中式量测级融合系统 (centralized measurement fusion based EM，CM-EM)，融合中心整合所有传感器节点量测，并通过 EM 算法进行联合状态估计与传感器偏差辨识。

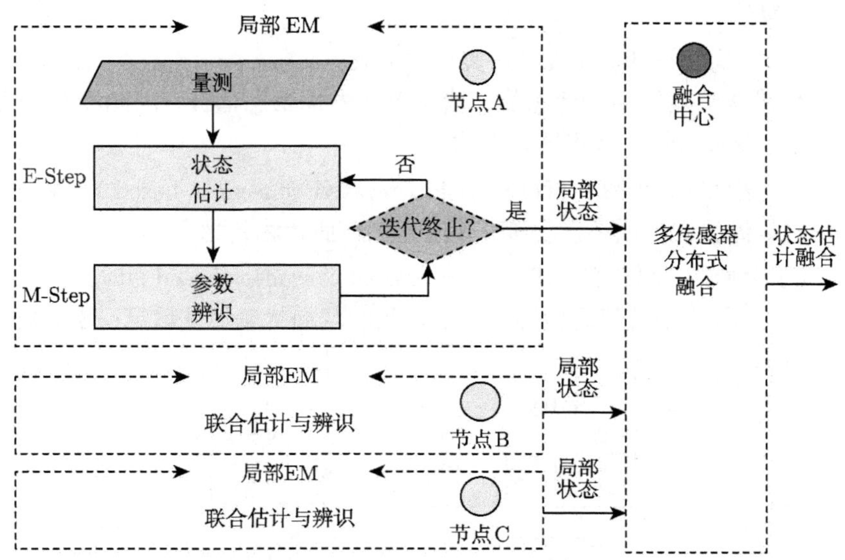

(a) 基于EM的集中式航迹级融合

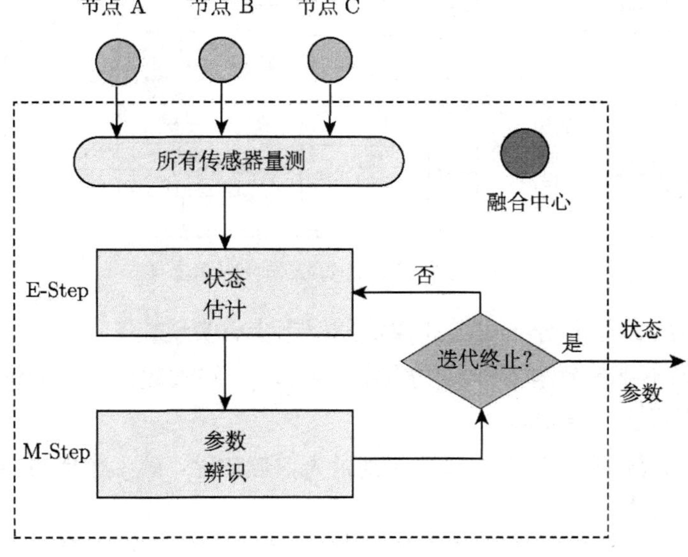

(b) 基于EM的集中式量测级融合

图 7.8　集中式 EM 算法联合跟踪框架

图 7.9 说明了一种分布式期望最大化系统 (distributed EM, DEM)，每个传感器节点采用标准 EM 算法进行本地联合状态估计与偏差辨识，然后通过共识滤波器，在全局融合中心更新局部状态估计与传感器偏差辨识。不同的共识策略导致不同的 DEM 算法。

(1) 基于平均共识滤波的 DEM 算法 (average consensus based DEM，ADEM) 利用邻近传感器节点的局部状态估计信息更新本地状态估计，因此没有全局状态估计，各传感器节点输出其本地状态估计。

(2) 基于迭代共识滤波的 DEM 算法 (iterated consensus based DEM，IDEM) 进行平均共识滤波迭代循环，直到所有局部状态估计达到稳定。

(3) 基于全局共识滤波的 DEM 算法 (global consensus based DEM，GDEM) 包含两类信息：一类为由其邻近传感器节点得到的全局状态估计信息；另一类为各节点的本地信息。

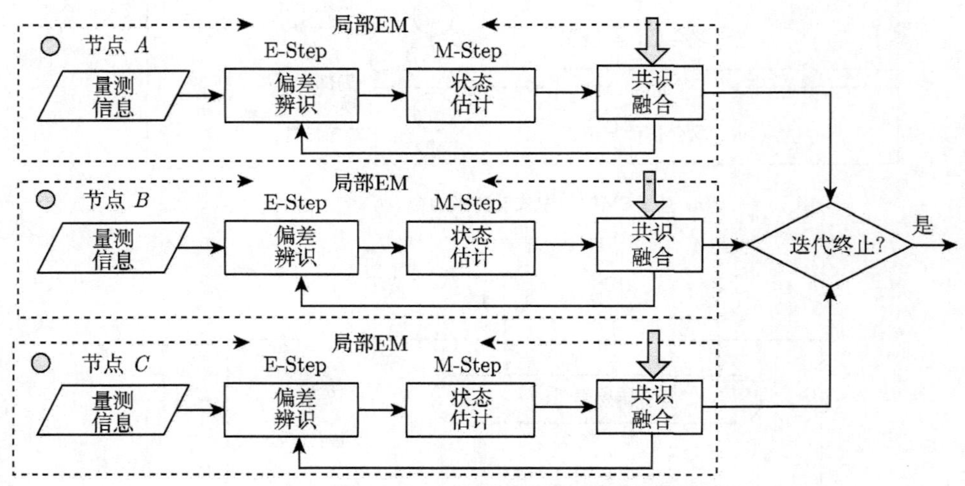

图 7.9　分布式 EM 算法联合跟踪框架

集中式 EM 算法和分布式 EM 算法按以下步骤实现。

(1) (建模)不完备数据为所有传感器量测 $Y_{1:K}^{1:s}$，缺失数据为目标状态 $X_{1:K}$，待估计参数为传感器偏差 $b_{1:K}^{1:s}$。

(2) (似然函数)基于 EM 的算法得到最大似然估计，第 j 个传感器节点的完整数据似然函数为

$$l^j\left(X_{1:K},Y_{1:K}^j|\Theta_{1:K}^j\right)=\lg p\left(x_0\right)+\lg\sum_{k=1}^{K}p\left(x_k|x_{k-1}\right)+\lg\sum_{k=1}^{K}p\left(y_k^j|x_k,b_k^j\right)\qquad(7\text{-}31)$$

(3) (E-Step)在第 r 次迭代计算 Q 函数和状态估计 $\hat{X}_{1:K}^{(r)}$：

$$
\begin{aligned}
Q\left(b_{1:K}^{j}|b_{1:K}^{j(r)}\right)=&-\frac{1}{2}\mathrm{tr}\left\{\sum_{k=1}^{K}Q_k^{-1}\left\{\mathcal{C}\left(\hat{x}_{k|1:K}-F_k\hat{x}_{k-1|1:K}\right)\right\}\right\}\\
&-\frac{1}{2}\mathrm{tr}\left\{\sum_{k=1}^{K}Q_k^{-1}\left\{F_kP_{k,k-1|1:K}+P_{k,k-1|1:K}F_k^{\mathrm{T}}-F_kP_{k,k-1|1:K}F_k^{\mathrm{T}}\right\}\right\}\\
&-\frac{1}{2}\mathrm{tr}\left\{\sum_{k=1}^{K}\left(R_k^j\right)^{-1}\left\{\mathcal{C}\left(\hat{y}_{k|1:K}^{j}-H_k\hat{x}_{k|1:K}-N_k\hat{b}_k^j\right)\right.\right.\\
&\left.\left.-H_kP_{k,k-1|1:K}H_k^{\mathrm{T}}\right\}\right\}
\end{aligned}\tag{7-32}
$$

其中，$\mathcal{C}(x)\triangleq x^{\mathrm{T}}x$。

获得 Q 函数的关键在于计算本地目标状态 $\hat{X}_{1:K}^{j(r)}$ 及其协方差 $P_{1:K}^{j(r)}$，它们可以通过 Kalman 平滑器获得，这些基于 EM 的算法基础在于如何在已知本地状态估计的情况下获得融合状态估计 $X_{1:K}^{(r)}$。

① CM-EM 算法直接使用所有量测与第 r 次迭代的传感器偏差 $\hat{b}_{1:K}^{1:s}(r)$ 来估计目标状态 $\hat{X}_{1:K}^{\mathrm{CM-EM}}=E\left(X_{1:K}|Y_{1:K}^{1:s},\hat{b}_{1:K}^{1:s}(r)\right)$。

② CT-EM 算法通常对各局部估计结果使用一个带权重的融合算法，即

$$
\hat{X}_{1:K}^{\mathrm{CT-EM}}=\sum\nolimits_{j=1}^{s}\left(P_{1:K}^{j(r)}\right)^{-1}P_{1:K}\hat{X}_{1:K}^{(r)}
$$

式中，$P_{1:K}^{-1}=\sum\nolimits_{j=1}^{s}\left(P_{1:K}^{j(r)}\right)^{-1}$。

③ DEM 算法包括 ADEM 算法、IDEM 算法、GDEM 算法，使用其邻近传感器节点获得的局部状态估计进行共识滤波，即

$$
\hat{X}_{1:K}^{\mathrm{DEM}}(j)=\hat{X}_{1:K}^{\mathrm{DEM}}(j)+\eta\left[\hat{X}_{1:K}^{j(r)}-\hat{X}_{1:K}^{\mathrm{DEM}}(j)+\sum_{e\in\mathcal{N}_j}\left(\hat{X}_{1:K}^{\mathrm{DEM}}(e)-\hat{X}_{1:K}^{\mathrm{DEM}}(j)\right)\right]
$$

式中，η 表示权重；$\mathcal{N}_j$ 表示第 j 个节点的近邻。

(4) (M-Step)最大化 Q 函数并估计传感器偏差 $\hat{b}_{1:K}^{1:s}(r)$ 如下：

$$
\hat{b}_k^j=\mathcal{B}_k^j\left(\sum_{k=1}^{K}\left(R_k^j\right)^{-1}\left(y_k^j-H_k^j\hat{X}_{k|1:K}^{(r)}\right)\right)\tag{7-33}
$$

式中，$\mathcal{B}_k^j=\left(\mathcal{A}_k^T\mathcal{A}_k^T\right)^{-1}\mathcal{A}_k^T$；$\mathcal{A}_k=\sum\limits_{k=1}^{K}\left(R_k^j\right)^{-1}N_k^j$；$\hat{X}_{k|1:K}$ 表示通过 E-Step 得到的融合目标状态。

(5) (迭代)E-Step 和 M-Step 迭代进行，直到两次相邻迭代似然函数值相近或达到设定的迭代次数。

(6) (输出)输出目标状态和传感器偏差的联合估计结果 $\hat{X}_{1:K}$、$\hat{b}_{1:K}^{1:s}$。

7.6.3 仿真分析

考虑目标状态 $x_k = \left[\xi(k), \dot{\xi}(k), \eta(k), \dot{\eta}(k)\right]^{\mathrm{T}}$，传感器网络有 $s = 10$ 个传感器节点，目标的初始位置为 $(\xi_0, \eta_0) = (0\mathrm{m}, 0\mathrm{m})$，初始速度为 $\left(\dot{\xi}_0, \dot{\eta}_0\right) = (15\mathrm{m/s}, 0\mathrm{m/s})$，运动模型为匀速 (constant velocity, CV) 模型，各传感器的采样周期为 1s，整个仿真场景持续 60s。每个传感器在位置上都有系统偏差，并假设偏差是未知的常数。系统参数配置如下：

$$F_k = I_2 \otimes \begin{bmatrix} 1 & T \\ 0 & 1 \end{bmatrix}, \quad \Gamma_k = I_2 \otimes \begin{bmatrix} T^2/2 \\ T \end{bmatrix}, \quad H_k = \begin{bmatrix} 1 & 0 & 0 & 0 \\ 0 & 0 & 1 & 0 \end{bmatrix}$$

过程噪声协方差 $Q_k = 0.1 I_2 \mathrm{m}^2/\mathrm{s}^4$，各传感器量测噪声协方差 $R_k^j = \mathrm{diag}\left\{1\mathrm{m}^2, 1\mathrm{m}^2\right\}$，各传感器偏差是一个同分布的二维随机变量 $b_k^j \sim U(-100\mathrm{m}, 100\mathrm{m})$，传感器偏差控制矩阵 $N_k = I_2$，初始状态协方差 $\Sigma(0) = I_2 \otimes \mathrm{diag}(5, 1)$，迭代终止阈值 $\delta = 10^{-4}$ 及最大迭代次数 $r_{\max} = 300$，批处理窗长 $l = 5$，传感器网络由 10 个传感器节点 10 个连接组成，权重 $W = 0.02$。

图 7.10 表示网络的拓扑结构和目标运动，图 7.11 表示目标状态估计的绝对误差和传感器系统偏差辨识的均方误差。所有基于 EM 的方法都可以联合输出目标状态估计和传感器量测偏差辨识，而目标状态估计结果和偏差辨识结果相互影响，随时间增长，所有估计误差趋近于固定值。在基于 EM 的算法中，DEM 算法优于 CT-EM 算法，而在三种共识滤波算法中，IDEM 算法的估计效果优于 GDEM 算法和 ADEM 算法，ADEM 算法的估计效果最差。这主要由于 ADEM 算法仅在整个网络进行平均，网络越稀疏，性能越差。IDEM 算法由于采用迭代处理的方法，能够保证每次迭代均达到网络共识，而 GDEM 需要较长时间来达到共识。

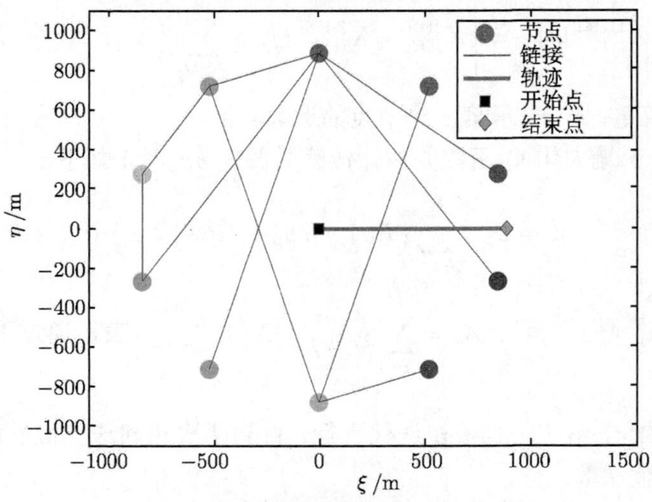

图 7.10 网络的拓扑结构和目标运动轨迹

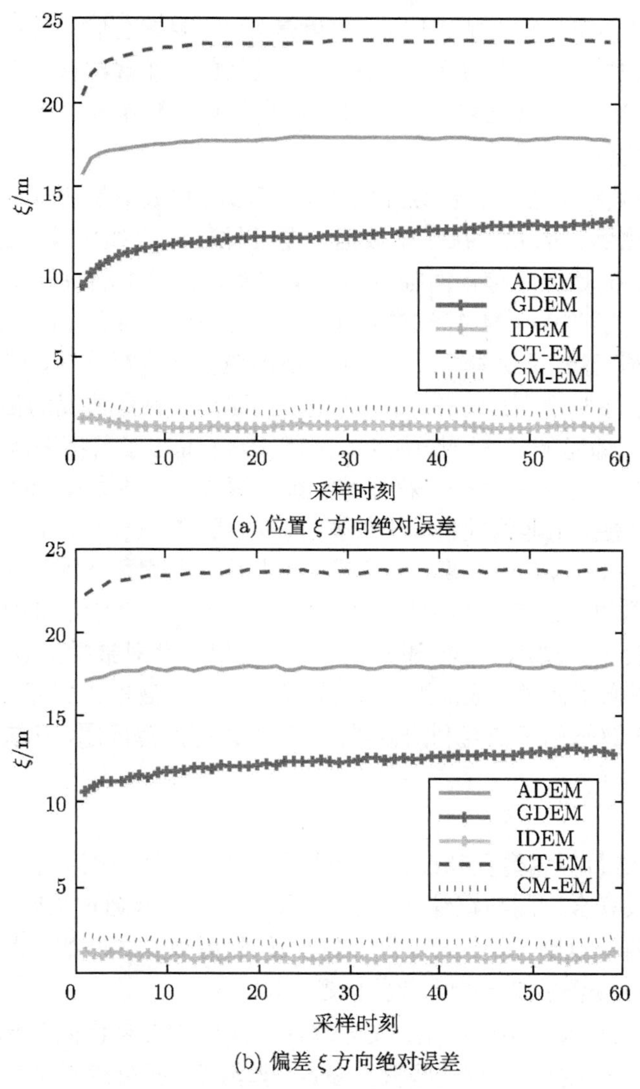

(a) 位置 ξ 方向绝对误差

(b) 偏差 ξ 方向绝对误差

图 7.11　目标状态与传感器偏差估计性能

7.7　本章小结

本章综述了 EM 算法在联合跟踪领域的理论和应用发展，表明一般的多传感器多目标跟踪系统同时包括目标状态估计与系统辨识问题，估计与辨识的相互依赖增加了跟踪问题的复杂度。联合跟踪框架同时考虑目标状态的估计误差与辨识风险，采用 EM 算法可以有效解决目标跟踪问题。从另一个角度说，这种目标跟踪问题可以看成是不完备数据状态估计，也就是说，它要求在估计潜在目标状态前辨识未知参数。正如书中给出的联合估计与辨识示例，EM 算法被证明是一种解决联合估计与辨识问题的有效方法。虽然如此，采用 EM 算法的联合估计与辨识仍有一些问题需进一步研究。

(1) EM 收敛率的控制：已经证明 EM 算法的收敛率是线性的，且收敛率取决于观测数据比例。因此，在完整数据问题的比较中，如果较大比例数据缺失，收敛速度较慢，但目标跟踪常面临目标环境密集、目标机动快速和信号传播环境复杂等问题。为了改善 EM 算法的这个缺点，变分贝叶斯 (variational Bayesian, VB) 方法 [99-103] 逐渐受到关注，它可在复杂图模型下进行推理，保证了局部收敛性，相比于可用 EM 算法解决的简单问题，能够提高特定情况的估计性能，更多细节见 VB 算法综述 [31,104,105]。最近，文献 [106] 提出了目标跟踪问题的 VB 算法，Särkkä等 [107] 可能是第一个采用 VB 算法解决量测协方差未知情况下的目标跟踪问题，并发展出了非线性情况下的变分贝叶斯 Metropolis(variational Bayesian adaptive Metropolis, VBAM) 算法 [108,109]。随后，针对跳变马尔可夫系统和多目标跟踪系统量测协方差未知情况的扩展算法 IMM-VB[110,111] 和 PHD-VB[112,113] 算法也分别被提出，文献 [114] 和文献 [115] 提出了针对数据关联问题的 VB 算法。Tinne[116] 提出了针对合成量测多目标跟踪与聚类问题的 VB 算法。Williams[117] 提出了基于 VB 算法的多伯努利滤波器，针对多目标跟踪问题，其缺失数据对应伯努
利项。

(2) EM 算法目标函数复杂性：在一些联合估计与辨识应用中，如联合跟踪与分类 [118,119]，或联合检测与跟踪 [120,121], EM 算法的性能通过贝叶斯风险评估，包括估计风险与辨识风险 [122,123]。总体来说，风险函数是非凸的，而如何在非凸情况下使用 EM 算法仍然是一个开放的问题。

(3) EM 算法在实际中的应用：实际算法应用中主要考虑两类标准，计算复杂度和精度。在 EM 框架下，有一些特定参数，如滑窗、批处理长度和迭代终止阈值等，需要一种在线性能评估策略以优化参数，并权衡计算量和处理精度。同时，实际应用中构造适当约束是很有用的，因为直观的后验约束可以很大程度上提高标准 EM 算法的性能，甚至能够用于更复杂难以解决的模型。

参 考 文 献

[1] Li X R, Jilkov V P. Survey of maneuvering target tracking. Part V: Multiple-model methods[J]. IEEE Transactions on Aerospace and Electronic Systems, 2005, 41(4): 1255-1321.

[2] Hall D, James L. Hand book of Multi-sensor Data Fusion[M]. Boca Raton: CRC Press, 2001.

[3] Persson M, Rigas G. Complexity: the dark side of network-centric warfare[J], Cogn. Technol.

Work, 2014, 16(1): 103-115.

[4] Li X R, Jilkov V. Survey of maneuvering target tracking, PartV: multiple-model methods[J]. IEEETrans. Aerosp. Electron. Syst., 2005, 41(4): 1255-1321.

[5] Julier S, Uhlmann J. Unscented filtering and nonlinear estimation[C]. Proc. IEEE, 2004, 92(3): 401-422.

[6] Arulampalam M S, Maskell S, et al. A tutorial on particle filters for online nonlinear/ non-Gaussian Bayesian tracking[J]. IEEE Trans. Signal Process, 2002, 50(2): 174-188.

[7] Terejanu G, Singla P, Singh T et al. Adaptive Gaussian sum filter for nonlinear Bayesian estimation[J]. IEEE Trans. Autom. Control, 2011, 56(9): 2151-2156.

[8] Blackman S. Multiple hypothesis tracking for multiple target tracking[J]. IEEE Aerosp. Electron. Syst. Mag., 2004, 19(1): 5-18.

[9] Reid D. Algorithm for tracking multiple targets[J]. IEEE Trans. Autom. Contro, 1979, 124(6): 843-854.

[10] Willett P, Ruan Y, Streit R. PMHT: problems and some solutions[J]. IEEE Trans. Aerosp. Electron. Syst., 2002, 38(3): 738-754.

[11] Fortmann T, Bar-Shalom Y, Scheffe M. Sonar tracking of multiple targets using joint probabilistic data association[J]. IEEE J. Ocean.Eng., 1983, 8(3): 173-184.

[12] Yu Q, Medioni G. Multiple-target tracking by spatiotemporal monte carlo Markov chain data association[J]. IEEE Trans. Pattern Anal. Mach. Intell,. 2009, 31(12): 2196-2210.

[13] Särkkä S, Vehtari A, Lampinen J. Rao-blackwellized particle filter for multiple target tracking[J]. Inf. Fusion, 2007, 8(1): 2-15.

[14] Mahler R. "Statistics102" for multisource-multitarget detection and tracking[J]. IEEE J. Select. Top. Signal Process, 2013, 7(3): 376-389.

[15] Li X R, Jilkov V P. A survey of maneuvering target tracking: approximation techniques for nonlinear filtering[C]. Proceedings of SPIE-The International Society for Optical Engineering, 2004, 5428: 537-550.

[16] Pulford G. Taxonomy of multiple target tracking methods[C]. IEEProc.: Radar, SonarNavigat., 2005, 152(5): 291-304.

[17] Cox I. Review of statistical data association techniques for motion correspondence[J]. Int. J. Comput. Vis., 1993, 10(1): 53-66.

[18] Smith D, Singh S. Approaches to multisensory data fusion in target tracking: asurvey[J]. IEEETrans. Knowl. DataEng., 2006, 18(12): 1696-1710.

[19] Khaleghi B, Khamis A, Karray F O, et al. Multisensor data fusion: a review of the state-of-the-art[J]. Inf. Fusion, 2013, 14(1): 28-44.

[20] Snidaro L, Garcia J, Llinas J. Context-based information fusion: a survey and discussion[J]. Inf. Fusion, 2015, 25: 16-31.

[21] Dempster A P, Laird N M, Rubin D B. Maximum likelihood from incomplete data via the EM algorithm[J]. J. R. Stat. Soc., Ser. B, 1979, 39(1): 1-38.

[22] Li X R. Optimal Bayes joint decision and estimation[C]. Proceedings of the 10th International Conference on Information Fusion, 2007: 1-8.

[23] Cao W, Lan J, Li X R. Conditional joint decision and estimation with application to joint tracking and classification[J]. IEEE Trans. Syst., Man, Cybern.: Syst., 2015, 1-13, doi: 10.1109/ TSMC.2015.244221910.1109.

[24] Li X R, Yang M, Ru J. Joint tracking and classification based on Bayes joint decision and estimation[C]. Proceedings of the 10th International Conference on Information Fusion, 2007: 1-8.

[25] Lan H, Liang Y, Pan Q. An EM algorithm for multipath state estimation in OTHR target tracking[J]. IEEE Trans. Signal Process, 2014, 62(11): 2814-2826.

[26] Lan H, Liang Y, Yang F. Joint estimation and identification for stochastic systems with unknown inputs[J]. IET Control Theory Appl., 2013, 7(10): 1377-1386.

[27] Lan H, Liang Y, Wang I, et al. A distributed expectation-maximization algorithm for OTHR multipath target tracking[C]. Proceedings of the 17th International Conference on Information Fusion, 2014: 1-8.

[28] Lan H, Bishop A N, Pan Q. Distributed joint estimation and identification for sensor networks with unknown inputs[C]. Proceedings of the 2014 IEEE 9th International Conference on Intelligent Sensors, SensorNetworks and Information Processing, 2014: 1-6.

[29] Lan H, Wang E, Yang F, et al. Joint OTHR multipath state estimation with unknown ionosphericheights[C]. Proceedings of the 16th International Radar Symposium(IRS), 2015: 753-758.

[30] Tzikas D, Likas A, Galatsanos N. The variational approximation for Bayesian inference: lift after the EM algorithm[J]. IEEE Signal Process, Mag., 2008, 25(6): 131-146.

[31] Christopher M P. Pattern Recognition and Machine Learning[M]. Berlin: Springer, 2006.

[32] Cosme E, Verron J, Brasseur P, et al. Smoothing problems in a Bayesian framework and their linear Gaussian solutions[J]. Mon. Weather Rev., 2012, 140(2): 683-695.

[33] Gupta M, Chen Y. Theory and use of the EM algorithm[J]. Found. Trends Signal Process, 2010, 4(3): 223-296.

[34] Geoffrey M. The EM and Its Extension[M]. Hoboken: JohnWiley&Sons, 2008.

[35] Wu C F. On the convergence properties of the EM algorithm[J]. Ann. Stat, 1983, 11(1): 95-103.

[36] Balakrishnan S, et al. Statistical guarantees for the EM algorithm: from population to sample-based analysis[P]. EprintArxiv(2014).arXiv:1408.2156.

[37] Chretien S, Hero A O. On EM algorithms and their proximal generalizations[J]. ESAIM-Prob. Stat., 2008, 12: 308-326.

[38] Tseng P. An analysis of the EM algorithm and entropy-like proximal point methods[J]. Math. Oper. Res., 2004, 29(1): 27-44.

[39] Bouveyron C, Brunet C. Theoretical and practical considerations on the convergence properties of the Fisher-EM algorithm[J]. J. Multivar. Anal., 2012, 109: 29-41.

[40] Graca J, Ganchev K, Taskar B. Expectation maximization and posterior constraints[C]. Neural Information Processing Systems Conference, 2007, 20: 1-8.

[41] Ahn J, Oh J H. A constrained EM algorithm for principal component analysis[J]. Neural Comput., 2003, 15(1): 57-65.

[42] Meng X, Rubin D B. On the global and component wise rates of convergence of the EM algorithm[J]. Linear Algebra Appl., 1994, 19(9): 413-425.

[43] Melnykov V. Initializing the EM algorithm in Gaussian mixture models with an unknown number of components[J]. Comput. Stat. Data Anal., 2012, 56(6): 1381-1395.

[44] Fraley C. Algorithms for model-based Gaussian hierarchical clustering[J]. SIAM J. Sci. Comput., 1998, 20(1): 270-281.

[45] Biernacki C, Celeux G, Govaert G. Choosing starting values for the EM algorithm for getting

the highest likehood in multivariate Gaussian mixture models[J]. Comput. Stat. Data Anal., 2003, 41(3-4): 561-575.

[46] Maitra R. Initializing partition- optimization algorithms[J]. IEEE/ACM Trans. Comput. Biol. Bioinform., 2009, 6(1): 144-157.

[47] Roche A. EM algorithm and variants: an informal tutorial[P]. New York: ArXive-prints, 2011.

[48] Fessler J, Hero A O. Space-alternating generalized expectation-maximization algorithm[J]. IEEE-Trans Signal Process, 1994, 42(10): 2664-2677.

[49] Meng X, Rubin D B. Maximum likelihood estimation via the ECM algorithm: ageneralframework[J]. Biometrika, 1993, 80(2): 267-278.

[50] Rubin D. The ECM Ealgorithm: a simple extension of EM and ECM with faster monotone convergence[J]. Biometrika, 1994, 81(4): 633-648.

[51] He Y, Liu C. The dynamic expectation-conditional maximization either algorithm[J]. J. R. Stat. Soc.: Series B (Stat. Methodol.), 2012, 74(2): 313-336.

[52] Greg C. A monte carlo implementation of the EM algorithm and the poor man's data augmentation algorithms[J]. J. Am. Stat. Assoc., 1990, 85(411): 699-704.

[53] Liu C, Rubin D B, Wu Y N. Parameter expansion to accelerate EM: the PX-EM algorithm[J]. Biometrika, 1998, 85(4): 755-770.

[54] Mortaza. Conjugate gradient acceleration of the EM algorithm[J]. J. Am. Stat. Assoc., 1993, 88(421): 221-228.

[55] Neal R, Hinton G. A view of the EM algorithm that justifies incremental, sparse, and other variants[M]// Learning in Graphical Models. Springer Netherlands, 1998: 355-368.

[56] Kowalczyk W, Vlassis N. Newscast EM, in: Advances in Neural Information Processing Systems[M]. Cambridge: MIT-Press, 2005: 713-720.

[57] Cappé O, Moulines E. On-line expectation-maximization algorithm for latent data models[J]. J. R. Stat. Soc.: Ser. B (Stat. Methodol.), 2009, 71(3): 593-613.

[58] Denoeux T. Maximum likelihood from fuzzy data using the EM algorithm[J]. FuzzySets and Syst., 2011, 183: 72-91.

[59] Denoeux T. Maximum likelihood estimation from uncertain data in the belief function framework[J]. IEEE Trans. Knowl. Data Eng., 2013, 25(1): 119-130.

[60] Jiang J, Nguyen T, Rao J S. The EMS algorithm: model selection within complete data[J]. J. Am. Stat. Assoc., 2015, 110(511): 1136-1147.

[61] Shumway R H, Stoffer D S. An approach to time series smoothing and forecasting using the EM algorithm[J]. J. Time Ser. Anal., 1982, 3(4): 253-264.

[62] Ghahramani Z, Hinton G E. Parameter estimation for linear dynamical systems[R]. Technical Report, University of Totronto, Department of Computer Science, 1996.

[63] Zia A, Kirubarajan T, Reilly J P, et al. An EM algorithm for nonlinear state estimation with model uncertainties[J]. IEEE Trans. Signal Process, 2008, 56(3): 921-936.

[64] Karimi H, McAuley K B. An approximate expectation maximization algorithm for estimating parameters, noise variances, and stochastic disturbance intensities in nonlinear dynamic models[J]. Ind. Eng. Chem. Res., 2013, 52(51): 18303-18323.

[65] Lei M, Han C, Liu P. Expectation maximization (EM) algorithm-based nonlinear target tracking with adaptive state transition matrix and noise covariance[C]. FUSION2007-200710th International Conference on Information Fusion, 2007, 212-218.

[66] Özkan E, Lindsten F, Fritsche C, et al. Recursive maximum likelihood identification of jump Markov nonlinear systems[J]. IEEE Trans. Signal Process, 2015, 63(3): 754-765.

[67] Logothetis A, Krishnamurthy V. Expectation maximization algorithms for MAP estimation of jump Markov linear systems[J]. IEEE Trans. Signal Process, 1999, 47(8): 2139-2156.

[68] Johnston L, Krishnamurthy V. An improvement to the interacting multiple model (IMM) algorithm[J]. IEEE Trans. Signal Process, 2001, 49(12): 2909-2923.

[69] Pulford G, Scale B. MAP estimation of target manoeuvre sequence with the expectation-maximization algorithm[J]. IEEE Trans .Aerosp. Electron. Syst., 2002, 38(2): 367-377.

[70] Logothetis A, Krishnamurthy V. A Bayesian EM algorithm for optimal tracking of a maneuvering target in clutter[J]. Signal Process, 2002, 82(3): 473-490.

[71] Ruan Y, Willet P. Multiple model PMHT and its application to the benchmark radar tracking problem[J]. IEEE Trans. Aerosp. Electron. Syst., 2004, 40(4): 1337-1350.

[72] Zaveri M, Merchant S. Robust neural-network-based data association and multiple model-based tracking of multiple point targets[J]. IEEE Trans. Syst., Man, Cybern., PartC: Appl. Rev., 2007, 37(3): 337-351.

[73] Streit R. Possion Point Processes: Imaging, Tracking, and Sensing[M]. Berlin: Springer, 2010.

[74] Long T, Zheng L, Chen X, et al. Improved probabilistic multi-hypothesis tracker for multiple target tracking with switching attribute states[J]. IEEE Trans. Signal Process, 2011, 59(12): 5721-5733.

[75] Wieneke M, Koch W. A PMHT approach for extended objects and object groups[J]. IEEETrans. Aerosp. Electron. Syst., 2012, 48(3): 2349-2370.

[76] Pulford G. An expectation-maximisation tracker for multiple observations of a single target inclutter[C]. Proceedings of the 36th IEEE Conference on Decision and Control, 1997: 4997-5003.

[77] Molnar K, Modestino J. Application of the EM algorithm for the multi-target/multi-sensor tracking problem[J]. IEEE Trans. Signal Process, 1998, 46(1): 115-129.

[78] Frenkel L, Feder M. Recursive expectation-maximization (EM) algorithms for time-varying parameters with applications to multiple target tracking[J]. IEEE Trans. Signal Process, 1999, 47(2): 306-320.

[79] Deming R, Schindler J, Perlovsky L. Multi-target/multi-sensor tracking using only range and Doppler measurements[J]. IEEE Trans. Aerosp. Electron. Syst., 2009, 45(2): 593-611.

[80] Li Z, Chen S, Leung H, et al. Joint data association, registration, and fusion using EM-KF[J]. IEEE Trans. Aerosp. Electron. Syst., 2010, 46(2): 496-507.

[81] Huang D, Leung H, Bosse E. A pseudo-measurement approach to simultaneous registration and track fusion[J]. IEEE Trans. Aerosp. Electron. Syst., 2012, 48(3): 2315-2331.

[82] Li Z, Leung H, Tao L. Simultaneous registration and fusion of radar and ESM by EM-EKS[C]. Proceedings of the World Congresson Intelligent Control and Automation (WCICA), 2010: 1130-1134.

[83] Huang D, Leung H. An expectation-maximization-based interacting multiple model approach for cooperative driving systems[J]. IEEE Trans. Intell. Transp. Syst., 2005, 6(2): 206-228.

[84] Nowak R. Distributed EM algorithms for density estimation and clustering in sensor networks[J]. IEEE Trans. Signal Process, 2003: 51(8): 2245-2253.

[85] Gu D. Distributed EM algorithm for Gaussian mixtures in sensor networks[J]. IEEE Trans. Neural Netw, 2008, 19(7): 1154-1166.

[86] Yang W, Xiao W, Xie L. Diffusion-based EM algorithm for distributed estimation of Gaussian mixtures in wireless sensor networks[J]. Sensors, 2011, 11(6): 6297-6316.

[87] Morral G, Bianchi P. On-line gossip-based distributed expectation maximization algorithm[C]. 2012 IEEE Statistical Signal Processing Workshop (SSP), 2012: 305-308.

[88] Zhu H, Leung H, Yuen K V. A joint data association, registration, and fusion approach for distributed tracking[J]. Inf. Sci., 2015, 324: 186-196.

[89] He X, Tharmarasa R, Kirubarajan T, et al. Joint class identification and target classification using multiple HMMs[J]. IEEE Trans Aerosp. Electron. Syst., 2014, 50(2): 1269-1282.

[90] Kantas N, Singh S. Distributed maximum likelihood for simultaneous self-localization and tracking in sensor networks[J]. IEEE Trans. Signal Process, 2012, 60(10): 5038-5047.

[91] Xia S Z, Liu H W. Bayesian track-before-detect algorithm with target amplitude fluctuation based on expectation-maximisation estimation[J]. IET Radar Sonar Navigat, 2012, 6(8): 719-728.

[92] Liu J, Chu M. Multitarget tracking in distributed sensor networks[J]. IEEE Signal Process. Mag., 2007, 24(3): 36-46.

[93] Akyildiz I, Su W. A survey on sensor networks[J]. IEEE Commun. Mag., 2002, 40(8): 102-105.

[94] Dimakis A, Kar S, Moura J, et al. Gossip algorithms for distributed signal processing[C]. Proc. IEEE, 2010, 98(11): 1847-1864.

[95] Pereira S, Zoubir A M. A diffusion-based EM algorithm for distributed estimation in unreliable sensor networks[J]. IEEE Signal Process. Lett., 2013, 20(6): 595-598.

[96] Feng Y. Cooperative localization in WSNs using Gaussian mixture modeling: Distributed ECM algorithms[J]. IEEE Trans. Signal Process, 2015, 63(6): 1448-1463.

[97] Hugh D, Bailey T. Simultaneous localization and mapping: Part I [J]. IEEE Robot. Autom. Mag., 2006, 13(2): 99-108.

[98] Haykin S. Cognitive radar: away of the future[J]. IEEE Signal Process. Mag., 2006, 23(1): 30-40.

[99] Beal M. The Variational algorithms for approximation Bayesian inference[D]. London: Ph.D. thesis, University of Cambridge, 1998.

[100] Winn J. Variational message passing and its applications[D]. London: Ph.D. thesis, University of Cambridge, 2003.

[101] Winn J, Bishop C M. Variational message passing[J]. J. Mach. Learn. Res., 2005, 6: 661-694.

[102] Hoffman M, et al. Stochastic variational inference[J]. J. Mach. Learn. Res., 2013, 14: 1303-1347.

[103] Sung J, Chahramani Z, Bang S Y. Latent-space variational bayes[J]. IEEE Trans. Pattern Anal. Mach. Intell., 2008, 30(12): 2236-2242.

[104] Fox C, Roberts S J. A tutorial on variational Bayesian inference[J]. Artif. Intell. Rev., 2012, 38(2): 85-95.

[105] Sun S. A review of deterministic approximate inference techniques for Bayesian machine learning[J]. Neural Comput. Appl., 2013, 23(7-8): 2039-2050.

[106] Smidl V, Quinn A. Variational Bayesian filtering[J]. IEEE Trans. Signal Process, 2008, 56(10): 5020-5030.

[107] Särkkä S, Nummenmaa A. Recursive noise adaptive Kalman filtering by variational Bayesian approximations[J]. IEEE Trans. Autom. Control, 2009, 54(3): 596-600.

[108] Juha A, Särkkä S, Piché R. Gaussian filtering and variational approximations for Bayesian smoothing in continuous-discrete stochastic dynamics ystems[J]. Signal Process, 2015, 111: 124-136.

[109] Mbalawata I S, Särkkä S, Vihola M, et al. Adaptive metropolis algorithm using variational Bayesian adaptive Kalman filter[J]. Comput. Stat. Data Anal., 2015, 83: 101-115.

[110] Li W, Jia Y. State estimation for jump Markov linear systems by variation Bayesian approximation[J]. IET Control Theory Appl., 2012, 6(2): 319-326.

[111] Shen C, Xu D, Huang W, et al. An interacting multiple model approach for state estimation with non-Gaussian noise using a variational Bayesian method[J]. Asian J. Control, 2015, 17(4): 1424-1434.

[112] Li W, Jia Y, Du J, et al. PHD filter for multi-target tracking by variational Bayesian approximation[C]. Proceedings of the IEEE Conference on Decision and Control, 2013: 7815-7820.

[113] Yang J, Ge H W. An improved multi-target tracking algorithm based on CBMeM-Ber filter and variational Bayesian approximation[J]. Signal Process, 2013, 93(9): 2510-2515.

[114] Miguel L. Overlapping mixtures of Gaussian processes for the data association problem[J]. Pattern Recogn., 2012, 45(4): 1386-1395.

[115] Turner R D, Bottone S, A, vasarala B. A complete variational tracker[C]. Advances in Neural Information Processing Systems, 2014: 496-504.

[116] Tinne D. Shape-based online multi-target tracking and detection for targets causing multiple measurements: variational Bayesian clustering and lossless data ssociation[J]. IEEE Trans. PatternAnal. Mach. Intell., 2011, 33(12): 2477-2491.

[117] Williams J. An efficient, variational approximation of the best fitting multi-Bernoulli filter[J]. IEEE Trans. Signal Process, 2015, 63(1): 58-273.

[118] Vercauteren T, Guo D, Wang X. Joint multiple target tracking and classification in collaborative sensor networks[J]. IEEE J. Select. Areas Commun., 2004, 23(4): 714-723.

[119] Challa S, Pulford G W. Joint target tracking and classification using radar and ESM sensors[J]. IEEE Trans. Aerosp. Electron. Syst., 2001, 37(3): 1039-1055.

[120] Vo B, Clark D. Bernoulli forward-backward smoothing for joint target detection and tracking[J]. IEEE Trans. Signal Process, 2011, 59(9): 4473-4477.

[121] Vo B, See C M, Ma N, et al. Multi-sensor joint detection and tracking with the Bernoulli filter[J]. IEEE Trans. Aerosp. Electron. Syst., 2012, 48(2): 1385-1402.

[122] Liu Y. Estimation, Decision and Applications to Target Tracking[D]. New Orleans: Ph.D. thesis, University of New Or leans, 2013.

[123] Yang M. When Decision Meets Estimation: Theory and Application[D], Ph.D. thesis, University of New Or leans, 2007.

第 8 章　基于事件驱动的传感器量测管理

8.1　引　　言

事件驱动采样思想最初是由 Aström 等于 1999 年提出的，用于弥补传统周期采样策略的不足，即无法根据系统的计算量、精度和网络传输等实际需求进行灵活的采样或控制 [1]。以动态系统状态估计与辨识问题为例，事件驱动就是为了平衡估计精度和计算效率而建立的一种传感器数据调度策略。一般来说，事件驱动策略就是在传感器量测和网络通信之间设置事件触发机制或条件，如图 8.1 所示，目的是选择那些对估计或辨识的贡献相对较大的量测。如果满足事件触发条件 (如当前量测和前一时刻的量测差值超过预先设置的阈值)[2,3]，量测传递的事件被触发，那么传感器通过网络总线向估计器或处理中心传递量测，这些被选择的相对重要的量测保障了估计或辨识精度。否则，传感器不传递量测，减轻通信负担，在保证精度或至少精度不会下降太多的前提下，量测处理负担下降而计算效率提升。基于事件驱动的量测选择或管理与如转换系统 [4]、鲁棒控制 [5,6]、非一致数据采样系统 [7,8] 和量化系统 [9,10] 等中的各类量测信息转换或处理问题具有相似性。由于事件驱动策略能够在保持系统性能的前提下减少通信和计算量，因此事件驱动思想在嵌入式控制 [11,12]、网络控制 [13,14]、估计 [15-20] 和优化 [21,22] 等方面得到广泛应用，是目前传感器管理领域的研究热点。

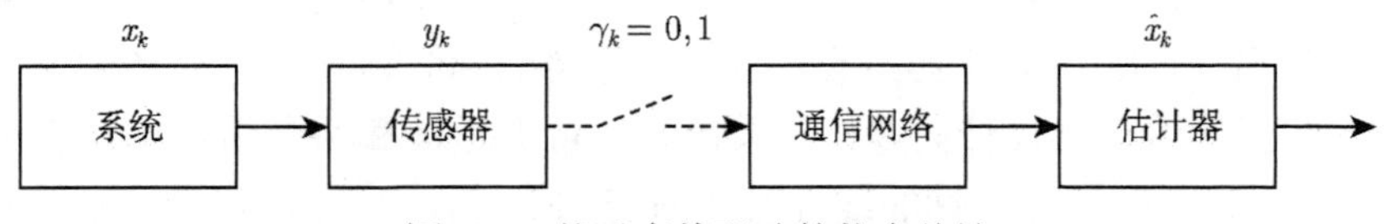

图 8.1　基于事件驱动的状态估计

本章以单传感器的时间尺度上采样时刻量测选择或管理为对象，研究事件驱动的触发机制及基于事件驱动的单传感器下动态系统状态估计设计等问题。动态系统的状态估计本质上是基于传感器采样量测集合来递推估计无法被直接观测的状态，用于估计的量测集合包含直到当前时刻的周期性采样量测元素。在传统估计问题中，量测集合是完备的，但在某些复杂情况下，如远距离传感器量测，量测的周期采样虽可以保证估计精度，也对硬件实现条件、传感器寿命和网络通信等提出了挑战，即状态估计性能与实现代价矛盾。而上述事件驱动的思想为解决该矛盾提供了一种有效手段，它在保障估计精度的前提下，通过事件触发机制对原有周期性量测进行重要性判断和自适应选择，降低量测信息传输和处理的负担，提升状态估计的实时性。

事件驱动本质上会引起周期性采样量测集合的不完备，因此基于事件驱动的状态估计结构与传统估计本质不同在于：在事件触发机制下，量测集合的不完备要求探索新的状态估计框架或结构，即在量测信息到达估计器时，状态估计方式与传统方法并无二致，但当无法获取量测时，状态估计不得不通过某种优化手段获得，以保障估计精度或至少精度不会下降太多。

由于事件驱动触发机制的不同，量测集合在不同的事件驱动触发下，其量测元素的个数和选择方式则完全不同，即量测集合的不完备性在不同事件策略下具有天壤之别，这也导致相应的估计器设计方法和执行方式存在巨大差异。换句话说，事件驱动触发机制的不同本质上决定了估计器结构的异同，甚至在同类触发机制下，估计器结构也会有所差异。到目前为止，国内外学者在事件驱动的触发机制设置和相应估计器结构的设计等方面已经取得许多有意义的研究成果。通过建立事件驱动的确定性触发机制，Shi 等 [16] 设计了动态系统的极大似然估计器。Trimpe 等 [17] 建立了基于状态估计误差方差的确定性事件触发机制，提出了最优贝叶斯估计器。通过建立基于新息的确定性事件触发机制并假设系统状态后验概率分布为高斯分布，Wu 等 [18] 设计了状态的近似最小均方误差估计器，以平衡远程传感器下的状态估计中通信率和估计性能的矛盾问题。针对现有确定性事件触发机制的无法保障新息过程高斯特性的缺点，Han 等 [19] 和 Weerakkody 等 [20] 设计一种事件驱动的随机触发机制，推导了单传感器和多传感器下的状态精确最小均方误差估计器。

上述研究工作均以标准线性动态系统为对象。当系统模型为非线性动态系统或者系统存在干扰、量测延迟和采样条件异常等复杂特性时，由于各类复杂特性与事件驱动耦合，状态估计器的设计会更加复杂。Shi 等 [23] 研究了隐马尔可夫模型的事件驱动估计器设计问题，分别推导了可靠通信和丢包情况下状态估计的解析表达式。针对带未知干扰的线性时变系统，Shi 等 [24] 通过将未知干扰看作为非先验信息过程设计了状态最小均方误差估计器。Zou 等 [25] 研究了一类混合时间延迟非线性系统的事件驱动估计问题，给出了确保状态估计均方误差有界的充分条件。Hu 等 [26] 研究了网络系统通信延迟中的事件驱动 H_∞ 滤波问题，采用 Lyapunov-Krasovskii 方程方法推导了滤波器指数稳定的充分条件。Sijs 等 [27] 设计了适用于各种类型事件驱动采样条件的混合更新事件驱动估计器。

在基于事件驱动的状态估计设计中，估计性能与量测传递的通信率密切相关，如何定量描述通信率对估计性能的影响关系？约束优化方法是解决上述问题的一个有效工具，针对不同的设计需求，国内外的研究者分别建立了不同的约束条件和优化目标。Imer 等 [28]、Han 等 [19] 和 Shi 等 [15] 分别研究了在确定的估计性能约束条件下如何优化量测的平均失真率和传感器的通信率等问题。文献 [29] ~ [31] 研究了在通信率约束条件下如何优化系统性能的问题。上述研究均是在一个约束条件下优化一个设计目标。当同时考虑多个设计目标或者约束条件等复杂情形时，通常可以通过对不同设计目标加权合并。Weimer 等 [32] 研究了在估计性能约束下优化网络能量消耗、通信成本和估计性能加权函数的问题。与上述约束优化不同的是，Molin 等 [33] 采用博弈论方法分析均方估计误差和期望通信率最优折中。本章所用符号说明见表 8.1。

表 8.1　第 8 章符号说明

符号	说明
$\mathbb{R}^n$	n 维实数向量集合
$p(\cdot)(p(A\|B))$	概率 (A 在 B 上的条件概率)
$\exp(\cdot)$	指数函数
$E(\cdot)/\mathrm{cov}(x,y)/\mathrm{cov}(x)$	均值计算/x 与 y 互协方差计算/x 自协方差计算
$\hat{x}$	随机变量 x 的估计
P/P^{xy}	协方差/x 与 y 的互协方差
$N(\mu,\Sigma)$	均值为 μ 协方差为 Σ 的高斯分布
$\det(\cdot)$	矩阵的行列式
$\\|\cdot\\|_\infty$	矩阵的无穷范数

8.2　事件驱动触发机制概述

本节以线性离散动态系统为例，来概述一下目前事件驱动触发机制的分类和具体实现。考虑下面线性随机系统：

$$x_{k+1} = Ax_k + w_k \tag{8-1}$$

$$y_k = Cx_k + v_k \tag{8-2}$$

式中，$x_k \in \mathbb{R}^n$ 和 $z_k \in \mathbb{R}^m$ 是系统状态和量测向量；$w_k \in \mathbb{R}^n$ 和 $v_k \in \mathbb{R}^m$ 是互不相关的高斯白噪声，方差分别为 Q 和 R。系统初始状态为 x_0 服从均值为零且方差为 $P_{0|0}$ 的高斯白噪声。

事件触发机制是实现基于事件驱动的状态估计的关键。在事件驱动策略中，由传感器获得的系统量测 y_k 不是周期性地被直接传递到估计器中，而是通过验证事件触发条件决定是否被传递：如果传递量测的事件触发条件满足，则量测被传递，否则不传递。当传感器不传递量测时，估计器没有最新量测用于更新状态估计，只能基于事件驱动触发条件推断状态估计，代替传统估计方法中的基于量测更新的状态估计；而当量测被传递至估计器时，状态估计框架则与传统状态估计基本一致。

事件驱动的核心是事件触发机制，具体来讲，假设 k 时刻传感器观测的量测为 y_k，根据 y_k 检测事件触发条件中逻辑变量 γ_k 的值，如果 $\gamma_k=1$，则表示传递量测的事件被触发，传感器传递量测到估计器，如果 $\gamma_k=0$，则表示事件没有发生，传感器不传递量测。目前，事件触发机制可以将其分为两类：确定性事件触发和随机事件触发。

8.2.1 确定性事件触发

确定性事件触发机制是通过判断 y_k 是否属于某个确定的集合来确定 γ_k 的值，即

$$\gamma_k=\begin{cases}0, & y_k\in\Delta_k\\ 1, & \text{其他}\end{cases} \tag{8-3}$$

式中，Δ_k 表示 k 时刻传递量测事件的触发集合。根据系统性能要求，Δ_k 可能是恒定不变的 (如 $[-\delta,\delta]$[3]) 也可能是时变的 (如 $[-\delta+C\hat{x}_{k|k-1},\delta+C\hat{x}_{k|k-1}]$[16])。

确定性事件触发又可分为下面三类。

1) 量测距离条件

基于量测距离条件的数据采样是指如果量测信号偏离 δ 时，说明信号发生了显著的变化，则触发采样系统进行数据采样 [3]。对于基于事件驱动的状态估计，量测距离条件是指如果当前量测与前一时刻传递的量测距离超过设置的阈值 δ，传感器传递当前量测到估计器，否则不传递 [2]，即

$$\Delta_k=\{y_k\,|\text{dist}(y_k,y_i)\leqslant\delta\} \tag{8-4}$$

式中，y_i 表示前一时刻传递的量测；$\text{dist}(\cdot,\cdot)$ 表示定义在 $\mathbb{R}^m$ 上的距离测度；δ 表示设置的阈值。

基于量测距离的事件触发机制不包含量测新息 (从估计器中获得量测预测的反馈信息)，δ 可以先验设定也可以根据实际需求自适应设定。这种事件驱动策略适用于不需要估计器反馈新息而只依赖于传感器获得的量测进行事件触发与否的判断情况。由于不需要反馈新息，这种驱动策略能够降低通信负担。

2) 新息条件

在状态估计中，新息表示当前量测和量测预测的差值，可以用来表征当前状态估计的精确程度。根据新息条件来决定是否传递量测与事件驱动的内涵是契合的，因此，新息可以作为事件触发条件，即

$$\Delta_k=\left\{y_k\,|\psi(y_k,\hat{y}_{k|k-1})\leqslant\delta\right\} \tag{8-5}$$

式中，$\psi(y_k,\hat{y}_{k|k-1})$ 表示与当前量测 y_k 和其一步预测 $\hat{y}_{k|k-1}$ 的关系函数。

Shi 等 [16] 和 Wu[18] 等根据新息条件分别设计了两种关系函数：

$$\psi_1(y_k, \hat{y}_{k|k-1}) = \left\| y_k - \hat{y}_{k|k-1} \right\|_\infty$$

$$\psi_2(y_k, \hat{y}_{k|k-1}) = \left\| F_k^{\mathrm{T}}(y_k - \hat{y}_{k|k-1}) \right\|_\infty$$

式中，$y_{k|k-1}$ 表示 k 时刻量测的预测；$F_k^{\mathrm{T}} F_k = (CP_{k|k-1}C^{\mathrm{T}} + R)^{-1}$，$P_{k|k-1}$ 表示 k 时刻状态的一步预测协方差。

基于新息设计的事件触发机制非常直观：如果当前新息大于阈值 δ，则传感器传递当前量测到估计器，以校正状态估计；否则，新息小于阈值 θ，可以认为量测对状态估计贡献的价值不大。但是对于基于新息的事件触发条件，事件驱动相下状态估计器的实现较为复杂；即使对于线性高斯系统，通常也需要采用近似手段才能实现估计器的设计 [16-18]。

3) 方差条件

线性高斯系统的状态估计 (如 Kalman 滤波) 就是通过最小化状态估计的误差均方差实现的。因此，以方差作为事件触发条件是比较合理的。通过判断状态估计的误差协方差是否超过设定的阈值决定是否传递当前量测。Trimpe 等 [17] 根据估计误差协方差设计了如下事件触发条件：

$$\Xi_k = \{y_k \left| C(P_{k|k-1} - \bar{P})\, C^{\mathrm{T}} \leqslant \delta \right.\} \tag{8-6}$$

式中，$P_{k|k-1}$ 表示 k 时刻状态的一步预测协方差；$\bar{P}$ 表示状态估计误差协方差的最小值，其可以通过计算下面的离散时间代数黎卡提微分方程求解。

$$\bar{P} = A\bar{P}A^{\mathrm{T}} + Q - A\bar{P}C^{\mathrm{T}}(C\bar{P}C^{\mathrm{T}} + R)^{-1}C\bar{P}A^{\mathrm{T}}$$

确定性事件触发机制比较直观，容易理解。如果量测测度距离、新息函数或状态估计协方差在某个范围内，则量测对状态估计的贡献不大，可以忽略，因此传感器不传递量测。这种事件触发机制设计比较简单，容易实现。但是基于这种事件触发机制的估计器设计却较为复杂。例如，Wu 等 [18] 提出了一种基于新息的事件触发机制，推导了状态的精确最小均方误差估计器，但是该估计器涉及了很多非线性积分，它通常无法被直接解析执行，而不得不被近似执行：假设每个时刻的先验状态估计服从高斯分布，一种近似最小均方误差估计器被推导。

8.2.2　随机事件触发

与确定性事件触发机制不同，在随机事件触发机制中，量测传递与否是由所设计的量测传递概率 $\varphi(y_k)$ 与 ζ_k 进行比较确定的，其中，ζ_k 表示在 $[0,1]$ 上服从均匀分布的随机变量 [34]。

$$\gamma_k = \begin{cases} 0, & \zeta_k \leqslant \varphi(y_k) \\ 1, & \text{其他} \end{cases} \tag{8-7}$$

式中，当前量测 y_k 的传递概率为 $\varphi(y_k)$。函数 $\varphi(\cdot):\mathbb{R}^m\to[0,1]$ 可以是任意形式。

当 $\gamma_k=0$ 时，事件没有触发，传感器不传递量测。根据事件触发条件式 (8-7)，可以推导量测 y_k 的不传递概率为

$$\begin{aligned}p(\gamma_k=0\,|y_k,x_k,I_k)=&p(\gamma_k=0\,|y_k)\\=&p(\varphi(y_k)\geqslant\zeta_k\,|y_k)\\=&\varphi(y_k)\end{aligned}\tag{8-8}$$

式中，$I_k=\{\gamma_0,\cdots,\gamma_k,\gamma_0y_0,\cdots,\gamma_ky_k\}$。

当 $\gamma_k=1$ 时，即随机变量 ζ_k 的取值大于 $\varphi(y_k)$，事件触发，传感器传递量测 y_k 到估计器。

1) 开环条件

随机事件触发的开环条件是指量测传递概率只与量测本身相关，而与估计器反馈的量测的一步预测值无关，例如：

$$\varphi(y_k)=\exp\left(-\frac{1}{2}y_k^{\mathrm{T}}Yy_k\right)\tag{8-9}$$

式中，Y 是非奇异正定矩阵，是设计事件触发器时引入的一个自由变量，可以用来平衡通信率和系统估计性能。

2) 闭环 (基于新息) 条件

随机事件触发的闭环条件是指量测传递概率不仅与量测本身相关，而且与估计器反馈回来的量测预测有关，即量测传递概率是由新息构成的一个函数，例如：

$$\varphi(y_k)=\exp\left(-\frac{1}{2}(y_k-\hat{y}_{k|k-1})^{\mathrm{T}}Y(y_k-\hat{y}_{k|k-1})\right)\tag{8-10}$$

式中，$\hat{y}_{k|k-1}$ 为估计器的反馈信息。这里的闭环含义就体现在估计器需要反馈状态预测到事件触发机制中，因此，闭环与开环的区别就在于是否有量测新息反馈。

3) 量测距离条件

随机事件触发的量测距离条件是指量测传递概率是相邻时刻或不同时刻量测差值的一个函数，例如：

$$\varphi(y_k)=\exp\left(-\frac{1}{2}(y_k-y_i)^{\mathrm{T}}Y(y_k-y_i)\right)\tag{8-11}$$

式中，y_i 可以理解为前一个时刻的量测。

随机事件触发机制的一个直观理解是：如果当前量测 y_k 的传递概率比较小，认为其对状态估计的贡献较小，则传感器不传递量测 y_k 的可能性较大。如果当前量测 y_k 的传递概率比较大，其对状态估计的贡献较大而不能被忽略，则传感器传

递量测 y_k 的可能性较大。相比于确定性事件触发机制，随机事件触发机制的一个最大优点在于量测概率传递函数有助于实现状态后验概率的解析演化和状态估计的最优递推执行，这一点可以从下一节两类事件触发机制下的状态估计推导看出。基于这一特性，随机事件触发机制有助于实现状态的精确最小均方误差估计。

8.3　基于事件驱动的状态估计

考虑式 (8-1) 和式 (8-2) 的离散时间线性系统模型。γ_k 表示决策逻辑变量，首先在最小均方误差意义下作出如下定义：

$$\begin{cases} \hat{x}_{k|k-1} = E[x_k\,|I_{k-1}], \quad e_{k|k-1} = x_k - \hat{x}_{k|k-1}, \quad P_{k|k-1} = E[e_{k|k-1}e_{k|k-1}^{\mathrm{T}}\,|I_{k-1}] \\ \hat{x}_k = E[x_k\,|I_k], \quad e_k = x_k - \hat{x}_k, \quad P_k = E[e_k e_k^{\mathrm{T}}\,|I_k] \\ \hat{y}_{k|k-1} = E[y_k\,|I_{k-1}], \quad z_k = y_k - \hat{y}_{k|k-1} \end{cases} \tag{8-12}$$

式中，$I_k = \{\gamma_0, \cdots, \gamma_k, \gamma_0 y_0, \cdots, \gamma_k y_k\}$，$I_{-1} = \varnothing$。显然，基于式 (8-12) 所推导出的状态估计就是状态的最小均方误差估计器。

定义传感器的通信率为

$$\gamma = \limsup_{T\to+\infty} \frac{1}{T+1}\sum_{k=0}^{T} E[\gamma_k] \tag{8-13}$$

8.3.1　基于确定性事件触发机制的状态估计

考虑如下基于新息的确定性事件触发条件：

$$\gamma_k = \begin{cases} 0, & \left\|F_k^{\mathrm{T}} z_k\right\|_\infty \leqslant \delta \\ 1, & \text{其他} \end{cases} \tag{8-14}$$

式中，$F_k^{\mathrm{T}} F_k = (CP_{k|k-1}C^{\mathrm{T}} + R)^{-1}$，$\delta > 0$ 为提前设置的阈值。

Wu 等 [18] 根据式 (8-14) 的事件触发机制设计状态的精确最小均方误差估计器和近似最小均方误差估计器。

1. *精确最小均方误差估计器*

1) 时间更新

状态预测估计 $\hat{x}_{k|k-1}$ 是状态 x_k 在 I_{k-1} 条件下的条件均值，其通常被称为先验估计，即

$$\hat{x}_{k|k-1} = E[x_k\,|I_{k-1}] = \int_{\mathbb{R}^m} x_k p(x_k\,|I_{k-1})\mathrm{d}x_k \tag{8-15}$$

相应的估计误差协方差 $P_{k|k-1}$ 为

$$P_{k|k-1} = E[(x_k - \hat{x}_{k|k-1})(x_k - \hat{x}_{k|k-1})^{\mathrm{T}}\,|I_{k-1}]$$

$$= \int_{\mathbb{R}^m} (x_k - \hat{x}_{k|k-1})(x_k - \hat{x}_{k|k-1})^{\mathrm{T}} p(x_k | I_{k-1}) \mathrm{d}x_k \tag{8-16}$$

2) 量测更新

根据 $\gamma_k = 1$ 或 0，即估计器是否获得当前量测，将状态后验估计 $\hat{x}_k$ 的推导分为如下两种情况。

(1) 当 $\gamma_k = 0$ 时，传感器不传递当前量测 y_k 到估计器。但是根据事件触发条件式 (8-14)，估计器可以推测或重构 y_k 的一些信息，即 $\left\|F_k^{\mathrm{T}} z_k\right\|_\infty \leqslant \delta$。因此，$\hat{x}_k$ 可以由下式给出：

$$\hat{x}_k = E\left[x_k \middle| \hat{I}_k\right] = \int_{\mathbb{R}^m} x_k p(x_k \middle| \hat{I}_k) \mathrm{d}x_k \tag{8-17}$$

式中，$\hat{I}_k = I_{k-1} \bigcup \{\gamma_k = 0\}$。

定义满足如下条件的集合 $\Omega \subset \mathbb{R}^m$：

$$\Omega \triangleq \left\{F_k^{\mathrm{T}} z_k \in \mathbb{R}^m : \left\|F_k^{\mathrm{T}} z_k\right\|_\infty \leqslant \delta\right\} \tag{8-18}$$

令 $\varepsilon_k = F_k^{\mathrm{T}} z_k$。根据贝叶斯准则计算 $p(x_k \middle| \hat{I}_k)$ 得

$$p(x_k \middle| \hat{I}_k) = \frac{p(x_k | I_{k-1}) \displaystyle\int_\Omega x_k p(\varepsilon_k | I_{k-1}, x_k) \mathrm{d}\varepsilon_k}{\displaystyle\int_\Omega p(\varepsilon_k | I_{k-1}) \mathrm{d}\varepsilon_k} \tag{8-19}$$

式中，

$$p(\varepsilon_k | I_{k-1}, x_k) = N(F_k^{\mathrm{T}} x_k - F_k^{\mathrm{T}} C \hat{x}_{k|k-1}, F_k^{\mathrm{T}} R F_k) \tag{8-20}$$

$$z_k = C x_k + v_k - C \hat{x}_{k|k-1} = C e_{k|k-1} + v_k \tag{8-21}$$

状态估计误差协方差 P_k 为

$$P_k = \int_{\mathbb{R}^m} (x_k - \hat{x}_k)(x_k - \hat{x}_k)^{\mathrm{T}} p(x_k \middle| \hat{I}_k) \mathrm{d}x \tag{8-22}$$

(2) 当 $\gamma_k = 1$ 时，传感器传递当前量测 y_k 到估计器。则 $I_k = I_{k-1} \bigcup \{z_k\}$。则状态后验估计 $\hat{x}_k$ 可以由下式给出：

$$\hat{x}_k = E[x_k | I_k] = \int_{\mathbb{R}^m} x_k p(x_k | I_k) \mathrm{d}x_k \tag{8-23}$$

式中，

$$p(x_k | I_k) = \frac{p(x_k | I_{k-1}) p(z_k | I_{k-1}, x_k)}{p(z_k | I_{k-1})} \tag{8-24}$$

根据式 (8-21), $p(z_k | I_{k-1}, x_k)$ 服从如下高斯分布：

$$p(z_k | I_{k-1}, x_k) = N(C x_k - C \hat{x}_{k|k-1}, R) \tag{8-25}$$

则，状态估计误差协方差 P_k 为

$$P_k = \int_{\mathbb{R}^m} (x_k - \hat{x}_k)(x_k - \hat{x}_k)^{\mathrm{T}} p(x_k \,|I_k, z_k)\mathrm{d}x_k \tag{8-26}$$

虽然上面的时间更新和量测更新两步给出了状态 x_k 的精确最小方差估计 $\hat{x}_k$，但是要实现上述估计器就需要计算各种积分。通常情况下，这些积分的计算比较复杂甚至根本无法被执行，因此下面推导一种可被执行的近似最小方差估计器。

2. 近似最小均方误差估计器

定义函数 h，$\tilde{g}_\lambda$，g_λ 为

$$\tilde{g}_\lambda(X) \triangleq X - \lambda X C^{\mathrm{T}}(CXC^{\mathrm{T}} + R)^{-1}CX$$
$$h(X) \triangleq AXA^{\mathrm{T}} + Q, \quad g_\lambda(X) \triangleq \tilde{g}_\lambda \circ h(X)$$

假设 x_k 在 I_{k-1} 条件下的条件概率密度函数服从高斯分布，即

$$p(x_k \,|I_{k-1}) = N(\hat{x}_{k|k-1}, P_{k|k-1}) \tag{8-27}$$

根据式 (8-21) 和式 (8-27) 知，z_k 在 I_{k-1} 条件下服从均值为零的高斯分布并且 z_k 和 x_k 在 I_{k-1} 条件下的联合概率密度服从高斯分布。

$$E\left[z_k z_k^{\mathrm{T}} \,|I_{k-1}\right] = CE\left[e_{k|k-1} e_{k|k-1}^{\mathrm{T}} \,|I_{k-1}\right] C^{\mathrm{T}} + R = CP_{k|k-1}C^{\mathrm{T}} + R \tag{8-28}$$

$$E\left[e_{k|k-1} z_k^{\mathrm{T}} \,|I_{k-1}\right] = E\left[e_{k|k-1} e_{k|k-1}^{\mathrm{T}} \,|I_{k-1}\right] C^{\mathrm{T}} = P_{k|k-1}C^{\mathrm{T}} \tag{8-29}$$

由于 $\varepsilon_k = F_k^{\mathrm{T}} z_k$，根据式 (8-28)，有

$$E\left[\varepsilon_k \varepsilon_k^{\mathrm{T}} \,|I_{k-1}\right] = F_k^{\mathrm{T}} E\left[z_k z_k^{\mathrm{T}} \,|I_{k-1}\right] F_k = I_m \tag{8-30}$$

因此，在 I_{k-1} 的条件下，ε_k 服从均值为零、方差为单位矩阵的高斯分布。则 ε_k^i 和 ε_k^j，$i \neq j$ 相互独立。

引理 8.1　$F_k^{\mathrm{T}} E\left[z_k z_k^{\mathrm{T}} \middle| \hat{I}_k\right] F_k = E\left[\varepsilon_k \varepsilon_k^{\mathrm{T}} \middle| \hat{I}_k\right] = [1 - \beta(\delta)]I_m$。

证明　在证明引理 8-1 之前首先引入一个有用的引理。

引理 8.2　令 $x \in \mathbb{R}$ 服从均值为零方、差为 δ^2 的高斯分布；令 $\Delta = \delta\sigma$。则 $E\left[x^2 \,||x| \leqslant \Delta\right] = \delta^2(1 - \beta(\delta))$。

证明　根据 $f_x(x \,||x| \leqslant \Delta) = f_x(x) / \int_{-\Delta}^{\Delta} f_x(t)\mathrm{d}t$ 的性质，有

$$E\left[x^2 \,||x| \leqslant \Delta\right] = \frac{1}{\int_{-\Delta}^{\Delta} f_x(t)\mathrm{d}t} \int_{-\Delta}^{\Delta} \frac{t^2}{\sqrt{2\pi}} \mathrm{e}^{-\frac{t^2}{2\sigma^2}} \mathrm{d}t$$

$$=\frac{\sigma^2}{1-2Q(\delta)}\int_{-\delta}^{\delta}\frac{y^2}{\sqrt{2\pi}}\mathrm{e}^{-\frac{y^2}{2}}\mathrm{d}y \tag{8-31}$$

式中

$$\begin{aligned}\int_{-\delta}^{\delta}\frac{y^2}{\sqrt{2\pi}}\mathrm{e}^{-\frac{y^2}{2}}\mathrm{d}y &= -\frac{1}{\sqrt{2\pi}}y\mathrm{e}^{-\frac{y^2}{2}}\Big|_{-\delta}^{\delta}+\int_{-\delta}^{\delta}\frac{1}{\sqrt{2\pi}}\mathrm{e}^{-\frac{y^2}{2}}\mathrm{d}y\\ &=1-2Q(\delta)-\frac{2}{\sqrt{2\pi}}\delta\mathrm{e}^{-\frac{\delta^2}{2}}\end{aligned} \tag{8-32}$$

引理 8.2 得证。

由于在 I_{k-1} 的条件下，ε_k^i 和 ε_k^j，$i\neq j$ 相互独立。根据引理 8.2 知

$$\begin{aligned}E\left[\left(\varepsilon_k^i\right)^2\middle|\hat{I}_k\right]&=E\left[\left(\varepsilon_k^i\right)^2\middle|\hat{I}_k\,,\|\varepsilon_k\|_\infty\leqslant\delta\right]\\&=E\left[\left(\varepsilon_k^i\right)^2|I_{k-1}\,,\left|\varepsilon_k^i\right|\leqslant\delta\right]\\&=1-\beta(\delta)\end{aligned} \tag{8-33}$$

$$E\left[\varepsilon_k^i\varepsilon_k^j\middle|\hat{I}_k\right]=E\left[\varepsilon_k^i\varepsilon_k^j|I_{k-1},\left|\varepsilon_k^i\leqslant\delta\right.\right]=0 \tag{8-34}$$

因此

$$E\left[\varepsilon_k\varepsilon_k^{\mathrm{T}}\middle|\hat{I}_k\right]=[1-\beta(\delta)]I_m \tag{8-35}$$

引理 8.3

$$E\left[e_{k|k-1}z_k^{\mathrm{T}}\middle|\hat{I}_k\right]=L_kE\left[z_kz_k^{\mathrm{T}}\middle|\hat{I}_k\right] \tag{8-36}$$

$$E\left[(e_{k|k-1}-L_kz_k)z_k^{\mathrm{T}}\middle|\hat{I}_k\right]=0 \tag{8-37}$$

$$E\left[(e_{k|k-1}-L_kz_k)(e_{k|k-1}-L_kz_k)^{\mathrm{T}}|I_{k-1},z_k=z\right]=\tilde{g}(P_{k|k-1}) \tag{8-38}$$

$$E\left[(e_{k|k-1}-L_kz_k)(e_{k|k-1}-L_kz_k)^{\mathrm{T}}\middle|\hat{I}_k\right]=\tilde{g}(P_{k|k-1}) \tag{8-39}$$

式中，$L_k=P_{k|k-1}C^{\mathrm{T}}[CP_{k|k-1}C^{\mathrm{T}}+R]^{-1}$。

证明　证明引理 8.3 之前引入一个引理。

引理 8.4　令 $x\in\mathbb{R}^n$ 和 $y\in\mathbb{R}^m$ 的联合概率密度为高斯分布，均值和方差为

$$m=\begin{bmatrix}\bar{x}\\ \bar{y}\end{bmatrix},\quad \varSigma=\begin{bmatrix}\varSigma_{xx} & \varSigma_{xy}\\ \varSigma_{yx} & \varSigma_{yy}\end{bmatrix} \tag{8-40}$$

则 x 在 y 条件下的条件高斯分布 $f_{x|y}(x|y)=N\left(\mu,\varSigma_{xx}-\varSigma_{xy}\varSigma_{yy}^{-1}\varSigma_{yx}\right)$，$\mu=\bar{x}+\varSigma_{xy}\varSigma_{yy}^{-1}(y-\bar{y})$。

首先证明式 (8-36)。根据引理 8.4、式 (8-28) 和式 (8-29)，有

$$E[x_k\,|I_{k-1},z_k]=\hat{x}_{k|k-1}+P_{k|k-1}C^{\mathrm{T}}(CP_{k|k-1}C^{\mathrm{T}}+R)^{-1}z_k \tag{8-41}$$

定义 $p_\delta\triangleq p(\|\varepsilon_k\|_\infty\leqslant\delta\,|I_{k-1})$。由于在 I_{k-1} 条件下，ε_k 服从均值为零、方差为单位矩阵的高斯分布。根据条件分布：

$$f_{\varepsilon_k}(\varepsilon\left|\hat{I}_k\right.)=\begin{cases}\dfrac{f_{\varepsilon_k}(\varepsilon\,|I_{k-1})}{p_\delta}, & \|\varepsilon_k\|\leqslant\delta\\ 0, & \text{其他}\end{cases} \tag{8-42}$$

可得

$$\begin{aligned}E\left[e_{k|k-1}z_k^{\mathrm{T}}\left|\hat{I}_k\right.\right]=&\frac{1}{p_\delta}\int_\Omega E\left[e_{k|k-1}\left|I_{k-1},z_k=F_k^{-\mathrm{T}}\varepsilon\right.\right]\varepsilon^{\mathrm{T}}F_k^{-1}f_{\varepsilon_k}(\varepsilon\,|I_{k-1})\mathrm{d}\varepsilon\\=&\frac{1}{p_\delta}\int_\Omega E\left[x_k-\hat{x}_{k|k-1}\left|I_{k-1},z_k=F_k^{-\mathrm{T}}\varepsilon\right.\right]\varepsilon^{\mathrm{T}}F_k^{-1}f_{\varepsilon_k}(\varepsilon\,|I_{k-1})\mathrm{d}\varepsilon\\=&\frac{1}{p_\delta}\int_\Omega \left(E\left[x_k\left|I_{k-1},z_k=F_k^{-\mathrm{T}}\varepsilon\right.\right]-\hat{x}_{k|k-1}\right)\varepsilon^{\mathrm{T}}F_k^{-1}f_{\varepsilon_k}(\varepsilon\,|I_{k-1})\mathrm{d}\varepsilon\\=&P_{k|k-1}C^{\mathrm{T}}(CP_{k|k-1}C^{\mathrm{T}}+R)^{-1}F_k^{-\mathrm{T}}\frac{1}{p_\delta}\int_\Omega\varepsilon\varepsilon^{\mathrm{T}}f_{\varepsilon_k}(\varepsilon\,|I_{k-1})\mathrm{d}\varepsilon F_k^{-1}\\=&L_kF_k^{-\mathrm{T}}E\left[\varepsilon_k\varepsilon_k^{\mathrm{T}}\left|\hat{I}_k\right.\right]F_k^{-1}\\=&L_kE\left[z_kz_k^{\mathrm{T}}\left|\hat{I}_k\right.\right]\end{aligned} \tag{8-43}$$

根据式 (8-36) 知：

$$E\left[(e_{k|k-1}-L_kz_k)z_k^{\mathrm{T}}\left|\hat{I}_k\right.\right]=E\left[e_{k|k-1}z_k^{\mathrm{T}}\left|\hat{I}_k\right.\right]-L_kE\left[z_kz_k^{\mathrm{T}}\left|\hat{I}_k\right.\right]=0 \tag{8-44}$$

则式 (8-37) 得证。下面证明式 (8-38)，根据引理 8.4，得

$$\begin{aligned}&E\left[(x_k-E\left[x_k\,|I_{k-1},z_k\right])(x_k-E\left[x_k\,|I_{k-1},z_k\right])^{\mathrm{T}}\,|I_{k-1},z_k\right]\\=&P_{k|k-1}-P_{k|k-1}C(CP_{k|k-1}C^{\mathrm{T}}+R)^{-1}CP_{k|k-1}\\=&\tilde{g}(P_{k|k-1})\end{aligned} \tag{8-45}$$

由式 (8-41) 知：

$$x_k-E\left[x_k\,|I_{k-1},z_k\right]=x_k-\hat{x}_{k|k-1}-L_kz_k=e_{k|k-1}-L_kz_k \tag{8-46}$$

结合式 (8-45) 可以证明式 (8-38)。根据式 (8-38) 得

$$E\left[(e_{k|k-1}-L_kz_k)(e_{k|k-1}-L_kz_k)^{\mathrm{T}}\left|\hat{I}_k\right.\right]$$

$$
\begin{aligned}
&=\int_{\Omega} E\left[(e_{k|k-1}-L_k z_k)(e_{k|k-1}-L_k z_k)^{\mathrm{T}}\,|I_{k-1}, z_k=F_k^{-\mathrm{T}}\varepsilon\right]\frac{f_{\varepsilon_k}(\varepsilon\,|I_{k-1})}{p_\delta}\mathrm{d}\varepsilon\\
&=\frac{1}{p_\delta}\tilde{g}(P_{k|k-1})\int_{\Omega} f_{\varepsilon_k}(\varepsilon\,|I_{k-1})\mathrm{d}\varepsilon\\
&=\tilde{g}(P_{k|k-1})
\end{aligned}\tag{8-47}
$$

根据上面的引理，则近似最小均方误差估计器的时间更新为

$$
\hat{x}_{k|k-1}=AE\left[x_{k-1}\,|I_{k-1}\right]=A\hat{x}_{k-1}\tag{8-48}
$$

$$
\begin{aligned}
P_{k|k-1}&=E\left[(Ae_{k-1}+w_{k-1})(Ae_{k-1}+w_{k-1})^{\mathrm{T}}\,|I_{k-1}\right]\\
&=AP_{k-1}A+Q=h(P_{k-1})
\end{aligned}\tag{8-49}
$$

根据 $\gamma_k=1$ 或 0 分两种情况计算量测更新。

(1) $\gamma_k=1$：根据式 (8-41) 和式 (8-45)，得

$$
\hat{x}_k=\hat{x}_{k|k-1}+L_k z_k\tag{8-50}
$$

$$
P_k=\tilde{g}(P_{k|k-1})\tag{8-51}
$$

(2) $\gamma_k=0$：传感器不传递量测 y_k 到估计器，则状态 x_k 可以通过式 (8-52) 计算：

$$
\begin{aligned}
\hat{x}_k&=E\left[x_k\,\middle|\,\hat{I}_k\right]\\
&=\frac{1}{p_\delta}\int_{\Omega} E\left[x_k\,|I_{k-1}, z_k=F_k^{-\mathrm{T}}\varepsilon\right]f_{\varepsilon_k}(\varepsilon\,|I_{k-1})\mathrm{d}\varepsilon\\
&=\frac{1}{p_\delta}\int_{\Omega}\left(\hat{x}_{k|k-1}+L_k F_k^{-\mathrm{T}}\varepsilon\right)f_{\varepsilon_k}(\varepsilon\,|I_{k-1})\mathrm{d}\varepsilon\\
&=\hat{x}_{k|k-1}+\frac{L_k F_k^{-\mathrm{T}}}{p_\delta}\int_{\Omega}\varepsilon f_{\varepsilon_k}(\varepsilon\,|I_{k-1})\mathrm{d}\varepsilon\\
&=\hat{x}_{k|k-1}
\end{aligned}\tag{8-52}
$$

根据式 (8-37)、式 (8-39)、引理 8.1 和引理 8.2，P_k 可以通过式 (8-53) 计算：

$$
\begin{aligned}
P_k&=E\left[(x_k-\hat{x}_k)(x_k-\hat{x}_k)^{\mathrm{T}}\,\middle|\,\hat{I}_k\right]\\
&=E\left[(x_k-\hat{x}_{k|k-1})(x_k-\hat{x}_{k|k-1})^{\mathrm{T}}\,\middle|\,\hat{I}_k\right]\\
&=E\left[\{(e_{k|k-1}-L_k z_k)+L_k z_k\}\{(e_{k|k-1}-L_k z_k)+L_k z_k\}^{\mathrm{T}}\,\middle|\,\hat{I}_k\right]
\end{aligned}
$$

$$=E\left[\begin{array}{l}(e_{k|k-1}-L_kz_k)(e_{k|k-1}-L_kz_k)^{\mathrm{T}}+(e_{k|k-1}-L_kz_k)z_k^{\mathrm{T}}L_k^{\mathrm{T}}\\+L_kz_k(e_{k|k-1}-L_kz_k)^{\mathrm{T}}+L_kz_kz_k^{\mathrm{T}}L_k^{\mathrm{T}}\left|\hat{I}_k\right.\end{array}\right]$$

$$=\tilde{g}(P_{k|k-1})+L_kE\left[z_kz_k^{\mathrm{T}}\left|\hat{I}_k\right.\right]L_k^{\mathrm{T}}$$

$$=\tilde{g}(P_{k|k-1})+(1-\beta(\delta))\,L_k(F_kF_k^{\mathrm{T}})L_k^{\mathrm{T}}$$

$$=\tilde{g}(P_{k|k-1})+(1-\beta(\delta))\,L_k(CP_{k|k-1}C^{\mathrm{T}}+R)L_k^{\mathrm{T}}$$

$$=\tilde{g}_{\beta(\delta)}(P_{k|k-1}) \tag{8-53}$$

下面推导传感器的平均通信率。令 $\varepsilon_k\triangleq F_k^{\mathrm{T}}z_k$。由于 $\delta>0$，对任意 $1\leqslant i\leqslant m$，如果 $\varepsilon_k^i\leqslant\delta$，则 $\|\varepsilon_k\|_\infty=\max\left\{\left|\varepsilon_k^1\right|,\cdots,\left|\varepsilon_k^m\right|\right\}\leqslant\delta$。因此，有

$$\begin{aligned}p(\|\varepsilon_k\|_\infty\leqslant\delta\,|I_{k-1})=&\prod_{i=1}^m p(\left|\varepsilon_k^i\right|\leqslant\delta\,|I_{k-1})\\=&(1-2Q(\delta))^m\end{aligned} \tag{8-54}$$

根据事件驱动策略式 (8-14) 和式 (8-54) 知：

$$p(\gamma_k=0)=(1-2Q(\delta))^m \tag{8-55}$$

$$p(\gamma_k=1)=1-(1-2Q(\delta))^m \tag{8-56}$$

因此，传感器到估计器的平均通信率 γ 为

$$\gamma=1-(1-2Q(\delta))^m \tag{8-57}$$

8.3.2　基于随机事件触发机制的状态估计

考虑如下随机触发条件：

$$\gamma_k=\begin{cases}0, & \zeta_k\leqslant\varphi(y_k,\hat{y}_{k|k-1})\\1, & \zeta_k>\varphi(y_k,\hat{y}_{k|k-1})\end{cases} \tag{8-58}$$

式中，ζ_k 是 $[0,1]$ 上服从均匀分布的随机变量；$\varphi(y_k,\hat{y}_{k|k-1}):\mathbb{R}^m\times\mathbb{R}^m\to[0,1]$。定义传感器的通信率为

$$\gamma=\limsup_{T\to+\infty}\frac{1}{T+1}\sum_{k=0}^T E[\gamma_k] \tag{8-59}$$

在每个时刻 k，事件触发机制产生一个独立同分布、在 $[0,1]$ 上服从均匀分布的随机变量 ζ_k，然后比较 ζ_k 和 $\varphi(y_k,\hat{y}_{k|k-1})$，当且仅当 $\zeta_k>\varphi(y_k,\hat{y}_{k|k-1})$ 时，传

感器传递当前量测 y_k 到估计器 [19]。如果把 $\varphi(y_k, \hat{y}_{k|k-1})$ 的值域限定在集合 $\{0,1\}$ 上，Wu 等 [18] 提出的确定性策略可以看作随机规则式 (8-58) 的一个特例。但是只有选择合适的 $\varphi(y_k, \hat{y}_{k|k-1})$ 才能有助于最小均方误差估计器的实现。Han 等 [19] 设计了两种 $\varphi(y_k, \hat{y}_{k|k-1})$ 及推导了相应的最小均方误差估计器。

1. 开环结构

对于开环情形，假设 $\varphi(y_k, \hat{y}_{k|k-1})$ 只由当前量测 y_k 决定。构造 $\varphi(y_k, \hat{y}_{k|k-1})$ 的开环形式如下：

$$\varphi(y_k, \hat{y}_{k|k-1}) = \exp\left(-\frac{1}{2} y_k^{\mathrm{T}} Y y_k\right) \tag{8-60}$$

式中，Y 是非奇异正定矩阵，是设计事件触发器时引入的一个自由变量，可以用来平衡通信率和系统估计性能。

假设 x_k 在 I_{k-1} 条件下的条件概率密度函数服从均值为 $\hat{x}_{k|k-1}$，方差为 $P_{k|k-1}$ 的高斯分布。根据 $\gamma_k = 1$ 或 0，即估计器是否获得当前量测，将状态后验估计 $\hat{x}_k$ 的推导分为如下两种情况。

(1) 当 $\gamma_k = 0$ 时，传感器不传递当前量测 y_k。但是根据式 (8-58) 和式 (8-60) 的事件触发条件，估计器可以推测 y_k 的一些信息，即 $\zeta_k \leqslant \varphi(y_k, \hat{y}_{k|k-1})$。考虑 x_k 和 y_k 的联合条件概率密度函数：

$$\begin{aligned} p(x_k, y_k | I_k) &= p(x_k, y_k | I_{k-1}, \gamma_k = 0) \\ &= \frac{p(x_k, y_k | I_{k-1}) p(\gamma_k = 0 | x_k, y_k, I_{k-1})}{p(\gamma_k = 0 | I_{k-1})} \\ &= \frac{p(x_k, y_k | I_{k-1}) p(\gamma_k = 0 | y_k)}{p(\gamma_k = 0 | I_{k-1})} \end{aligned} \tag{8-61}$$

定义 $[x_k^{\mathrm{T}}, y_k^{\mathrm{T}}]$ 在 I_{k-1} 条件下的协方差为

$$\varPhi_k \triangleq \begin{pmatrix} P_{k|k-1} & P_{k|k-1} C^{\mathrm{T}} \\ C P_{k|k-1} & C P_{k|k-1} C^{\mathrm{T}} + R \end{pmatrix} \tag{8-62}$$

根据事件触发条件式 (8-58) 和式 (8-60)，估计器可以推测 y_k 的一些信息，即 $\zeta_k \leqslant \varphi(y_k, \hat{y}_{k|k-1})$，则

$$\begin{aligned} p(\gamma_k = 0 | y_k) &= p(\zeta_k \leqslant \varphi(y_k, \hat{y}_{k|k-1}) | y_k) \\ &= \exp\left(-\frac{1}{2} y_k^{\mathrm{T}} Y y_k\right) \end{aligned} \tag{8-63}$$

根据式 (8-61)~式 (8-63)，可得

$$p(x_k, y_k | I_k) = \alpha_k \exp\left(-\frac{1}{2} \theta_k\right) \tag{8-64}$$

式中，

$$\alpha_k = \frac{1}{p(\gamma_k = 0\,|I_{k-1})\sqrt{|\varPhi_k|\,(2\pi)^{m+n}}}$$

$$\theta_k = \begin{pmatrix} x_k - \hat{x}_{k|k-1} \\ y_k - \hat{y}_{k|k-1} \end{pmatrix}^{\mathrm{T}} \varPhi_k^{-1} \begin{pmatrix} x_k - \hat{x}_{k|k-1} \\ y_k - \hat{y}_{k|k-1} \end{pmatrix} + y_k^{\mathrm{T}} Y y_k \tag{8-65}$$

整理式 (8-65) 之前，首先给出下面引理。

引理 8.5　令矩阵 $\varPhi > 0$，将 $\varPhi$ 分块为如下形式：

$$\varPhi = \begin{pmatrix} \varPhi_{xx} & \varPhi_{xy} \\ \varPhi_{xy}^{\mathrm{T}} & \varPhi_{yy} \end{pmatrix} \tag{8-66}$$

式中，$\varPhi_{xx} \in \mathbb{R}^{n\times n}$，$\varPhi_{xy} \in \mathbb{R}^{n\times m}$，$\varPhi_{yy} \in \mathbb{R}^{m\times m}$。则，下面的等式成立：

$$\varPhi^{-1} + \begin{pmatrix} 0 & 0 \\ 0 & Y \end{pmatrix} = \varTheta^{-1}$$

式中，

$$\varTheta = \begin{pmatrix} \varTheta_{xx} & \varTheta_{xy} \\ \varTheta_{xy}^{\mathrm{T}} & \varTheta_{yy} \end{pmatrix}$$

$$\varTheta_{xx} = \varPhi_{xx} - \varPhi_{xy}(\varPhi_{yy} + Y^{-1})^{-1}\varPhi_{xy}^{\mathrm{T}}$$

$$\varTheta_{xy} = \varPhi_{xy}(I + Y\varPhi_{yy})^{-1}$$

$$\varTheta_{yy} = (\varPhi_{yy}^{-1} + Y)^{-1}$$

根据引理 8.5 整理式 (8-65) 得

$$\theta_k = \begin{pmatrix} x_k - \bar{x}_k \\ y_k - \bar{y}_k \end{pmatrix}^{\mathrm{T}} \varTheta_k^{-1} \begin{pmatrix} x_k - \bar{x}_k \\ y_k - \bar{y}_k \end{pmatrix} + c_k \tag{8-67}$$

式中，

$$\bar{x}_k = \hat{x}_{k|k-1} - P_{k|k-1}C^{\mathrm{T}}(CP_{k|k-1}C^{\mathrm{T}} + R + Y^{-1})^{-1}\hat{y}_{k|k-1}$$
$$\bar{y}_k = (I + Y(CP_{k|k-1}C^{\mathrm{T}} + R))^{-1}\hat{y}_{k|k-1}$$
$$c_k = \hat{y}_{k|k-1}^{\mathrm{T}}(CP_{k|k-1}C^{\mathrm{T}} + R + Y^{-1})^{-1}\hat{y}_{k|k-1}$$

$$\varTheta_k = \begin{pmatrix} \varTheta_{xx,k} & \varTheta_{xy,k} \\ \varTheta_{xy,k}^{\mathrm{T}} & \varTheta_{yy,k} \end{pmatrix}$$

$$\Theta_{xx,k}=P_{k|k-1}-P_{k|k-1}C^{\mathrm{T}}(CP_{k|k-1}C^{\mathrm{T}}+R+Y^{-1})^{-1}CP_{k|k-1}$$
$$\Theta_{xy,k}=P_{k|k-1}C^{\mathrm{T}}(I+Y(CP_{k|k-1}C^{\mathrm{T}}+R))^{-1}$$
$$\Theta_{yy,k}=((CP_{k|k-1}C^{\mathrm{T}}+R)^{-1}+Y)^{-1}$$

因此，把式 (8-67) 代入式 (8-64) 得

$$p(x_k,y_k\,|I_k)=\alpha_k\exp\left(-\frac{1}{2}c_k\right)\exp\left(-\frac{1}{2}\begin{pmatrix}x_k-\bar{x}_k\\ y_k-\bar{y}_k\end{pmatrix}^{\mathrm{T}}\Theta_k^{-1}\begin{pmatrix}x_k-\bar{x}_k\\ y_k-\bar{y}_k\end{pmatrix}\right)\tag{8-68}$$

由于 $p(x_k,y_k\,|I_k)$ 为概率密度函数，则

$$\int_{\mathbb{R}^n}\int_{\mathbb{R}^m}p(x_k,y_k\,|I_k)\mathrm{d}x_k\mathrm{d}y_k=1$$

因此，由式 (8-68) 可知：

$$\alpha_k\exp\left(-\frac{1}{2}c_k\right)=\frac{1}{\sqrt{|\Theta_k|\,(2\pi)^{m+n}}}$$

因此，x_k 和 y_k 在 I_{k-1} 条件下的联合概率密度函数服从均值为 $\bar{x}_k$、方差为 $\Theta_{xx,k}$ 的高斯分布。

(2) 当 $\gamma_k=1$ 时，传感器传递当前量测 y_k 到估计器。则

$$\begin{aligned}p(x_k\,|I_k)&=p(x_k\,|I_{k-1},\gamma_k=1,y_k)\\&=\frac{p(x_k\,|y_k,I_{k-1})p(\gamma_k=1\,|x_k,y_k,I_{k-1})}{p(\gamma_k=1\,|y_k,I_{k-1})}\\&=\frac{p(x_k\,|y_k,I_{k-1})p(\gamma_k=1\,|y_k)}{p(\gamma_k=0\,|y_k)}\\&=p(x_k\,|y_k,I_{k-1})\end{aligned}\tag{8-69}$$

由于 $y_k=Cx_k+v_k$，x_k 与 v_k 相互独立且服从高斯分布，x_k 和 y_k 在 I_{k-1} 条件下的联合概率密度函数服从高斯分布，则 $p(x_k\,|I_k)$ 服从高斯分布。由于 $p(x_k\,|y_k,I_{k-1})$ 是标准 Kalman 滤波的量测更新，则根据标准 Kalman 滤波有

$$p(x_k\,|I_k)=N(x_k;\hat{x}_k,P_k)\tag{8-70}$$

式中，

$$\hat{x}_k=\hat{x}_{k|k-1}+K_k(y_k-C\hat{x}_{k|k-1})$$
$$P_k=P_{k|k-1}-K_kCP_{k|k-1}$$

$$K_k = P_{k|k-1}C^{\mathrm{T}}\left(CP_{k|k-1}C^{\mathrm{T}} + R + (1-\gamma_k)Y^{-1}\right)^{-1}$$

由于 x_k 与 w_k 相互独立且服从高斯分布，则

$$p(x_{k+1}\,|I_k) = N\left(x_{k+1}; A\hat{x}_k, AP_kA^{\mathrm{T}} + Q\right) \tag{8-71}$$

因此，开环随机事件驱动的最小方差估计器如下。

时间更新：

$$\hat{x}_{k|k-1} = A\hat{x}_{k-1} \tag{8-72}$$

$$P_{k|k-1} = AP_{k-1}A^{\mathrm{T}} + Q \tag{8-73}$$

量测更新：

$$\begin{aligned}\hat{x}_k &= \hat{x}_{k|k-1} + \gamma_k K_k y_k - K_k C\hat{x}_{k|k-1} \\ &= (I - K_kC)\hat{x}_{k|k-1} + \gamma_k K_k y_k\end{aligned} \tag{8-74}$$

$$P_k = P_{k|k-1} - K_kCP_{k|k-1} \tag{8-75}$$

式中，

$$K_k = P_{k|k-1}C^{\mathrm{T}}\left(CP_{k|k-1}C^{\mathrm{T}} + R + (1-\gamma_k)Y^{-1}\right)^{-1} \tag{8-76}$$

下面推导基于随机事件驱动触发机制中开环条件的平均通信率。对于线性高斯系统式 (8-1) 和式 (8-2)，由于 y_k 服从均值为零的高斯分布，根据事件驱动触发机制式 (8-58)~式 (8-60)，有

$$\begin{aligned}p(\gamma_k = 0) &= p\left(\zeta_k \leqslant \exp\left(-\frac{1}{2}y_k^{\mathrm{T}}Yy_k\right)\right) \\ &= E\left[\exp\left(-\frac{1}{2}y_k^{\mathrm{T}}Yy_k\right)\right] \\ &= \int_{\mathbb{R}^m} \frac{\exp\left(-\frac{1}{2}y_k^{\mathrm{T}}(\Pi^{-1}+Y)y_k\right)}{\sqrt{\det(\Pi)(2\pi)^m}}\mathrm{d}y_k \\ &= \frac{1}{\sqrt{\det(I+\Pi Y)}}\int_{\mathbb{R}^m} \frac{\exp\left(-\frac{1}{2}y_k^{\mathrm{T}}(\Pi^{-1}+Y)y_k\right)}{\sqrt{\det\left(\Pi^{-1}+Y\right)^{-1}(2\pi)^m}}\mathrm{d}y_k \\ &= \frac{1}{\sqrt{\det(I+\Pi Y)}}\end{aligned} \tag{8-77}$$

式中，$\Pi = \mathrm{cov}(y_k) = C\Sigma C^{\mathrm{T}} + R$，$\Sigma = A\Sigma A^{\mathrm{T}} + Q$。

因此，根据通信率的定义式 (8-59) 可知开环条件的通信率为

$$\gamma = 1 - \frac{1}{\sqrt{\det(I + \Pi Y)}} \tag{8-78}$$

2. 闭环结构

假设事件触发机制在做出传递量测与否的决策之前能够接收到反馈信息 $\hat{y}_{k|k-1}$。因此，构造 $\varphi(y_k, \hat{y}_{k|k-1})$ 的闭环形式如下：

$$\varphi(y_k, \hat{y}_{k|k-1}) = \exp\left(-\frac{1}{2}(y_k - \hat{y}_{k|k-1})^{\mathrm{T}} Z (y_k - \hat{y}_{k|k-1})\right) \tag{8-79}$$

式中，Z 是非奇异正定矩阵，是设计事件触发器时引入的一个自由变量，可以用来平衡通信率和系统估计性能。

在随机事件触发机制的闭环结构下，x_k 在 I_{k-1} 条件下的条件概率密度函数服从均值为 $\hat{x}_{k|k-1}$ 且方差为 $P_{k|k-1}$ 的高斯分布；x_k 在 I_k 条件下的条件概率密度函数服从均值为 $\hat{x}_k$ 且方差为 P_k 的高斯分布。

因此，下面给出闭环随机事件驱动的最小方差估计器。

时间更新：

$$\hat{x}_{k|k-1} = A\hat{x}_{k-1} \tag{8-80}$$

$$P_{k|k-1} = AP_{k-1}A^{\mathrm{T}} + Q \tag{8-81}$$

量测更新：

$$\hat{x}_k = \hat{x}_{k|k-1} + \gamma_k K_k z_k \tag{8-82}$$

$$P_k = P_{k|k-1} - K_k C P_{k|k-1} \tag{8-83}$$

式中，

$$K_k = P_{k|k-1} C^{\mathrm{T}} \left(C P_{k|k-1} C^{\mathrm{T}} + R + (1 - \gamma_k) Z^{-1}\right)^{-1} \tag{8-84}$$

由于新息 $\hat{y}_{k|k-1}$ 依赖于 γ_k，而在开环条件中 y_k 与 γ_k 是相互独立的，因此闭环条件下通信率的计算比较困难。类似开环结构的通信率推导式 (8-77)，下面给出通信率的上下界 γ_1 和 γ_2：

$$\gamma_1 = 1 - \frac{1}{\sqrt{\det(I + (C\bar{X}_{cl}C^{\mathrm{T}} + R)Z)}} \tag{8-85}$$

$$\gamma_2 = 1 - \frac{1}{\sqrt{\det(I + (CX_0C^{\mathrm{T}} + R)Z)}} \tag{8-86}$$

式中，X_0 和 $\bar{X}_{cl}$ 分别为下面方程的唯一解，即

$$X = g_R(X)$$

$$X = g_{R+Z^{-1}}(X)$$

$$g_W(X) \triangleq AXA^{\mathrm{T}} + Q - AXC^{\mathrm{T}}(CXC^{\mathrm{T}} + W)^{-1}CXA^{\mathrm{T}}$$

式 (8-80)~式 (8-86) 的证明见文献 [19]。

8.4 仿真分析

本节以目标跟踪问题为例分析确定性事件驱动和随机事件驱动的估计性能。状态分量由目标的位置、速度和加速度构成。系统的动态方程为

$$x_{k+1} = Ax_k + w_k$$

$$A = \begin{pmatrix} 1 & T & T^2 \\ 0 & 1 & T \\ 0 & 0 & 1 \end{pmatrix}$$

式中，T 表示采样时间，$k = 1, 2, \cdots, 100$；w_k 为加性高斯噪声，协方差为

$$2\alpha\sigma_m^2 \begin{pmatrix} T^5/20 & T^4/8 & T^3/6 \\ T^4/8 & T^3/3 & T^2/2 \\ T^3/6 & T^2/2 & T \end{pmatrix}$$

式中，σ_m^2 为目标的加速度方差；α 为机动时间常数的倒数。假设传感器能够周期地量测目标的位置、速度和加速度。则量测模型为

$$y_k = Cx_k + v_k$$

式中，

$$C = \begin{pmatrix} 1 & 0 & 0 \\ 0 & 1 & 0 \\ 0 & 0 & 1 \end{pmatrix}$$

参数设置如下：

$$R = I_{3\times3}, \quad T = 1, \quad \alpha = 0.01, \quad \sigma_m^2 = 5$$

目标的初始位置和协方差为

$$X_0 = [0, 0, 0], \quad P_0 = \mathrm{diag}([0.01, 0.01, 0.01])$$

(1) 假设通信率不超过 0.8。确定性事件触发条件的阈值设置为 $\delta = 1.5$，闭环随机事件触发条件中的自由变量 Z 设置为 $Z = 0.4 \times I_{3\times3}$，蒙特卡罗仿真次数为

100 次。以均方根误差 (root mean square error, RMSE) 来衡量算法的估计性能。由图 8.2 可以看出，基于随机事件触发机制的状态估计 RMSE 比确定性事件触发机制的 RMSE 小且比较稳定。当没有量测时，基于随机事件触发机制的估计器仍然能够保持量测更新的高斯特性，而基于确定性事件触发机制的估计器是通过假设状态预测的高斯特性实现的。这种近似只有在通信率比较高的环境下是有效的。如果连续多个时刻无法获得量测，这种近似估计器是无效的。在 60s 之后，由于出现连续几个时刻没有量测的情况，所以基于确定性事件触发机制的状态估计误差大。

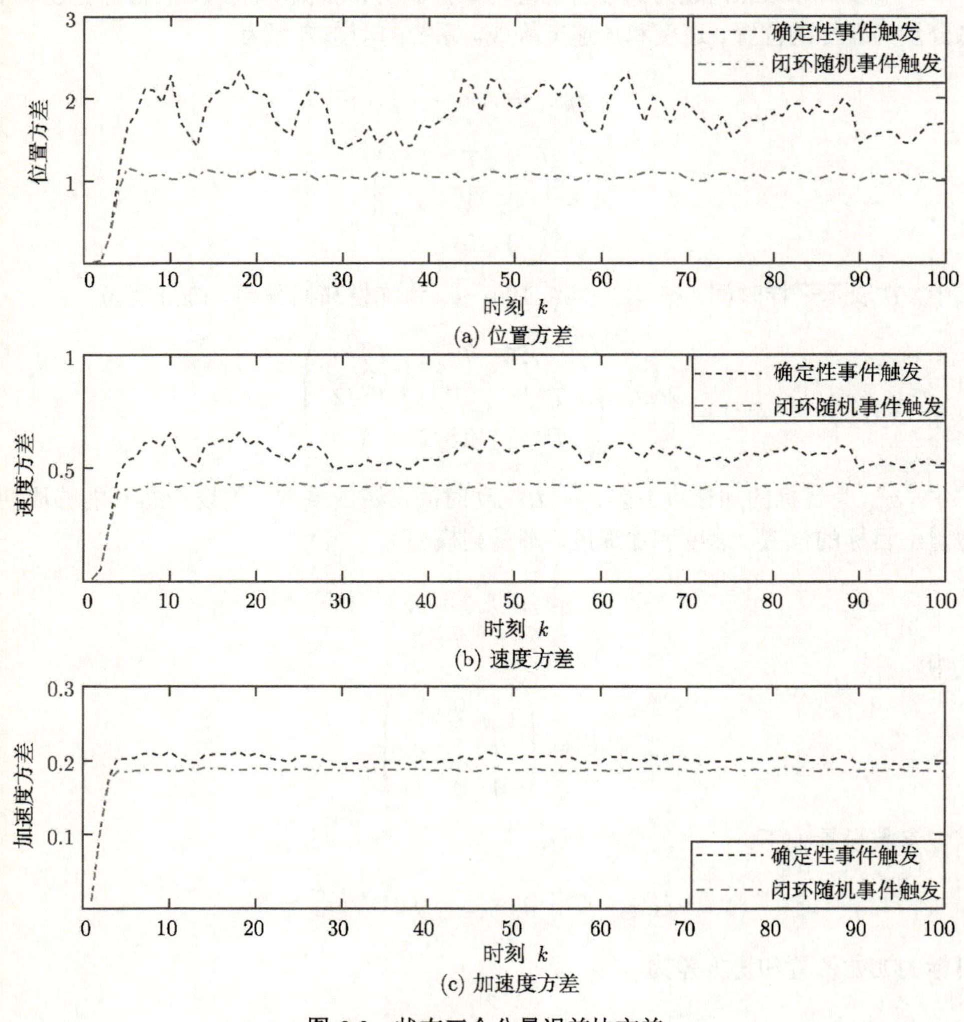

图 8.2　状态三个分量误差协方差

(2) 假设通信带宽有限，设定通信率不超过 0.25。8.3.1 小节中确定性事件触发条件的阈值设置为 $\delta = 3.2$，8.3.2 小节中闭环随机事件触发条件中的自由变量 Z 设

置为 $Z = 0.009 \times I_{3\times3}$，蒙特卡罗仿真次数为 100 次。由图 8.3 可以看出，基于随机事件触发机制的状态估计 RMSE 比确定性事件触发机制的状态估计 RMSE 小且比较稳定。由于通信率较低，传感器 30~70s 连续多个时刻无法获得量测，基于确定性随机事件触发机制的估计器失效，因此估计误差较大。

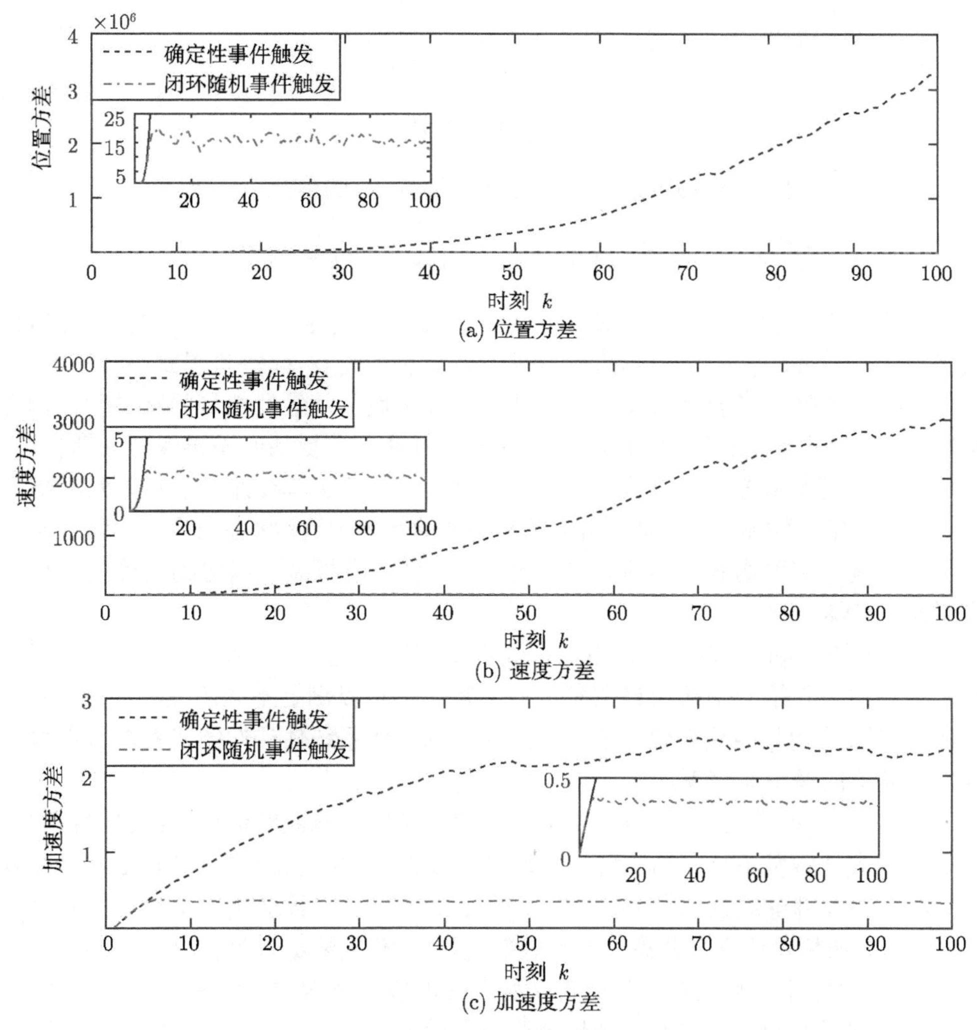

图 8.3　状态三个分量误差协方差

8.5 性 能 分 析

基于事件驱动的状态估计通过对传感器量测传递的调度可以平衡实际应用中通信与计算负担和系统性能之间的矛盾问题。不同的事件触发机制所引起的系统性能完全不同，下面分别结合前面理论推导和仿真分析来比较确定性和随机事件触发机制的性能。

(1) 确定性事件触发机制是随机事件触发机制的一个特例[2]，即通过对 $\varphi(y_k)$ 赋值，确定事件驱动触发条件式 (8-3) 可以由随机事件驱动触发条件式 (8-7) 描述。定义 $\varphi(y_k)$ 为

$$\varphi(y_k)=\begin{cases} 0, & y_k \in \Xi_k \\ 1, & \text{其他} \end{cases} \tag{8-87}$$

当 $\gamma_k=0$ 时，根据触发条件推测得到的量测 y_k 的信息 y_k^* 为

$$y_k^*=\{(1,y_k)\,|y_k\in\Xi_k\}\bigcup\{(1,y_k)\,|y_k\notin\Xi_k\}$$

上式等价于 $p(\gamma_k=0\,|y_k\in\Xi_k)=0$ 和 $p(\gamma_k=1\,|y_k\notin\Xi_k)=1$ 。这就说明当且仅当 $y_k\in\Xi_k$ 时，$\gamma_k=0$，即通过式 (8-87) 的定义，式 (8-3) 等价于式 (8-7)。

(2) 对于线性高斯系统，由 8.3.1 节基于确定性事件触发机制的状态估计推导可以看出，由于事件触发机制的引入，状态估计在量测更新时不再保持高斯特性，即状态后验概率密度不再服从高斯分布，因此为了解决非线性积分问题而不得不引入近似策略。而随机事件驱动由于触发条件的巧妙构造，状态先验估计和后验估计的后验概率密度均服从高斯分布，故随机事件触发机制可以得到精确的最小均方误差估计器。

(3) 确定性事件触发机制通过阈值 δ 调节系统性能与通信率的关系。随机事件触发条件中引入了一个新的自由变量 (Y 或 Z)，可以满足不同的设计需求。通过优化 Y 或 Z，可以找到在给定通信率约束下的最优系统估计性能或者在给定估计性能约束下的最小通信率。

(4) 相对于标准 Kalman 滤波，基于随机事件触发机制的估计器在算法实现上只多一步事件触发条件判断，而基于确定性事件触发机制的估计器即使采用近似策略不需要计算非线性积分 (实际中可能无法计算)，在算法实现中除了判断事件触发条件，还需要计算互补累计分布函数 $Q(\delta)$，使得算法的计算量大大增加。

(5) 由确定事件触发机制只能得到状态的近似最小均方误差估计器，而随机事件触发机制得到的是状态的精确最小均方误差估计器，因此基于随机事件触发机制的估计器得到状态估计精度更高。这一点由 8.4 节的仿真验证可以看出，并且确定性事件触发机制在通信率较高的通信环境中是有效的，但是当连续很长一段时间传感器不传递量测时，高斯假设不再成立，其中的近似最小均方误差估计器性能明显下降甚至失效。而对于随机事件触发机制，其估计器在通信率很低的情况下性能依然出色。

8.6 本章小结

本章介绍了基于事件驱动的单传感器采样量测管理。本章首先介绍了事件驱动的国内外研究现状。其次，概括了现有的两类事件驱动触发机制，并确定性事件触发和随机时间触发。然后，介绍了两类基于事件驱动的状态估计，给出了基于确定性事件触发机制的估计器设计和基于随机事件触发机制的估计器设计。最后，结合仿真分析验证了两类估计器的性能并进行了性能分析。

参考文献

[1] Åström K J, Bernhardsson B. Comparison of periodic and event based sampling for first-order stochastic systems[C]. IFAC Proceedings Volumes, 1999, 32(2): 5006-5011.

[2] Shi D, Shi L, Chen T. Event-based State Estimation[M]. New York: Springer, 2015.

[3] Miskowicz M. Send-on-delta concept: an event-based data reporting strategy[J]. Sensors, 2006, 6(1): 49-63.

[4] Sun Z, Ge S. Stability Theory of Switched Dynamical Systems [M]. Springer Science & Business Media, 2011.

[5] Liu T, Jiang Z. A small-gain approach to robust event-triggered control of nonlinear systems[J]. IEEE Transactions on Automatic Control, 2015, 60(8): 2072-2085.

[6] Li H, Shi Y. Event-triggered robust model predictive control of continuous-time nonlinear systems[J]. Automatica, 2014, 50(5): 1507-1513.

[7] Mustafa G, Chen T. H_∞ filtering for nonuniformly sampled systems: A Markovian jump systems approach[J]. Systems & Control Letters, 2011, 60(10): 871-876.

[8] Hetel L, Fridman E. Robust sampled-data control of switched affine systems[J]. IEEE Transactions on Automatic Control, 2013, 58(11): 2922-2928.

[9] Garcia E, Antsaklis P. Model-based event-triggered control for systems with quantization and time-varying network delays[J]. IEEE Transactions on Automatic Control, 2013, 58(2): 422-434.

[10] Yu H, Antsaklis P. Event-triggered output feedback control for networked control systems using passivity: Achieving L2 stability in the presence of communication delays and signal quantization[J]. Automatica, 2013, 49(1): 30-38.

[11] Tabuada P. Event-triggered real-time scheduling of stabilizing control tasks[J]. IEEE Transactions on Automatic Control, 2007, 52(9): 1680-1685.

[12] Postoyan R, Tabuada P, Nesic D, et al. A framework for the event-triggered stabilization of nonlinear systems[J]. IEEE Transactions on Automatic Control, 2015, 60(4): 982-996.

[13] Yue D, Tian E, Han Q. A delay system method for designing event-triggered controllers of networked control systems[J]. IEEE Transactions on Automatic Control, 2013, 58(2): 475-481.

[14] Wang X, Lemmon M. Event-triggering in distributed networked control systems[J]. IEEE Transactions on Automatic Control, 2011, 56(3): 586-601.

[15] Shi D, Chen T, Shi L. On set-valued Kalman filtering and its application to event-based state estimation[J]. IEEE Transactions on Automatic Control, 2015, 60(5): 1275-1290.

[16] Shi D, Chen T, Shi L. Event-triggered maximum likelihood state estimation[J]. Automatica, 2014, 50(1): 247-254.

[17] Trimpe S, D'Andrea R. Event-based state estimation with variance-based triggering[J]. IEEE Transactions on Automatic Control, 2014, 59(12): 3266-3281.

[18] Wu J, Jia Q, Johansson K, et al. Event-based sensor data scheduling: Trade-off between communication rate and estimation quality[J]. IEEE Transactions on automatic control, 2013, 58(4): 1041-1046.

[19] Han D, Mo Y, Wu J, et al. Stochastic event-triggered sensor schedule for remote state estimation[J]. IEEE Transactions on Automatic Control, 2015, 60(10): 2661-2675.

[20] Weerakkody S, Mo Y, Sinopoli B, et al. Multi-sensor scheduling for state estimation with event-based, stochastic triggers[J]. IFAC Proceedings Volumes, 2013, 46(27): 15-22.

[21] You K, Xie L, Song S. Asymptotically optimal parameter estimation with scheduled measurements[J]. IEEE Transactions on Signal Processing, 2013, 61(14): 3521-3531.

[22] Han D, You K, Xie L, et al. Optimal parameter estimation under controlled communication over sensor networks[J]. IEEE Transactions on Signal Processing, 2015, 63(24): 6473-6485.

[23] Shi D, Elliott R, Chen T. Event-based state estimation of discrete-state hidden Markov models[J]. Automatica, 2016, 65: 12-26.

[24] Shi D, Chen T, Darouach M. Event-based state estimation of linear dynamic systems with unknown exogenous inputs[J]. Automatica, 2016, 69: 275-288.

[25] Zou L, Wang Z, Gao H, et al. Event-triggered state estimation for complex networks with mixed time delays via sampled data information: the continuous-time case[J]. IEEE transactions on cybernetics, 2015, 45(12): 2804-2815.

[26] Hu S, Yue D. Event-based H_∞ filtering for networked system with communication delay[J]. Signal Processing, 2012, 92(9): 2029-2039.

[27] Sijs J, Lazar M. Event based state estimation with time synchronous updates[J]. IEEE Transactions on Automatic Control, 2012, 57(10): 2650-2655.

[28] Imer O, Basar T. Optimal estimation with limited measurements[C]. Proceedings of the 44th IEEE Conference on Decision and Control, 2005: 1029-1034.

[29] Li L, Lemmon M, Wang X. Event-triggered state estimation in vector linear processes[C]. Proceedings of the 2010 American control conference, 2010: 2138-2143.

[30] Rabi M, Moustakides G, Baras J. Multiple sampling for estimation on a finite horizon[C]. Proceedings of the 45th IEEE Conference on Decision and Control, 2006: 1351-1357.

[31] Li L, Lemmon M. Performance and average sampling period of sub-optimal triggering event in event triggered state estimation[C]. IEEE Conference on Decision and Control and European Control Conference, 2011: 1656-1661.

[32] Weimer J, Araújo J, Johansson K. Distributed event-triggered estimation in networked systems[J]. IFAC Proceedings Volumes, 2012, 45(9): 178-185.

[33] Molin A, Hirche S. An iterative algorithm for optimal event-triggered estimation[J]. IFAC Proceedings Volumes, 2012, 45(9): 64-69.

[34] Han D, Mo Y, Wu J, et al. Stochastic event-triggered sensor scheduling for remote state estimation[C]. IEEE Conference on Decision and Control, 2013: 6079-6084.